普通高等教育"十二五"系列教材

基 坑 工 程

主 编 刘起霞

编 写 赵 晴 庞 瑞 胡海英
　　　　 朱运明 曾长女

主 审 张钦喜

中国电力出版社

CHINA ELECTRIC POWER PRESS

内 容 提 要

本书为普通高等教育"十二五"系列教材。

本书根据高校土木工程专业指导委员会组织制定的教学大纲编写。主要内容包括概述,基坑开挖技术,基坑工程设计计算,基坑支护技术,排水、降水工程,基坑土体加固原理,基坑工程现场监测与信息化施工,岩体基坑工程,基坑工程环境保护九部分。

本书可作为高等院校土木工程、岩土工程、道桥工程、隧道工程、结构工程、市政工程、防灾减灾工程及防护工程等基坑工程课程教材,也可作为上述专业的研究生教材,或供从事基础工程施工的专业技术人员参考使用。

图书在版编目(CIP)数据

基坑工程/刘起霞主编. —北京:中国电力出版社,2015.1
(2021.7 重印)

普通高等教育"十二五"规划教材

ISBN 978-7-5123-6567-4

Ⅰ.①基… Ⅱ.①刘… Ⅲ.①基坑工程-高等学校-教材
Ⅳ.①TU46

中国版本图书馆 CIP 数据核字(2014)第 226810 号

中国电力出版社出版、发行

(北京市东城区北京站西街 19 号 100005 http://www.cepp.sgcc.com.cn)

北京雁林吉兆印刷有限公司印刷

各地新华书店经售

*

2015 年 1 月第一版 2021 年 7 月北京第三次印刷

787 毫米×1092 毫米 16 开本 19 印张 469 千字

定价 **59.80** 元

前　言

　　基坑工程是高等院校土木工程专业岩土工程课群组四年制本科教育的一门专业选修课。本书主要作为高等学校土木工程专业基坑工程课程的教材，内容按照教育部高校基础工程课程教学指导委员会制定的教学大纲编写，共分九章，并根据全国注册土木工程师（岩土）执业资格考试的重点编入适量思考题和习题。

　　本书由河南工业大学刘起霞主编，编写人员具体分工如下：前言、第一章和第四章由刘起霞编写；第二、五章由河南工业大学赵晴编写；第三章由河南工业大学庞瑞编写；第六章由珠江水利科学研究院胡海英编写；第七、九章由陕西工程勘察研究院朱运明编写；第八章由河南工业大学曾长女编写。

　　在本书编写过程中，得到了河南工业大学土木建筑工程学院部分教师的大力支持，特此表示感谢。

　　最后，编者向本书的主审张钦喜教授以及本书参考文献的所有作者和同行表示感谢。

　　由于编者水平等因素的限制，书中不妥与疏漏之处在所难免，恳请读者批评指正，以便进一步提高质量，使本书在培养土木工程师的工作中发挥更好的作用。

编　者

2014 年 9 月于郑州

术语及主要符号

1. 术语

（1）建筑基坑（building foundation pit）：为进行建筑物（包括构筑物）基础与地下室的施工所开挖的地面以下空间。

（2）基坑侧壁（side of foundation pit）：构成建筑基坑围体的某一侧面。

（3）基坑周边环境（surroundings around foundation pit）：基坑开挖影响范围内包括既有建（构）筑物、道路、地下设施、地下管线、岩土体及地下水体等的统称。

（4）基坑支护（retaining and protecting for foundation excavation）：为保证地下结构施工及基坑周边环境的安全，对基坑侧壁及周边环境采用的支挡、加固与保护措施。

（5）排桩（piles in row）：以某种桩型按队列式布置组成的基坑支护结构。

（6）地下连续墙（underground diaphragm wall）：用机械施工方法成槽浇灌钢筋混凝土形成的地下墙体。

（7）水泥土墙（cement-soil wall）：由水泥土桩相互搭接形成的格栅状、壁状等形式的重力式结构。

（8）土钉墙（soil nailing wall）：采用土钉加固的基坑侧壁土体与护面等组成的支护结构。

（9）土层锚杆（soil anchor）：由设置于钻孔内、端部伸入稳定土层中的钢筋或钢绞线与孔内注浆体组成的受拉杆体。

（10）支撑体系（bracing system）：由钢或钢筋混凝土构件组成的用以支撑基坑侧壁的结构体系。

（11）冠梁（top beam）：设置在支护结构顶部的钢筋混凝土连梁。

（12）腰梁（breast beam）：设置在支护结构顶部以下传递支护结构与锚杆或内支撑支点力的钢筋混凝土梁或钢梁。

（13）支点（fulcrum）：锚杆或支撑体系对支护结构的水平约束点。

（14）支点刚度系数（stiffness coefficient of fulcrum bearing）：锚杆或支撑体系对支护结构的水平向反作用力与其位移的比值。

（15）嵌固深度（embedded depth）：桩墙结构在基坑开挖底面以下的埋置深度。

（16）嵌固深度设计值（design value of embedded depth）：根据基坑侧壁安全等级及支护结构验算条件确定的支护结构嵌固深度的设计值。

（17）地下水控制（groundwater control）：为保证支护结构施工、基坑挖土、地下室施工及基坑周边环境安全而采取的排水、降水、截水或回灌措施。

（18）截水帷幕（curtain for cutting off water）：用于阻截与减少基坑侧壁及基坑底地下水流入基坑而采用的连续止水体。

2. 符号

（1）抗力和材料性能。

a——压缩系数；

C_c——压缩指数；

C_v——固结系数；

c——黏聚力；

c_k——土的黏聚力标准值；

c_u——不固结不排水剪切强度；

c'——有效黏聚力；

D_r——无黏性土的相对密度；

D_c——黏性土的压实度；

E——变形模量；

E_s——土的压缩模量；

e——孔隙比；

e_{pjk}——基坑开挖面下 j 点水平抗力标准值；

k——土的渗透系数；

f_{csk}、f_{cs}——水泥土开挖龄期轴心抗压强度标准值、设计值；

m——地基土水平抗力系数的比例系数；

f_{ck}、f_c——混凝土轴心抗压强度标准值、设计值；

f_{cmk}、f_{cm}——混凝土弯曲抗压强度标准值、设计值；

f_{yk}、f_{pyk}——普通钢筋、预应力钢筋抗拉强度标准值；

f_y、f_y'——普通钢筋的抗拉、抗压强度设计值；

f_{py}、f_{py}'——预应力钢筋的抗拉、抗压强度设计值；

G_s——土粒比重；

I_L——液性指数；

I_p——塑性指数；

i——水力坡度；

i_{cr}——临界水力坡度；

$[i]$——容许水力坡度；

K_{pi}——第 i 层土被动土压力系数；

k_{Ti}——第 i 支点的支点刚度（弹簧）系数；

k_{si}——基坑开挖面以下土体弹簧系数；

N_u——锚杆轴向受拉承载力设计值；

n——孔隙率；

γ——土的重力密度（简称土的重度）；

γ_k——水泥土墙的平均重度；

S_r——饱和度；

S_t——灵敏度；

w——土的天然含水量；

w_L——液限；

w_{opt}——最优含水量；

w_p——塑限；

U——固结度；

u——孔隙水压力；

γ_d——干重度；

γ_{sat}——饱和重度；

γ_w——水的重度；

γ'——浮重度；

ε——线应变；

τ——剪应力；

τ_{ft}——抗剪强度；

ϕ_k——土的内摩擦角标准值；

μ——泊松比；

ρ——密度；

ρ_d——干密度；

ρ_{sat}——饱和密度；

ρ_w——水的密度；

ρ'——浮密度（也称水下密度）；

σ——正应力（法向应力）；

σ'——有效应力；

φ——内摩擦角；

φ'——有效内摩擦角。

（2）作用和作用效应。

G——恒载；

E_a——主动土压力；

e_{ajk}——j 点水平荷载标准值；

F——基础顶面竖向力；

f_z——地基承载力设计值；

f_{ak}——地基承载力特征值；

f_{cu}——桩体强度；

$[f]$——容许承载力；

f——渗流力；

K_{ai}——第 i 层土主动土压力系数；

M——作用于基础底面的力矩或截面的弯矩；

N——标准贯入击数；

N_d——墩基础轴向承载力；

P——基础底面处平均压力；

p_0——基础底面处平均附加压力；

p_1——现有固结压力；

p_c——先期固结压力；

p_s——静力触探的比贯入阻力；

Q_k——相应于荷载效应标准组合时桩基中单桩所受竖向力；

Q_{pa}——桩端土的承载力特征值；

Q_{sa}——桩周土的摩擦力特征值；

q_u——无侧限抗压强度；

R_a——单桩竖向承载力特征值；

T_{cj}——第 j 层支点力计算值；

N——轴向力设计值；

M——弯矩设计值；

V——剪力设计值；

T_d——锚杆或内支撑支点力设计值。

（3）几何参数。

A——桩（墙）身截面面积、基础底面面积；

B——基础底宽；

b——墙身厚度，基础底面宽度（最小边长）或力矩作用方向的基础底面边长；

D——基础埋深；

d——圆截面桩身设计直径；

H_0——基础高度；

H_f——自基础底面算起的建筑物高度；

H_g——自室外地面算起的建筑物高度；

h——基坑开挖深度；

h_d——支护结构嵌固深度设计值；

L——房屋长度或沉降缝分隔的单元长度；

l——基础底面长度；

s——沉降量；

s_a——排桩中心距；

u——周边长度；

z_0——标准冻深；

z_n——地基沉降计算深度；

β——边坡对水平面的坡角；

δ——填土与挡土墙墙背的摩擦角；

δ_r——填土与稳定岩石坡面间的摩擦角；

θ——地基的压力扩散角；

φ——内摩擦角。

（4）计算系数。

$A、B$——孔隙应力系数；

α——平均附加应力系数；

α_v——压缩系数；

B_k——墩底土的承载力系数；

F_s——安全系数；

K_0——静止侧压力系数；

k——渗透系数；

m_v——体积压缩系数；

r_0——建筑基坑侧壁重要性系数；

T_v——时间因数；

μ——土与挡土墙基底间的摩擦系数；

η_b——基础宽度的承载力修正系数；

η_d——基础埋深的承载力修正系数；

ψ_s——沉降计算经验系数。

目　　录

第一章 概 述

近20年来，我国各大中城市万幢高楼拔地而起，其中高度超过100m的建筑物已超过200座。上海金茂大厦高420.5m（1998年）、香港国际金融中心415m（2003年）、中国台北国际金融大厦高448m（2004年）、上海环球金融中心高492m（2008年）、香港环球贸易广场484m（2010年）、南京紫峰大厦450m（2010年）、广州国际金融中心438m（2010年）、深圳京基金融中心441m（2011年）等都已跻身于当今世界20座超级巨厦之列，令人瞩目。同时，这些已建和在建的高楼、超高大楼，其基坑深度已逐渐由6m和8m发展至10m和20m以上。伴随着这些重大工程的实施，深基坑工程的设计施工技术已取得了长足进步。伴随而来的深基坑引起的设计技术问题、施工问题也逐渐成为岩土工程技术人员重点研究的内容。

第一节 基坑工程研究的内容

基坑工程（excavation engineering）是随着我国建设事业的发展而出现的一种较新类型的岩土工程，发展至今，量多面广的基坑工程已经成为城市岩土工程的主要内容之一。典型基坑工程可以是由地面向下开挖的一个地下空间，基坑周围一般为垂直的挡土结构。基坑开挖是基础和地下工程施工中一个古老的传统课题，同时又是一个综合性的岩土工程难题，既涉及土力学中典型强度与稳定问题，又包含了变形问题，同时还涉及土与支护结构的共同作用。

一、基坑工程的基本概念

随着高层建筑的兴起与普及，深基坑工程越来越多。一般认为：在开挖深度不到6m时，单凭经验施工也不会失败，即使地基土质略差，用一般方法也能安全施工，这样的工程称为浅基坑工程。如果深度大于6m，需要涉及边坡稳定方面的一些问题，根据一些专家的建议，处理开挖时挡土墙周围地基的稳定问题，一般采用稳定系数来判断，即

$$N_s = \gamma H / c_u \tag{1-1}$$

式中 γ——基坑周围土的天然重度，kN/m^3；

H——开挖深度，m；

c_u——挡土墙周围地基土的不固结不排水剪切强度，kPa。

当 $N_s \leqslant 4$ 时，为浅开挖，$N_s \geqslant 7$ 时，为深开挖。

深基坑工程在国外称为"深开挖工程"（deep excavation engineering），为了设置建筑物的地下室需开挖深基坑，这只是深基坑开挖的一种类型。深开挖还包括为了埋设各种地下设施而必须进行的深层开挖。

深基坑工程问题在我国随着城市建设的迅猛发展而出现，并且一度是造成人们困惑的一个技术热点和难点。城市中深基坑工程常处于密集的既有建筑物、道路桥梁、地下管线、地铁隧道或人防工程的近旁，虽属临时性工程，但其技术复杂性却远甚于永久性的基础结构或

上部结构，稍有不慎，不仅将危及基坑本身的安全，而且会殃及临近的建（构）筑物、道路桥梁和各种地下设施，造成巨大损失。另外，深基坑工程设计需以开挖施工时的诸多技术参数为依据，但开挖施工过程中往往会引起支护结构内力和位移，以及基坑内外土体变形，从而发生种种意外变化，传统的设计方法难以事先设定或事后处理。

基坑工程具体包括下列内容：

（1）围护结构：钻孔灌注桩、挖孔桩、预制钢筋混凝土板桩、方桩、钢板桩、H型钢桩、地下连续墙、水泥土墙及土钉墙等。

（2）拉结与支撑结构：土层锚杆、钢支撑、钢筋混凝土支撑、钢筋混凝土水平框架、钢立柱、钢筋混凝土立柱等。

（3）地下水控制：深层水泥土搅拌截水帷幕、高压注浆桩截水帷幕、降水排水与回灌。

（4）围护结构、支撑与土体及截水帷幕组成的地下空间结构。

二、基坑工程的特点

1. 区域性

岩土工程区域性强，岩土工程中的基坑工程，区域性更强。如黄土地基、砂土地基、软黏土地基等工程地质和水文地质条件不同的地基中，基坑工程差异性很大。即使是同一城市不同区域也有差异。因此，基坑开挖要因地制宜，根据本地具体情况，具体问题具体分析，而不能简单地完全照搬外地的经验。

2. 复杂性和隐蔽性

基坑工程不仅与当地的工程地质条件和水文地质条件有关，还与基坑相邻建筑物、构筑物及市政地下管网的位置、抵御变形的能力、重要性及周围场地条件有关。正是由于岩土性质千差万别，地质埋藏条件和水文地质条件的复杂性、不均匀性，造成勘察所得到的数据离散性很大，难以代表土层的总体情况，且精确度很低。因此，对基坑工程进行分类，对支护结构允许变形规定统一的标准是比较困难的，应结合地区具体情况具体运用。基础工程位于地面以下，施工完后，周围土体需要回填，整个工程在施工结束后是看不见的，因此具有很强的隐蔽性。

3. 综合性

基坑工程涉及土力学中强度（或称稳定）、变形和渗流三个基本课题，三者内容综合运用，才能解决好基坑工程技术问题。有的基坑工程土压力引起支护结构的稳定性问题是主要矛盾，有时土中渗流引起土体破坏是主要矛盾，有的基坑以周围地面变形为主要矛盾。基坑工程的区域性和个性强也表现在这一方面。同时，基坑工程是岩土工程、结构工程及施工技术相互交叉的学科，是多种复杂因素相互影响的系统工程，是理论上尚待发展的综合技术学科。

4. 时空效应

基坑的深度和平面形状对基坑的稳定性和变形有较大影响。在基坑设计中，要注意基坑工程的空间效应。土体蠕变体，特别是软黏土，具有较强的蠕变性。作用在支护结构上的土压力随时间变化，蠕变将使土体强度降低，使土坡稳定性降低，故基坑开挖时应注意其时空效应。

5. 环境效应

基坑工程的开挖必将引起周围地基中地下水位变化和应力场的改变，导致周围地基土体的变形，对相邻建筑物、构筑物及市政地下管网产生影响，严重的将危及相邻建筑物、构筑物及市政地下管网的安全与正常使用。大量土方运输也对交通产生影响，所以应注意其环境效应。

6. 工程量大和工期紧

随着工程规模的增大，基坑开挖深度也逐步加大，工程量比浅基础施工增加较多。抓紧施工工期，不仅是施工管理上的要求，对减小基坑及其周围环境的变形也具有特别的意义。

7. 基坑工程质量要求高

由于基坑开挖的区域也就是将来地下结构施工的区域，甚至有时基坑的支护结构还是地下永久结构的一部分，而地下结构的好坏又将直接影响到上部结构，因此只有保证基坑工程的质量，才能保证地下结构和上部结构的工程质量，创造一个良好的前提条件，进而保证整幢建筑物的工程质量。另外，由于基坑工程中的挖方量大，土体中原有天然应力的释放也大，这就使基坑周围环境的不均匀沉降加大，使基坑周围的建筑物出现不利的拉应力，地下管线的某些部位出现应力集中等，故基坑工程的质量要求高。

8. 风险性

大部分基坑工程都是临时工程，安全储备相对较小，因此风险性较大。由于基坑工程技术复杂，涉及范围广，事故频繁，因此在施工过程中应进行监测，并应具备应急措施。基坑工程造价较高，但对于临时性工程，一般企业不愿投入较多资金，一旦出现事故，造成的经济损失和社会影响往往十分严重。

9. 事故突发性

基坑工程具有较高的事故率，由于基坑工程施工周期长，从开挖到完成地面以下的全部隐蔽工程，常常经历多次降雨、周边堆载、振动等许多不利条件，安全度的随机性较大，事故的发生往往具有突发性。

三、基坑支护的类型及应用

（一）基坑挡墙支护

1. 板桩墙

板桩是既能挡土，又能挡水的传统性支护结构。钢板桩柔性较大，基坑较深时因要采用多层支撑或拉锚，工程量较大。钢板桩常用于桥梁基础施工。钢筋混凝土板桩刚度较大，在港口码头工程中用得较多。

2. 钢筋混凝土排桩墙

钢筋混凝土桩本是桩基础的一种，但由于具有较大的抗弯能力，现在成排的桩墙已成为深基坑支护的主要形式之一。其中应用最多的是就地成孔（如钻孔法、挖孔法或沉管法等）灌注桩或压浆桩。根据排桩的结构形式可分为以下几种：

（1）单排桩。悬臂式桩可用于基坑深 7～8m，如土质较好，可达 10m。常用的单排桩直径 $\phi600～1000mm$。排桩桩顶应设置沿坑周连贯封闭的钢筋混凝土圈梁，以加强排桩的整体性和刚度，减小桩顶位移，改善桩的受力状态。

排桩的中心距可根据桩受力及桩间土稳定条件确定，一般不宜超过两倍桩径，桩净距也不宜超过 1m，如土质较好，可稍放宽限制。非密排的桩间土在基坑开挖后应用钢丝网水泥砂浆或喷射混凝土、砖砌、插挡板等法保护。

（2）双排桩。双排桩是新开发的支护结构。其特点是利用双排桩及其顶部共同的圈梁组成刚架结构，以承受坑壁侧压力。同样数量的桩由单排改成双排后，桩身应力，特别是桩顶位移可大大减少。因而双排桩比单排桩不仅更经济，且可用于更深的基坑支护（如 12m 以内），这对于坑顶位移要求较严的情况也具有重要意义。双排桩直径多用 400～600mm，可布置成梅花状或方格状排列。

（3）连拱式排桩。连拱式排桩也是新开发的支护结构。由大直径和小直径桩组成连拱式结构。拱矢高为大直径桩中心距的 1/4～1/2，小直径桩可换算为同截面积的等厚度拱截面连续板。桩顶用钢筋混凝土圈梁连成整体。如开挖深度较大，可沿深度方向增加 1～2 道肋梁。连拱式结构可使坑壁侧向荷载产生的力矩由拱截面的轴向压应力承担，且可发挥拱截面较大的惯性矩和抗弯刚度，减小桩顶位移。

3. 桩板组合墙

H 型钢桩和横挡板组合结构曾在地铁工程和一些高层建筑基础施工中被有效应用。桩板组合墙施工方便，H 型钢桩用后可回收，适用于土质较好、地下水位低的场地。

4. 地下连续墙

地下连续墙（underground diaphragm wall）是利用各种挖槽机械，借助于泥浆的护壁作用，在地下挖出窄而深的沟槽，并在其内浇筑适当的材料而形成的一道具有防渗（水）、挡土和承重功能的连续的地下墙体。

地下连续墙支护适用于土质差、基坑深，对周边环境要求高等条件的大型建筑物修建，尽管施工成本和技术要求较高，还是因其难以替代的优越性而越来越多地得到应用。

由于地下连续墙是就地挖槽浇筑而成，其截面形式比较灵活，除常用的等厚壁外，如施工场地开阔、基坑很宽且深度不很大时，可做成加肋型或格构型，即内外双排墙间加横隔墙，成为自稳式无撑锚支护结构。

基坑深度较大时地下连续墙可设多层撑锚。地下连续墙的厚度可按需要确定，一般是 250～1200mm，有些特大工程则采用更大厚度，因此其深度可以很大。

5. 拱圈（逆作拱）墙

拱圈墙平面上分为平面闭合和非闭合两种形式，拱圈可以是圆拱、椭圆拱、抛物线拱及组合拱。

如基坑四周场地都允许起拱（基坑各边长 L 的拱矢高 $f > 0.12L$），可以采用闭合的拱圈挡土墙，坑壁土压力因土拱作用而减小，它主要引起拱圈内的轴压应力，正好发挥混凝土抗压强度高的材料特性。如基坑周边只能部分满足起拱要求，则可采用非闭合拱墙即部分拱圈墙与其他挡土结构组合的混合支护。

拱圈墙不必在坑壁全高范围内支护，更不必深入坑底以下。拱圈墙技术安全可靠，施工方便，设备简单、工期短，比灌注桩节省钢筋，但要用模板，可节省投资 40% 以上。

（二）桩墙撑锚系统

如基坑较深，悬臂式桩墙的强度或变形不能满足要求时，就要根据基坑的深度和平面尺寸及形状、地质、基坑周边建筑物和地下管线、施工设备及经验等情况，选用对桩墙的撑锚系统。

1. 基坑内支撑结构

坑内设支撑结构适宜于坑周场地狭窄、地下管线复杂、基坑深度和宽度不大的情况。结构体系有平面支撑和立面斜撑两类。

平面支撑结构是由腰梁（或称围檩或圈梁），水平支撑和立柱三部分构件组成的单层或多层结构。平面支撑体系可是钢结构、现浇钢筋混凝土结构或混合结构。现浇混凝土支撑多用土模或模板随挖土向下逐层浇筑。它的刚度大，整体性好，可适应不同形状基坑，基坑位移小。但混凝土支撑现场制作时间较长，不能重复使用，用后用爆破法拆除费时多，对周围环境有影响，造成大量建筑垃圾。混凝土支撑宜用于较深基坑，或对基坑周边变形要求较严的场合。

2. 拉锚

当基坑很宽时，坑内支撑不仅耗费大量材料，也不便于施工。如所在地区土质较好，坑外地面或地下又具备施工条件时，可采用拉锚结构，即锚桩或锚杆。

（1）锚桩。基坑不太深时可在桩墙顶部设圈梁，用钢筋或钢索等作拉杆，与坑外一定距离的锚桩相连接。

（2）锚杆。如基坑较深，可在坑壁上钻孔，设一层或多层锚杆。锚杆分锚头、自由段（非锚固段）和锚固段三部分。锚头是把锚杆露在坑壁外的端部锚固在桩墙支护上的装置，包括锚具、承压板、斜锚（台）座等。

锚杆是在基坑开挖到支点以下 0.5～1.0m 开始施工的。先在基坑侧壁钻孔，深度应超过锚杆设计长度 0.3～0.5m，如遇易塌土层，可带护壁套管钻进，不宜用泥浆护壁。在钻孔中心放进钢拉杆，对自由段除防锈措施外，用塑料布包扎或套以塑料管，然后在钻孔中由里向外灌注水泥砂浆或水泥浆。

因此，锚杆的抗拔力是由钢拉杆抗拉强度、握裹力和锚固段与周围地层间黏结力决定的。对土层锚杆来说，握裹力一般不是控制因素。

（三）深基坑重力式水泥土墙支护

水泥土桩搭接成的支护墙一般适用于 6～7m 以内的基坑，水泥土材料承受弯拉能力很小，墙的宽度大，故是重力式支护。由于造价低，兼有截水作用，施工干扰小，在基坑支护的应用很普遍。一些工程因采取了一些措施，使水泥土墙在较深的基坑支护中也得到成功应用，有的墙宽得到减小。具体做法如下。

1. 加固法

在水泥土桩埋设毛竹、H 型钢桩、钢管桩、树根桩等构件，对桩顶、桩侧和坑底做加固处理。

2. 增撑减压法

为减小挡墙上侧压力，如果坑周条件允许，可考虑上部放坡，以减小支护高度。

（四）喷锚支护

1. 喷锚支护的构造及受力特点

喷锚支护是用钢筋网喷射混凝土面层和锚杆加固坑壁的支护结构。锚杆常用预应力的，与非重力式桩墙拉锚结构的锚杆相同，只是喷锚支护的锚杆露出坑壁的钢拉杆端部，是锚固在钢筋网喷混凝土面层上。

作用在钢筋网喷混凝土面层上的坑壁侧压力，由支点处加强筋和锁定筋或螺帽和垫板传至锚杆，再由锚杆的锚固段浆液结石体与稳定土层之间的摩阻力或黏结力平衡。

2. 喷锚支护施工要点

基坑开挖和喷锚支护应自上而下分层分段进行。根据土质，分层挖深一般为 0.5～

2.0m，分段开挖长度一般为 5～15m。

编网是编扎或铺设钢筋网，并用插入坑壁的短钢筋加以固定。钢筋网离坑壁面一般不小于 30mm，并应使上下层和相邻段的钢筋网焊成整片。当锚杆制作（包括钻孔、安放拉杆和注浆）完成后，从坑壁由里向外将钢筋网、竖向加强筋、水平加强筋、锚杆头锁定筋焊成一体。

每一层喷射混凝土是自下而上进行，防止混凝土自重悬吊于上层锚杆。如喷射前先已编网，当喷射到钢筋时，应先喷填钢筋后面，再喷钢筋前面，防止钢筋网与坑壁面之间出现空隙。

3. 竖向超前锚管的应用和喷锚支护的适用条件

对于软弱土层，可在每层开挖前沿坑壁表层处设一排伸入坑底下 1～3m 的竖向超前锚管，间距一般为 500～1000mm。其作用是由锚管壁孔注浆，以增强刚度，并加固坑壁表层，当在每层土方开挖后，承受喷锚面层的重力并与之形成整体。

喷锚支护结构可用于基坑开挖的深度一般不超过 18m，对硬塑土层可适当放宽，对风化岩层可不受此限制。它不仅有效地用于一般岩石深基坑工程，而且在一些不良地质条件，也得到成功的应用。

（五）土钉技术

土钉是把坑壁或坡面土体锚住的抗拔构件。土钉墙由土钉、土钉间土体和钢筋网喷混凝土面层组成。

土钉进入土层的方法有钻孔法、击入法或射入法等几种。

土钉墙的施工程序与喷锚支护也大致相同：由上而下分层分段开挖→修坡→喷第一次混凝土→钻孔→设土钉钢筋→注浆→设垫板→铺设和固定钢筋网→喷第二次混凝土。

土钉墙宜在无地下水的条件下施工和支护，一般不宜作为深厚软塑或流塑黏性土层的基坑支护。当基坑较深且土质较差，坑周邻近重要建筑设施需严格控制支护变形时，可与预应力锚杆和微型桩等支护技术联合使用。

四、目前我国基坑工程存在的主要问题

基坑工程是一项系统工程，一般说来，每起基坑工程事故都是由许多不利因素共同引发的。所以，基坑工程的成败，与管理、勘察、设计、施工和监理五个方面的协调、配合也是密不可分的。

我国建筑基坑工程事故率高，目前主要存在以下原因。

（1）近年来，我国经济建设步伐加快，各地建设工程全面铺开，基坑技术有待尽快发展提高。当前，一些城市的基本建设一度变成了买方市场。在这种情况下，管理、技术、材料等方面都出现了滥竽充数、鱼目混珠的现象。

（2）基坑工程属于隐蔽工程，影响因素比较复杂，实践经验远远优先于理论研究，基坑支护相关问题没有得到足够的重视和全面的研究，建筑基坑工程中的许多问题都在探索之中。所以，存在着水平低、经验少等实际困难，更不要说设计规范和施工规程了，有的规范更是沿用十几年。基坑工程以深、大、复杂为特点。特别是沿海地区，地下水位较高，基坑工程施工工艺的改进等问题，在基坑工程大量出现之际，由于设计人员技术水平、参数取值、计算方法无章可循，使一些工程隐患较大，导致发生严重工程事故。

（3）一些业主或施工方片面强调基坑工程的临时性，而忽略了其重要性、复杂性、随机性、风险性及事故的多发性。有的工程不注重工程勘察，基坑工程的工程勘察工作十分重要，但许多勘察单位常常忽略对基坑环境地质的勘察，专门针对基坑工程的地质及水文地质的勘察不够，以至给设计和施工埋下隐患。有的工程施工非常混乱，管理不严，少数施工单位不具备技术条件，人力、物力等基本条件较差，为了追求利润或迁就业主，降低安全度。施工过程中的监理不够，不能做到随时监测。

（4）建筑基坑工程本身是集挡土、支护、防水、降水和挖土于一体的一个系统工程，其中某一环节失控，也会造成事故。有的基坑工程为了避免事故发生，往往一开始就支护而不考虑墙的受力和变形，盲目增加安全系数，造成不必要的浪费。另外，基坑工程的质量检验、验收的方法无章可循，给基坑工程的质量监督和质量评价带来困难，没有针对基坑工程特点建立竣工验收的质量管理体系。

（5）基坑工程缺乏理论研究与计算。目前，基坑工程多是边开挖、边实践、边摸索，往往靠经验进行，缺乏成熟的技术规范的指导，仍然靠半经验半理论的方法解决问题。这种不确定性，也是造成事故的原因。

（6）从知识体系看，从事建筑基坑工程，必须具有理论力学、材料力学、结构力学、建筑结构、工程与水文地质、土力学、地基基础、基坑处理及原位测试等多学科知识，同时又要具有丰富的施工经验，并结合场地土层地质条件和周围环境情况，才能因地制宜地制订出合理的建筑基坑工程方案。

（7）缺乏地域性规范、规程及标准。建筑基坑工程具有明显的地域性，当非本地的设计与施工队伍来某一城市施工，往往由于对该地区的基坑工程特点不熟悉，带有一定的盲目性，也是造成事故的原因之一。

第二节　基坑工程的一般规定与要求

一、基坑支护结构按极限状态设计

基坑支护结构极限状态可分为以下两类。

（1）承载能力极限状态：对应于支护结构达到最大承载能力或土体失稳产生大变形导致支护结构或基坑周边环境破坏。

（2）正常使用极限状态：对应于支护结构的变形已妨碍地下结构施工或影响基坑周边环境的正常使用功能。

基坑支护结构应采用以分项系数表示的极限状态设计表达式进行设计。

二、支护结构设计

（1）支护结构设计应考虑其结构水平变形，地下水的变化对周边环境的水平与竖向变形的影响，对于安全等级为一级和对周边环境变形有限定要求的二级建筑基坑侧壁，应根据周边环境的重要性、对变形的适应能力及土的性质等因素确定支护结构的水平变形限值。

（2）当场地内有地下水时，应根据场地及周边区域的工程地质条件、水文地质条件、周边环境情况和支护结构与基础形式等因素，确定地下水控制方法。当场地周围有地表水汇流排泄、或地下水管渗漏时，应对基坑采取保护措施。

一般基坑支护类型的选择见表 1-1。

表 1-1　　　　　　　　　　　　　　　深基坑支护方法一览表

序号	支护方法	原理和作用	适用范围
1	钢板桩支护	是一种简单、投资经济的支护方法。它由钢板桩、锚拉杆等组成。由于钢板桩自身柔性大，如支撑或锚拉系统设置不当，其变形会很大	基坑深度达 7m 以上的软土层，基坑不宜采用钢板桩支护，除非设置多层支撑或锚拉杆
2	地下连续墙支护	用特制的挖槽机械，在泥浆护臂情况下开挖一定深度的沟槽，然后吊放钢筋笼，浇筑混凝土。地下连续墙的形状多种多样，一般集挡土、承重、截水和防渗为一体，并兼作地下室外墙。不足之处是要用专用设备工具，单位施工造价高	对各种地质条件及复杂的施工环境适应能力较强。施工不必放坡，不用支模，国内连续墙的深度已达 36m，壁厚 1m
3	排桩支护	指队列式间隔布置钢筋混凝土挖孔、钻孔灌注桩，作为主要的挡土结构，其结构形式可以分为悬臂支护或单锚杆、多锚杆结构，布桩形式可分为单排或双排布置	适用于开挖深度不超过 8m 的砂性土层，不超过 10m 的黏性土层，不超过 5m 的淤泥质土层
4	土钉墙支护	土钉是用来加固现场原位土体的细长杆件。通常采用钻孔，放入变形钢筋并沿孔全长注浆的方法做成。它依靠土体之间的黏结力或摩擦力，在土体发生变形时被动承受拉作用。它由密集的土钉群、被加固的土体、喷射混凝土面层形成支护体系。由于随挖随支，能有效的保持土体强度，减少土体扰动	适用于地下水位以上经人工降水后的人工填土、黏性土和弱胶结砂土，开挖深度为 5～10m 的基坑支护。土钉墙不适用于含水丰富的土层，不适用于对变形有严格要求的基坑支护
5	锚杆或喷锚支护	锚杆与土钉墙支护相似，将锚杆稳定于土体中，外墙与支护结构连接用以维持基坑稳定的受拉杆件，并施加预应力，支护体喷射混凝土称为锚杆支护	锚杆可与排桩、地下连续墙、土钉墙或其他支护结构联合使用，不宜用于有机土质，液限大于 50% 的黏土层及相对密度小于 0.3 的黏土
6	逆做法	按施工的不同工序可分全逆做法、半逆做法和部分逆做法，它以地下各层的梁板为支撑，自上而下施工，节省临时支护结构	适用于较深基坑，对周边变形有严格要求的基坑，要预先做好施工组织方案及各结构节点的处理

三、支护结构验算

根据承载能力极限状态和正常使用极限状态的设计要求，基坑支护应按下列规定进行计算和验算。

（1）基坑支护结构均应进行承载能力极限状态的计算，计算内容应包括：根据基坑支护形式及其受力特点，基坑支护结构设计应包括土体稳定性计算、基坑支护结构的受压、受弯和受剪承载力计算，当有锚杆或支撑时应对其进行承载力计算和稳定性验算。

（2）对于安全等级为一级及对支护结构变形有规定的二级建筑，基坑侧壁尚应对基坑周边环境及支护结构变形进行验算。

（3）地下水控制计算和验算应包括：抗渗透稳定性验算、基坑底突涌稳定性验算、根据支护结构设计要求进行地下水位控制计算。

基坑支护设计内容应包括对支护结构的计算和验算、质量检测及施工监控的要求。

第三节　基坑支护结构的安全等级

一、基坑等级

根据工程的重要性，GB 50202—2002《建筑地基基础工程施工质量验收规范》将基坑分为以下三级。

（1）符合下列情况之一，为一级基坑：

1）重要工程或支护结构作主体结构的一部分；

2）开挖深度大于10m；

3）与临近建筑物、重要设施的距离在开挖深度以内的基坑；

4）基坑范围内有历史文化、近代优秀建筑、重要管线等需严加保护的基坑。

（2）三级基坑为开挖深度小于7m，且周围环境无特别要求时的基坑。

（3）除一级和三级基坑工程以外的，均属二级基坑。

由以上的基坑工程等级，可以看出一级基坑工程最重要，二级基坑工程次之，最后是三级基坑工程。

二、侧壁安全等级及重要性系数

根据 JGJ 120—2012《建筑基坑支护技术规程》，基坑支护结构设计应根据表1-2选用相应的侧壁安全等级及重要性系数。

表 1-2   基坑侧壁安全等级及重要性系数 γ_0

安全等级	破坏后果	γ_0
一级	支护结构破坏、土体失稳或过大变形，对基坑周边环境及地下结构施工影响很严重	1.10
二级	支护结构破坏、土体失稳或过大变形，对基坑周边环境及地下结构施工影响一般	1.00
三级	支护结构破坏、土体失稳或过大变形，对基坑周边环境及地下结构施工影响不严重	0.90

根据基坑的开挖深度 h、邻近建（构）筑物及管线与坑边的相对距离比 α 和工程地质、水文地质条件，按破坏后果的严重程度将基坑侧壁的安全等级分为三级，见表1-3。

表 1-3   基坑侧壁安全等级划分

开挖深度 h (m)	环境条件与工程地质、水文地质条件								
	$\alpha<0.5$			$0.5\leqslant\alpha\leqslant1.0$			$\alpha>1.0$		
	Ⅰ	Ⅱ	Ⅲ	Ⅰ	Ⅱ	Ⅲ	Ⅰ	Ⅱ	Ⅲ
$h>15$	一级			一级			一级		
$10<h\leqslant15$	一级			一级		二级	一级		二级
$h\leqslant10$	一级		二级	二级		三级	二级		三级

注 1. h 为基坑开挖深度。

2. α 为相对距离比，$\alpha=x/h_a$，即管线、邻近建（构）筑物基础边缘（桩基础桩端）离坑口内壁的水平距离与基础底面距基坑底垂直距离的比值，见图1-1。

如邻近建（构）筑物为价值不高的、待拆除的或临时性的，管线为非重要干线，一旦破坏没有危险且易于修复，则 α 值可提高一个范围值；对变形特别敏感的邻近建（构）筑物或重点保护的古建筑物等有特殊要求的建（构）筑物，当基坑侧壁安全等级为二级或三级时，应提高一级安全等级；当既有基础（或桩基础桩端）埋深大于基坑深度时，应根据基础距基坑底的相对距离、附加荷载、桩基础形式，以及上部结构对变形的敏感程度等因素，综合确定 α 值范围及安全等级。

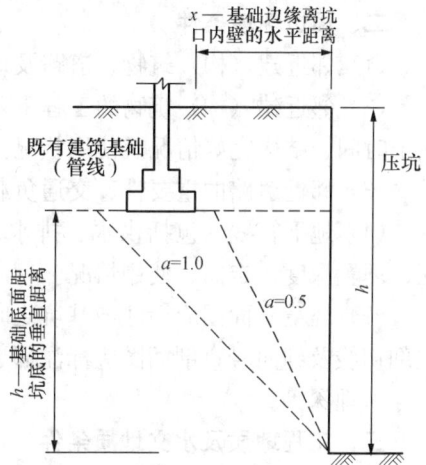

图 1-1 相邻建筑基础与基坑相对关系示意图

同一基坑周边条件不同可分别划分为不同的安全等级。

三、工程地质、水文地质条件分类

1. Ⅰ级基坑

复杂：稍密及松散碎石土、砂土和填土，软塑～流塑黏性土，地下水位在基底标高之上，且不易疏干。

2. Ⅱ级基坑

较复杂：中密碎石土、砂土和填土，可塑黏性土，地下水位在基底标高之上，但易疏干。

3. Ⅲ级基坑

简单：密实碎石土、砂土和填土，硬塑～坚硬黏性土，基坑深度范围内无地下水。

坑壁为多层土时可经过分析按最不利情况考虑。

四、其他

支护结构设计应考虑其结构水平变形、地下水的变化对周边环境的水平及竖向变形的影响，并应符合下列规定：

（1）对于安全等级为一级和对周边环境变形有限定要求的二级建筑基坑侧壁，应确定支护结构的水平变形限值，最大水平变形值应满足正常使用要求。

（2）应按邻近建筑结构形式及其状况控制周边地面竖向变形。

（3）当邻近有重要管线或支护结构作为永久性结构时，其水平变形和竖向变形应按满足其正常工作的要求控制。

（4）当无明确要求时，最大水平变形限值：一级基坑为 $0.002h$，二级基坑为 $0.004h$，三级基坑为 $0.006h$（h 为基坑深度）。

第四节　基坑支护设计的主要内容

一、工程概况

在基坑支护设计中，设计的内容主要包括基坑周长、面积、开挖深度、设计使用年限；±0.00 标高、自然地面标高及其相互关系。

二、周边环境条件

（1）邻近建（构）筑物、道路及地下管线与基坑的位置关系。

（2）邻近建（构）筑物的工程重要性、层数、结构形式、基础形式、基础埋深、建设及竣工时间、结构完好情况及使用状况。

（3）邻近道路的重要性、交通负载量、道路特征、使用情况。

（4）地下管线（包括供水、排水、燃气、热力、供电、通信、消防等）的重要性、特征、埋置深度、走向、使用情况。

（5）环境平面图应标注与基坑之间的平面关系及尺寸；条件复杂时，还应画剖面图并标注剖切线及剖面号；剖面图应标注邻近建（构）筑物的埋深、地下管线的用途、材质、规格尺寸、埋深等。

三、工程地质及水文地质条件

（1）与基坑有关的地层描述，包括岩性类别、厚度、工程地质特征等。

（2）含水层的类型，含水层的厚度及顶、底板标高，含水层的富水性、渗透性、补给与排泄条件，各含水层之间的水力联系，地下水位标高及动态变化。

（3）地层简单且分布稳定时，可绘制一个剖面图；对于地层变化较大的场地，宜沿基坑周边绘制地层展开剖面图。图中标明基坑支护设计所需的各有关地层物理力学性质参数，如 γ、c_k、ϕ_k、k 等。

四、设计方案选择

（1）分析工程地质特征，指明应重点注意的地层。

（2）分析地下水特征，明确需进行降水或止水控制的含水层。

（3）分析基坑周边环境特征，预测基坑工程对环境的影响，明确需保护的邻近建（构）筑物、管线、道路等，提出相应的保护措施。

（4）结合上述分析，划分基坑安全等级；基坑周边条件差异较大者，应分段划分其安全等级，各分段可采用不同的支护方式。

根据上述分析，提出可行的支护和地下水控制设计方案，见表 1-4。

表 1-4   支 护 结 构 选 型 表

结构形式	适 用 条 件
排桩或地下连续墙	1. 适于基坑侧壁安全等级一二三级； 2. 悬臂式结构在软土场地中不宜大于 5m； 3. 当地下水位高于基坑底面时，宜采用降水排桩加截水帷幕或地下连续墙
水泥土墙	1. 基坑侧壁安全等级宜为二三级； 2. 水泥土桩施工范围内地基土承载力不宜大于 150kPa； 3. 基坑深度不宜大于 6m
土钉墙	1. 基坑侧壁安全等级宜为二三级的非软弱土层场地； 2. 基坑深度不宜大于 12m； 3. 当地下水位高于基坑底面时应采取降水或截水措施
逆作拱墙	1. 基坑侧壁安全等级宜为二三级； 2. 淤泥和淤泥质土场地不宜采用； 3. 拱墙轴线的矢跨比不宜小于 1/8； 4. 基坑深度不宜大于 12m； 5. 地下水位高于基坑底面时应采取降水或截水措施
放坡	1. 基坑侧壁安全等级宜为三级； 2. 施工场地应满足放坡条件； 3. 可独立或与上述其他结构结合使用； 4. 当地下水位高于坡脚时应采取降水措施

五、支护结构设计

（1）排桩支护：桩型、桩径、桩间距、桩长、嵌固深度及桩顶标高；桩身混凝土强度等级及配筋情况；冠梁的截面尺寸、配筋及顶面标高。

（2）锚杆：锚杆直径、自由段、锚固段及锚杆总长；锚杆间距、倾角、标高及数量；锚杆杆体材质、注浆材料及其强度等级，锚杆与连梁或压板的连接；锚杆轴向拉力设计值、锁定值。

（3）土钉墙：边坡开挖坡率，各层土钉的设置标高，水平、竖向间距；各层土钉直径、长度、倾角、杆体材料规格、注浆材料及其强度等级；面层钢筋网、加强筋、混凝土强度、厚度、土钉与面层的连接方式等。

六、地下水控制设计

基坑降水设计包括降水方法、基坑涌水量、井间距、数量及井位、井径、井深、过滤网、滤料；降水维持时间；地下水位、出水含砂量监测；地面沉降的估算及其对周边环境影响的评价、相应的保护措施；降水设备及连接管线；坑内降水时，降水井与地下室底板的连接方式及防渗处理措施、降水结束后的封井要求等。

基坑截水设计包括截水范围、方法及其工艺参数等。

七、基坑支护施工与质量控制要点

制定施工场地的硬化标准；制定地表水控制要求、地下水控制施工工艺及质量标准；制定土钉墙、护坡桩、锚杆等工艺流程及质量标准；制定土方开挖顺序及要求；制定材料质量及其控制措施；制定人员、机械设备的组织管理要求；制定季节性施工技术措施；制定需特殊处理的工序及注意事项。

八、监控方案与应急预案

（1）监控方案：基坑支护结构及周边环境监测点平面布置图，监控项目的监测方法，基准点、监测点的位置及埋设方式，监测精度，变形控制值、报警值，监测周期及监测仪器设备的名称、型号、精度等级，中间监测成果的提交时间和主要内容。

（2）应急预案：根据基坑周边环境、地质资料及支护结构特点，对施工中可能发生的情况逐一加以分析说明，制定具体可行的应急、抢险方案。

九、计算书

计算书是基坑工程设计中非常重要的组成部分，应包括以下内容：

（1）基坑支护设计参数：基坑深度、地下水位深度、土钉墙放坡角度、超载类型及超载值，基坑侧壁重要性系数等。

（2）基坑相关土层名称及其参数取值，如土层厚度 γ、c_k、φ_k、k 等，土压力计算模式，水土合算或水土分算。

（3）当采用计算软件计算时，应注明所采用的计算机软件名称。

（4）计算结果应包括的内容。

1）排桩：桩径、桩间距、桩长及嵌固深度；最大弯矩及其位置；最大位移及其位置；配筋量及配筋方式；支护结构受力简图。

2）锚杆：自由段、锚固段长度；直径、倾角及杆体材料、数量；受拉承载力设计值。

3）土钉墙：土钉位置及长度；水平向及垂直向间距、直径、倾角及杆体材料及规格；土钉抗拉承载力设计值；土钉墙整体稳定分析验算；必要时进行变形计算。

十、施工图

施工图应包括以下内容。

（1）设计说明。设计使用年限、周边环境设计条件及需要说明的其他事项。

（2）基坑周边环境条件图。建（构）筑物的平面分布、尺寸、基底埋深、使用状况等。道路与基坑之间的平面关系、尺寸，地下管线的用途、材质、管径尺寸、埋深等。

（3）基坑支护平面布置图。

1）支护桩平面布置，应标明桩的编号、桩径、桩间距及平面位置，桩中心线与建筑物边轴线及基础承台或底板外边线的位置关系。

2）锚杆平面布置标明锚杆编号、锚杆间距及平面位置。

3）土钉墙平面布置标明建筑物边轴线、基础边承台或底板边线、基坑开挖上边线、下边线及其与建筑物边轴线的位置关系。

（4）基坑支护结构立面图。排桩立面图标明排桩的布置、冠梁标高、冠梁与上部结构的关系（如土钉墙、砖墙）、锚杆布置及其标高等。

土钉墙立面图标明面层钢筋网、加强筋、土钉的间距及连接方式。

（5）基坑支护结构剖面图及局部大样图。基坑支护结构剖面图应标明自然地面标高、槽底标高、桩顶桩底标高、周围建（构）筑物管线等情况。支护桩的竖向、横向截面配筋图，应标明配筋数量、钢筋布置形式、钢筋规格、级别、保护层厚度等，非对称配筋时应在配筋图上明确标示方向。

冠梁施工图包括梁的截面尺寸、梁顶标高，混凝土强度及配筋图等。

人工挖孔桩应提交护壁设计施工图。当采用钢筋混凝土护壁时，应标明混凝土强度等级及配筋。

锚杆剖面详图标明锚杆设置标高，锚杆自由段、锚固段长度及总长，锚杆直径、倾角及杆体材料、数量，锚杆与连梁或压板的连接等；锚杆施工说明，应对锚杆浆体材料、配比、浆体设计强度、注浆压力及受拉承载力设计值等加以说明；对锚杆的基本试验及验收提出具体要求。

土钉墙剖面图标明自然地面标高，边坡开挖坡率，各层土钉设置标高，各层土钉直径、长度、倾角、杆体材质及面层混凝土强度、厚度等；土钉与面板连接大样图应采用可靠的连接构造形式，依据土钉受力大小，土钉与加强筋宜采用"⌐⌐"型或"L"型焊接，或其他可靠连接形式。土钉墙施工说明应对土钉浆体材料、配比、浆体设计强度等加以说明。

（6）基坑降水平面布置图：标明井的类型、编号、井间距、排水系统及供电系统布设等。

（7）降水井、观测井构造大样图：降水井及观测井结构图标明井的直径，实管、滤水管的长度，井的深度，滤料，过滤网，膨润土的回填深度和标高。

（8）基坑监测点布置平面图。

第五节　建筑基坑工程技术新进展

一、深基坑技术的发展趋势

（1）基坑向着大深度、大面积方向发展，周边环境更加复杂，深基坑开挖与支护的难度愈来愈大。因此，从工期和造价的角度看两墙合一的逆做法将是今后发展的主要方向。但逆做法施工受桩承载力的限制很大，采用逆做法时不能采用一柱一桩，而是一柱多桩，增加了成本和施工难度。如何提高单桩承载力，降低沉降，减少中柱桩（中间支承柱），达到一柱一桩，使上部结构施工速度可以放开限制，从而加快进度，缩短总工期，这将成为今后的研究方向。

（2）土钉支护方案的大量实施，使得喷射混凝土技术得以充分运用和发展。为减少喷射混凝土的回弹量及保护环境的需要，湿式喷射混凝土将逐步取代干式喷射混凝土。

（3）目前，在有支护的深基坑工程中，基坑开挖大多以人工挖土为主，效率不高，今后必须大力研究开发小型、灵活、专用的地下挖土机械，以提高工效，加快施工进度，减少时间效应的影响。

（4）为了减少基坑变形，通过施加预应力的方法控制变形将逐步被推广，另外采用深层搅拌或注浆技术对基坑底部或被动区土体进行加固，也将成为控制变形的有效手段而被推广。

（5）为减小基坑工程带来的环境效应（如因降水引起的地面附加沉降），或出于保护地下水资源的需要，有时基坑采用帷幕形式进行支护。除地下连续墙外，一般采用旋喷桩或深层搅拌桩等工法构筑成止水帷幕。目前，有将水利工程中防渗墙的工法引入到基坑工程中的趋势。

（6）在软土地区，为避免基坑底部隆起，造成支护结构水平位移加大和邻近建（构）筑物下沉，可采用深层搅拌桩或注浆技术对基坑底部土体进行加固，即提高支护结构被动区土体的强度的方法。

二、建筑基坑工程的新技术

近十年来由于各类大型建筑物的大量兴建，基坑支护技术已有很大发展，不仅传统性支护结构的潜力得到很大程度的发挥，尤为重要的是出现了许多深基坑支护的新型结构和新技术。

（一）基坑信息化施工

基坑信息化施工是指充分利用前段基坑开挖监测到的岩土及结构体空间变形等大量信息，通过与勘察、设计的比较和分析，在判断前段设计与施工合理性基础上，反馈分析与修正岩土力学参数，预测后续工程可能出现的新行为与新动态，进行施工设计与施工组织再优化，以指导后续开挖方案、方法、施工，排除险情，实现最佳工程。主要研究的新突破包括：信息工程技术与工程施工信息化、深基坑工程信息化施工、监测手段及信息采集、数据处理技术、安全指标体系与安全性评价等。

（二）基坑开挖时间效应

在软黏土地基中进行的深开挖工程具有时间效应。开挖期间基坑性状的改变是由开挖卸荷所致；而开挖间歇期内的变化一般是由于土体的固结和蠕变所引起的。土体的固结、开挖速率等与时间有关的因素对基坑开挖都将产生影响。开挖问题与岩土工程中其他问题的主要区别在于土方开挖使坑底土体应力处于释放状态，由于卸荷而在坑底土体中产生超静负孔压。另外，挖方通常是分层、分阶段进行的，施工过程和边界条件的改变使其时间问题的研究更加复杂。建立它们的固结和卸荷与时间的关系，对在软土中进行深基坑开挖具有指导意义。

（三）人工地层冻结技术

人工地层冻结是利用低温盐水或液氮，降低地层温度，将天然岩土变成冻土，形成强度高、不透水的临时冻结加固体。人工地层冻结是一种环保型工法，地层冻结仅仅是将地层中的水变成冰，所加固地层最终要恢复到原始状况，因此能够保障地下水不受污染、保护城市地下地质结构的完整性。

冻结法最早于 1883 年被 F. H. Poetsch 采用，此后在西方许多国家相继得到应用，已被广泛用于地层加固和地下水控制，诸如矿山井筒、市政隧道和地铁隧道等工程。我国于1955 年在开滦煤矿林西风井首次使用冻结法，至今已利用冻结法建成煤矿立井 500 多个，总延米超过 70 000m。20 世纪 20 年代后期，冻结法在北京、上海、广州和南京等地的地下工程施工中，得到广泛应用，发挥了该工法自身的优势和特点，取得了良好的效果。

（四）挤扩支护桩

这是一种新型基坑支护桩，挤扩支盘支护桩是在桩体下端或中下部形成扩大的支承部分，与普通悬臂支护桩相比较，挤扩支盘支护桩的嵌固深度可减小 15％～30％，弯矩分布比较均匀；最大弯矩可减小 40％～80％；桩顶总位移减小 30％～60％；支护高度可增加20％～30％，挤扩支盘支护桩有着明显的技术优势和经济效益，并能降低风险，为中等深度基坑工程提供了一种经济合理的支护手段。

（五）非圆形大断面灌注桩

非圆形大断面灌注桩，是采用液压抓斗机、吊车、搅拌机及测试仪等装置，现场放线、挖孔、测试、吊放钢筋笼并浇筑混凝土，成桩的断面可为长条形、十字形、T 形、拐角形和口字形等，断面面积为 $1.5\sim8.0m^2$，桩深为 $10\sim60m$。它与现有技术相比，具有断面大、摩阻力大；施工噪音小、对环境污染少；工期短、工程量减少；发挥投资效益快等优点，适用于高层建筑物、各种大中型桥梁以及水利水电、矿山等的大断面承载桩和护坡桩。

思 考 题

1-1 什么是基坑工程？基坑工程主要的研究内容是什么？

1-2 基坑工程有何特点？

1-3 基坑支护结构是如何分级的？

1-4 基坑支护如何分类？各自的适用范围是什么？

1-5 基坑支护设计主要包括哪些内容？

1-6 基坑工程技术有哪些新进展？

第二章 基 坑 开 挖 技 术

第一节 基坑工程开挖的基本要求与方法综述

当前许多工程建设迫切需要建设地下空间，但是由于地基的稳定性、支护结构的内力和变形、地层的位移、对周围建筑物及地下管线的保护计算分析等，目前基坑开挖仍具有许多不确定因素，是综合性极强、难度大的一类工程。

现行的相关国内规范有 JGJ 120—2012、GB 50202—2002、GB 5007—2011《建筑地基基础设计规范》、JGJ 79—2012《建筑地基处理技术规范》等。

一、基坑工程开挖的基本要求

基础开挖应准确测定基础轴线、边线位置及标高，并根据地质水文资料及现场具体情况，决定坑壁开挖坡度或支护方案，做好防水、排水工作。基坑开挖的深度一般稍大于基础埋深，视对基底处理的要求而定。坑底应在基础的襟边之外每边各增加 0.3～0.6m 的宽度，为基坑的支护和排水留有必要的空地。具体要求如下：

（1）基坑开挖工程应合理选择施工方案，基坑开挖方案主要应包括开挖方法、开挖时间、土方开挖顺序、坡道位置设定、运输车辆行走路线、开挖监测方案，以及对支护结构及周边环境需采取的保护措施等。

（2）施工中如发现有文物或古墓等应妥善保护，并应立即报请当地有关部门处理后，方可继续施工。

（3）在敷设有地上或地下管道、光缆、电缆、电线的地段进行土方施工时，应事先取得管理部门的书面同意，施工时应采取措施，以防损坏。

（4）基坑开挖工程应在定位放线后，方可施工。

（5）基坑开挖工程施工应进行土方平衡计算，按照土方运距最短、运程合理和各个工程项目的施工顺序做好调配，减少重复搬运。土方开挖应符合分层、分段、适时的原则，严禁超挖。

（6）对基坑边界周围地面、槽底应采取有效的截排水措施，防止漏水、渗水流入坑内。对渗漏水应及时排出，避免在基坑内长期聚积。

（7）基坑周边严禁超堆荷载。

（8）基础结构完成后，应及时对施工坑槽进行回填，回填时应采用分层夯实，并应满足设计密实度的要求。回填土必须使用符合条件要求的土，不得用腐殖土、冻土。

土质较好，开挖不深，周围无邻近建筑物的基坑有可能采用局部或全深度的放坡开挖方法。

放坡开挖宜对坡面采取保护措施，如水泥砂浆抹面、塑料薄膜覆盖、挂铁丝网喷浆等。放坡开挖基坑必然增加土方量，多占场地。一般在开挖深度不深，周围环境允许的条件下使用。

二、基坑开挖方案

支护结构方案直接决定了基坑开挖方案，支护结构方案的选择应根据基坑周边环境限制、开挖深度、工程地质与水文地质条件、施工工艺及设备条件、周边相近条件基坑的经验、施工工期及施工季节等条件，选择排桩、地下连续墙、土钉墙、放坡及组合形式等支护结构形式。常见基坑开挖与支护方法分类如下。

（一）浅基坑开挖

1. 浅基坑开挖的工艺流程

浅基坑开挖的工艺流程如图 2-1 所示。

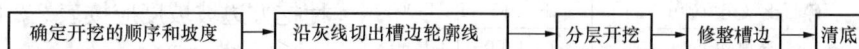

确定开挖的顺序和坡度 → 沿灰线切出槽边轮廓线 → 分层开挖 → 修整槽边 → 清底

图 2-1 浅基坑开挖的工艺流程图

2. 浅基础开挖使用的主要机具

铲运机、推土机、尖头和平头铁锹、手锤、手推车、梯子、铁镐、撬棍、钢尺、坡度尺、小线或 20 号铅丝等。

3. 开挖前的准备

土方开挖前，应调查地下管线等障碍物，并应根据施工方案的要求，将施工区域内的地上、地下障碍物清除和处理完毕。场地表面要清理平整，做好排水坡度，在施工区域内，要挖临时性排水沟。

建筑物或构筑物的位置或场地的定位控制线（桩），标准水平桩及基槽的灰线尺寸，必须经过检验合格，并办完预检手续。

4. 土方边坡的确定

土方边坡用边坡坡度和坡度系数表示。其大小主要与土质、开挖深度、开挖方法、边坡留置时间的长短、坡顶荷载状况、降排水情况及气候条件等有关。

（1）在天然湿度的土中，开挖基坑（槽）和管沟时，当挖土深度不超过下列数值的规定时，可不放坡，不加支撑。

1）密实、中密的砂土和碎石类土（充填物为砂土）：—1.0m。

2）硬塑、可塑的黏质粉土及粉质黏土：—1.25m。

3）硬塑、可塑的黏土和碎石类土（充填物为黏性土）：—1.5m。

4）坚硬的黏土：—2.0m。

（2）超过上述规定深度，在 5m 以内时，当土具有天然湿度，构造均匀，水文地质条件好，且无地下水，不加支撑的基坑（槽）和管沟，必须放坡。边坡最大坡度应符合表 2-1 的规定。

表 2-1　　　　　　　　　各类土的边坡坡度（深度小于5m）

序号	土的名称	边坡坡度（高：宽）		
		坡顶无荷载	坡质有静载	坡顶有动载
1	中密的砂土	1：1.00	1：1.25	1：1.50
2	中密的碎石类土（充填物为砂土）	1：0.75	1：1.00	1：1.25
3	硬塑的轻亚黏土	1：0.67	1：0.75	1：1.00
4	中密的碎石类土（充填物为黏性土）	1：0.50	1：0.67	1：0.75
5	硬塑的亚黏土、黏土	1：0.33	1：0.50	1：0.67
6	老黄土	1：0.10	1：0.25	1：0.33
7	软土（经井点降水后）	1：1.00		

根据基础和土质及现场出土等条件，要合理确定开挖顺序，然后再分段分层平均开挖。

表 2-2 各类土的临时性挖方边坡坡度（深度 5～10m）

序 号	土的类别		边坡坡度（高：宽）
1	砂土（不包括细砂、粉砂）		1：1.25～1：1.15
2	一般黏性土	坚硬	1：0.75～1：1.00
3		硬塑	1：1.0～1：1.25
4	碎石土（充填砂土）		1：0.5～1：1.00
5	充填砂土		1：1.00～1：1.50

注 当有成熟经验时，可不受本表限制。

（3）对于使用时间较长的临时性挖方边坡坡度，应根据工程地质和边坡高度，结合当地同类土体的稳定坡度值确定。如地质条件好，土（岩）质较均匀，高度在 10m 以内的临时性挖方边坡坡度应按表 2-2 确定。

5. 土方开挖

土方开挖宜从上到下分层分段依次进行。随时作成一定坡势，以利泄水。

（1）在开挖过程中，应随时检查槽壁和边坡的状态。深度大于 1.5m 时，根据土质变化情况，应做好基坑（槽）或管沟的支撑准备，以防塌陷。

（2）开挖基坑（槽）和管沟，不得挖至设计标高以下，如不能准确地挖至设计基底标高时，可在设计标高以上暂留一层土不挖，以便在抄平后，由人工挖出。

暂留土层：一般铲运机、推土机挖土时，为 0.2m 左右；挖土机用反铲、正铲和拉铲挖土时，为 0.3m 左右为宜。

（3）在机械施工挖不到的土方，应配合人工随时进行挖掘，并用手推车把土运到机械挖到的地方，以便及时用机械挖走。

6. 修帮和清底

在距槽底设计标高 0.5m 槽帮处，抄出水平线，钉上小木橛，然后用人工将暂留土层挖走。同时由两端轴线（中心线）引桩拉通线（用小线或铅丝），检查距槽边尺寸，确定槽宽标准，以此修整槽边，最后清除槽底土方。

（1）槽底修理铲平后，进行质量检查验收。

（2）开挖基坑（槽）的土方，在场地有条件堆放时，一定留足回填需用的好土；多余的土方，应一次运走，避免二次搬运。

7. 注意事项

（1）土方开挖一般不宜在雨季进行，否则工作面不宜过大，应逐段、逐片分期完成。

（2）雨期施工在开挖基坑（槽）或管沟时，应注意边坡稳定。必要时可适当放缓边坡坡度，或设置支撑。同时应在坑（槽）外侧围以土堤或开挖水沟，防止地面水流入。经常对边坡、支撑、土堤进行检查，发现问题要及时处理。

（3）土方开挖不宜在冬期施工。如必须在冬期施工时，其施工方法应按冬施方案进行。

（4）采用防止冻结法开挖土方时，可在冻结以前，用保温材料覆盖或将表层土翻耕耙松，其翻耕深度应根据当地气温条件确定，一般不小于 0.3m。

（5）开挖基坑（槽）或管沟时，必须防止基础下基土受冻，应在基底标高以上预留适当厚度的松土，或用其他保温材料覆盖。如遇开挖土方引起邻近建筑物或构筑物的地基和基础暴露时，应采取防冻措施，以防产生冻结破坏。

夜间施工时，应合理安排工序，防止错挖或超挖。施工场地应根据需要安装照明设施，在危险地段应设置明显标志。

开挖低于地下水位的基坑（槽）、管沟时，应根据当地工程地质资料，采取措施降低地下水位，一般要降至低于开挖底面的 0.5m，然后再开挖。

开挖基坑（槽）的土方，在场地有条件堆放时，一定留足回填需用的好土，多余的土方应一次运至弃土处，避免二次搬运。

（二）深基坑开挖

深基坑的开挖，是一项集降水、开挖与支撑三者交叉施工的综合工程，一定要按照事先设计的工况要求和施工组织设计要求精心施工。土方开挖的顺序和方法必须与设计工况相一致，并遵循"开槽支撑，先撑后挖，严禁超挖"的原则。应当尽量缩短基坑无支撑暴露的时间。对一、二级基坑，在每一工况下挖至设计标高后，钢支撑安装周期不宜超过一昼夜，钢筋混凝土支撑的完成时间不宜超过两昼夜，必要时在混凝土中可掺早强剂。

深基坑工程采用机械挖土时，严禁挖土机械碰撞支撑、立柱、井点管、围护结构和工程桩。除设计允许外，挖土机械和运土车辆不得直接在支撑上行走操作。机械挖土挖至坑底标高以前应保留 0.2～0.3m 厚的基土，然后用人工挖除整平，并防止坑底土受扰动。

基坑土方不宜用水力机械开挖，因采用水力开挖易使基坑土体含水量增加，强度降低，不利于边坡和坑底稳定。

同一基坑当有深浅不同的部分时，土方开挖宜先从浅基坑开始。对相邻两个同时施工的基坑工程，土方宜先从深基坑开始，待深基坑底板浇筑后，再开始挖另一个较浅基坑的土方。对基坑中局部加深的电梯井、水池等，在土方开挖前，应对其边坡作必要的加固处理。

对面积较大的基坑，挖土宜采用分块、分区、对称开挖，以及分区安装支撑的方法。土方挖至设计标高后，应立即浇筑垫层。对桩顶超过设计标高的桩头应在垫层浇筑后处理。

对面积很大的基坑，当不宜设置直接对称的水平支撑时，可采用中心岛式开挖法（图 2-2），即先挖基坑中间部分的土方，并留有运土卡车和吊机下基坑的临时道路。待中心岛基础结构完成后，再在设计斜撑处挖沟设斜撑，对称地撑在基础结构上，然后再进行四周开挖，扩大底板及基础。

图 2-2 中心岛开挖法——先开挖中心

中心岛式开挖，其周边土堤边坡要满足稳定要求。必须保留足够大的土堤和相对平缓的边坡坡度，以保证围护结构在侧压力作用下的受力平衡和边坡自身的稳定。土坡的坡度和坡顶的宽度应经计算确定。采用中心岛式开挖应特别注意斜撑受力均匀，尽量做到对称同步架设。

当基础平面长宽比较接近且设计采用环形边撑或角撑时，由于基坑中间留有大面积无支撑空间，则采用预留中心土墩的方法，即先挖周边支撑下的土方，最后挖中心土墩的土方。此时，不仅土方开挖方便，且有利于多台挖土机接驳运土，见图 2-3。

图 2-3 预留中心土墩法——先开挖四周或两侧

对条形基坑或较窄的基坑，可采用钢管对撑，其间距不小于 3m，以使抓土斗可以进入挖土。采用条形开挖法，基坑变形小，可逐段支撑，也可筑垫层，以逐步形成整体刚度。此法还可用于环境保护要求高，需要严格控制变形的基坑。

在平面形状不规则的基坑或有多处窄端的区域内，可采取区域开挖法，分区成撑、筑垫层，逐渐形成整体刚度，并考虑总体均匀对称的原则。

1. 定位

对定位标准桩、轴线引桩、标准水准点、龙门板等，挖运土时不得撞碰或在龙门板上休息。并应经常测量和校核其平面位置、水平标高和边坡坡度是否符合设计要求。定位标准桩和标准水准点也应定期复测和检查是否正确。

2. 开挖

土方开挖时，应防止邻近建筑物或构筑物、道路、管线等发生下沉和变形。必要时应与设计单位或建设单位协商，采取防护措施，并在施工中进行沉降或位移观测。

如发现有测量用的永久性标桩或地质、地震部门设置的长期观测点等，应加以保护。

3. 事故处理措施

(1) 基底超挖。开挖基坑（槽）管沟不得超过基底标高。如个别地方超挖时，其处理方法应取得设计单位的同意，不得私自处理。

(2) 基底未保护。基坑（槽）开挖后应尽量减少对基土的扰动。如遇基础不能及时施工时，可在基底标高以上预留 0.3m 土层不挖，待做基础时再挖。

(3) 施工顺序不合理。应严格按施工方案规定的施工顺序进行土方开挖施工，应注意宜先从低处开挖，分层、分段依次进行，形成一定坡度，以利排水。

(4) 施工机械下沉。施工时必须了解土质和地下水位情况。推土机、铲运机一般需要在地下水位 0.5m 以上推铲土；挖土机一般需要在地下水位以上挖土，以防机械自重下沉。正铲挖土机挖方的台阶高度，不得超过最大挖掘高度的 1.2 倍。

(5) 开挖尺寸不足，边坡过陡。基坑（槽）或管沟底部的开挖宽度和坡度，除应考虑结构尺寸要求外，应根据施工需要增加工作面宽度，如排水设施、支撑结构等所需的宽度。

(6) 雨季施工。雨季施工时，基槽、坑底应预留 0.3m 土层，在打混凝土垫层前再挖至设计标高。

4. 质量检验

对于建筑物或构筑物的基础、坑（槽）底基土质量可运用钎探检查。

(1) 钎探的材料及主要机具。一般选用中砂，主要机具为：

人工打钎：一般钢钎，用直径 22～25mm 的钢筋制成，钎头呈 60° 尖锥形状，钎长 1.8～2.0m；8～10 磅大锤。

机械打钎：轻便触探器（北京地区规定必用）。其他机具及工具还有麻绳或铅丝、手推车、撬棍（拔钢钎用）和钢卷尺等。

(2) 作业条件。基土已挖至基坑（槽）底设计标高，表面应平整，轴线及坑（槽）宽、长均符合设计图纸要求。根据设计图纸绘制钎探孔位平面布置图。合理地安排钎探顺序，防止错打或漏打。钎杆上预先划好 0.3m 横线。

(3) 工艺流程。钎探的工艺流程如图 2-4 所示。

按钎探孔位置平面布置图放线；孔位钉上小木桩或洒上白灰点；就位打钎。

人工打钎：将钎尖对准孔位，一人扶正钢钎，一人用大锤打钢钎的顶端；锤举高度一般为 0.5～0.7m，将钎垂直打入土层中。

机械打钎：将触探杆尖对准孔位，再把穿心锤套在钎杆上，扶正钎杆，拉起穿心锤，使其自由下落，锤距为 0.5m，把触探杆垂直打入土层中。

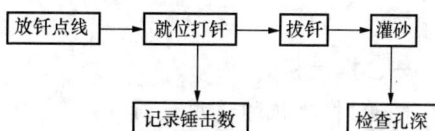

图 2-4　钎探的工艺流程

记录锤击数。钎杆每打入土层 0.3m 时，记录一次锤击数。钎探深度如设计无规定时，一般按表 2-3 执行。

拔钎：用麻绳或铅丝将钎杆绑好，留出活套，套内插入撬棍或铁管，利用杠杆原理，将钎拔出。每拔出一段将绳套往下移一段，依次类

表 2-3　钎探孔排列方式　　　　　　　　　m

类　型		间 距	深 度
槽宽	小于 0.80 中心一排	1.5	1.5
	0.80～2 两排错开	1.5	1.5
	大于 0.20 梅花型	1.5	2.0
柱基	梅花型	1.5～2.0	1.5
			并且不浅于短边

推，直至完全拔出为止。

移位：将钎杆或触探器搬到下一孔位，以便继续打钎。

灌砂：打完的钎孔，经过质量检查人员和有关工长检查孔深与记录无误后，即可进行灌砂。灌砂时，每填入 30cm 左右可用木棍或钢筋棒捣实一次。灌砂有两种形式，一种是每孔打完或几孔打完后及时灌砂；另一种是每天打完后，统一灌砂一次。

整理记录：按钎孔顺序编号，将锤击数填入统一表格内。经打钎人员和技术员签字后归档。

（三）土壁支撑

深基坑开挖采用放坡无法保证施工安全或现场无放坡条件时，一般采用支护结构临时支挡，以保证基坑的土壁稳定。土壁支撑的方法，根据工程特点、土质条件、开挖深度、地下水位和施工方法等的不同，可分为以下几种。

1. 透水挡土结构

常用的透水挡土结构一般有：H 型钢（工字钢）桩加横插板挡土、间隔式（疏排）混凝土灌注桩加钢丝网水泥抹面护壁、密排式混凝土灌注桩（或预制桩）、双排灌注桩、连拱式灌注桩挡土、桩墙合一（地下室逆做法）、土钉支护、插筋补强支护。

2. 止水挡土结构

常用的止水挡土结构一般有：地下连续墙、深层搅拌水泥土墙、密排桩间加高压喷射水泥注浆桩或化学注浆桩、钢板桩。

3. 支撑部分

常用的支撑结构一般有：自立式（悬臂）支护、锚拉式支护、土层锚杆、钢管（型钢）水平支撑（或斜撑）、环梁支撑法。

第二节　土方机械化开挖机械设备

土方工程施工机械的种类很多，有推土机、铲运机、挖土机、装载机和各种碾压、夯实

机械等。

一、推土机

（一）推土机的适用范围

推土机（见图 2-5）是在拖拉机上安装推土板等工作装置而成的机械。开挖的基本作业是铲土、运土和卸土三个工作行程和空载回驶行程，多用于场地清理和平整，开挖深度 1.5m 以内的基坑，填平沟坑，以及配合铲运机、挖土机工作等。在推土机后面可安装松土装置，也可拖挂羊足碾进行土方压实工作。

按照土的组成、开挖难易程度可将土分成四个类别：一类土指砂、腐殖土等。二类土指黄土类、软盐渍土和碱土、松散而软的砾石、掺有碎石的砂和腐殖土等。一、二类土的坚固系数较低（0.5～0.8），用尖锹，少数用镐即可开挖。三类

图 2-5　东方红推土机

土指黏土或冰黏土、重壤土、粗砾石、干黄土或掺有碎石的自然含水量黄土等，土的坚固系数为 0.81～1.0，须用尖锹与镐共同开挖。四类土指硬黏土、含碎石的重壤土、含巨砾的冰碛黏土、泥板岩等，土的坚固系数达 1.0～1.5，土的开挖须用尖锹、镐和撬棍同时进行。

推土机可以推挖一～三类土，四类土以上需经预松后才能作业。

（二）常用施工方法

推土机的生产率主要决定于推土刀推移土的体积及切土、推土、回程等工作的循环时间。为了提高推土机的生产率，缩短推土时间和减少土的失散，常用以下几种施工方法。

1. 下坡推土

在斜坡上，推土机顺下坡方向切土与推运，借助机械本身向下的重力作用切土，增加推土能力和缩短推土时间，一般可提高生产效率 30%～40%。但推土坡度应在 15°以内，以免后退时爬坡困难。

2. 并列推土

平整场地的面积较大时，可用 2～3 台推土机并列作业。铲刀相距 150～300mm，以减少土体漏失量。一般采用两机并列推土可增大推土量 15%～30%，但平均运距不宜超过50～70m，且不宜小于 20m，适合于大面积场地平整和运送土用。

3. 槽形推土

推土机重复多次在一条作业线上切土和推土，使地面逐渐形成一条浅槽，以减少土从铲刀两侧流散，可以增加推土量 10%～30%。槽深 1m 左右为宜，土埂宽约 0.5m。当推出多条槽后，再从后面将土推入槽中运出。适合于运距较远，土层较厚时使用。

4. 多铲集运

在硬质土中，切土深度不大，可以采用多次铲土，分批集中，一次推送的方法，以便有效地利用推土机的功率，缩短运土时间。堆积距离不宜大于 30m，推土高度以 2m 内为宜，可提高生产效率 15% 左右。适合于运送距离较远，土质坚硬或长距离分段送土时采用。

5. 铲刀附加侧板

在铲刀两侧加装侧板，以增加铲刀前的推土量和减少推土漏失量。适合于运送疏松土

壤，运距较远时采用。

采用推土机开挖大型基坑（槽）时，一般应从两端或顶端开始（纵向）推土，把土推向中部或顶端，暂时堆积，然后再横向将土推离基坑（槽）的两侧。

二、铲运机

（一）铲运机的适用范围

铲运机（见图 2-6）是一种能独立完成铲土、运土、卸土、填筑、整平的土方机械。在土方工程中常应用于大面积场地平整、开挖大型基坑、填筑堤坝和路基等。最适宜于开挖含水量不超过 27% 的松土和普通土，密实土（三类土）和砂砾密实土（四类土）需用松土机预松后才能开挖。

图 2-6　XG-951 型铲运机

（二）铲运机的开行路线

铲运机运行路线应根据填方、挖方区的分布情况并结合当地具体条件进行合理选择。主要有环形路线和"8"字形路线两种形式。

1. 环形路线

这是一种简单又常用的路线。当地形起伏不大，施工地段较短时，多采用环形路线。根据铲土与卸土的相对位置不同，分为两种情况，每一循环只完成一次铲土和卸土。当挖填交替且挖填方之间的距离又较短时，则可采用大循环路线。一个循环能完成多次铲土和卸土，可减少铲运机的转弯次数，提高工作效率。采用环形路线，为了防止机件单侧磨损，应每隔一定时间按顺、反时针方向交换行驶，避免仅向一侧转弯，如图 2-7（a）、（b）、（c）所示。

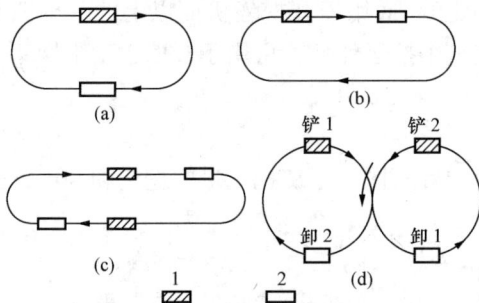

图 2-7　铲运机开行路线

（a）、（b）环行路线；（c）大环行路线；
（d）"8"字形路线
1—铲土；2—卸土

2. "8"字形路线

装土、运土和卸土，轮流在两个工作面上进行，每一循环完成两次铲土和两次卸土作业。这种运行路线，装土、卸土沿直线开行，上下坡时斜向行驶，比环形路线运行时间短，减少了转弯次数和空驶距离。同时每次循环两次转弯方向不同，可避免机械行驶时的单侧磨损。适用于取土坑较长（300～500m）的路基填筑或地形起伏较大的场地平整，如图 2-7（d）所示。

（三）常用施工方法

常用施工方法有下坡铲土法、跨铲法和助铲法等。

生产效率主要决定于铲斗装土容量及铲土、运土、卸土和回程的工作循环时间。为了提高铲运机的生产率，还应根据施工条件采取不同施工方法，以缩短装土时间。

1. 下坡铲土法

铲运机顺地形进行下坡铲土，借助铲运机的重力，加深铲斗切土深度，缩短铲土时间，可提高生产率 25% 左右。一般地面坡度 3°～9° 为宜。平坦地形可将取土段的一端先铲低，然后保持一定坡度向后延伸，人为创造下坡铲土条件。该方法适合于斜坡地形大面积场地平整或推土回填沟渠用。

2. 跨铲法

在较坚硬的土内挖土时，可采用间隔铲土，预留土埂的方法。这样，铲运机在间隔铲土时由于形成一个土槽，可减少向外撒土量；铲土埂时增加了两个自由面，阻力减小，达到"铲土快，铲土满"的效果。一般土埂高不大于300mm，宽度不大于拖拉机两履带间的净距。该方法适合于对较坚硬的土进行铲土、回填或场地平整。

3. 助铲法

在坚硬的土层中铲土时，使用自行式铲运机，另配一台推土机在铲运机的后拖杆上进行顶推，以加大铲刀切土能力，缩短铲土时间，可提高生产率30%左右。推土机在助铲的空隙可兼作松土或平整工作，为铲运机创造作业条件。此法的关键是铲运机和推土机的配合，一般一台推土机可配合3~4台铲运机助铲。该方法适合于地势平坦、土质坚硬、长度和宽度均较大的大型场地平整工程。

采用铲运机开挖大型基坑（槽）时，应纵向分行、分层按照坡度线向下铲挖，但每层的中心线地段应比两边稍高一些，以防积水。

三、正铲挖土机

（一）正铲挖土机的适用范围

正铲挖土机的挖土特点是"前进向上，强制切土"。适用于开挖停机面以上的一~四类土和经爆破的岩石、冻土。与运土汽车配合能完成整个挖运任务，可用于开挖大型干燥基坑及土丘等。

（二）正铲挖土机的开挖方式

根据挖土机的开挖路线与配套的运输工具相对位置不同，正铲挖土机的挖土和卸土方式有以下两种。

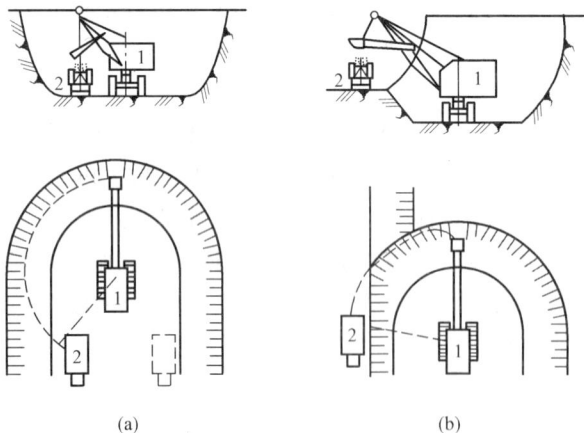

图 2-8 正铲挖土机开挖方式
（a）正向开挖、后方卸土；（b）正向挖土、侧向卸土
1—正铲挖土机；2—自卸汽车

1. 正向挖土、后方卸土

挖土机沿前进方向挖土，运输工具停在挖土机后方装土，俗称正向开挖法［见图2-8（a）］。这种作业方式的工作面较大，但挖土机卸土时铲臂回转角度大，运输车辆要倒车驶入，增加工作循环时间，生产效率降低（回转角度180°，效率降低约23%；回转角度130°，效率降低约13%）。一般只宜用于开挖工作面较狭窄且较深的基坑（槽）、沟渠和路堑等。

2. 正向挖土、侧向卸土

挖土机沿前进方向挖土，运输工具在挖土机一侧开行和装土，俗称侧向开挖法［见图2-8（b）］。采用这种作业方式，挖土机卸土时铲臂回转角度小，装车方便，循环时间短，生产效率高而且运输车辆行驶方便，避免了倒车和小转弯，因此应用最广泛。

用于开挖工作面较大，高差不大的边坡、基坑（槽）、沟渠和路堑等。

由于正铲挖土机作业于坑下，无论采用哪种卸土方式，都应先挖掘出口坡道，坡道的坡度为 $1:7\sim1:10$。

（三）正铲挖土机的施工方法

正铲挖土机的常用施工方法有分层开挖法、多层挖土法、中心开挖法、上下轮换开挖法、顺铲开挖法和间隔开挖法等。

1. 分层开挖法

将开挖面按机械的合理高度分为多层开挖，当开挖面高度不能成为一次挖掘深度的整数倍时，则可在挖方的边缘或中部先开挖一条浅槽作为第一次挖土运输的路线，然后再逐次开挖直至基坑底部。该方法适合在开挖大型基坑或沟渠，工作面高度大于机械挖掘的合理高度时采用。

2. 多层挖土法

将开挖面按机械的合理开挖高度，分为多层同时开挖，以加快开挖速度，土方可以分层运出，亦可分层递送至最上层（或下层）用汽车运出。但两台挖土机沿前进方向，上层应先开挖，与下层保持 $30\sim50$m 距离。适用于开挖高边坡或大型基坑。

3. 中心开挖法

正铲挖土机先在挖土区的中心开挖，当向前挖至回转角度超过 $90°$ 时，则转向两侧开挖，运土汽车按八字形停放装土。本法开挖移位方便，回转角度小（$<90°$），挖土区宽度宜在 40m 以上，以便于汽车靠近正铲装车。该方法适用于开挖较宽的山坡地段或基坑、沟渠等。

4. 上下轮换开挖法

先将土层上部 1m 以下土挖深 $0.3\sim0.4$m，然后再挖土层上部 1m 厚的土，如此上下轮换开挖。本法挖土阻力小，易装满铲斗，卸土容易。该方法适合在土层较高，土质不太硬，铲斗挖掘距离很短时使用。

5. 顺铲开挖法

正铲挖掘机铲斗从一侧向另一侧，一斗挨一斗地顺序进行开挖。每次挖土增加一个自由面，使阻力减小，易于挖掘。也可依据土质的坚硬程度使每次只挖 $2\sim3$ 个斗牙位置的土。该方法适合在土质坚硬，挖土时不易装满铲斗，而且装土时间长时采用。

6. 间隔开挖法

在扇形工作面上第一铲与第二铲之间保留一定距离，使铲斗接触土体的摩擦面减少，两侧受力均匀，铲土速度加快，容易装满铲斗，生产效率高。该方法适用于开挖土质不太硬、较宽的边坡或基坑、沟渠等。

四、反铲挖土机

（一）反铲挖土机的适用范围

反铲挖土机的挖土特点是"后退向下，强制切土"。能开挖停机面以下的一～三类土，适用于开挖深度不大的基坑、基槽或管沟等及含水量大或地下水位较高的土方。反铲挖土机可以与自卸汽车配合，装土运走，也可弃土于坑槽附近。

（二）反铲挖土机的施工方法

根据挖土机的开挖路线与配套的运输工具相对位置不同，反铲挖土机的作业方式有以下两种。

1. 沟端开挖

挖土机停在基槽（坑）的一端，向后倒退着挖土，汽车停在两旁装车运土，也可直接将土甩在基槽（坑）的两边堆土［见图 2-9（a）］。此法的优点是挖掘宽度不受挖土机械最大挖掘半径的限制，铲臂回转半径小，开挖的深度可达到最大挖土深度。单面装土时，沟端开挖的工作面宽度为 $1.3R$（R 为反铲最大挖土半径），双面装车时为 $1.7R$。当基坑宽度超过 $1.7R$ 时，可分次开挖或按"之"字形路线开挖。

2. 沟侧开挖

挖土机沿沟槽一侧直线移动，边走边挖，运输车辆停在机旁装土或直接将土卸在沟槽的一侧［见图 2-9（b）］。卸土时铲臂回转半径小，能将土弃于距沟边较远的地方，但挖土宽度（一般为 $0.8R$）和深度较小，边坡不易控制。由于机身停在沟边工作，边坡稳定性差。因此只在无法采用沟端开挖方式或挖出的土不需运走时采用。

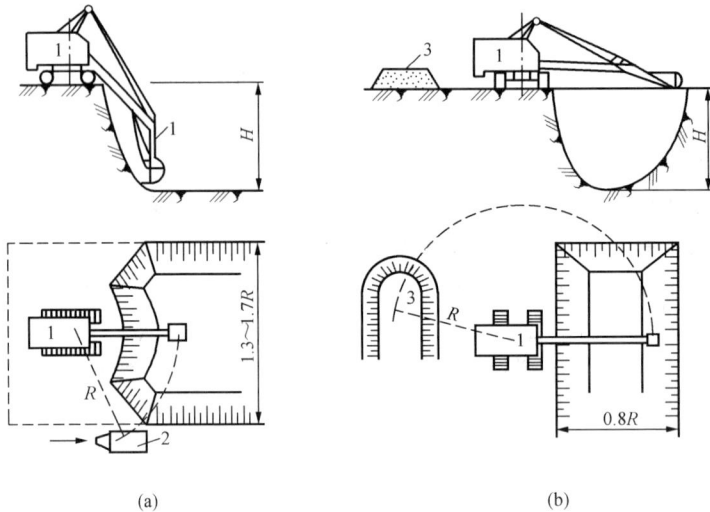

图 2-9 反铲挖土机开挖方式与工作面

(a) 沟端开挖；(b) 沟侧开挖

1—反铲挖土机；2—自卸汽车；3—弃土堆

（三）反铲挖土机的施工方法

反铲挖土机的常用施工方法有分条开挖法、分层开挖法、沟角开挖法和多层接力开挖法等。

1. 分条开挖法

当基坑开挖宽度较大，挖土机不能一次覆盖时，可采用分条开挖法。分条宽度：当接近反铲挖土机实际最大挖土深度时，靠边坡的一侧为 $(0.8 \sim 1.0)R$（R 为反铲最大挖土半径），中间地带为 $(1 \sim 1.3)R$。挖土机的施工顺序和开行路线既要考虑汽车的装卸位置及行驶路线，又要考虑收尾工作方便。

2. 分层开挖法

当基坑开挖深度大于反铲最大挖土深度时，可采用分层开挖法。分层原则是：上层尽量要浅，层底不要在滞水、淤泥及其他软弱土层上。分层挖土需要开运土坡道，宽度一般为 $3 \sim 5$m，坡度根据分层深度及汽车性能，一般层深在 2m 以内时，坡道坡度为 $1:3 \sim 1:5$；

层深在 5m 以内时，坡度为 1∶6～1∶7；层深超过 5m 时，坡度为 1∶10。坡道开挖方式通常有内坡道、外坡道和内外结合坡道等三种形式。

3. 沟角开挖法

反铲挖土机位于沟前端的边角上，随着沟槽的掘进，机身沿着沟边往后作"之"字形移动。臂杆回转角度平均在 45° 左右，机身稳定性好，可挖较硬的土体，并能挖出一定的坡度。适于开挖土质较硬、坡度较小的沟槽（坑）。

4. 多层接力开挖法

用两台或多台挖土机设在不同作业高度上同时挖土，边挖土，边将土传递到上层，由地表挖土机连挖土带向运土汽车装土；上部可用大型反铲挖土机，中、下层用大型或小型反铲挖土机进行挖土和装土，均衡连续作业。一般两层挖土可挖深 10m，三层可挖深 15m 左右。此法开挖较深基坑，可一次开挖到设计标高，一次完成土方开挖，可避免汽车在坑下作业，提高生产效率，且不必设专用坡道。适于开挖土质较好、深 10m 以上的大型基坑、沟槽和渠道。

五、拉铲挖土机

（一）拉铲挖土机的适用范围

拉铲挖土机的挖土特点是"后退向下，自重切土"。能开挖停机面以下的一～二类土，适用于开挖较深较大的基坑（槽）、沟渠，挖取水中泥土及填筑路基、修筑堤坝等。拉铲挖土机大多将土直接卸在基坑（槽）附近堆放，或配备自卸汽车装土运走，但工效较低。

（二）拉铲挖土机的开挖方式

拉铲挖土机的开挖方式有沟端开挖和沟侧开挖两种。

1. 沟端开挖

拉铲挖土机停在沟端，倒退着沿沟纵向开挖［见图 2-10（a）］。开挖宽度可以达到机械挖土半径的两倍，能两面出土，汽车停放在一侧或两侧，装车角度小，坡度较易控制，并能开挖较陡的坡。适于就地取土填筑路基及修筑堤坝等。

2. 沟侧开挖

拉铲挖土机停在沟侧，沿沟横向开挖，顺沟边与沟平行移动，如沟槽较宽，可在沟槽的两侧开挖［见图 2-10（b）］。这种方法开挖宽度和深度均较小，一次开挖宽度约等于挖土半径，且开挖边坡不易控制。适于开挖就地堆放的基坑、槽及填筑路堤等工程。

（三）常用施工方法

常用施工方法有三角开挖法、分段开挖法、分层开挖法、顺序挖土法、转圈挖土法和扇形挖土法等。

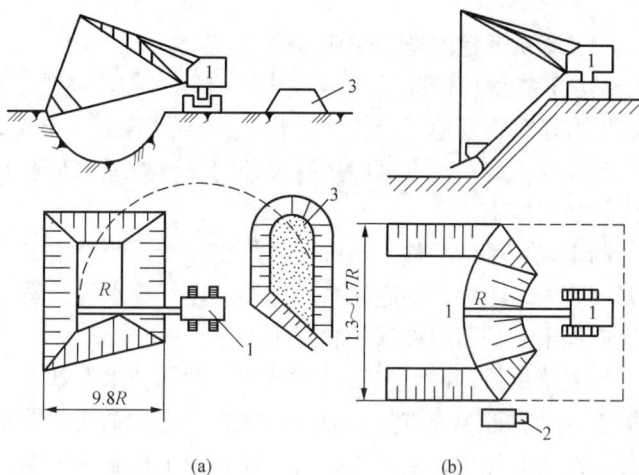

图 2-10　拉铲挖土机开挖方式

(a) 沟侧开挖；(b) 沟端开挖

1—拉铲挖土机；2—汽车；3—弃土堆；R—拉铲挖土机的臂长

六、抓铲挖土机

（一）抓铲挖土机的适用范围

抓铲挖土机（见图 2-11）的挖土特点是"直上直下，自重切土"，适用于开挖停机面以下一～二类土，如挖窄而深的基坑、疏通旧有渠道以及挖取水中淤泥等，或用于装卸碎石、矿渣等松散材料。在软土地基的地区，常用于开挖基坑、沉井等。

图 2-11 抓铲挖土机

挖土机沿挖方边缘移动时，机械距离边坡上缘的宽度不得小于基坑（槽）或管沟深度的 1/2。如挖土深度超过 5m 时，应按专业性施工方案来确定。

（二）抓铲挖土机的开挖方式

开挖方式有沟侧开挖和定位开挖两种。

1. 沟侧开挖

抓铲挖土机沿基坑边移动挖土，适用于边坡陡直或有支护结构的基坑开挖。

2. 定位开挖

抓铲挖土机停在固定位置上挖土，适用于竖井、沉井开挖。

抓铲挖土机能在回转半径范围内开挖基坑上任何位置的土方，并可在任何高度上卸土（装车或弃土）。对小型基坑，抓铲挖土机立于一侧抓土；对较宽的基坑，则在两侧或四周抓土。抓铲挖土机应离基坑边有一定的安全距离，土方可直接装入自卸汽车运走，或堆弃在基坑旁或用推土机推到远处堆放。挖淤泥时，抓斗易被淤泥吸住，应避免用力过猛，以防翻车。抓铲挖土机施工，一般均需加配重。

第三节 基坑开挖的施工

一、基坑开挖的施工作业条件

基坑开挖前应清除挖方区域内所有障碍物，如地上高压、照明、通信线路、电杆、树木、旧有建筑物及地下给排水、煤气、供热管道、电缆、沟渠、基础、坟墓等，或进行搬迁、改建、改线；对古墓应报有关部门妥善处理；对附近原有建筑物、电杆、塔架等采取有效防护加固措施。

制定现场场地平整、基坑开挖施工方案，绘制施工总平面布置图和基坑土方开挖图，确定开挖路线、顺序，基底标高、边坡坡度、排水沟、集水井位置及土方堆放地点，深基坑开挖还应提出支护、边坡保护和降水方案。

设置测量控制网，包括控制基线、轴线和水准基点。场地平整进行方格网桩的布置和标高测设，计算挖填土方量，对建筑物做好定位轴线的控制测量和校核；进行土方工程的测量定位放线，并经检查复核无误后，作为施工控制的依据。

在施工区域内做好临时性或永久性排水设施，或疏通原有排水系统，场地向排水沟方向应做成不小于 0.002 的坡度，使场地不积水，必要时设置截水沟、排洪沟或截洪坝，阻止山坡雨水流入开挖基坑区域内。

完成必需的临时设施，包括生产设施、生活设施、机械进出和土方运输道路、临时供水供电线路。

二、基坑施工工艺

（一）场地平整

1. 操作方法

场地平整的关键是测量，随干随测，最终测量作好书面记录。实地测点标识，作为检查、交验的依据。

平整场地后，表面逐点检查，检查点的间距不宜大于 20m。平整区域的坡度与设计相差不应超过 0.1%，排水沟坡度与设计要求相差不超过 0.05%，设计无要求时，向排水沟方向作不小于 2% 的坡度。

2. 质量通病的预防措施

（1）场地积水预防措施。平整前，对整个场地进行系统设计，本着先地下后地上的原则，做排水设施，使整个场地水流畅通；填土应认真分层回填辗压，相对密实度不低于 85%；做好测量复核工作，避免出现标高误差。

（2）填方边坡塌方预防措施。根据填方高度、土的种类和工程重要性按设计规定放坡，当填方高度在 10m 内，宜采用 1∶1.5，高度超过 10m，可作成折线形，上部为 1∶1.5，下部采用 1∶1.75；土料符合要求，不良土质可随即进行坡面防护，保证边缘部位的压实质量，对要求边坡整平拍实的，可以宽填 0.2m；在边坡上下部作好排水沟，避免在影响边坡稳定的范围内积水。

（3）填方出现橡皮土。橡皮土就是由于土的含水量太大，再用打夯机不断夯击造成的土，填土受夯打（辗压）后，基土发生颤动，受夯打（辗压）处下陷，四周鼓起，这种橡皮土使地基承载力降低，变形加大，长时间不能稳定。

具体预防措施有：避免在含水量过大的腐殖土、泥炭土、黏土、亚黏土等厚状土上进行回填；控制含水量，尽量使其在最优含水量范围内，手握成团，落地即散；填土区设置排水沟，以排除地表水。

（4）回填土密实度达不到要求的预防措施。土料不符合要求时，应挖出换土回填或掺入石灰、碎石等压（夯）实回填材料；对含水量过大的土，可采取翻松、晾晒、风干或均匀掺入干土的方法；尽量使用大功率压实机械辗压。

（二）基坑开挖

1. 常用土方施工机械

（1）推土机。适用范围：适于开挖三类土，经济运距 80m 以内，效率最高为 60m，多用于平整场地、开挖深度在 1.5m 内的基坑。

（2）挖掘机。适用于开挖含水量不大于 27% 的四类土和经爆破后的岩土和冻土，操作灵活，工作效率高，适用大量基坑开挖。

（3）自卸汽车、铲运车及翻斗车等装载机。操作灵活，回转移位方便，可装卸土方和散料，行驶速度快，可进行松软表层土剥离、整平。

（4）其他。手推车、铁锹、3～5m 钢尺、20 号铅丝、胶皮管、尖或平头铁锹、手锤、手推车、梯子、铁镐、撬棍、钢尺、坡度尺、小线等。

2. 工艺流程

(1) 土方开挖。土方开挖工艺流程如图 2-12 所示。

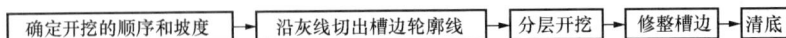

确定开挖的顺序和坡度 → 沿灰线切出槽边轮廓线 → 分层开挖 → 修整槽边 → 清底

图 2-12　土方开挖工艺流程

(2) 土方回填。土方回填工艺流程如图 2-13 所示。

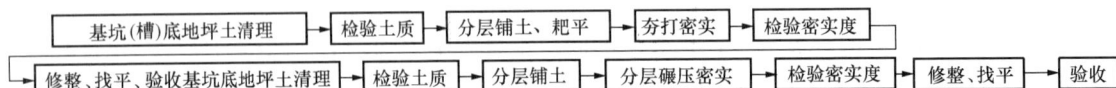

基坑(槽)底地坪土清理 → 检验土质 → 分层铺土、耙平 → 夯打密实 → 检验密实度 →

修整、找平、验收基坑底地坪土清理 → 检验土质 → 分层铺土 → 分层碾压密实 → 检验密实度 → 修整、找平 → 验收

图 2-13　土方回填工艺流程

3. 操作方法

(1) 人工开挖浅基础、管沟等。人工开挖浅基础、管沟等的工艺流程如图 2-14 所示。

测量放线 → 切线分层开挖 → 修坡 → 整平

图 2-14　人工开挖工艺流程

挖土自上而下水平分段进行,每层 0.3m 左右,边挖边检查槽宽,至设计标高后,统一进行修坡清底。相邻基坑开挖时,要按照先深后浅或同时进行开挖的原则施工。

(2) 机械开挖适用于深度 2m 以内的大面积开挖,宜采用推土机或装载机推土和装土;对长度和宽度较大的大面积土方一次开挖,可采用铲运机铲土;对面积大且深的基坑,可采用液压正、反铲开挖;深 5m 以上的设备基础或高层建筑地下室深基坑,宜分层开挖。一般机械土方开挖由翻斗汽车配合运土。机械开挖时,要配合少量人工清土,将机械挖不到的地方运到机械作业半径内,由机械运走。机械开挖在接近槽底时,用水准仪控制标高,预留 0.2～0.3m 土层人工开挖,以防止超挖。

(3) 机械挖土开挖到距槽底 0.1～0.5m 以内时,应在基底标高以上保留土层,用人工挖平清底。

(三) 填土

1. 施工工艺

填土的工艺流程如图 2-15 所示。

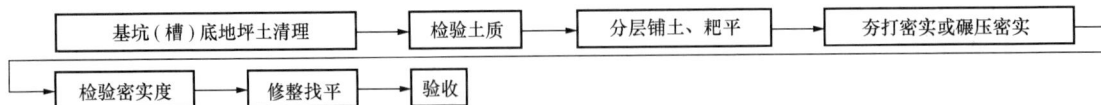

基坑(槽)底地坪土清理 → 检验土质 → 分层铺土、耙平 → 夯打密实或碾压密实 →

检验密实度 → 修整找平 → 验收

图 2-15　填土的工艺流程

2. 施工前准备

施工前应根据工程特点、填方土料种类、密实度要求、施工条件等,合理地确定填方土料含水率控制范围、虚铺厚度和压实遍数等参数;重要回填土方工程,其参数应通过压实试验来确定。填土前,应将基底表面上的树根、垃圾等杂物都处理完毕,清除干净。

回填前应对基础、箱型基础墙或地下防水层、保护层等进行检查验收,并且要办好隐检手续。其基础混凝土强度应达到规定的要求,方可进行回填土。房心和管沟的回填,应在完成上下水、煤气的管道安装和管沟墙间加固后再进行,并将沟槽、地坪上的积水和有机物等清理干净。

施工前，应做好水平标志，以控制回填土的高度或厚度。如在基坑（槽）或管沟边坡上，每隔3m钉上水平橛；室内和散水的边墙上弹上水平线或在地坪上钉上标高控制木桩。

检验回填土的质量有无杂物，检验是否符合规定，以及回填土的含水量是否在控制的范围内；如含水量偏高，可采用翻松、晾晒或均匀掺入干土等措施；如遇回填土含水量偏低，可采用预先洒水润湿等措施。

3. 分层铺摊填土

每层铺土的厚度应根据土质、密实度要求和机具性能确定，见表2-4。

每层铺摊后，随之耙平，机械压实填方速度不超过2km/h。

4. 碾压夯实

碾压时，轮（夯）迹应相互搭接，防止漏压或漏夯。回填土每层至少夯打三遍。打夯应一夯压半夯，夯夯相接，行行相连，纵横交叉，并且严禁采用水浇使土下沉的所谓"水夯"法。

表 2-4　　　　　　　　　不同机具铺土的厚度和夯实遍数

压实机具	每层铺土厚度（mm）	每层压实遍数	压实机具	每层铺土厚度（mm）	每层压实遍数
平碾	250～300	6～8	柴油打夯机	200～250	3～4
振动压实机	250～350	3～4	人工打夯	<200	3～4

深浅两基坑（槽）相连时，应先填夯深基础；填至浅基坑相同的标高时，再与浅基础一起填夯。如必须分段填夯时，交接处应填成阶梯形。高：宽一般为1:2。上下层错缝距离不小于1.0m。基坑回填应在相对两侧或四周同时进行。基础墙两侧标高不可相差太多，以免把墙挤歪。

回填房心及管沟时，为防止管道中心位移及损坏管道，应用人工先在管子两侧同时填土夯实，直至管顶0.5m以上时，才可用蛙式打夯机。

回填土方每层压实后，应按规范进行环刀取样，测出干土的质量密度，达到要求后再进行上一层的铺土。填方全部完成后，表面应进行拉线找平，凡超过标准高度的地方，及时依线铲平；凡低于标准高度的地方，应补土找平夯实。

5. 质量通病的预防与消除

防止回填土下沉：因虚铺土超过规定厚度，或夯实不够遍数，甚至漏夯，坑（槽）、管沟底杂物或回落土清理不干净，施工用水渗入垫层中等原因均可造成回填土下沉。这些问题应在施工中认真执行规范规定，发现后及时纠正。

防止管道下部夯填不实：管道下部应按要求夯实回填土，如果漏夯或夯不实会造成管道下方空虚，造成管道折断而渗漏。

按要求测定土的最大干密度：回填土每层都应测定夯实后的最大干密度，检验其密实度，符合设计要求才能铺摊上层土。对于干土，应适当洒水加以湿润；回填土太湿，同样夯压不密实，呈"橡皮土"现象，这时应挖出晾干重填夯实。测试最大干密度的试验报告要注明土料种类、干土质量密度、试验日期、试验结论及试验人员签字。未达到设计要求的部位应有处理方法和复验结果。

（四）安全施工

挖土方应由上而下分层进行，禁止采用挖空底脚的方法。人工挖基坑槽时，应根据土壤性质、湿度及挖掘深度等因素，设置安全边线或土壁支撑，在沟、坑侧边堆积泥土、材料，至少距离坑边 0.8m，高度不超过 1.5m，对边坡和支撑应随时检查。

土壁支撑一般选用松木和杉木，不宜采用质脆的杂木。发现支撑变形应及时加固，加固办法是打紧受力较小部分的木楔或增加立木及横撑木等。如换支撑时，应先加新撑，后拆旧撑。拆除垂直支撑时应按立木或直衬板分段逐步进行。拆除下一段并经回填夯实后再拆上一段。拆除支撑时应由工程技术人员在场指导。

开挖基础、基坑。基坑深度超过 1.5m，不加支撑时，应按土质和深度放坡。不放坡时应采取支撑措施。

基坑分仓开挖时，两个操作间距应大于 2.5m，挖土方不得在巨石的边坡下或贴近未加固的危楼基脚下进行。

重物距坑槽边的安全距离见表 2-5。

表 2-5   重物距坑槽边的安全距离

重物名称	与槽边距离	说　明
载重汽车	不小于 3m	
塔式起重机及振动大机械	不小于 4m	
土方存放	不小于 1m	堆土高度不超过 1.5m

工期较长的工程，为保护坡度的稳定，可用装土草袋或钉铝丝网、抹水泥砂浆保护。

上下坑沟应先挖好阶梯，铺设防滑物或支撑靠梯，禁止踩踏支撑上、下基坑。

三、基坑开挖质量检验

进入施工现场必须遵守相关安全操作规定和生产纪律；严格执行施工组织设计和安全技术措施，不准擅自修改。

基坑开挖前，应先检查了解地质、水文、道路、附近建筑物、民房等状况，做好记录，开挖过程中经常观测变化情况，发现异常，立即采取应急措施。作业前要全面检查开挖的机械、电气设备是否符合安全要求，严禁带"病"运行，基坑现场排水、降水、集水措施是否落实。

作业中应坚持由上而下分层开挖，先放坡，先支护，后开挖的原则，不准碰损边坡或碰撞支撑系统或护壁桩，防止坍塌，未支护前不准超挖。

基坑周边严禁超载堆土、堆放材料设备，不得搭设临时工棚设施；基坑抽水用潜水泵和电源电线应绝缘良好，接线正确，符合三相五线制和"一机一闸，一漏一箱"要求（见图 2-16），抽水时坑内作业人员应返回地面，不得有人在坑内边抽水边作业，移动泵机必须先拉闸切断电源。

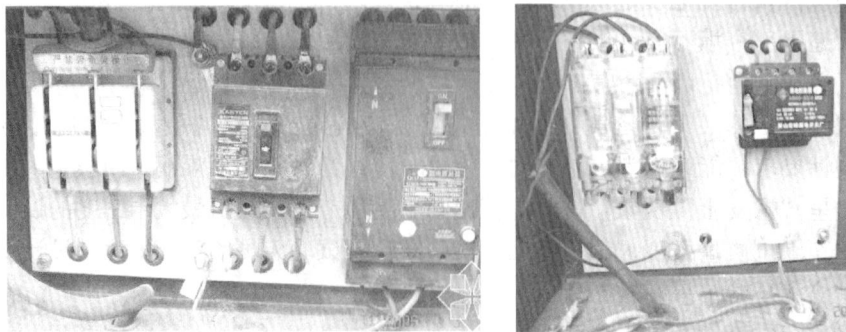

图 2-16　"一机一闸，一漏一箱"示意

汽车运土、装载机铲土时，应有人指挥，遵守现场交通标志和指令，严禁在基坑周边驾驶运载车辆。基坑开挖过程，应按设计要求，及时配合做好锚杆拉固工作。基坑开挖到设计标高后，坑底应及时满封闭，及时进行基础施工，防止基坑暴露时间过长。

开挖过程，如需石方爆破，应制定包括药量计算的专项安全作业方案，报公安部门审批后才准施爆，并严格按有关爆破器材规定运输、领用、存放和管理（包括遵守爆破作业的相关安全规程）。

土质必须符合要求，并严禁扰动，不得有积水、浮土和淤泥；允许偏差项目见表2-6。

表 2-6　　　　　　　　　　　　　允 许 偏 差 项 目

项 目	标 高		长 度		宽 度		边坡偏陡	
	人工	机械	人工	机械	人工	机械	人工	机械
允许偏差（mm）	−50	−50	±300	±500	±100	±150	设计要求	设计要求
检查方法	水准仪		经纬仪和尺量		经纬仪和尺量		尺量	

（1）检查基底是否超挖：开挖基坑（槽）或管沟均不得超过基底标高。如个别地方超挖时，其处理方法应取得设计单位的同意，不得私自处理。

（2）软土地区桩基挖土应防止桩基位移：在密集群桩上开挖基坑时，应在打桩完成后间隔一段时间再对称挖土；在密集桩附近开挖基坑（槽）时，应事先确定防桩基位移的措施。

（3）检查基底的保护措施：基坑（槽）开挖后应尽量减少对基土的扰动。如基础不能及时施工时，可在基底标高以上留出0.3m厚土层，待做基础时再挖掉。

（4）检查施工顺序：土方开挖宜先从低处进行，分层、分段依次开挖，形成一定坡度，以利排水。

（5）检查开挖尺寸：基坑（槽）或管沟底部的开挖宽度，除结构宽度外，应根据施工需要增加工作面宽度。如排水设施、支撑结构所需的宽度，在开挖前均应考虑。

（6）基坑（槽）或管沟边坡不直不平，基底不平：应加强检查，随挖随修，并要认真验收。

填土质量要求标准如下：

（1）主控项目。

1）标高。标高是指回填后的表面标高，用水准仪测量。检查测量记录，基底处理必须符合设计要求或相关施工规范的规定。

2）分层压实系数。回填土的土料必须符合设计要求或相关施工规范的规定。按规定方法取样，试验测量，不满足要求时随时进行返工处理，直到达到要求，检查测试记录。

（2）一般项目。

1）回填土料。符合设计要求，取样检查或直观鉴别。做出记录，检查试验报告。

2）分层厚度及含水量。符合设计要求，用水准仪检查分层厚度，取样检测含水量。检查施工记录和试验报告。

3）表面平整度。用水准仪或靠尺检查，控制在允许偏差范围内。

土方回填前清除基底的垃圾、树根等杂物，去除积水、淤泥，验收基底标高。如在松土上填方，在基底压实后再进行。填方土料按设计要求验收。回填土必须按规定分层夯压密实。取样确定压实后的干密度，必须满足设计要求。

填方施工中检查排水措施及每层填筑厚度、含水量控制、压实程度。填筑厚度及压实遍数应根据土质、压实系数及所用机具确定。

思 考 题

2-1 基坑开挖的基本要求是什么？

2-2 基坑开挖方案有哪些？各自的适用条件是什么？

2-3 土方机械开挖常用哪些设备？各自的适用范围是什么？

2-4 基坑开挖的施工工艺是什么？

2-5 如何保证基坑开挖的施工质量？

2-6 基坑开挖常见的工程问题是什么？如何克服？

第三章　基坑工程设计计算

基坑工程设计计算前应进行岩土工程勘察，基坑工程的设计计算通常包括支护体系选型、支护结构的强度、变形计算、基坑稳定性分析，而降水、挖土和监测等内容在本书其他章节中介绍。

第一节　基坑岩土工程地质勘察

岩土工程勘察所提供的报告和资料是做好基坑工程设计与施工的重要依据，基坑工程勘察宜与建筑地基岩土勘察同步进行，勘察任务书的制定应综合考虑基坑工程设计、施工的特点与内容。

一、基坑勘察的基本内容

（1）查明场地的地层结构与成因类型、岩土层性质及夹砂情况。

（2）确定各有关岩土层的物理力学性质指标及基坑支护设计施工所需要的有关参数。

（3）查明地下水的类型、埋藏条件、水位及土层的渗透性，提供基坑地下水治理设计所需的有关资料。

（4）查明基坑周边环境情况。

1）查明基坑四周一定范围内的建（构）筑物以及使用现状和质量情况等。

2）查明基坑周边一定范围内的给排水及供电供气和通信等管线系统的分布、走向及其与基坑边线的距离，管线系统的材质、接头类型、管内流体压力大小、埋设时间等。

3）查明场地周围地表和地下水体的分布、水位标高、距基坑距离、补给与排泄关系，估计其对基坑工程可能造成的影响等。

4）查明基坑四周道路的距离、路宽、车流量及载重情况。

5）查明土坡、河渠情况及其与基坑的平面位置关系。

（5）在取得勘察资料的基础上，针对基坑特点，进行岩土工程评价。只有通过比较全面的分析评价，才能使支护方案选择的建议更为确切，更有依据。应针对以下内容进行分析，提供有关计算参数和建议。

1）边坡的局部稳定性、基坑的整体稳定性和坑底抗隆起稳定性。

2）坑底和侧壁的渗透稳定性。

3）挡土结构和边坡可能发生的变形。

4）降水效果及降水对环境的影响。

5）开挖和降水对邻近建筑物和地下设施的影响。

岩土工程勘察报告中与基坑工程有关的部分应包括下列内容：

1）与基坑开挖有关的场地条件、土质条件和工程条件。

2）提出处理方式、计算参数和支护结构选型的建议。

3）提出地下水控制方法、计算参数和施工控制的建议。

4）提出施工方法和施工中可能遇到的问题，并提出防治措施。

5）对施工阶段的环境保护和监测工作的建议。

二、基坑现场勘探

现场勘探包括掘探、钻探、触探、物探四大类。钻探是目前最常用、最广泛、最有效的一种手段，它利用钻探设备和工具，从钻孔中取出土石试样，以测定岩土物理力学性质，鉴别和划分地层。触探和物探既是勘探方法，同时也是一种测试手段。触探可以确定地基土的物理力学性质，选择桩基持力层和确定桩的承载力。物探可以探明古河道或暗浜的界面以及地下障碍物等。

基坑工程岩土勘察范围应根据开挖深度及场地的岩土工程条件确定，一般要在开挖边界外按开挖深度的1～3倍范围内均匀布置勘探点。对于软土，勘察范围应予以适当扩大。勘探点应布置在基坑周围，其间距应根据地层复杂程度和基坑侧壁安全等级而定，一般为20～30m，每个剖面一般不少于3个勘探点，地层变化较大时，应增加勘探点以查明地层分布规律。勘探深度应满足基坑支护结构设计的要求，勘探深度不应小于基坑开挖深度的若干倍（GJB 02—1998《广州地区建筑基坑支护技术规定》和湖北省 DB 42/T 159—2004《基坑工程技术规程》规定为 2 倍，上海市 DB/TJ 08-61—2010《基坑工程设计规程》规定为 2.5 倍），或进入基坑底以下中风化或微风化岩层一定深度。当有较厚软土层或降水设计需要时，勘探深度应穿过软土层或含水层。

三、基坑勘察测试的内容

测试参数应能满足基坑支护和降水的设计与施工需要，一般应进行下列试验与测试：

（1）土的常规物理力学试验指标的测定。

（2）颗粒分析试验，以确定砂粒、粉粒及黏粒的含量和不均匀系数 $C_u = d_{60}/d_{10}$，以便评价土层管涌、潜蚀及流砂的可能性。

（3）压缩试验。室内压缩试验提供压缩性指标（如压缩系数与压缩模量），用以计算沉降量。考虑深基坑开挖的卸荷再加荷影响，应进行回弹试验。考虑应力历史进行沉降计算，应确定先期固结压力、压缩指数与回弹指数。

对深厚高压缩性软土上的重要建筑物，应测定次固结系数，用以计算次固结沉降。

当进行应力应变分析时，应进行三轴压缩试验，为非线性弹性、弹塑性模型提供计算参数。

（4）抗剪强度试验。土的抗剪强度指标黏聚力 c 和内摩擦角 φ 可选用原状土室内剪切试验、现场剪切试验，对饱和软黏土可采用十字板剪切试验和静力触探试验。对重要工程应采用三轴剪力试验，饱和黏性土当加荷速率较快时，用不固结不排水（UU）试验。当土体排水速率快且施工较慢时，可采用固结不排水（CU）试验。当需要提供有效应力抗剪强度指标时，应采用固结不排水测孔隙水压力（$\overline{\text{CU}}$）试验。

（5）渗透系数的测定。对重要工程应采用现场抽水试验或注水试验测定土的渗透系数。一般工程可进行室内渗透试验，测定土层垂直向渗透系数 k_v 和水平向渗透系数 k_h。砂土和碎石土可用常水头试验，粉土和黏性土可用变水头试验。透水性很低的软土可通过固结试验测定。

（6）有机质试验。土按有机质含量，可分为无机土、有机质土、泥炭质土与泥炭等。可采用烧失量试验或重铬酸钾容量法测定。

（7）地基系数的测定。对一般工程可按有关规范确定竖向地基土抗力系数的比例系数 m_0 及水平抗力系数的比例系数 m。对重要工程可采用平板载荷试验或旁压试验确定。

第二节　基坑支护结构设计荷载与静力计算

一、作用于支护结构的荷载

一般情况下，作用在支护结构上的荷载有：土压力、水压力、施工荷载、地面荷载、结构自重、支撑预压力、温度变化和周围建筑物引起的侧向压力，当支护结构作为主体结构的一部分时还应考虑人防荷载和地震作用等。作用在支护结构上的侧压力，应考虑墙体所处工程地质条件和水文地质条件、埋置深度、施工方法等的影响，根据墙体受力后的位移大小及地层的应力状态设定，并与所采用的计算模型相适应。本节主要讨论土压力、地面荷载和水压力的有关问题。

（一）土压力

所有支护结构都承受来自围护墙体后侧填土的侧向压——土压力，它通常是由土的自重和地面荷载产生的，是围护墙体断面和验算其稳定性的主要荷载。其大小与土的密度、土的抗剪强度、支护结构侧向变形的条件，以及墙与土界面上的摩擦力等因素有关。土压力的大小和分布除了与土的性质有关外，还与围护墙体的位移方向、位移量、土体与围护墙体间的相互作用及围护墙体类型有关。

（二）地面荷载

各种地面荷载土压力的影响可以用库伦理论求解。下面介绍几种用弹性理论公式求解的结果，其假设前提是墙体不发生位移，所得到的侧压力分布一般偏大，因此在具体工程应用时应考虑假定的适合性。

1. 集中荷载

当地面上作用集中荷载 Q_p 时（见图 3-1），由集中荷载产生的土压力分布可按弹性理论确定，由集中荷载引起的水平应力，取泊松比 $\mu = 0.5$，按 Boussinesq 解的理论公式为

$$\sigma_n = \frac{3Q_p}{2\pi H^2} \frac{m^2 n}{(m^2 + n^2)^{\frac{5}{2}}} \qquad (3-1)$$

式中　m——集中荷载 Q_p 距挡土墙距离与挖土深度 H 的比值；
　　　n——水平应力 σ_p 离地面距离与挖土深度 H 的比值。

当计算刚性墙上的侧向压力时，可按实测值对上述理论公式进行修正。根据 Spangler 的研究，刚性墙由于集中荷载产生的侧向压力见式（3-2）

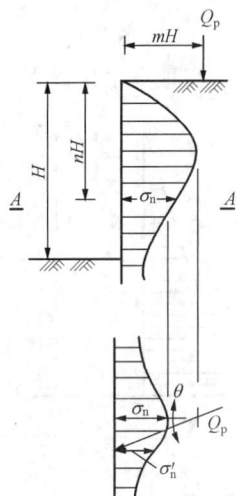

图 3-1　集中荷载作用

$$\begin{cases} \text{当 } m \leqslant 0.4 \text{ 时}, \sigma_n = \frac{Q_p}{H^2} \frac{0.28 n^2}{(0.16 + n^2)^3} \\ \text{当 } m > 0.4 \text{ 时}, \sigma_n = \frac{Q_p}{H^2} \frac{1.77 m^2 n^2}{(m^2 + n^2)^3} \\ \sigma_n' = \sigma_n \cos^2(1.1\theta) \end{cases} \qquad (3-2)$$

2. 线荷载

地表线荷载 Q_L（见图 3-2）作用产生的侧向压力可按 Boussinesq 解的理论公式为

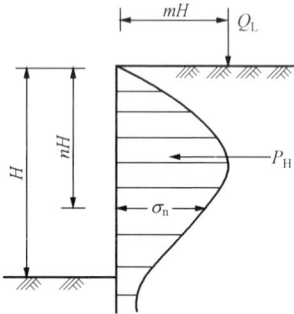

图 3-2　线荷载作用

$$\sigma_n = \frac{2Q_L}{\pi H}\frac{m^2 n}{(m^2+n^2)^2} \qquad (3\text{-}3)$$

实测值大约是上述理论值的两倍，经修正后为

$$\begin{cases} \text{当 } m \leqslant 0.4 \text{ 时}, \sigma_n = \frac{Q_L}{H}\frac{0.203n}{(0.16+n^2)^2},\ P_H = 0.55Q_L \\[3mm] \text{当 } m > 0.4 \text{ 时}, \sigma_n = \frac{4Q_L}{\pi H}\frac{m^2 n}{(m^2+n^2)^2},\ P_H = \frac{0.64Q_L}{m^2+1} \end{cases}$$
$$(3\text{-}4)$$

3. 均布荷载

地表均布荷载 q（见图 3-3）作用产生的侧向压力根据 Terzaghi 的公式经修正后为

$$\begin{cases} \sigma_n = \frac{2q}{\pi}(\beta - \sin\beta\cos 2\alpha) \\[3mm] P_H = \frac{q}{\pi}[H + (\theta_2 - \theta_1)] \\[3mm] h = H - \dfrac{H^2(\theta_2 - \theta_1) + (R - Q) - 57.3aH}{2H(\theta_2 - \theta_1)} \end{cases}$$
$$(3\text{-}5)$$

式中　　　$\theta_1 = \arctan\left(\dfrac{b}{H}\right)$,　$\theta_2 = \arctan\left(\dfrac{a+b}{H}\right)$

$$R = (a^2 + b^2)(90°/\pi - \theta_2)$$
$$Q = b^2(90°/\pi - \theta_1)$$

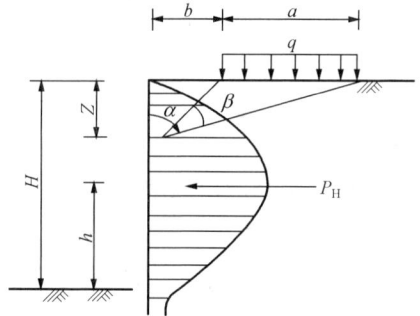

图 3-3　均布荷载作用

（三）水压力

在地下水位以下，挡土结构除了受土压力的作用以外，还受到水压力的作用。计算地下水位以下的水、土压力，可采用"水土分算"［见图 3-4（a）］和"水土合算"［见图 3-4（b）］两种方法。对砂性土和粉土，通常可按水土分算原则进行，即分别计算土压力和水压力，然后两者相加。对黏性土可根据现场情况和工程经验，按水土分算或水土合算进行。

在地下水位较高的地区，基坑内外存在着水位差，如果围护墙下端插入不透水的土层中，并可以认为基坑内外的地下水不会发生渗流时，则可不考虑渗流的影响，反之应考虑地下水渗流对侧压力的影响。

1. 地下水无渗流时的水压力计算

（1）水土压力分算法。土压力用土的浮重度和有效应力抗剪强度指标计算，同时还必须

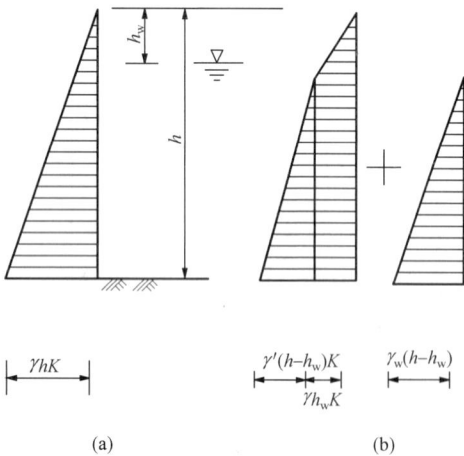

图 3-4　无渗流时的水压力计算
（a）水土合算；（b）水土分算

加上静水压力的作用，如图 3-4（b）所示。这种计算方法通常称为水土分算法。在砂性土中宜用水土分算。

$$p_a = \gamma'HK_a' - 2c'\sqrt{K_a'} + \gamma_wH \qquad (3\text{-}6)$$

$$p_p = \gamma'HK_p' + 2c'\sqrt{K_p'} + \gamma_wH \qquad (3\text{-}7)$$

式中　γ'——土的浮重度；

$\quad K_a'$——按土的有效应力强度指标计算的主动土压力系数，$K_a' = \tan^2\left(45° - \dfrac{\varphi'}{2}\right)$；

$\quad K_p'$——按土的有效应力强度指标计算的被动土压力系数，$K_p' = \tan^2\left(45° + \dfrac{\varphi'}{2}\right)$；

$\quad \varphi'$——有效内摩擦角；

$\quad c'$——有效内聚力；

$\quad \gamma_w$——水的重度。

由于采用有效应力抗剪强度指标，必须要知道超静水压力才能得出有效应力，虽然通过室内土工试验可以测定 U，但比较麻烦，在工程上常采用总应力法计算土压力，再加上水压力。

$$p_a = \gamma'HK_a - 2c\sqrt{K_a} + \gamma_wH \qquad (3\text{-}8)$$

$$p_p = \gamma'HK_p + 2c\sqrt{K_p} + \gamma_wH \qquad (3\text{-}9)$$

式中　K_a——按土的总应力强度指标计算的主动土压力系数，$K_a = \tan^2\left(45° - \dfrac{\varphi}{2}\right)$；

$\quad K_p$——按土的总应力强度指标计算的被动土压力系数，$K_p = \tan^2\left(45° + \dfrac{\varphi}{2}\right)$；

$\quad \varphi$——按固结不排水或不固结不排水法确定的土的内摩擦角，$(°)$；

$\quad c$——按固结不排水或不固结不排水法确定的土的内聚力，kPa。

（2）水土压力合算法。水土压力合算法采用土的饱和重度计算总的水、土压力，在黏性土中（渗透系数≤10^{-7}/s）宜采用水土合算。

$$p_a = \gamma_{sat}HK_a - 2c\sqrt{K_a} \qquad (3\text{-}10)$$

$$p_p = \gamma_{sat}HK_p - 2c\sqrt{K_p} \qquad (3\text{-}11)$$

式中　γ_{sat}——土的饱和重度，在地下水位以下可近似采用天然重度；

$\quad K_a$——主动土压力系数，$K_a = \tan^2\left(45° - \dfrac{\varphi}{2}\right)$；

$\quad K_p$——被动土压力系数，$K_p = \tan^2\left(45° + \dfrac{\varphi}{2}\right)$；

$\quad \varphi$——按总应力法确定的固结不排水或不固结不排水法确定的土的内摩擦角；

$\quad c$——按总应力法确定的固结不排水或不固结不排水法确定的土的内聚力。

2. 地下水有渗流时的水压力计算

地下水有渗流时的水压力应按动水压力考虑，动水压力计算公式为

$$P = Kh\frac{\gamma_w v^2}{2g} \qquad (3\text{-}12)$$

式中　P——每延米板桩护壁上的动水压力，kN/m；

$\quad h$——水的深度，m；

v——水的流速，m/s；

γ_w——水的重度，kN/m^3；

g——重力加速度，9.8m/s²；

K——系数，矩形木板桩护壁 $K=1.47$，圆形 $K=0.37$，槽形钢板桩护壁 $K=1.8\sim 2.0$。

动水压力可假定为作用于水面以下 1/3 水深处的集中力，动水压力由板桩的一定入土深度所得的被动土压力来平衡。

二、支护结构的静力计算

为了确定支护结构构件的内力和变形，并验算它们的截面承载力，应对支护结构进行静力计算，其计算模型可分为空间和平面两类。由于采用空间计算模型时，土介质的计算参数往往难以正确判断，同时其计算工作量往往也是非常惊人的。因此在多数情况下，基坑支护结构采用平面计算模型进行静力分析，即沿基坑平面的纵向或横向截取单位长度的支护结构加以分析，这样就可以大大减少计算工作量，而且一般情况下其计算精度足以能满足一般工程的设计要求。

为适应不同的地质及环境条件，针对不同的具体工程、建筑材料、施工条件等可以设计出不同的支护形式。但按其受力性能大致可分为悬臂式支护结构、单支点支护结构、多支点支护结构等几类。支护结构的计算简图，应符合结构实际的工作条件，反映结构与土层的相互作用。设计时应根据计算目的、结构特点、基坑规模、土层条件及墙体变形后上层的应力状态等因素，结合地区工程经验，选择合适的计算方法。

（一）支护结构计算的基本方法

基坑支护结构的计算基本方法分为极限平衡法、土抗力法和平面有限单元法，下面对这三类方法分别进行介绍。

1. 极限平衡法

极限平衡法假定作用在结构前后墙上的土压力分别达到被动土压力和主动土压力，在此基础上再作某些力学上的简化，把超静定的结构力学问题作为静定问题求解。等值梁法、静力平衡法、太沙基法、二分之一分担法等都属于此类。目前，国内采用较多的是等值梁法和静力平衡法。在分阶段计算多撑式结构的内力时，不考虑设撑前墙体已产生的位移，并假定支撑为不动支点，下层支撑设置后，上层支撑的支撑力保持不变。

2. 土抗力法

在工程界土抗力法有时又称为弹性抗力法、地基反力法等，我国 JGJ 120—2012 中推荐的弹性支点法亦属于此类方法。它在计算复杂受力情况的支护结构时，假定墙体两侧的土压力随开挖过程变化，在开挖侧和迎土侧的墙上均设有土体弹簧，并规定迎土侧土压力随墙体向基坑一侧的变形增大而减小，但不得小于主动土压力。

土抗力法能较好地反映基坑开挖和回筑过程中，各种基本因素和复杂情况对支护结构受力的影响，如施工过程中基坑开挖，支撑设置，失效和拆除，荷载变化，预加压力，墙体刚度改变，与主体结构板、墙的结合方式，内支撑式挡土结构和基坑两侧非对称荷载等的影响；结构与地层的相互作用及开挖过程中土体刚度变化的影响；支护结构的空间效应及支护结构与支撑系统的共同作用；反映施工过程及施工完成后的使用阶段墙体受力变化的连续性。

3. 平面有限单元法

在城市深基坑的四周常会遇到一些重要建筑物或构筑物，例如，为了保证基坑附近地铁的正常运营，必须对基坑开挖引起的地铁结构的沉降和倾斜进行极其严格的限制，在这种情况下，无论用极限平衡法或土抗力法均难以估算出开挖引起的地层位移，而需采用有限单元法。在有限单元法中，有关土层的物理力学参数的取值，应根据当地工程的实测资料，通过反分析的方法确定。

（二）悬臂式支护结构的计算

悬臂式支护结构可能是地下连续墙、木桩、钢筋混凝土桩和钢板桩等，它主要依靠嵌入坑底土内的深度平衡上部地面超载、主动土压力及水压力所形成的侧压力。因此，对于悬臂式支护结构，嵌入深度至关重要。同时需计算支护结构所承受的最大弯矩，以便进行支护结构的断面设计和构造。

1. 静力平衡法

对于悬臂式支护结构，采用如图 3-5 所示的三角形分布的土压力形式，当单位宽度桩墙两侧所受的净土压力相平衡时，桩墙处于稳定状态，相应的桩墙入土深度即为桩墙保证其稳定性所需的最小入土深度，可根据静力平衡条件求出。具体计算步骤为：

（1）计算桩墙底端后侧主动土压力强度 e_{a3} 及前侧被动土压力强度 e_{p3}，然后叠加求出第一个土压力为零的点 O 距基坑地面的距离 u。

（2）计算 O 点以上土压力合力 E_a，并求出其作用点至点 O 的距离 y。

（3）计算桩墙底端前侧主动土压力强度 e_{a2} 及后侧被动土压力强度 e_{p2}。

（4）计算 O 点处桩墙前侧主动土压力强度 e_{a1} 及后侧被动土压力强度 e_{p1}。

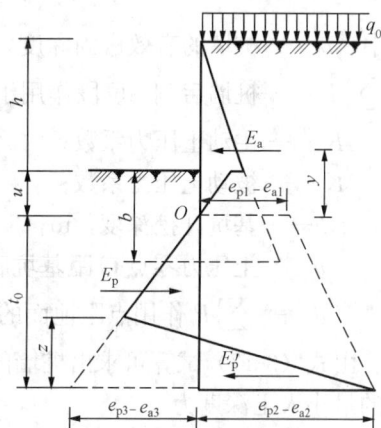

图 3-5　静力平衡法计算
悬臂式支护结构

（5）根据作用在支护结构上的全部水平作用力平衡条件 $\sum X = 0$ 及绕墙底端力矩平衡条件 $\sum M = 0$ 可得

$$E_a + [(e_{p3} - e_{a3}) + (e_{p2} - e_{a2})]\frac{z}{2} - (e_{p3} - e_{a3})\frac{t_0}{2} = 0 \tag{3-13}$$

$$E_a(t_0 + y) + [(e_{p3} - e_{a3}) + (e_{p2} - e_{a2})]\frac{z}{2} \cdot \frac{z}{3} - (e_{p3} - e_{a3})\frac{t_0}{2} \cdot \frac{t_0}{3} = 0 \tag{3-14}$$

式（3-13）、式（3-14）中，只有 z 和 t_0 两个未知数，将 e_{a2}、e_{p2}、e_{a3}、e_{p3} 计算公式代入消去 z，可得到一个关于 t_0 的方程，求解该方程即可求出 O 点以下桩墙的入土深度（即有效嵌固深度）t_0。为安全起见，实际嵌入基坑底面以下的入土深度为

$$t = u + (1.1 \sim 1.2)t_0 \tag{3-15}$$

计算桩墙最大弯矩 M_{max} 时，可根据最大弯矩点剪力为零的条件求出最大弯矩点 D 离基坑底的距离 d，再将 D 点以上所有力对 D 点取矩而求得。

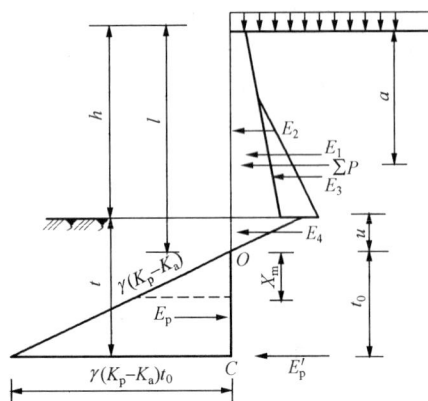

图 3-6 布鲁姆法计算悬臂式支护结构

2. 布鲁姆（Blum）法

布鲁姆简化计算法的计算简图如图 3-6 所示，桩墙底部后侧出现的被动土压力以一个集中力 E'_p 代替。由对桩墙底部 C 点的静力平衡条件 $\sum MC = 0$，得

$$(h + u + t_0 - a) \sum P - \frac{t_0}{3} \cdot E_p = 0 \quad (3\text{-}16)$$

将 $E_p = \gamma(K_p - K_a)t_0 \dfrac{t_0}{2} = \dfrac{\gamma}{2}(K_p - K_a)t_0^2$ 代入上式，化简后得

$$t_0^3 - \frac{6\sum P}{\gamma(K_p - K_a)} t_0 - \frac{6(h + u - a)\sum P}{\gamma(K_p - K_a)} = 0$$

$$(3\text{-}17)$$

式中 t_0——桩墙的有效嵌固深度，m；

$\sum P$——桩墙后侧 AO 段作用于桩墙上净的主动土、水压力的合力，kN/m；

     K_a——主动土压力系数；

     K_p——被动土压力系数；

     h——基坑开挖深度，m；

     u——土压力零点 O 距基坑底面的距离，m；

     a—— $\sum P$ 作用点距地面的距离，m。

由式（3-17）试算可求出桩墙的有效嵌固深度 t_0，为了保证桩墙的稳定性，基坑底面以下的最小入土深度为

$$t = u + (1.1 \sim 1.4)t_0 \quad (3\text{-}18)$$

最大弯矩应在剪力 Q 为零处，设从 O 点往下 x_m 处 $Q = 0$，则有

$$\sum P - \frac{1}{2}\gamma(K_p - K_a)x_m^2 = 0 \quad (3\text{-}19)$$

最大弯矩为

$$M_{max} = (h + u + x_m - a)\sum P - \frac{\gamma(K_p - K_a)x_m^3}{6} \quad (3\text{-}20)$$

求出最大弯矩后，对钢板桩可以核算断面尺寸，对灌注桩可以核定直径及配筋计算。

（三）单支点支护结构的计算

单支点支护结构的计算分两种情况进行，即支护结构嵌入深度较浅和支挡结构嵌入深度较深两种情况。

1. 支护结构嵌入深度较浅

如图 3-7 所示，支护结构只有一个方向的弯矩。假定 A 点为铰接，支护结构和 A 点不发生移动。

（1）求支护结构嵌入深度 x。根据静力平衡条件，由 $\sum M_A = 0$ 得

$$E_a\left[\frac{2}{3}(h + x) - h_0\right] + E_q\left[\frac{1}{2}(h + x) - h_0\right] - E_p\left(\frac{2}{3}x + h - h_0\right) = 0 \quad (3\text{-}21)$$

式中 E_q 为地面超载 q 引起的侧压力。对于非黏性土有

$$\begin{cases} E_a = \dfrac{1}{2}\gamma(h+x)2K_a \\ E_q = q(h+x)K_a \\ E_p = \dfrac{1}{2}\gamma x^2 K_p \end{cases} \tag{3-22}$$

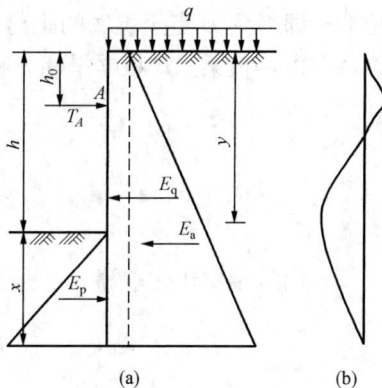

图 3-7　浅埋单支点支护结构的计算

将式（3-21）代入式（3-22）即可得关于 x 的一元三次方程，求解此方程即可得出嵌入深度 x。为确保安全，应将求得的嵌入深度 x 乘以一个安全系数 K（1.1～1.5）。

（2）求支撑（或拉锚）反力 T_A。由静力平衡条件 $\sum H = 0$ 得

$$T_A = E_a + E_q - E_p \tag{3-23}$$

可求得每延米上的支撑反力 T_A 的值，再乘以支撑（或拉锚）间距即可得到单根支撑（或拉锚）的轴力。

（3）求支护结构的最大弯矩 M_{max}。最大弯矩应在剪力 Q 为零处，设从墙顶往下 y 处 $Q=0$，则有

$$\frac{1}{2}\gamma K_a y^2 + qK_a y - T_A = 0 \tag{3-24}$$

最大弯矩为

$$M_{max} = T_A(y - h_0) - \frac{1}{2}qK_a y^2 - \frac{1}{6}\gamma K_a y^3 \tag{3-25}$$

2. 支护结构嵌入深度较深

如图 3-8 所示，支护结构嵌入深度较深时，支护结构底部出现反弯矩，下部位移较小，可将支挡结构底端作为固定端，而支点 A 铰接，采用等值梁法计算。支护结构下端为弹性嵌固，其弯矩图如图 3-8（c）所示，若在得出此弯矩图前已知弯矩零点位置，并于弯矩零点处将梁（即桩）断开以简支计算，则不难看出所得该段的弯矩图将同整梁计算时一样，此断梁段即称为整梁该段的等值梁。对于下端为弹性支撑的单支撑挡墙其净土压力零点位置与弯矩零点位置很接近，因此可在压力零点处将板桩划开作为两个相连的简支梁来计算。这种简化计算法就称为等值梁法，其计算步骤如下：

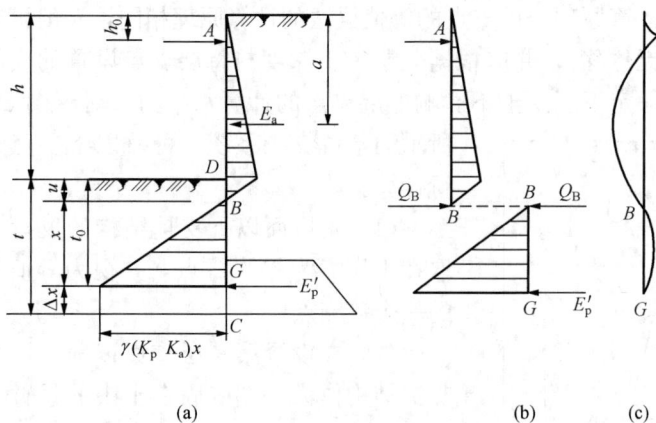

图 3-8　等值梁法计算单支点支护结构

（1）根据基坑深度、勘察资料等，计算主动土压力与被动土压力，求出土压力零点 B

的位置，即得到 B 点至坑底的距离 u 值。

（2）由等值梁 AB 根据平衡方程计算支撑反力 T_A 及 B 点剪力 Q_B，即

$$R_A = \frac{E_a(h+u-a)}{h+u-h_0} \tag{3-26}$$

$$Q_B = \frac{E_a(a-h_0)}{h+u-h_0} \tag{3-27}$$

（3）由等值梁 BG 求算入土深度，取 $\sum M_G = 0$，则有

$$Q_B x = \frac{1}{6}\left[K_p\gamma(u+x) - K_a\gamma(h+u+x)\right]x^2 \tag{3-28}$$

由此可求得

$$x = \sqrt{\frac{6Q_B}{\gamma(K_p - K_a)}} \tag{3-29}$$

墙体的最小入土深度为

$$t_0 = u + x \tag{3-30}$$

为确保安全，实际入土深度应在此基础上乘以一个安全系数 K（$1.1 \sim 1.2$），即

$$t = (1.1 \sim 1.2)t_0 \tag{3-31}$$

（4）由等值梁求算最大弯矩 M_{max} 值。

（四）多支点支护结构的计算

当土质较差、基坑又较深时，通常采用多支点支护结构以满足其强度和稳定性要求，支点层数及位置则应根据土层分布及性质、基坑深度、支护结构刚度和材料强度及施工要求等因素确定。

目前对多支点支护结构的计算方法很多，一般有等值梁法、二分之一分担法、静力平衡法、弹性支点法和有限单元法等。以下介绍几种主要的计算方法。

1. 等值梁法的计算

多支点支护结构的等值梁法的计算原理与单支点的等值梁法的计算原理相同，一般可当作刚性支承的连续梁计算（即支座无位移），并应根据分层挖土深度与每层支点设置的实际施工阶段建立静力计算体系，而且假定下层挖土不影响上层支点的计算水平力。对于图 3-9 所示的基坑支护系统，可按以下要点进行计算。

（1）基坑面以下支护结构的反弯点取在土压力为零的 C 点，并视为等值梁的一个铰支点。

（2）在设置第一层支撑以前，可将支护结构作为一端嵌固在土中的悬臂支护结构。

（3）第 1 层支撑设置后的支护结构计算，基坑深度 h_1 取第二层支撑设置时的开挖深度。按下式计算第 1 层支撑的支撑力 T_1

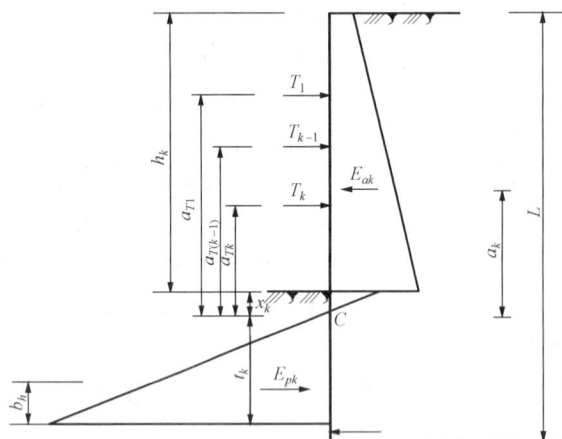

图 3-9　等值梁法计算多支点支护结构

$$T_1 = \frac{E_{a_1} a_1}{a_{T1}} \tag{3-32}$$

式中 E_{a1}——基坑开挖至 h_1 深度时，主动侧土压力的合力，kN/m；

     a_1——E_{a1} 对反弯点的力臂，m；

     a_{T1}——第 1 层支撑的支撑力对反弯点的力臂，m。

（4）第 k 层支撑设置后的支护结构是具有 $k+1$ 个支点的连续梁，基坑深度 h_k 取第 $k+1$ 层支撑设置时的开挖深度，第 1 层至第 $k-1$ 层支撑的支撑力为已知，第 k 层支撑的支撑力 T_k 按下式计算

$$T_k = \frac{E_{ak} a_k - \sum T_A a_{TA}}{a_{Tk}} \tag{3-33}$$

式中 E_{ak}——基坑开挖至 h_k 深度时，主动侧土压力的合力，kN/m；

     a_k——E_{ak} 对反弯点的力臂，m；

     T_A——第 1 层至第 $k-1$ 层支撑的支撑力，kN；

     a_{TA}——第 1 层至第 $k-1$ 层支撑的支撑力对反弯点的力臂，m；

     a_{Tk}——第 k 层支撑的支撑力对反弯点的力臂，m。

（5）第 k 层支撑设置后基坑开挖至 h_k 深度时，支护结构的嵌固深度 t_k 应满足下式

$$t_k \geqslant \frac{E_{pk} b_k}{Q_k} \tag{3-34}$$

$$Q_k = E_{ak} - \sum T_A \tag{3-35}$$

式中 E_{pk}——基坑开挖至 h_k 深度时，被动侧土压力的合力（板桩墙和地下连续墙的被动土压力宜根据地区经验进行修正），kN/m；

     b_k——E_{pk} 对围护墙下端的力臂，m；

     Q_k——反弯点处支护结构单位宽度的剪力，kN/m。

（6）支护结构的总长度 L 按下式计算

$$L = h_k + x_k + k t_k \tag{3-36}$$

式中 h_k——基坑深度，m；

     x_k——坑底至反弯点的距离，m；

     t_k——对最下一层支撑计算所得的支护结构嵌固深度，m；

     k——经验嵌固系数，对安全等级为一、二、三级的基坑可分别取 1.40、1.30、1.20。

各施工阶段支护结构的内力可根据支撑力和作用在支护结构上的土压力按常规方法求得。

2. 二分之一分担法的计算

对于多支点支护结构，当支护墙后的主动土压力分布按太沙基和佩克假定的包络图采用时，支撑或锚杆的内力及其在墙中弯矩可利用二分之一分担法计算（见图 3-10）。这是一种经验方法，简单地认为每道支撑或拉杆所受的力相应于相邻两个半跨的土压力荷载值。

当土压力强度为 q，对于连续梁，最大支座

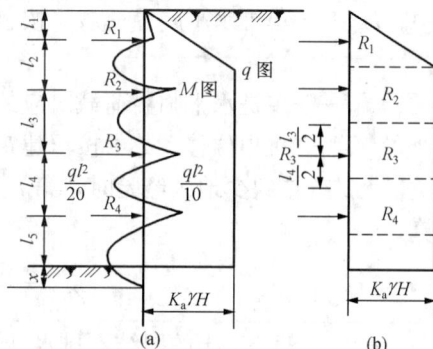

图 3-10 二分之一分担法计算多支点支护结构

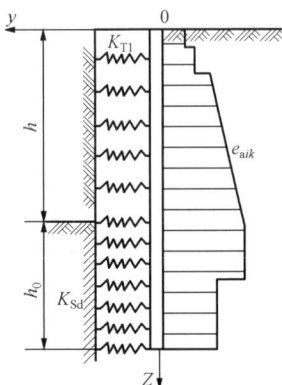

图 3-11 弹性支点法
计算简图

K_{T1}——支撑的刚度系数；

K_{sd}——基坑底部土的刚度系数

弯矩（3 跨以上）为 $\dfrac{ql^2}{10}$，最大跨中弯矩为 $\dfrac{ql^2}{20}$。

这种方法计算简便，同时由于其荷载图式多采用实测支撑力反算的经验包络图，所以仍具有一定的实用性，特别对于估算支撑轴力很有参考价值。

3. 弹性支点法的计算

弹性支点法是在弹性地基梁分析方法基础上形成的一种方法，它利用水平荷载作用下弹性桩的分析理论，计算基坑支护结构的内力和变形弹件支点法的计算简图如图 3-11 所示。它把支护结构看作为一竖放的弹性地基梁，假定支点力为不同水平刚度系数的弹簧，根据弹性地基梁的变形方程和不同的边界条件分段列出其变形微分方程。

基坑开挖面以上为

$$EI\frac{\mathrm{d}^4 y}{\mathrm{d}z} - e_{aik}b_s = 0 \quad (0 \leqslant z \leqslant h_n) \tag{3-37}$$

基坑开挖面以下为

$$EI\frac{\mathrm{d}^4 y}{\mathrm{d}z} + mb_0(z - h_n)y - e_{aik}b_s = 0 \quad (z \geqslant h_n) \tag{3-38}$$

式中　EI——支护结构计算宽度的抗弯刚度，$kN \cdot m^2$；

　　　m——地基土水平抗力系数的比例系数，kN/m^4；

　　　b_0——抗力计算宽度，地下连续墙和水泥土墙取单位宽度，m；

　　　z——支护结构顶部至计算点的距离，m；

　　　h_n——第 n 工况基坑开挖深度，m；

　　　y——计算点水平变形，m；

　　　e_{aik}——基坑外侧水平荷载标准值，kN/m；

　　　b_s——荷载计算宽度，排桩可取桩中心距，地下连续墙和水泥土墙可取单位宽度，m。

地基土水平抗力系数的比例系数 m 值应根据单柱水平荷载试验结果按下式计算

$$m = \frac{\left(\dfrac{H_{cr}}{x_{cr}}v_x\right)^{\frac{5}{3}}}{b_0(EI)^{\frac{2}{3}}} \tag{3-39}$$

式中　H_{cr}——单桩水平临界荷载（按 JGJ 94—2008《建筑桩基技术规范》中的方法确定），kN；

　　　x_{cr}——单桩水平临界荷载对应的位移，m；

　　　v_x——桩顶位移系数（按《建筑桩基技术规范》中的方法确定）。

当无试验或缺少地区经验时，第 i 土层水平抗力系数的比例系数 m_i 可按下列经验公式计算

$$m_i = \frac{1}{\Delta}(0.2\varphi_{ik}^2 - \varphi_{ik} + c_{ik}) \tag{3-40}$$

式中　φ_{ik}——第 i 层土的固结不排水（快剪）内摩擦角标准值，(°)；

　　　c_{ik}——第 i 层土的固结不排水（快剪）黏聚力标准值，kPa；

Δ——基坑底面处位移量（按地区经验取值，无经验时可取 10），mm。

圆形桩排桩结构的抗力计算宽度宜按下式计算

$$b_0 = 0.9 \times (1.5d + 0.5) \tag{3-41}$$

式中 d——桩身直径，m。

方形桩排桩结构的抗力计算宽度宜按下式计算

$$b_0 = 1.5b + 0.5 \tag{3-42}$$

式中 b——方桩边长，m。

按式（3-41）或式（3-42）确定的抗力计算宽度大于排桩间距时应取排桩间距。

第 j 层支点边界条件宜按下式确定

$$T_j = k_{Tj}(y_j - y_{0j}) + T_{0j} \tag{3-43}$$

式中 k_{Tj}——第 j 层支点水平刚度系数，kN/m；

y_j——第 j 层支点水平位移值，m；

y_{0j}——在支点设置前的水平位移值，m；

T_{0j}——第 j 层支点预加力，kN。

当支点有预加力 T_{0j}，且按式（3-43）确定的支点力 $T_j \leqslant T_{0j}$ 时，第 j 层支点力 T_j 应按该层支点位移为 y_{0j} 的边界条件确定。

支点水平刚度系数视支点类型不同而有所不同，当支点为锚杆时，水平刚度系数应按锚杆基本试验确定。当无试验资料时，可按下式计算

$$k_T = \frac{3AE_sE_cA_c}{3l_fE_cA_c + E_sAl_a}\cos^2\theta \tag{3-44}$$

式中 A——杆体截面面积，m²；

E_s——杆体弹性模量，kN/m²；

E_c——锚固体组合弹性模量，kN/m²；

A_c——锚固体截面面积，m²；

l_f——锚杆自由段长度，m；

l_a——锚杆锚固段长度；

θ——锚杆水平倾角，(°)。

锚固体组合弹性模量可按下式确定

$$E_c = \frac{AE_s + (A_c - A)E_m}{A_c} \tag{3-45}$$

式中 E_m——锚固体中注浆体弹性模量。

当支点为支撑体系（含具有一定刚度的冠梁）或其与锚杆的混合体系时，水平刚度系数应按支撑体系与排桩、地下连续墙的空间作用协同分析的方法确定，也可根据空间作用协同分析方法直接确定支撑体系及排桩或地下连续墙的内力和变形。

当基坑周边支护结构荷载或冠梁等间距布置时，水平刚度系数可按下式计算

$$k_T = \frac{2\alpha EA}{L}\frac{S_a}{s} \tag{3-46}$$

式中 α——与支撑松弛有关的系数，取 0.8～0.1；

E——支撑构件材料的弹性模量，kN/m²；

A——支撑构件断面面积，m^2；

L——支撑构件的受压计算长度，m；

s——支撑的水平间距，m；

S_a——水平荷载计算宽度，排桩可取中心距，地下连续墙可取单位宽度或一个墙段，m。

根据式（3-37）和式（3-38）的挠曲微分方程，考虑到第 j 层支点边界条件式（3-43），通常可采用数值分析方法求解桩的变形 y 值，进而求得各土层的弹性抗力。在求得各土层的弹性抗力值后，按图 3-12 以静力平衡计算支护结构的内力。

多支点支护结构的弯矩计算值 M_c 及剪力计算值 V_c 可按下式计算

$$M_c = \sum T_j(h_j + h_c) + h_{mz} \sum E_{mz} - h_{az} \sum E_{az} \quad (3\text{-}47)$$

$$V_c = \sum T_j + \sum E_{mz} - \sum E_{az} \quad (3\text{-}48)$$

式中　h_j——支点力 T_j 至基坑底的距离，m；

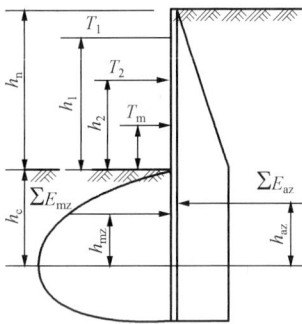

图 3-12　内力计算简图

h_c——基坑底面至计算截面的距离，当计算截面在基坑底面以上时取负值，m。

第三节　基坑支护结构稳定性分析计算

在基坑开挖时，由于坑内土体被挖走，使地基的应力场和变形场发生变化，可能导致地基的失稳，如边坡失稳、坑底隆起及管涌等。所以在进行支护设计时，除对支护结构的荷载及内力进行分析计算外，还需要进行基坑的稳定性验算，必要时应采取一定的加强措施，使地基的稳定性具有一定的安全度。目前分析方法主要有工程地质类比法和力学分析法，工程地质类比法是通过大量已有工程的实践，结合设计项目的实际情况来确定支护结构的嵌固深度。力学分析法则是采用土力学的基本理论，结合拟设计支护结构的情况进行土体稳定性分析。两种分析方法都有其局限性，在具体分析过程中应相互补充、相互验证。

基坑支护结构稳定性分析的内容包括基坑整体稳定性分析、支护结构踢脚稳定性分析、基坑底抗隆起稳定性分析及基坑渗流稳定性分析等。

一、基坑整体稳定性分析

基坑的整体稳定性分析实际上是对具有支护结构的直立土坡进行稳定性分析，基本方法还是采用土力学中的土坡稳定分析方法。一般采用圆弧滑动的简单条分法进行分析，介于支护结构如内支撑、锚杆等的作用，同时支护墙体一般为垂直面，因此它与一般边坡的圆弧滑动法有所区别。有支护时滑动面的圆心一般在基坑内侧附近，并假定滑动面通过支护结构的底部，可通过试算确定最危险的滑动圆弧及最小安全系数，主要目的是确定拟支护结构的嵌固深度是否满足整体稳定。

（一）砂性土土坡稳定性分析

砂性土土坡的坡角小于土的内摩擦角时，通常就不会产生滑坡，由土坡上土体的平衡关系可以得到砂性土稳定的安全系数为

$$K = \frac{\tan\varphi}{\tan\alpha} \quad (3\text{-}49)$$

式中 K——边坡抗滑安全系数，工程中一般要求其值≥1.25；

φ——土的内摩擦角，(°)；

α——土坡的坡角，(°)。

由式（3-49）可知，砂性土土坡稳定只取决于坡角的大小，而与坡的高度或土体的重量无关。

当地下水位高于基坑开挖面时，需要考虑动水压力对土坡稳定性的影响。此时土柱的抗滑安全系数可按式（3-50）计算

$$K = \left(\frac{1}{1+T_u}\right)\frac{\tan\varphi}{\tan\alpha} \qquad (3\text{-}50)$$

$$T_u = T_w/T = \gamma_w ibh/Q\sin\alpha$$

式中 b、h、Q——单位长度土柱的宽度、土柱在水位线以下的高度、土柱的自重；

i——水位线以下土柱部分平均水力坡度（可由流网图确定）；

γ_w——水的重度。

若渗透力等于零，则 $T_u = 0$，此时式（3-49）与式（3-50）相同。

（二）黏性土土坡稳定性分析

黏性土土坡失稳时的滑动面近似于圆弧，滑动体绕某个中心向下带旋转性的滑动，在这种情况下的土坡稳定通常采用条分法分析。

条分法的基本假定是：

（1）土坡失稳时，滑动体沿着一个近似于圆弧形的滑动面下滑，但当地基有软弱夹层时，可按实际可能发生的非圆弧滑动面验算。

（2）按平面问题考虑。在实际工程中，可根据地基情况、土坡形状和地面荷载基本相同的原则，把边坡分成几个区段，在每个区段中选取有代表性的断面作为计算段面。

土坡滑动面可以有很多个，因此需要经过多次试算，得到相应于最小安全系数的滑动面即最危险滑动面。具体步骤可参阅有关手册。

（三）整体稳定性验算

基坑整体稳定性验算可采用圆弧滑动简单条分法，按总应力法计算。如图 3-13 所示，参照上述土坡稳定分析方法，取单位墙宽进行分析，基坑支护结构整体稳定性安全系数应满足式（3-51），即

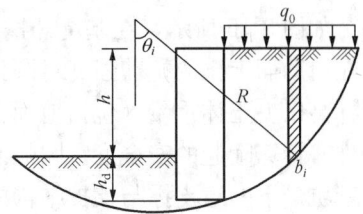

图 3-13 整体稳定性分析的
圆弧滑动简单条分法

$$K_{SF} = \frac{\sum c_i l_i + \sum (q_0 b_i + W_i)\cos\theta_i \tan\varphi_i}{\sum (q_0 b_i + W_i)\sin\theta_i} \geq 1.3$$

$$(3\text{-}51)$$

式中 c_i——第 i 土条底面上的黏聚力，kPa；

φ_i——第 i 土条底面上的内摩擦角，(°)；

b_i、l_i——第 i 土条宽度和底面弧长，m；

W_i——第 i 土条重量，kN；

θ_i——第 i 土条底面倾角，(°)。

式（3-51）中安全系数 K_{SF} 应通过若干滑动面试算后的最小值，可由计算机编程计算求得。当验算结果不能满足整体稳定要求时，可以采取以下两种方法：①增加支护结构的嵌

固深度和墙体厚度；②改变支护结构类型，如采取加内支撑的方式。

二、支护结构踢脚稳定性分析

支护结构在水平荷载作用下，对于内支撑或锚拉支护体系，基坑土体有可能在支护结构底部因产生踢脚破坏而出现不稳定现象。对于单支点结构，踢脚破坏产生于以支点处为转动点的失稳；对于多支点结构，则可能绕最下层支点转动而产生踢脚失稳。其计算模型如图 3-14 所示。

踢脚安全系数应满足下式，即

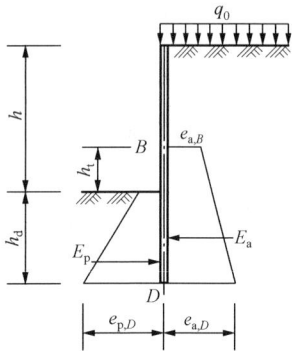

图 3-14　踢脚计算模型
E_a——基坑内侧的主动土压力

$$K_T = \frac{M_p}{M_a} = \frac{E_p\left(h_t + \frac{2}{3}h_d\right)}{\left(\frac{1}{6}e_{a,B} + \frac{1}{3}e_{a,D}\right)(h_t + h_D)^2} \geqslant 1.0 \qquad (3\text{-}52)$$

式中　M_p——基坑内侧被动土压力对 B 点（最下层支点处）的力矩；

　　　M_a——基坑外侧 BD 段主动土压力对 B 点（最下层支点处）的力矩；

　　　E_p——基坑内侧的被动土压力；

　　　$e_{a,B}$——基坑外侧 B 点处的主动土压力强度；

　　　$e_{a,D}$——基坑外侧 D 点处的主动土压力强度；

　　　h_t——支护结构最下层支点离基坑底的距离；

　　　h_d——支护结构的嵌固深度。

三、基坑底抗隆起稳定性分析

随着深基坑逐步向下开挖，坑内外的压力差不断增大，就有可能发生基坑坑底隆起现象。特别在软黏土地基中开挖时很容易发生基坑底土向上隆起现象。由于坑内外地基土体的压力差，使墙背土向基坑内推移，造成坑内土体向上隆起，坑外地面下沉的变形现象。因此，为防止发生上述现象，需对基坑进行抗隆起稳定性验算，常用的验算方法有以下两种。

（一）临界滑动面验算法

如图 3-15 所示，在基坑开挖面下假定一个圆弧滑动面。根据在滑动面上土的抗剪强度对圆弧滑动中心的力矩与墙背开挖面标高以上土体重量（包括地面荷载）对滑动中心的力矩平衡条件，计算隆起的安全度。圆弧滑动中心的位置一般认为可定在基坑最下一道支撑与支护结构的支点处。

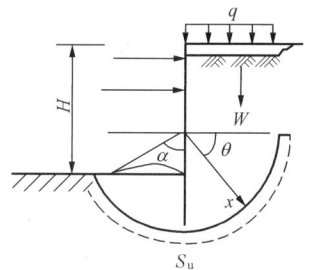

图 3-15　临界滑动面验算法

设滑动半径为 x，则：

滑动力矩为

$$M_d = W\frac{x}{2} = (\gamma H + q)\frac{x^2}{2}$$

抗滑力矩为

$$M_r = x\int_0^{\frac{\pi}{2}+a} S_u(x\mathrm{d}\theta)$$

抗隆起安全系数为

$$K_L = \frac{M_r}{M_d} \geqslant 1.20 \qquad (3\text{-}53)$$

式中　γ——墙背开挖面以上土的平均重度，kN/m^3；

　　　q——地面荷载，kN/m^3；

　　　S_u——沿滑动面处地基土的不排水抗剪强度，饱和软土中取 $\varphi=0$，$S_u=c_u=\dfrac{1}{2}q_u$；

　　　q_u——土的无侧限抗压强度，kPa。

（二）地基极限承载力验算法

1. Terzaghi-Peck 方法

如图 3-16 所示，当开挖面以下形成滑动面时，由于墙后土体下沉，使墙后土在竖直面上抗剪强度得以发挥，减少了在开挖面标高上墙后土的垂直压力，其值可按下式估算

$$p = W - S_u H = (\gamma H + q)\frac{B}{\sqrt{2}} - S_u H$$

相应的垂直分布力为

$$p_u = \gamma H + q - \frac{\sqrt{2}S_u H}{B}$$

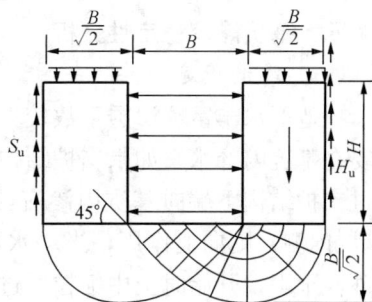

图 3-16　Terzaghi-Peck 方法

在饱和软土中土的抗剪强度采用 $\varphi=0$，$S_u=c$，地基极限承载力为 $q_d=5.7c$，由此可得抗隆起安全系数为

$$K_L = \frac{q_d}{p_u} = \frac{5.7c}{\gamma H + q - \dfrac{\sqrt{2}cH}{B}} \geqslant 1.5 \qquad (3\text{-}54)$$

式中　γ——墙背开挖面以上土的平均重度，kN/m^3；

　　　B——基坑宽度，m；

　　　c——土的内聚力，kPa。

2. 同时考虑 c、φ 值的承载力方法

对于一般的黏性土，在土体抗剪强度中应包括 c 和 φ 的因素。参照普朗特（Prandtl）和太沙基（Terzaghi）的地基承载力计算方法进行分析，将支护结构底面所在的平面作为求极限承载力的基准面，如图 3-17 所示。墙背在支护墙底平面上的垂直荷载为 $p_1=\gamma_1(H+D)+q$；墙前在支护墙底平面上的垂直荷载为 $p_2=\gamma_2 D$；在极限平衡时，墙前地基极限承

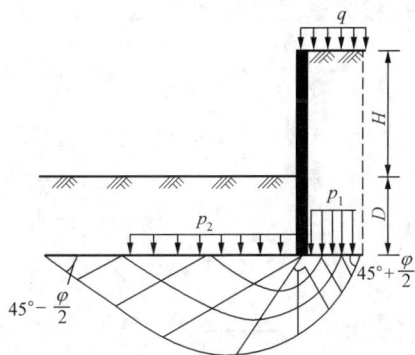

图 3-17　同时考虑 c、φ 值的承载力方法

载力为 $q_d=\gamma_2 D N_q + c N_c$。抗隆起安全系数见下式

$$K = \frac{q_d}{p_1} = \frac{\gamma_2 D N_q + c N_c}{\gamma_1(H+D)+q} \geqslant 1.2 \sim 1.3 \qquad (3\text{-}55)$$

式中　γ_1、γ_2——分别为墙后和墙前土的平均重度，kN/m^3；

　　　N_q、N_c——地基承载力系数。

N_q、N_c 的计算方法如下：

普朗特公式为

$$N_q = \tan^2\left(45° + \frac{\varphi}{2}\right)e^{\pi\tan\varphi}, \quad N_c = \frac{N_q - 1}{\tan\varphi}$$

太沙基公式为

$$N_q = \frac{1}{2}\left[\frac{e^{\left(\frac{3}{4}\pi - \frac{\varphi}{2}\right)\tan\varphi}}{\cos\left(45° + \frac{\varphi}{2}\right)}\right]^2, \quad N_c = \frac{N_q - 1}{\tan\varphi}$$

四、基坑渗流稳定性分析

(一) 渗流稳定

在地下水丰富、渗透系数较大（渗透系数 $\geqslant 10^{-6}$ cm/s）的地区进行支护开挖时，通常需要在基坑内降水。如果支护结构自身不透水，由于基坑内外水位差，导致基坑外的地下水绕过支护结构下端向基坑内渗流，这种渗流产生的动水压力在墙背后向下作用，而在墙前（基坑内侧）则向上作用，当动水压力大于土的水下重度时，土颗粒就会随水流向上喷涌。在砂性土中，开始时土中细粒通过粗粒的间隙被水流代出，产生管涌现象。随着渗流通道变

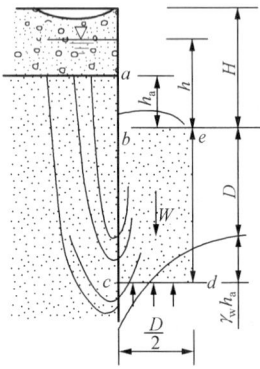

图 3-18　抗渗流验算简图

大，土颗粒对水流阻力减小，动水压力增加，使大量砂粒随水流涌出，形成流砂。在软黏土地基中渗流力往往使地基产生突发性的泥流涌出。以上现象发生后，使基坑内土体向上推移，基坑外地面产生下沉，墙前被动土压力减少甚至丧失，危及支护结构的稳定。验算抗渗流稳定的基本原则是使基坑内土体的有效压力大于地下水向上的渗透力。图 3-18 所示为抗渗流验算简图。设支护结构在开挖面以下的埋入深度为 D，墙下端宽度为 $D/2$ 范围内的平均超静水头为 h_a，作用在土体 b-c-d-e 下端的渗透力 $U = \gamma_w h_a$，土体的有效应力 $p = \gamma' D$，则抗渗流稳定的安全度 K_{SL} 为

$$K_{SL} = \frac{p}{U} = \frac{\gamma' D}{\gamma_w h_a} \tag{3-56}$$

抗渗流稳定所要求的插入深度为

$$D \geqslant \frac{K_{SL}\gamma_w h_a}{\gamma'} \tag{3-57}$$

式中　γ_w——水的重度，g/cm³；
　　　γ'——土的水下重度，g/cm³。

在墙下端 $D/2$ 宽度范围内的平均超静水头 h_a 是变化的，需要通过绘制流网图确定。作为一种略算法，如图 3-18 所示，取沿支护结构的最短流线 a-b-c-d 来求下端的水头替代 h_a（h_a 为开挖面以上产生水力坡降的土层厚度），设平均水力坡度为 i，$i = h/(h_1 + 2D)$，则

$$h_a = h - i(h_1 + D) = \frac{Dh}{h_1 + 2D} \tag{3-58}$$

将式 (3-56) 代入式 (3-57) 可得

$$D \geqslant \frac{K_{SL}\gamma_w h - \gamma' h_1}{2\gamma'} \tag{3-59}$$

式 (3-59) 中的安全系数 K_{SL} 应大于 1.2；h_1 取开挖面以

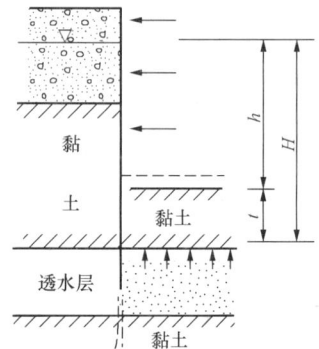

图 3-19　承压水引起的隆起

上至透水性良好的土层，如松散填土，中、粗砂，砾石等底面之间的距离，对于土层可取 $0.7\sim1.0h$。

（二）承压水的验算

如图 3-19 所示，在不透水的黏土层下有一层承压含水层，或者含水层中虽然不是承压水，但由于土方开挖形成的基坑内外水头差，使基坑内侧含水层中的水压力大于静水压力。此超静水压力向上浮托开挖面下黏土层的底面，有可能使开挖面上抬，或者承压水携带土粒沿支护结构内表面和基坑内桩的周围与土层接触处的薄弱部位上喷，形成管涌现象。对于此种情况，Tschebotarioff 的验算方法如下：

设下部含水层顶面与围护墙背面的水位差为 $H=h+t$，黏土层的饱和重度为 γ_{sat}，水的重度为 γ_w，则抵抗承压水上托力所需要的黏土层厚度为 $t\geqslant h\gamma_w/\gamma_{sat}$，因为 $H=h+t$，所以上式可改写为

$$t\geqslant\frac{h\gamma_w}{\gamma_{sat}-\gamma_w}\tag{3-60}$$

在下面有承压透水层的黏土中开挖时，基底隆起通常是突发性的和灾难性的。为了防止这种现象发生，基坑底部任一点的孔隙水压力不宜超过该点总压力的 70%。若以此引入一个安全系数，则式（3-60）可改写为

$$t\geqslant\frac{h\gamma_w}{\gamma/K_y-\gamma_w}\tag{3-61}$$

式中　K_y——安全系数，取 $K_y=1.43$。

当不满足式（3-61）时，应把支护结构嵌入到下部不透水层中，或者在承压含水层中降水，以减少含水层的水压力。

（三）管涌验算

如图 3-20 所示，当地下水的向上渗流力（动水压力）大于坑底土的有效浮重度时，土粒将处于浮动状态，从而在坑底产生管涌现象。要避免基坑底部土体发生管涌破坏，抗管涌安全系数 K_w 需满足下式

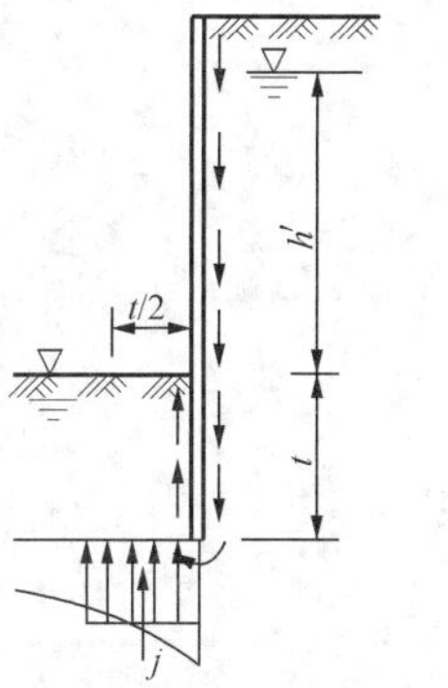

$$K_w=\frac{\gamma'}{j}\geqslant1.5\sim2.0\tag{3-62}$$

式中　γ'——土的浮重度；

　　　j——动水压力。

实验证明，管涌首先发生在离坑壁大约为支护结构嵌入深度 $1/2$ 的范围内。为简化计算近似地按紧贴支护结构的最短路线来计算最大渗流力，即

图 3-20　管涌计算简图

$$j=i\gamma_w=\frac{h'}{h'+2t}\gamma_w\tag{3-63}$$

式中　i——水力坡度；

　　　γ_w——水的重度，kN/m^3；

　　　h'——地下水位至坑底的距离，m；

　　　t——支护结构入土深度，m。

则不发生管涌的条件为

$$\gamma' \geqslant K_w \frac{h'}{h' + 2t}\gamma_w \tag{3-64}$$

或写成

$$t \geqslant \frac{K_w h' \gamma_w - \gamma' h'}{2\gamma'} \tag{3-65}$$

式（3-65）表明了要避免发生管涌破坏的支护结构最小嵌入深度。

如基坑以上土层为松散填土、多裂隙土层等透水性好的土层，则流经该层的水头损失可忽略不计，$\gamma' h' \approx 0$，此时不发生管涌的条件为

$$t \geqslant \frac{K_w h' \gamma_w}{2\gamma'} \tag{3-66}$$

思 考 题

3-1 基坑勘察包括哪些基本内容？

3-2 基坑勘察测试包括哪些内容？

3-3 基坑支护结构计算的荷载包括哪些？如何计算？

3-4 支护结构的静力如何计算？

3-5 单点支护和多点支护的计算方法有什么不同？

3-6 如何进行基坑支护结构的稳定性计算？包括哪些内容？

第四章　基 坑 支 护 技 术

第一节　概　　述

深基坑工程在国外称为"深开挖工程"（deep excavation engineering），深开挖还包括为了埋设各种地下设施而必须进行的深层开挖。基坑工程问题在我国随着城市建设的迅猛发展而出现，城市中深基坑工程常处于密集的既有建筑物、道路桥梁、地下管线、地铁隧道或人防工程的近旁，虽属临时性工程，但其技术复杂性却远甚于永久性的基础结构或上部结构，稍有不慎，不仅危及基坑本身安全，而且会殃及临近的建（构）筑物、道路桥梁和各种地下设施，造成巨大损失。另外，深基坑工程设计需以开挖施工时的诸多技术参数为依据，但开挖施工过程中往往会引起支护结构内力和位移，以及基坑内外土体变形从而发生种种意外变化。

基坑工程是个古老而具有时代特点的岩土工程课题，放坡开挖和简易木桩围护可以追溯到远古时代。事实上，人类土木工程的频繁活动促进了基坑工程的发展。特别是在 20 世纪，随着大量高层、超高层建筑以及地下工程的不断涌现，对基坑工程的要求越来越高，随之出现的问题也越来越多，迫使工程技术人员须从新的角度去审视基坑工程这一古老的课题，使得许多新的理论、新的经验或研究方法得以出现与成熟。

一、基坑支护设计的主要内容

1. 岩土工程勘察与工程调查

确定岩土参数与地下水参数；测定邻近建筑物、周围地下埋设物（管道、电缆、光缆等）、城市道路等工程设施的工作现状，并对其随地层位移的限值作出分析。

2. 支护结构设计

支护结构设计包括挡土墙围护结构（如连续墙、柱列式灌注桩挡墙）、支承体系（如内支撑、锚杆）及土体加固设计等。支护结构的设计必须与基坑工程的施工方案紧密结合，需要考虑的主要依据有当地经验、土体和地下水状况、四周环境安全所允许的地层变形限值、可提供的施工设施与施工场地、工期与造价等。

3. 基坑开挖与支护施工

基坑开挖与支护施工包括土方工程、工程降水和工程的施工组织设计与实施。

4. 地层位移预测与周边工程保护

地层位移既取决于土体和支护结构的性能与地下水的变化，也取决于施工工序和施工过程，如预测的变形超过允许值，应修改支护结构设计与施工方案，必要时对周边的重要工程设施采取专门的保护或加固措施。

5. 施工现场量测与监控

根据监测的数据和信息，必要时进行反馈设计，通过信息化手段来指导下步施工。

二、深基坑支护技术概述

现代大城市的高层建筑基坑具有深度大、面积大的特点，挖深一般在 $1\sim20m$ 之间，宽度与长度达 100m。基坑邻近多有建筑物、道路和管线，施工场地拥挤，在环境安全上又有很高要求，所以过去对基坑支护结构的选型比较单一，基本上均采用柱列式灌注桩挡墙或连续墙作为围护结构，当用明挖法施工时照例采用多道支承（多道内支撑或多道背拉锚杆）。

其他的支护形式，如国内外广为应用的钢板桩挡墙或桩板（分离式工字钢加衬板）挡墙由于刚度较弱、易透水以及打桩振动和挤土效应对城市环境的危害，已很少用于建筑深基坑这类很深的基坑中。但是近年来兴起的土钉支护尤其是复合土钉支护，在合适的地质条件下有望成为建筑深基坑的选型，而逆做法施工在国内已日趋成熟。

1. 钢板桩支护

钢板桩支护（见图 4-1）是一种施工简单、投资经济的支护方法。它由钢板桩、锚拉杆（或内支撑、锚定结构、腰梁等）组成。由于钢板桩本身柔性较大，如支撑或锚拉系统设置不当，其变形会很大。基坑深度达 7m 以上的软土地层，基坑不宜采用钢板桩支护，除非设置多层支撑或锚拉杆。

2. 地下连续墙支护

地下连续墙支护（见图 4-2）是用特制的挖槽机械，在泥浆护壁的情况下开挖一定深度的沟槽，然后吊放钢筋笼，浇筑混凝土。地下连续墙的形状多种多样，一般集挡土、承重、截水和防渗于一体，并兼作地下室外墙。该支护结构对各种地质条件及复杂的施工环境适应能力较强；施工不必放坡，不用支撑，国内地下连续墙的深度已达 36m，壁厚 1m。其不足之处是要用专用设备施工，单体施工造价高。

图 4-1　宝钢某厂房设备基础工程钢板桩支护

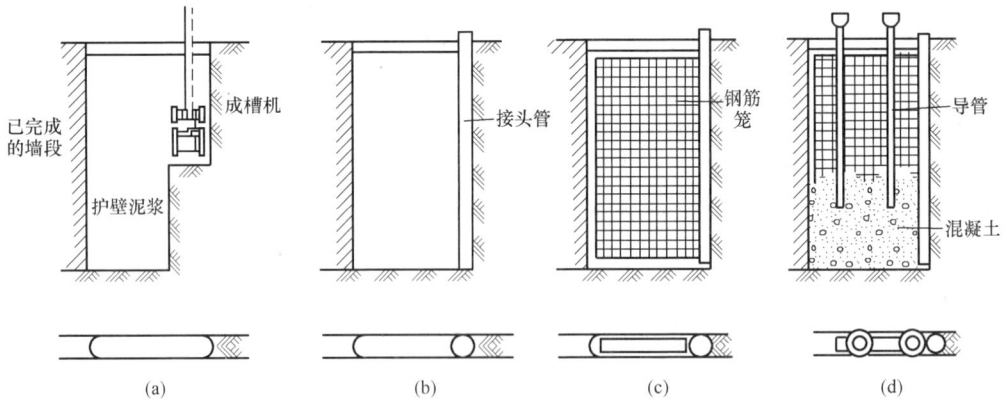

图 4-2　地下连续墙施工工序示意图
（a）成槽；（b）放入接头管；（c）放入钢筋笼；（d）浇筑混凝土

3. 排桩支护

排桩支护（见图 4-3）是指队列式间隔布置钢筋混凝土挖孔、钻（冲）孔灌注桩，作为主要的挡土结构，其结构形式可分为悬臂支护或单

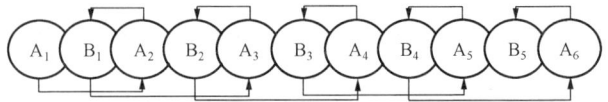

图 4-3　排桩施工工艺流程图

锚杆、多锚杆结构，布桩形式可分为单排或双排布置。悬臂式支护适用于开挖深度不超过10m的黏土层或不超过8m的砂性土层，以及不超过5m的淤泥质土层。

4. 深层搅拌桩支护

深层搅拌支护（见图4-4）是利用水泥作为固化剂，采用机械搅拌，将固化剂和软土剂强制拌和，使固化剂和软土剂之间产生一系列物理化学反应而逐步硬化，形成具有整体性、水稳定性和一定强度的水泥土桩墙，作为支护结构。该支护适用于淤泥、淤泥质土、黏土、粉质黏土、粉土、素填土等土层，基坑开挖深度不宜大于6m。对有机质土、泥炭质土，宜通过试验确定。

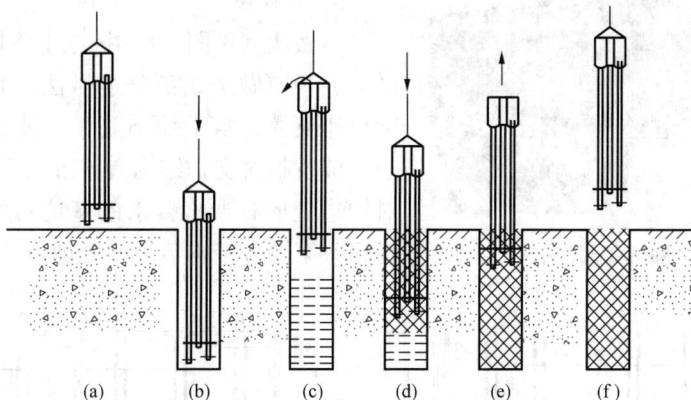

图 4-4　深层搅拌桩施工工艺流程图

（a）定位；（b）预埋下沉；（c）提升喷浆搅拌；（d）重复下沉搅拌；（e）重复提升搅拌；（f）成桩结束

5. 土钉支护

土钉支护（见图4-5）是用于土体开挖和边坡稳定的一种新的挡土技术，由于经济、可靠且施工快速简便，已在我国得到迅速推广和应用。土钉是用来加固现场原位土体的细长杆件，通常采用钻孔，放入变形钢筋并沿孔全长注浆的方法做成。它依靠与土体之间的黏结力或摩擦力，在土体发生变形时被动承受拉力作用。由于随挖随支，能有效地保持土体强度，减少土体的扰动。土钉支护适用于地下水位以上或经人工降雨后的人工填土、黏性土和弱胶结砂土，开挖深度为5～10m的基坑支护。土钉支护不适用于含水丰富的粉细砂层、砂砾卵石层、饱和软弱土层，以及对变形有严格要求的基坑支护。

6. 锚杆或喷锚支护

锚杆（见图4-6）与土钉支护相似，是将锚杆锚入稳定的土体中，外端与支护结构连接用以维护基坑稳定的受拉杆件，并施加预应力。支护体喷射混凝土称为喷锚支护。锚杆可与

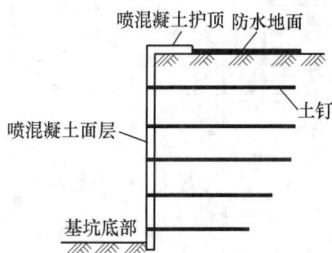

图 4-5　土钉支护示意图　　　　图 4-6　锚杆支护示意图

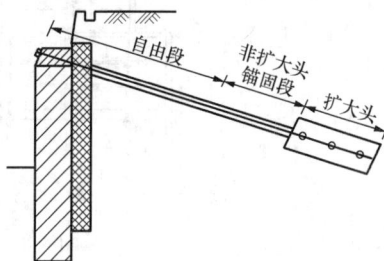

排桩、地下连续墙、土钉墙或其他支护结构联合使用。该支护形式不宜用于有机质土、液限大于50%的黏土层和相对密度小于0.3的砂土。

7. 拱圈支护结构

拱圈分闭合拱和非闭合拱，拱圈形式包括圆拱（见图4-7）、椭圆拱和二次曲线拱。这种拱圈挡土能承受水平方向的土压力，因拱的内力以受压力为主，弯矩很小，能充分发挥混凝土抗压强度高的特性，施工方便，节省工期。施工场地要适合拱圈布置，构造应符合圆环受力的特点，对拱脚的稳定性应予以足够的重视，并有可靠的保证措施。

图4-7　圆拱支护结构

8. 逆做法

逆做法（见图4-8）按施工不同程序可分全逆做法、半逆做法或部分逆做法，它以地下各层的梁板作支撑，自上而下施工，使挡土结构变形较小，节省临时支护结构。该方法适用于较深基坑，对周边变形有严格要求的基坑。要预先做好施工组织方案及各结构节点的处理。

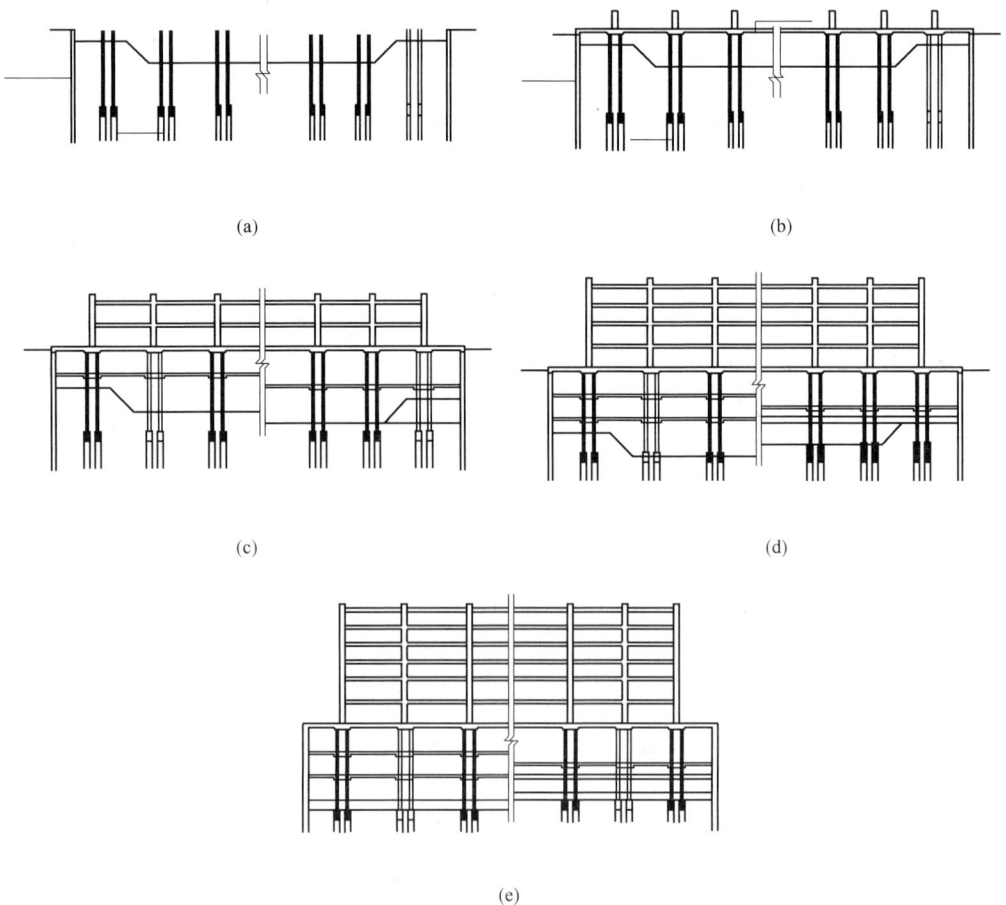

(a)

(b)

(c)

(d)

(e)

图4-8　逆做法示意图

（a）先修筑地下室外墙；（b）同时修筑地下一层和地上一层；（c）同时修筑地下二层和地上二层；
（d）同时修筑地下三层和地上四层；（e）同时修筑地下室底板和地上六层

三、深基坑支护技术的发展趋势

1. 深基坑支护结构方案优选

深基坑支护结构的设计与施工不同于上部结构，除地基土类别的不同外，地下水位的高低、土的物理力学性质指标以及周围环境条件等，都直接与支护结构的选型有关。支护结构形式选择的合理，就能做到安全可靠、施工顺利、缩短工期，带来可观的经济与社会效益，可见支护结构形式的优化选择是深基坑支护技术发展的必然趋势。

此外，为达到方案的最优化，有时根据地层土质的变化、基坑周围环境，也可采用更为灵活的组合支护方案，如内支撑＋锚杆、单排桩＋双排桩。

2. 施工工艺上的发展趋势

（1）土钉墙方案的大量实施，使得喷射混凝土技术得到充分运用和发展。为减少喷射混凝土的回弹量及保护环境，湿式喷射混凝土将逐步取代干式喷射混凝土。

（2）基坑向着深度大、面积大、周围环境复杂的方向发展，使得深基坑开挖与支护的难度越来越大。受地下空间所属权的限制，内支撑或新型锚杆（如可拆式锚杆、抗拔力较大的全程应力复合锚杆）将逐渐得到推广运用。

（3）为减小基坑工程带来的环境效应（如因降水引起的地面附加沉降），或出于保护地下水资源的需要，有时基坑采用帷幕形式进行支护。除地下连续墙外，一般采用旋喷桩或深层搅拌桩等工法构筑成降水帷幕。目前，有将水利工程中防渗墙的工法引入到基坑工程中的趋势。

（4）基坑降水时，为减小因降水引起的地面附加沉降或对邻近建（构）筑物造成的影响，可采取井点回灌技术。

（5）在软土地区，为避免基坑底部隆起，造成支护结构水平位移加大和邻近建（构）筑物下沉，可采用深层搅拌桩或注浆技术对基坑底部土体进行加固，即提高支护结构被动区土体强度的方法。

（6）为减小坑壁土体的侧向变形，可以通过基坑内外双液快速注浆加固土体，也可以对支撑（或拉结）施加预应力，以及采取调整挖土进度及支撑的施工程序等措施来限制基坑的侧向变形。

3. 信息监测与信息化施工技术

为了保护环境而加强监测。现已应用计算机监测，可以提供施工过程中支护体系及环境的受力状态及变形数据。由于信息技术及加固技术的提高，已经可以实现毫米级的变形控制。如上海香港广场工程对附近地铁隧道变形控制在 7mm。

第二节　无支护开挖设计与施工

在基坑开挖施工中，往往可以通过选择并确定安全合理的基坑边坡坡度，使基坑开挖后的土体在无加固及无支撑的条件下，依靠土体自身的强度，在新的平衡状态下取得稳定的边坡并维护整个基坑的稳定状况，为建造基础或地下室提供安全可靠的作业空间。同时，又能确保基坑周边的工程环境不受影响或满足预定的工程环境要求。这类无支护措施下的基坑开挖方法通常称作放坡开挖。

一、竖向开挖土坡的临界深度和地基承载力分析

（一）基坑坑壁竖向挖深

基坑坑壁竖向挖深见表 4-1。

表 4-1　　　　　　　　　　　　　　　　　　基坑坑壁竖向挖深值

土的类型	深度（m）	土的类型	深度（m）
软土	0.75	坚硬的黏土	2.00
密实、中密的砂土和碎石类土（充填物为砂土）	1.00	黄土	2.50
硬塑、可塑的粉土及粉质黏土	1.25	冻结土	4.00
硬塑、可塑的粉土及粉质黏土（充填物为黏性土）	1.50		

（二）竖向开挖临界深度计算

对于一般性土，在无地下水、土质均匀时，按照边坡土体滑移面的形态（见图 4-9），可分别按式（4-1）和式（4-2）计算。

边坡土体按平面滑移时为

$$H_{cr} = 2c\tan(45° + 0.5\varphi)/\gamma \qquad (4-1)$$

或

$$H_{cr} = 2q_u/\gamma \qquad (4-2)$$

式中　H_{cr}——竖向挖深的临界深度，m；

　　　　c——土的黏聚力，kPa；

　　　　γ——土的重度，kN/m³；

　　　　φ——土的内摩擦角，(°)；

　　　　q_u——抗压强度，kPa。

当基坑坑壁顶面有均布荷载 q 作用时，可将均布荷载折算为坑壁高度（ΔH），此时竖向挖深的计算临界深度为

$$H_{cr} = 2C\tan(45° + 0.5\varphi)/\gamma - \Delta H \qquad (4-3)$$

$$\Delta H = q/\gamma \qquad (4-4)$$

边坡土体按曲面滑移的情况，则可用泰勒理论进行计算。

（三）地基承载力竖向挖深分析

土体由于极限平衡的丧失而发生的破坏，在不同的岩土工程中表现不同。在边坡工程中，主要表现为稳定性丧失，如图 4-10（a）所示；在建筑地基问题中，表现为承载力失效和整体稳定性丧失，如图 4-10（b）所示。

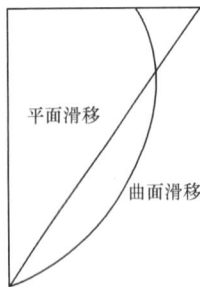

图 4-9　土体滑移而形态

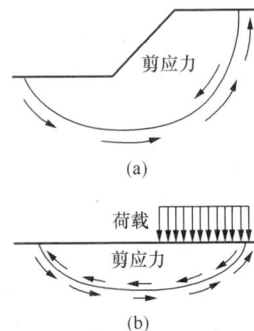

图 4-10　土体破坏受力分析

在边坡稳定性破坏的分析中，滑动面上剪应力主要是由滑动面以上的土体（滑动体）重力引起的，在平衡分析时只考虑破坏状态下滑动面上的作用力达到平衡条件，在平衡条件中不考虑土体的变形。因此，在竖向开挖基坑中，坑底下部存在软弱土层，当坑壁垂直高度内的土体重量及作用于坑壁顶部的地面荷载，使基坑底水平面处压力超过该处地基承载力时，将会出现坑底隆起的失稳现象，此时基坑竖向的挖深还应考虑地基土承载力条件。

二、放坡开挖基坑设计计算

放坡开挖基坑时，一般应对放坡开挖的边坡作稳定性验算，大多采用极限平衡法来计算边坡的抗滑安全系数，即在斜坡的断面图中绘一滑动面，如图 4-11 所示。算出作用在该滑动面上的剪应力，并以此剪应力与滑动面土抗剪强度相比较，从而确定抗滑安全系数 F_s。对于无黏性土，取一小滑块，坡角为 β，其自重为 W，土的内摩擦角为 φ，则小滑块的自重在垂直和平行于坡面方向的分力分别为

$$N = W\cos\beta \tag{4-5}$$

$$T = W\sin\beta \tag{4-6}$$

与坡面平行的分力 T 使小滑块 M 向下滑动，而由垂直于坡面的分力 N 引起的摩擦力 F 阻止小滑块下滑，称为抗滑力，则有

$$F = N\tan\varphi = W\cos\beta \tan\varphi \tag{4-7}$$

$$F_s = \frac{F}{T} = \frac{W\cos\beta \tan\varphi}{W\sin\beta} = \frac{\tan\varphi}{\tan\beta} \tag{4-8}$$

由上式可见，当土的内摩擦角与坡角相等时，$F_s = 1$，边坡处于极限平衡状态。因此，边坡极限坡角等于土体的内摩擦角，与坡高 H 无关，当 $\beta < \varphi$ 时，$F_s > 1$，边坡稳定。

当边坡的潜在滑动面的形态为近似圆弧形时，可利用费伦纽斯条分法计算边坡稳定。

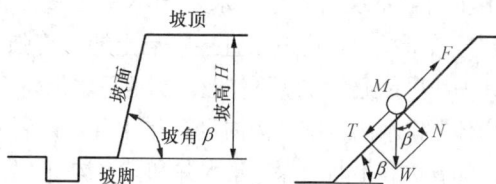

图 4-11　土体稳定性计算示意图

三、放坡开挖的施工

（一）施工前准备

土方开挖之前，先对基础红线内进行测量放样，测量标高，清除表面杂土等非适用材料。对占地范围内树木、石头、废物和草皮进行清理，挖除树根，对基础范围内沟渠、坑槽按监理工程师确定的范围清除杂物，然后用合格材料分层回填并压实。将清理出来的废料、杂物运到指定的弃料场，并做好防护设施及设置排水系统。

（二）土方开挖

运输较近路段采用推土机、铲运机施工，较远路段采用挖掘机配合自卸汽车施工，基础开挖包括土方开挖、截水沟、排水沟等，其施工方法根据基坑深度和纵向长度按下列方式进行：

（1）横挖法。以基坑整个横断面的宽度和深度，从一端或两端逐渐向前开挖；开挖较长基坑时，采用分层开挖法，沿基坑全宽以深度不大的纵向分层挖掘前进。

（2）纵挖法。先沿基坑纵向挖掘通道，然后将通道内两侧拓宽，土层通道拓宽至基坑边坡后，再开挖下层通道，如此纵向开挖至基坑底部标高。

（3）对基坑主体主要用推土机推松，若遇较硬土体，则用 D85 以上推土机翻松，近距离用推

土机推，远距离用挖掘机挖、汽车运。刷刮边坡，整平底面时采用平地机配合其他机械作业。

（三）现场测量

在开挖过程中，对平面位置、边坡坡度和标高等进行测量，校核其是否符合设计要求。机械挖土时，人工配合，因开挖深度不大，土方开挖一步到位。开挖时，为防止机械破坏原土，留 150mm 厚，采用人工清运。土方开挖后，及时请有关人员进行地基验槽，并做好验槽记录工作。

（四）素混凝土垫层

（1）地基开挖经设计人员、监理、甲方等有关人员验收后，进行素混凝土垫层，垫层前先做好标高点，垫层土质必须符合实际要求，必须尽量保证基底无积水，砂石的级配要符合要求，拌和均匀，铺设厚度符合设计要求。

（2）进行素混凝土垫层前先定好控制标高点，边浇边用平板振动器振实，表面用木搓板搓平打毛，表面平整度要求在 ±8 以内，养护达到一定强度后，弹出轴线，进行钢筋绑扎。

（3）桩头的凿除：根据设计标高在桩的四周做好标记，在离标记线 300mm 时，不允许用大锤凿除，只允许用小锤凿除，保证桩身的质量及桩头伸入底板或承台 100mm。

四、放坡开挖时的基坑降水

在放坡开挖基坑时，除了沿基坑四周地面筑堤挖沟截水（见图 4-12）、组织疏水以防止地表水流入基坑冲刷边坡造成塌方和基坑浸水外，当基坑底面低于地下水位、基坑的开挖切断了土内含水层时，地下水将会不断地渗入坑内，要做好降水设计。

放坡开挖时，地下水直接影响土的抗剪强度指标，为了避免流砂、管涌，防止坑壁土体坍塌，一般尽量避免在水下作业。当地下水位高于基坑底面时，随着基坑的开挖，应沿基坑周围挖一个环形排水沟，排水沟内设置排水井，两者互相连通，用抽水设备自集水井向坑外抽排地下水，随着坑底不断加深，集水井和排水沟也不断加深，直到坑底达到设计标高为止（见图 4-13）。

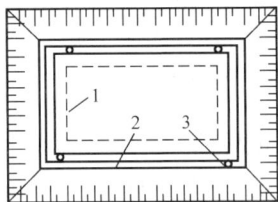

图 4-12 放坡开挖时的基坑降水
1—基坑内线；2—排水沟；3—集水井

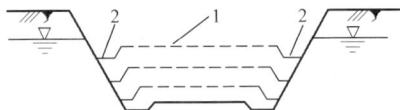

图 4-13 分层开挖排水沟
1—挖土面；2—排水沟

排水沟和集水井应设置在基坑轮廓线以外，并与基础边缘有一定距离，集水井应设置在地下水的上游，井容量应保证停止抽水 10～15min 后不致使井水溢出井外，集水井底宜低于排水沟底 0.4～0.5m，而排水沟底又应比基坑底面低 0.3～0.4m。

当地下水位比基坑底面的标高高出较多、地下水的补给源比较充分时，尤其是坑壁地层为松散的粉细砂、粉土或透水性较强的砂粒、卵石等地层，应采用井点降水方法。井点降水是利用井（孔）在基坑周围同时抽水，把地下水位降低到基坑底面以下的降水方法。

井点降水类型分为轻型井点、喷射井点、管井井点，深井井点和电渗井点等，各种井点的适用范围、设计方法和施工工艺参见第五章。

五、坡面防护

要维护已开挖基坑边坡的稳定，必须使边坡土体内潜在滑动面上的抗滑力始终保持大于该滑动面上的滑动力。在设计施工中除了要有良好的降、排水措施，有效控制产生边坡滑动力的外部荷载外，还应考虑到在施工期间，边坡受到气候季节变化和降雨、渗水、冲刷等作用，使边坡土质变松、土内含水量增加、土的自重加大而导致边坡土体抗剪强度降低，从而增加了土体内剪应力所造成的边坡局部滑塌或产生不利于边坡稳定的影响。因此，在边坡设计施工中，还必须采取适当的构造措施，对边坡坡面加以防护。

根据工程特性、基坑所需的施工工期、边坡条件及施工环境等要求，采用坡面防护方法有塑料薄膜覆盖、水泥砂浆抹面、砂（土）包叠置、挂网（钢丝网或铁丝网）抹面或喷浆等（见图4-14）。

图 4-14　挂网喷浆护坡

六、放坡开挖的环境保护措施

（一）放坡开挖引起的环境问题

放坡开挖容易引起一系列的环境问题，主要表现在以下几个方面。

1. 土体变形的环境效应

放坡开挖深基坑时，边坡土体一侧出现临空面，由于边坡一侧土的挖除卸载作用，改变了原场地土体的平衡条件。虽然一般深基坑工程都有经过边坡稳定分析设计，使边坡土体发挥其自身的抗剪强度，在新的平衡条件下达到稳定的要求，但由于应力状态的改变，土体在新的平衡力系作用下将产生相应的变形，而过大或过高速率的变形，可能会引起邻近建筑（构）物及其他地下设施的不均匀下沉，导致其出现裂缝、倾斜或拉断地下管线等。在边坡地面上堆置的弃土和砂石等施工材料设备突破了限定的范围及高度，加大了边坡荷载。

2. 井点降水的环境效应

在施工期间因排水不畅，受暴雨积水，使边坡土体含水量增加，从而增加了土的自重；水在土中渗流增加了水动力，土的湿化又降低了土的抗剪强度。

放坡开挖深基坑时，一般需采取井点降水等降低地下水位的措施，以保证基坑工程的正常施工。工程降水过程中，基坑及其周边区域将长时间、大幅度地降低地下水位，此时抽水影响半径范围内地下水位的下降呈漏斗状，降水漏斗范围内的土体将产生排水固结，从而引起基坑周边区域出现较大范围的地面沉降，且这种地面沉降常常是不均匀的。

对于建立在天然地基上的建（构）筑物，不均匀地基上下沉将导致建（构）筑物倾斜或开裂。因此，井点降水会对基坑周围的建（构）筑物、道路和地下管线产生不良影响，严重的可导致道路破裂，建（构）筑物、地下管线破坏，影响其正常使用和安全。

3. 边坡坍塌造成的不良效应

在软土场地放坡开挖深基坑，受软土流变特性等的影响，已开挖的边坡土体存在缓慢而长期的剪切变形；在地下水位较高的场地，基坑放坡开挖后，使土体含水层被切断，改变了地下水原有的渗流途径，当地下水量较丰富时，会出现基坑土的流土潜浊。上述因素的影响，都可能会引起基坑过坡发生局部破坏或整体滑移，使得破坏区及滑移区内的建（构）筑物严重倾斜以致倒塌、地下管线断裂（水管折断、电力通信线路断开、煤气管道泄漏等），从而造成大面积危害。

基坑边坡出现裂缝、变形以致滑动的失稳险情，其本质的问题是土体潜在破坏面上的抗剪强度未能适应剪应力。因此抢险应急的防护措施也基本上从以下两方面考虑：一是设法降低边坡土体中的剪应力；二是提高土体或边坡抗剪强度。采用的应急防护方法有削坡、坡顶减载、坡脚压载、增设防滑桩体及降低地下水位或加强表面排水等。

（二）放坡开挖深基坑的环境保护措施

由于边坡稳定失控引起的事故波及面大，特别是在软土及地质复杂、挖深较大的基坑场地，一旦发生边坡失稳，则补救困难，受损严重。因此放坡开挖基坑工程必须把握场地地质条件，确保设计、施工、监测、维护各环节严格按技术要求实施，并从下列几方面考虑工程环境要求。

1. 控制影响范围

一般当基坑挖深大于5m时，在两倍坑深的水平范围内宜无主干道、生命线工程及重要的建（构）筑物。

2. 保证足够的边坡稳定系数

在软土及地质条件复杂的基坑边坡应选用较大的稳定系数值。

3. 尽量控制基坑暴露时间

应尽量减少基坑暴露时间。对超过半年以上的边坡，施工时必须采取坡面的防护措施，并应在周边宽为一倍坑深的地面范围予以水泥砂浆抹面或做混凝土地面。

基坑开挖过程中或基坑开挖后，在进行地下室施工期间，常常会存在一些超过边坡稳定设计计算的情况，造成地面开裂、边坡土体变形及坍塌等险情。因此在整个基础施工期间，必须有相应的应急防护措施，备有抢险工作所需的设备、材料。

七、施工监测

在基坑放坡开挖过程中，主要进行变形、地下水位和应力应变监测，见表4-2。

1. 变形监测

变形监测的对象主要为地面、坡面、坑底土体、建筑物和地下管线。监测项目为裂缝、水平位移、沉降和倾斜。通常采用目测巡视和仪器观测。

2. 地下水监测

地下水监测的对象主要为有深层降水和浸润线的边坡工程。监测项目为地下水位变化情况、孔隙水压力、排水量和含砂量。通常通过地下水位观测孔和埋设孔隙水压力计进行观测。

3. 应力应变监测

应力应变监测需根据具体工程确定。

表4-2　放坡基坑开挖施工监测主要项目一览表

监测项目 \ 基坑侧壁安全等级	一级	二级	三级
支护结构水平位移	应测	应测	应测
周边环境变形	应测	应测	应测
地下水位	应测	应测	宜测
锚杆拉力	应测	宜测	可测
桩、墙内力	宜测	可测	可测
周边结构沿深度方向水平位移	宜测	可测	可测
支护结构截面上侧向压力	可测	可测	可测

八、放坡开挖工程实例分析

（一）工程概况

温州东南丽江花园位于浙江省平阳县萧江镇长宁路北侧，拟建16层钢筋混凝土框架结构商住楼，采用预应力薄壁管桩，基坑开挖深度分别为−3.57m和−2.7m（不包括承台底，承台另砌砖胎模），场地为稻田，较空旷，北面 12～14m 处有一小河。

根据岩土勘察报告，表土为黏土，层厚为 1.7～1.2m，有较好的物理力学性能。地下室开挖深度为 2.32～3.12m，实际开挖淤泥层厚度为 0.12～1.42m。

根据现场实际条件，采用放坡开挖方案，必要时对承台部分可加木桩围护。对于 0.12～1.42m 的淤泥，可用砂袋砌压，确保边坡稳定；为防止雨水冲刷，在坡面抹 250mm 厚的 1：3 水泥砂浆护坡。

（二）边坡设计

黏土内摩擦角 $\varphi=7.50°\sim8.50°$，取 8.10°；凝聚力 $C=15\sim18kPa$，取 16kPa；$\gamma=19.2\sim19.5kN/m^3$，取 19.32kN/m^3。

考虑坡顶均布荷载，取 $q=25kN/m^2$，代入式（4-7）和式（4-8），计算得：$H_{cr}=2.53m$。利用费伦纽斯条分法计算放坡坡度为 1：1.5，边坡稳定系数 $F_s=1.256>1$，安全可靠。

（三）开挖方案

对于土表面 0.5m～0.7m 厚的块石层，用反铲挖掘机挖放至南北两侧，备回填用。剩余土方一律采用人工分层开挖，塔吊运出基坑外，表面 1m 的黏土留下备回填用，淤泥质土运至西边河道回填。所有承台、地梁均采用边挖土、边砌砖胎模的方案施工。

采用明沟排水方式，在基坑周围砖砌 200mm×300mm 的排水明沟，将水排至直径 800mm、深 1m 的集水井内，然后用 6 台水泵将水抽排到北面的河流中，并在坑顶做 350mm 高的砖挡水墙，防止地面水冲入坑内。在坡面上抹 25mm 厚的 1：3 水泥砂浆，表面压实。该工程土方开挖量约 3000m^3。

通过上面的分析和工程实例可知，对于地下室开挖深度为 3～5m、场地比较空旷的基坑工程来说，可以考虑用放坡开挖来进行施工，承台的挖土采用砖胎模，以减少土方开挖。这种施工方法技术可行、安全可靠、经济合理。

第三节　土钉与喷锚支护结构设计与施工

一、概述

土钉支护与喷锚支护因其在支护施工中的可靠性、可行性与经济性，在现代的边坡基坑及隧道等支护工程中得到了广泛的应用。土钉支护与喷锚支护（特别是非预应力锚杆喷锚支护）在形式上是相似的，都是在开挖边表面铺钢筋网，喷射混凝土面层，并在其上成孔，然后安设锚钉或锚杆。

（一）土钉支护（soilnailing）

土钉支护是新兴的挡土支护技术，最先用于隧道及治理滑坡，20 世纪 90 年代在基础深基坑支护中得到应用。土钉墙是将短而密的土钉（钢筋、钢管）置入被支护的土体中，通常辅之以喷射混凝土面层，被支护土体置入土钉后得到加固进而形成土钉墙。土钉墙是抵抗其后土压力的承载体，近似于重力式挡土墙。土钉墙后的土压力是使土钉墙变形、位移、倾覆的动力。土钉的长度取决于基坑的深度和土质情况，一般为基坑深度的 0.5～0.8 倍。

土钉是把坑壁或坡面土体锚住的抗拔构件。土钉墙由土钉、土钉间土体和钢筋网喷混凝土面层组成。

土钉支护适用于地下水位低的地区，一般不宜作为深厚软塑或流塑黏性土层的基坑支护。当基坑较深且土质较差，坑周邻近重要建筑设施需严格控制支护变形时，可与预应力锚杆和微型桩等支护技术联合使用。

（二）喷锚支护（shot-anchoring protection）

喷锚支护在形式上与土钉支护类似，也是在开挖边表面铺钢筋网，喷射混凝土面层，并在其上成孔，但不是埋设土钉，而是锚杆，锚杆借助与周围土体间的黏聚力，与边坡土体形成复合体共同工作。

喷锚支护是以圆弧滑动面以内的土体为研究对象，将其分成若干个垂直的土条，分别计算各土条的平衡稳定问题。

喷锚支护实际上可分为两大部分：一部分是喷混凝土；为一部分是设锚杆。在基础开挖后，将岩石或土体表面进行清理，然后立刻喷射一层厚 $30\sim80$mm 的混凝土，防止围岩或土体过分松动。如果这层混凝土不足以支护围岩，则根据情况及时加设锚杆，或再加厚混凝土的喷层。

二、土钉墙支护设计

根据 JGJ 120—2012 和 CECS 96：97—1997《基坑土钉支护技术规程》规定，土钉支护的设计包括以下三个方面。

（一）根据工程类比和工程经验，初选支护各部分的尺寸和材料参数

（1）土钉钢筋用Ⅲ级或Ⅱ级热轧变形钢筋，直径在 $18\sim32$mm 范围内（见图 4-15）。

（2）土钉孔径在 $75\sim150$mm 之间，注浆强度不低于 12MPa，3 天不低于 6MPa。

（3）土钉长度 l 与基坑深度 H 之比，对于非饱和土在 $0.6\sim1.2$ 范围内，密实砂土和坚硬黏土中可取中值；对于软塑黏性土，比值 l/H 不应小于 1.0。

（4）土钉水平和垂直间距 S_h 和 S_v 宜在 $1.2\sim2.0$m 范围内，在饱和黏性土中可以小到 1.0m，沿面层布置的土钉密度不低于每 6m^2 一根。

（5）喷射混凝土面层厚度在 $50\sim150$mm 之间，混凝土强度等级不低于 C20，3d 强度不低于 10MPa，钢筋网的钢筋直径为 $6\sim8$mm，网格尺寸为 $120\sim300$mm，当面层厚度大于 120mm 时，宜设置两层钢筋网。土钉和混凝土面板之间的连接见图 4-16。

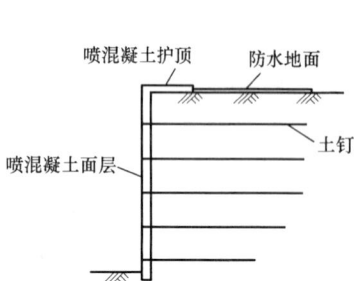

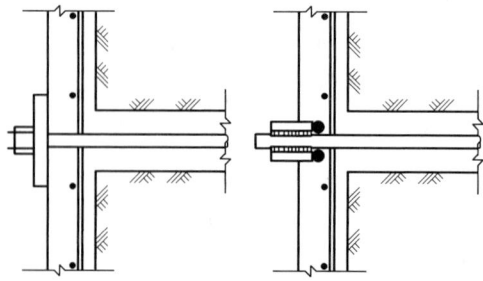

图 4-15　土钉支护　　　　　　　　　　图 4-16　土钉和混凝土面板之间的连接

（6）土钉钻孔的向下角度宜在 $0°\sim20°$ 之间，利用重力向孔中注浆时，倾角不宜小于 $15°$

当土质较差，且基坑边坡靠近重要建筑设施需严格控制支护变形时，宜在开挖前沿基坑边缘设置密排微型桩（见图 4-17），其间距不宜大于 1m，深入基坑底部 $1\sim3$m。

（二）计算分析

1. 支护的内部整体稳定性分析和外部整体稳定性分析

支护的内部整体稳定性分析是指边坡土体中可能出现破坏面发生在支护内部并穿越全部或部分土钉［见图 4-18（a）］。按圆弧破坏面采用条分法对支护作整体稳定性分析，取单位长度进行计算，安全系数 K_s 为

$$K_s = \frac{\sum [(W_i + Q_i)\cos\alpha_i\tan\varphi_j + (R_k/S_{hk})\sin\beta_k\tan\varphi_i + c_i(\Delta_i/\cos\alpha_i) + (R_k/S_{hk})\cos\beta_k]}{\sum [(W_i + Q_i)\sin\alpha_i]}$$

$$(4-9)$$

式中　W_i、Q_i——作用于土条 i 的自重和地面、地下荷载，kN；

　　　　α_i——土条 i 圆弧破坏面切线与水平面的夹角，(°)；

　　　　Δ_i——土条 i 的宽度，m；

　　　　c_i——土条 i 圆弧破坏面所处第 j 层土的黏聚力，kPa；

　　　　φ_i——土条 i 圆弧破坏面所处第 j 层土的内摩擦角，(°)；

　　　　R_k——破坏面上第 k 排土钉的最大抗力，kN；

　　　　β_k——第 k 排土钉轴线与该处破坏面切线之间的夹角，(°)；

　　　　S_{hk}——第 k 排土钉的水平间距，m。

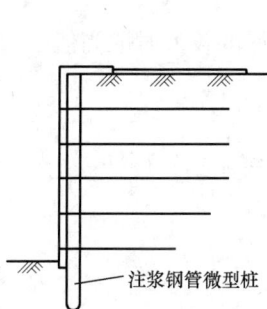

图 4-17　超前设置微型桩的土钉支护　　　图 4-18　支护的内部整体稳定性分析示意图

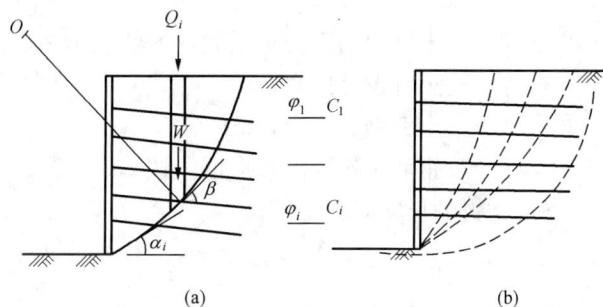

作为设计依据的临界破坏面位置需根据试算确定，与其相应的稳定安全系数在各种可能的破坏面［见图 4-18（b）］中为最小值，并不低于表 4-3 中规定的数值。

表 4-3　　　　　　　　　　　　　支护内部整体稳定性安全系数

基坑深度（m）	≤6	6~12	≥12
安全系数最低值	1.2	1.3	1.4

支护的外部整体稳定性分析与重力式挡土墙的稳定分析相同（见图 4-19），可将由土钉加固的整个土体视作重力式挡土墙，分别进行整个支护沿底面水平滑动验算［见图 4-19（a）］、抗倾覆验

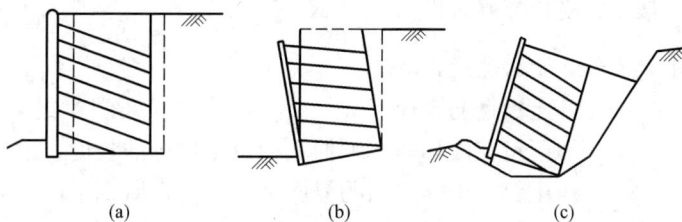

图 4-19　支护的外部整体稳定性分析

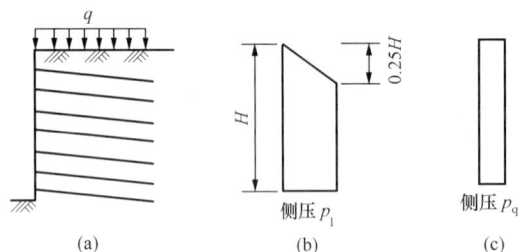

图 4-20　土钉侧向压力分布

算［见图 4-19（b）］和深部整体滑移验算
［见图 4-19（c）］。

2. 土钉的设计计算

假设土钉只受拉力的作用，其设计内力如图 4-20（b）所示。

在土钉自重和地表均布荷载作用下，每一土钉所受的最大拉力或设计内力 N 按下式计算，即

$$N = \frac{1}{\cos\theta} p S_v S_h \tag{4-10}$$

$$p = p_l + p_q \tag{4-11}$$

式中　θ——土钉的倾角，（°）；

　　　p——土钉长度中点所处深度位置上的侧压力，kPa；

　　　p_l——土钉长度中点所处深度位置上由支护土体自重引起的侧压力，kPa；

　　　p_q——地表均布荷载引起的侧压力，kPa。

各层土钉在设计内力作用下应满足式（4-12），即

$$F_{s,d} N \leqslant 1.1 \frac{\pi d^2}{4} f_{yk} \tag{4-12}$$

式中　$F_{s,d}$——土钉的局部安全系数，一般取 $1.2 \sim 1.4$，基坑深度较大时取高值；

　　　N——土钉设计内力，kN；

　　　d——土钉钢筋直径，m；

　　　f_{yk}——钢筋抗拉强度标准值，按 GB 50010—2010《混凝土结构设计规范》取用。

各层土钉的长度应满足下式

$$l \geqslant l_1 + \frac{F_{s,d} N}{\pi d_0 \tau} \tag{4-13}$$

式中　l_1——土钉轴线与图 4-21 所示倾角等于（$45° + \varphi/2$）斜线的交点至土钉外端的距离，m（对于分层土体，值根据各层土的 $\tan\varphi$ 值按其层厚加权的平均值算出）；

　　　d_0——土钉孔径，m；

　　　τ——土钉与土体之间的界面黏结强度，kPa。

对支护作内部整体稳定性分析时，土体破坏面上每一土钉达到的极限抗拉能力 R 按下式计算，并取最小值：

按土钉受拔条件　　　　　$R = \pi d_0 l_a \tau \tag{4-14}$

按土钉受拉屈服条件　　　$R = 1.1 \frac{\pi d^2}{4} f_{yk} \tag{4-15}$

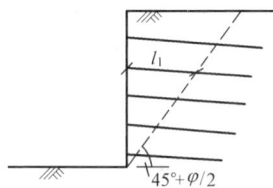

图 4-21　土钉长度的确定

式中　d_0——土钉孔径，m；

　　　d——土钉钢筋直径，m；

　　　l_a——土钉在破坏面一侧伸入稳定土体中的长度，m；

　　　τ——土钉与土体之间的界面黏结强度，kPa；

　　　f_{yk}——钢筋抗拉强度标准值，按 GB 50010—2010 取用。

3. 混凝土面层的设计和计算及土钉与面层的连接计算

在土体自重及地表均布荷载 q 作用下，喷射混凝土面层所受的侧向土压力 p_0 按下式估算，即

$$p_0 = p_{01} + p_q \qquad (4\text{-}16)$$

$$p_{01} = 0.7\left(0.5 + \frac{s - 0.5}{5}\right)p_1 \leqslant 0.7p_1 \qquad (4\text{-}17)$$

式中　s——土钉水平间距和竖向间距中的较大值，m。

其他符号意义同前。

（三）作施工图

通过上述计算对各部件初选的参数作出修改和调整，作出施工图。

（四）反馈、修改设计

根据施工中获得的量测监控数据和发现的问题，进行反馈设计。

三、复合土钉墙支护

（一）复合土钉墙的支护原理

复合土钉墙是近年来在土钉墙基础上发展起来的新型支护结构，它是一种将土钉墙与深层搅拌桩、旋喷桩、各种微型桩、钢管土钉及预应力锚杆等结合起来，根据具体工程条件进行多种组合，形成复合基坑支护的技术。

其原理主要是：通过水泥土搅拌桩对边坡土体进行土体加固，解决土体自立性、隔水性以及喷射面层与土体的黏结问题；以水平方向压密注浆及一次压力灌注解决土体加固及土钉抗拔问题；以相对较深的搅拌桩插入深度解决坑底的抗隆起、管涌和渗流问题，形成止水帷幕、超前支护及土钉等组成的复合型土钉支护。因此，复合土钉墙适用于砂性土、粉土、黏性土、淤泥土及淤泥质土。

（二）复合土钉墙的种类

根据理论研究和工程实践，复合土钉墙主要有下列几种类型，见图 4-22。

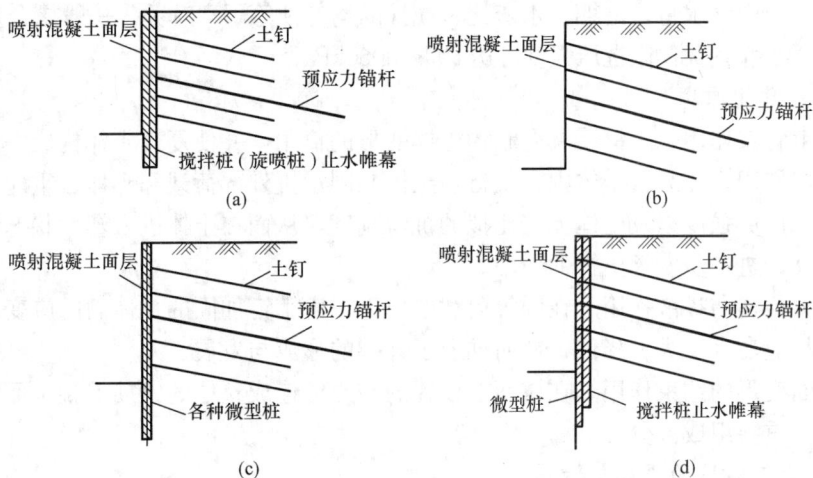

图 4-22　复合土钉墙支护的类型

1. 土钉墙＋止水帷幕＋预应力锚杆

土钉墙＋止水帷幕＋预应力锚杆［见图 4-22（a）］是应用最为广泛的一种复合土钉墙形式。由于降水经常引起基坑周围建筑、道路的沉降，造成环境破坏，引起纠纷，因此一般

情况下,基坑支护均设置止水帷幕。止水帷幕起止水和加固支护面的双重作用。止水帷幕可采用搅拌桩、旋喷桩及注浆等方法形成。由于搅拌桩止水帷幕效果好、造价便宜,因此在可能的条件下均采用搅拌桩作为止水帷幕,只有在搅拌桩难以施工的地层才使用旋喷桩。止水后土钉墙的变形一般较大,在基坑较深,变形要求严格的情况下,需要采用预应力锚杆限制土钉墙的位移,这样就形成了最为常用的复合土钉墙形式,即土钉墙＋止水帷幕＋预应力锚杆。这种形式之所以应用广泛,是因为它满足了大多数实际工程的需要。在设计中,根据基坑深度、工程地质及周边环境条件,计算选择这种复合土钉墙的各种参数。

2. 土钉墙＋预应力锚杆

当地层条件为黏性土层和周边环境允许降水,但基坑较深及无放坡条件时,可采用土钉墙＋预应力锚杆［见图 4-22 (b)］这种复合土钉墙形式,预应力锚杆加强土钉墙,限制土钉墙位移。

3. 土钉墙＋微型桩＋预应力锚杆

当基坑开挖线离红线和建筑物距离很近,且土质条件较差,开挖前需对开挖面进行加固,搅拌桩又无法施工时,采用土钉墙＋微型桩＋预应力锚杆［见图 4-22 (c)］这种复合土钉墙支护形式。微型桩常采用直径 100～300mm 的钻孔灌注桩、型钢桩、钢管桩以及木桩等,以预应力锚杆加强土钉墙,限制土钉墙位移。

4. 土钉墙＋止水帷幕＋微型桩＋预应力锚杆

当基坑深度较大,变形要求高,地质条件和环境条件复杂时,采用土钉墙＋止水帷幕＋微型桩＋预应力锚杆［见图 4-22 (d)］这种复合土钉墙形式。这种支护形式常可代替桩锚支护结构或地下连续墙支护。在这种支护形式中,预应力锚杆一般设置 2～3 排,止水帷幕一般为旋喷桩或搅拌桩,微型桩直径较大或采用型钢桩。

（三）复合土钉墙的加固原理

1. 深层搅拌桩作用原理

软弱土经水泥搅拌加固后形成的水泥土,其无侧限抗压强度与水泥、外加剂的种类、掺合量,土质、土中含水量、龄期、水灰比、搅拌的均匀性等因素有关。一般掺合量为 10%～20% 时,水泥土室内无侧限抗压强度可达 500～3000kPa。

2. 土钉墙作用原理

（1）箍束骨架作用。土钉墙具有制约土体变形的作用,并使复合土体构成一个整体。

（2）分担作用。在复合土体内,土钉与土体共同承担外部荷载和土体自重应力。土钉有较高的抗拉、抗剪强度以及土体无法比拟的抗弯刚度,从而在土体进入塑性状态后,应力逐渐向土钉转移,进一步发挥土钉的作用。

（3）应力传递与扩散作用。在同等荷载作用下,由土钉加固的土体内的应变水平比素土边坡土体内的应变水平大大降低,从而推迟了开裂的形成与发展。

（4）坡面变形的约束作用。在坡面上设置的与土钉连成整体的钢筋混凝土面板是发挥土钉有效作用的重要组成部分。

（四）复合土钉墙的设计与计算

复合土钉墙的设计与计算主要包括整体稳定性分析和土钉抗拔力验算两部分。在整体稳定性分析中,除需考虑土体、土钉的作用外,还需计算搅拌桩、旋喷桩、微型桩和预应力锚杆对整体稳定的作用。土钉（锚杆）抗拔力验算方法与普通土钉墙相同。

（1）普通土钉墙整体稳定性分析采用圆弧滑裂面计算,即

$$K_{s} = \frac{\sum c_{i}L_{i}S + \sum W_{i}\cos\theta_{i}\tan\varphi_{i}S}{\sum W_{i}\sin\theta_{i}S} + \frac{\sum T_{Nj}\cos(\theta_{i} + \alpha_{i}) + \xi\sum T_{Nj}\sin(\theta_{i} + \alpha_{i})\tan\varphi_{i}}{\sum W_{i}\sin\theta_{i}S}$$

$$(4-18)$$

式中 K_{s}——土钉墙整体稳定安全系数；

c_{i}——土体的黏聚力，kPa；

φ_{i}——土体的内摩擦角，（°）；

L_{i}——土条滑动面弧长，m；

W——土条所受重力，kN；

T_{Nj}——土钉的极限抗拉力，kN；

S——土钉的水平间距，m；

θ_{i}——滑动面某处切线与水平面之间的夹角，°；

a_{i}——土钉与水平面之间的夹角，（°）；

ξ——折减系数，根据经验取为 0.5。

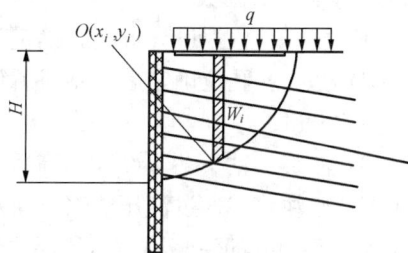

图 4-23 复合土钉墙整体稳定分析简图

（2）复合土钉墙的整体稳定性分析也采用圆弧滑裂面计算，计算中考虑止水帷幕、微型桩、预应力锚杆等的作用（见图 4-23），其计算公式为

$$K_{p} = K_{s} + \frac{\zeta\tau_{s}A_{s}}{\sum W_{i}\sin\theta_{i}S_{L}} + \frac{\sum P_{Nj}\cos(\theta_{i} + \alpha_{i}) + \eta\sum P_{Nj}\sin(\theta_{i} + \alpha_{i})\tan\varphi_{i}}{\sum W_{i}\sin\theta_{i}S_{m}} \quad (4-19)$$

式中 K_{p}——复合土钉墙整体稳定安全系数；

τ_{s}——搅拌桩、微型桩的抗剪强度设计值，kPa；

A_{s}——搅拌桩、微型桩的面积，m；

P_{Nj}——预应力锚杆设计承载力，kN；

S_{L}——搅拌桩、微型桩的间距，m；

S_{m}——预应力锚杆的水平间距，m；

Z——组合折减系数，取值 0.5～1.0；

η——折减系数，根据预应力水平在 0.5～1.0 之间选取。

其余符号同前。

对于施工阶段不同开挖深度和使用阶段不同位置进行分别计算，保证各个阶段各个位置的安全系数均满足设计要求，容许的安全系数可根据工程性质和安全等级在 1.2～1.5 之间选取。

（3）复合土钉墙中土钉（锚杆）抗拔力验算与土钉墙相同（见图 4-24），即

$$K_{Bj} = \frac{T_{xj}\cos\alpha_{i}}{e_{aj}S_{x}S_{y}} \quad (4-20)$$

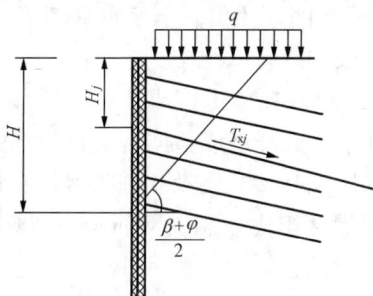

图 4-24 复合土钉墙抗拔力验算简图

式中 K_{Bj}——第 j 个土钉（锚杆）抗拔力安全系数，取 1.5～2.0，对临时性土钉墙工程取小值，永久性工程取大值；

T_{xj}——第 j 个土钉（锚杆）破裂面外土体提供的有效抗拉能力标准值，kN；

S_x、S_y——土钉（锚杆）水平、垂直间距，m；

e_{aj}——主动土压力强度，kPa。

（4）复合土钉墙面层设计。土钉支护的面层作用主要是限制土钉之间土体的变形，将土体侧向压力有效传递给土钉，调整相邻土钉的受力状态。根据全长注浆土钉的受力分析及工程数据测试，土钉端部和面层受力较小，面层不必太厚。面层参数取值：网筋 $\phi6@300\times300$（双向），喷射混凝土厚度为 100mm；强度 C30，原料配合比水泥∶砂∶碎石∶水＝1∶2.3∶2.3∶0.4。由于土钉注浆体强度远高于土体强度，因此不考虑土钉注浆体强度。

（五）复合土钉墙施工工艺流程

1. 分层压密注浆

（1）放线：根据设计方案，确定分层压密注浆孔位，用短钢筋做好标志。

（2）钻孔：孔位确定后，钻机就位并安放牢固平稳，然后开始钻孔。采用干钻法，钻孔直径为 50mm。

（3）注浆：钻头钻至设计标高后，将钻杆上部直径为 50mm 的无缝钢管与注浆泵连接，从底部开始注浆，通过液压注浆泵将水泥浆液注入土中，钻头呈花管形式，顶端封闭，四周开直径为 11mm 的注浆小孔。每层注浆完成后，将钻杆提升 0.3m，边拔边注，直至注到孔口，拔出钻头，封孔候凝。

（4）养护：养护时间为 28d，待注浆结束 28d 后，方可进行土钉墙施工。开挖前，采用静力触探法检测注浆加固体的抗压强度。

2. 复合土钉墙施工

（1）放线：根据设计图纸，确定基坑开挖边线，用木桩和白灰做出开挖线标记。

（2）制锚：锚长度误差为 100mm，杆体每隔 2m 做对中架，锚杆搭焊长度不小于 5d（d 为锚杆直径），双面焊。

（3）土方开挖：边开挖边支护，分层开挖，分层支护，挖完也支护完。土方开挖必须和支护施工密切配合，前一层土钉完成注浆 1d 以上方可进行下一层边坡面的开挖。开挖时铲头不得撞击网壁和钉头，开挖进程和土钉墙施工形成循环作业。

（4）修坡：必须严格控制坡面的平整度和坡角，特别是当边坡到地下室墙体的距离比较小时，只有这样才能确保喷射混凝土的厚度和质量。

（5）土钉制作、成孔：土钉按照设计方案制作，钢管四周开注浆小孔，小孔直径为 10mm，小孔在钢管上呈螺旋状布置，小孔间距为 50mm，孔深允许误差为 －200mm，成孔角度为 8°～12°，钢管口部 1m 范围内不设注浆孔，钢管末端封闭。土钉位置、间距及角度根据设计图纸要求，用空压机带动冲击器将加工好的土钉分段焊接打入土中。

（6）编制钢筋网：将 $\phi6$ 钢筋拉直，钢筋网片按照设计间距绑扎。土钉成孔后，端部用 $\phi16$ 螺纹联系筋、井字加强筋焊接压在钢筋网上，使钢筋网片、土钉连成整体。土钉与加强筋、联系筋之间均焊接连接，焊缝长度符合规范要求。钢筋网编扎接长度及相临搭接接头错开长度符合规范要求，在不能满足规范要求时，必须用电焊焊接牢固，制成网筋 $\phi6@300\times300$。

（7）喷射混凝土：在土方开挖、修坡之后，钢筋网编焊完成后，进行混凝土喷射。喷枪距作业面控制在 1.5～2.0m，混凝土喷射机将水泥、砂石、添加剂均匀通过管路，用风压送至作业面，在作业面的枪头出口处有一注水装置，水和水泥、砂石在枪头处通过风压向外喷射时均匀地混合在一起，喷至作业面。一次喷射总厚度不小于 100mm，石子粒径 5～10mm，最大粒径小于 12mm，专用喷射混凝土速凝剂掺入量不小于 5％。喷射混凝土在每一层、每一段之间的施工搭接之前，将搭接处泥土等杂质清除，确保喷射混凝土搭接良好，保证喷射混凝土质量，不发生渗漏水现象。

（8）土钉注浆：在面层喷射混凝土达到一定强度时才能注浆。对于土钉注浆，注浆前将注浆管插入土钉底部，从土钉底部注浆，边注浆边拔注浆管，再到口部压力灌浆。水泥浆按照设计拌制，搅拌充分，并用细筛网过滤，然后通过挤压泵注浆。土钉注浆通过两方面控制：一方面是注浆压力控制在第一层土钉 0.1MPa，第一、二层土钉 0.3～0.4MPa；另一方面是单管注浆量控制在 80L 左右。为防止土钉端部发生渗水现象，在土钉成孔之后，喷射混凝土施工之前，将土钉周围用黏土及水泥袋填塞捣实，喷射混凝土时先将土头喷射填塞密实，注浆饱满，即可避免出现土钉头渗水现象。

（9）开挖下层：开挖下层土的时间与上层喷射混凝土面层强度、注浆强度、地质条件、边壁位移量有关，根据该工程情况，上层混凝土喷射 28h 后可进行下层土方开挖。

（六）质量检查及施工观测

1．质量检查

每批原材料到达工地后，必须经检查合格后方可使用，检查锚杆与土钉所用水泥浆及喷射混合料的配合比及拌和均匀性；采用人工观测方法检查锚喷支护外观，锚喷支护面不应有漏喷、裂缝、空鼓、钢筋网及锚杆顶端外露等现象；每喷射 50m^3 混凝土混合料制作一组试件，采用"喷大板"的方法制作，按 GB 50086—2001《锚杆喷射混凝土支护技术规范》要求进行抗压强度实验；面层强度检验采用回弹仪检测，按回弹仪检测要求进行检测，喷射混凝土厚度检查采用凿孔法，检查数量应每 100m 取一组，每组不小于 3 个点，其合格条件为全部检查孔厚度的平均值不小于设计厚度，最小厚度应不小于设计厚度的 80％。

2．施工观测

监测内容主要是支护结构顶部位移与沉降及支护结构的变形。变形观测点环绕基坑四周布置，各点间距不大于 30m。基坑最大水平位移不超过 50mm，基坑边坡总沉降值不大于 35mm。

四、土钉墙支护的施工

（一）施工顺序与工艺流程

土钉支护施工特别强调分层开挖、分步支护，稳扎稳打，步步为营。基坑周边 6m 范围分多层开挖，为成孔及设置土钉创造作业面。每层成孔、置筋、注浆、挂网、喷射混凝土等工序全部完成后，才能进行下一层开挖，同一层间可采取小流水段施工。

（二）主要施工工艺及施工方法

1．土钉的设置

土钉的设置可采用钻孔置入、静力顶入、振动击入或自钻法置入等方法。用轻便钻机钻孔或用洛阳铲人工凿孔（见图 4-25），在孔中置入土钉，采用二次注浆工艺注浆。

图 4-25 洛阳铲人工凿孔

对于钻孔注浆土钉，沿土钉每 1500mm 设置居中定位托架，使注浆体将杆体包裹起来；对于易液化地层，采用静力顶入，用锚管作为注浆管，进行二次注浆。锚管每隔 500～800mm 设置 5～10mm 的出浆孔，所有出浆孔面积的总和应不超过锚管口径的 30%，锚端部位 3m 内不布置出浆孔。应用倒刺或胶布覆盖，形成单项阀。定位误差上下左右均小于 150mm；倾角误差均小于 3°。土钉（或锚管）置入后，应立即进行注浆并封闭以避免水土流失。

2. 土钉注浆

通过注浆，将土钉与地层结合成整体，对边坡土体起加固作用；采用压力恒定的注浆泵，并对注浆量和压力进行计量；注浆压力取 0.5～0.8MPa，流量不大于 5L/min；注浆采用二次注浆工艺，第二次注水泥砂浆，第二次注纯水泥浆，其配合比见表 4-4。

表 4-4 注 浆 浆 液 配 比 表

注浆次序	浆 液	425 硅酸盐水泥	水	砂（$d<0.5$mm）	早强剂
第一次	水泥砂浆	1	0.4～0.45	0.3	0.035
第二次	水泥浆	1	0.4～0.45		

注 d 为粒径。

注浆量按土钉长度计算，视地层情况确定，水泥用量为 25～50kg/m；第一次注浆时，注浆前应将孔内或管内泥水清除，边注浆边拔管，注浆管口应保持在浆液面以下；注浆量超过预计量时，应认真检查周围管线（尤其是下水时）有无窜浆情况；应在一次注浆初凝后进行二次注浆，间隔时间小于 4h，第二次注浆压力可取 1.0～1.2MPa。

3. 喷射混凝土面层

按设计要求绑扎，钢筋定位误差小于 20mm，网片钢筋可以绑扎或点焊，均要符合 GB 50010—2010 的要求，相邻两钢筋接头错开 500mm 以上；网片钢筋应牢固固定在边坡上（见图 4-26），不应出现晃动。

图 4-26 挂钢筋网片

横向、竖向或斜向连系钢筋应与土钉头部焊接牢固。井字形加强钢筋应与土钉端部焊接，锁定筋焊接长度不小于 30mm。对材料的要求见表 4-5。

表 4-5 喷射混凝土材料的要求表

配 料	要 求
水泥	优先选用普通硅酸盐水泥，也可用矿渣硅酸盐水泥或火山灰硅酸盐水泥，必要时用特种水泥，标号不低于 425 号
砂料	采用中砂或粗砂，细度模数宜大于 2.5，含水量宜控制在 5%～7%
石料	粒径不宜大于 15mm
外加剂	掺加速凝剂，使喷射混凝土初凝时间小于 10mm，终凝时间小于 30mm
水	不得使用污水或 pH 值小于 4 的酸性水

对配合比的要求见表 4-6。

表 4-6 喷射混凝土混合料的配合比

水泥与砂石的质量比	砂率（%）	水灰比	速凝剂掺量
1:4～1:5	45～55	0.4～0.45	通过试验确定，通常为水泥用量的 3%～5%

喷射混凝土作业分段分片依次进行，喷射顺序自下而上，一次喷射厚度为 70～100 mm，对于坡面有引排水地段应先作引排水处理；喷射手应经常保持喷头具有良好的工作性能；喷头与受喷面应垂直，宜保持 0.6～1.0m 的距离，喷射混凝土的回弹率不应大于 20%；水量较大影响面层施工时，可埋入塑料排水管将水排出，等面层凝固后并将排水管封闭。

4. 土钉施工工艺

锚杆钻机按测量布置的孔位就位，调整好钻机，使用螺旋钻杆钻 $\phi100$ 土钉孔。孔位偏差不大于 200mm，成孔的倾角误差不大于 ±3°。

（1）土钉制作。$\phi32$ Ⅰ级热轧圆钢，调直、除锈，120°三道 $\phi8$ 钢筋支架焊接，并绑扎 $\phi6$～$\phi8$ 塑料排气管。检查合格的钻孔内，安装钉体就位，插入注浆管，孔口填塞止浆塞止浆。倒退注浆，直至孔口。在注浆的同时将排水管缓慢、匀速地撤出，导管的出浆口应始终在孔中浆体的表面以下，保证孔中气体能全部溢出。注浆用水泥砂浆，水灰比为 0.35～0.40，掺砂率为 0.4。并加入早强剂，提高浆体早期强度。将孔口井字钢筋焊接于钉杆外露端，并与钢筋网焊接成整体。复喷混凝土至设计厚度。

（2）垂直锚管。根据地质情况，遇到软弱土层时，以一定间距沿基坑开挖而置入超前竖直锚管；竖直锚管应预先开设泄浆孔，泄浆孔直径为 10～15mm，间距为 500～800mm；锚管设置后，锚管内采用压力灌浆，也可采用重力灌浆，不进行压力注浆；土钉应与竖向锚管焊接，并用连系筋与喷射混凝土钢筋网连成整体。

五、土层锚杆的设计与施工

（一）概述

土钉喷锚支护体系由土钉和喷锚两部分组成，是近年来发展起来的一种新型挡土技术，适用于边坡加固和基坑支护。典型的土钉支护是将粗螺纹钢筋或钢绞线置于现场原位土体中，灌入水泥浆或水泥砂浆增加锚固力，利用土钉相对较强的抗拉、抗剪和抗弯作用来弥补天然土体自身抗剪强度的不足，通过土与土钉界面的黏结力和摩阻力而得以发挥，再通过土体中的土钉起到空间骨架的作用，配合以混凝土面板，土一土钉一面板相互作用、共同工作，从而形成一个整体，使加固后的土体整体刚度大大提高；变形性能得以改善，成为一种性能良好的主动支护体系。但当基坑很宽时，坑内支撑不仅耗费大量材料，也不便于施工。如所在地区土质较好，坑外地面或地下又具备施工条件，可采用拉锚结构，即锚桩或锚杆。

1. 锚桩

基坑不太深时可在桩墙顶部设圈梁，用钢筋或钢索等作拉杆，与坑外一定距离的锚桩相联结。

2. 锚杆

如基坑较深，可在坑壁上钻孔，设一层或多层锚杆。

锚杆分为锚头、自由段（非锚固段）和锚固段三部分，见图 4-27。锚头是把锚杆露在坑壁外的端部锚固在桩墙支护上的装置，包括锚具、承压板、斜锚（台）座等。

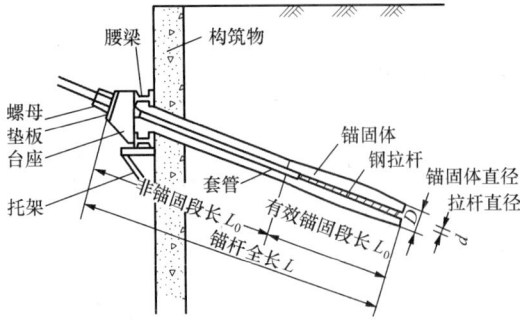

图 4-27 锚杆的组成

锚杆是在基坑开挖到支点以下 0.5~1.0m 时开始施工的。先在基坑侧壁钻孔，深度应超过锚杆设计长度 0.3m~0.5m，如遇易塌土层，可带护壁套管钻进，不宜用泥浆护壁。在钻孔中心放进钢拉杆，对自由段除防锈措施外，用塑料布包扎或套以塑料管，然后在钻孔中由里向外灌注水泥砂浆或水泥浆。

因此锚杆的抗拔力是由钢拉杆抗拉强度、握裹力和锚固段与周围地层间黏结力决定的。对土层锚杆来说，握裹力一般不是控制因素。

（二）土层锚杆支护的作用机理与设计

喷锚支护的作用机理应从两个角度考虑：一是以喷射混凝土面层为研究对象（见图 4-28），把面层以后的土体视为载荷，面层在土的侧压力与锚杆的水平拉力作用下保持水平向的平衡，即土体的侧向压力是造成基坑破坏的主要原因，而锚杆是维持其平衡的唯一力量所在；二是假想土体沿 $\theta = 45°\sim\varphi/2$ 方向有滑裂面 BC，ABC 为下滑体（见图 4-29），下滑体 ABC 上锚杆的拉力以及 BC 面上摩擦力与土体自重 W 构成极限平衡。

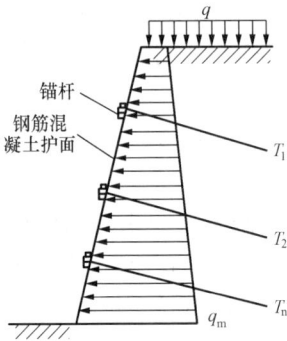

图 4-28 喷射混凝土面层受力图

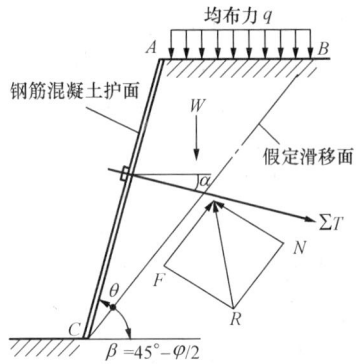

图 4-29 下滑体 ABC 受力图

根据以上分析，水平向的土压力 p 是构成土体变位的原动力。锚杆的抗拔力在水平方向的分力为

$$N_{ti} \geqslant \frac{p}{n} \quad \text{或} \quad \sum_{i=1}^{n}(N_{ti})_x \geqslant p \tag{4-21}$$

式中 P——水土总压力，kN；

n——锚杆根数；

N_{ti}、$(N_{ti})_x$——锚杆计算轴力及其水平分力，kN。

锚杆的锚固长度为

$$L_a = \frac{KN_{ti}}{\pi d_n q} \tag{4-22}$$

式中　K——安全系数；

　　　d_n——锚杆固体的直径，m；

　　　q——土体与锚固体间黏结强度值，kPa；

锚杆的直径用下式确定，即

$$(N_{ti}) \leq \frac{N_p}{K}; N_p = Af_1 \tag{4-23}$$

式中　N_p——锚杆设计轴力，kN。

在选定了锚杆的直径、根数及锚固长度后，可根据图 4-29 的受力图进行稳定性验算。

（三）喷锚支护的构造及施工

1. 喷锚支护的构造及受力特点

喷锚支护是用钢筋网喷混凝土面层和锚杆加固坑壁的支护结构。锚杆常用预应力锚杆，与非重力式桩墙拉锚结构的锚杆相同，只是喷锚支护的锚杆露出坑壁的钢拉杆端部，是锚固在钢筋网喷混凝土面层上。

作用在钢筋网喷混凝土面层上的坑壁侧压力由支点处加强筋和锁定筋或螺帽和垫板传至锚杆，再由锚杆的锚固段浆体结石体与稳定土层之间的摩阻力或黏结力平衡。

2. 喷锚支护施工要点

基坑开挖和喷锚支护应自上而下分层分段进行。根据土质，分层挖深一般为 0.5～2.0m，分段开挖长度一般为 5～15m。

编网是编扎或铺设钢筋网，并用插入坑壁的短钢筋固定。钢筋网离坑壁面一般不小于30mm，并应使上下层和相邻段的钢筋网焊成整片。当锚杆的制作，包括钻孔、安放拉杆和注浆完成后，从坑壁由里向外将钢筋网、竖向加强筋、水平加强筋、锚杆头锁定筋焊成一体。

喷混凝土的施工工序是：首先清理支护面（为了提高喷层与支护面的黏结程度，并减少回弹，有的国家在岩体表面先喷一层厚约 10mm、水灰比较小的砂浆，或喷 20～30mm 含水泥量较高的混凝土）。喷完底层后，即可分层喷混凝土，每层厚度为 30～80mm，每层喷完之后，应清除回弹、松散料。每层喷完之后，在开始的 7d 内应喷水养护，正确的养护是保证混凝土强度所必不可少的。在第一层喷完之后，常加设锚杆，再挂钢筋网，然后再喷第二层以至第三层混凝土。

喷混凝土的方法有"干喷"、"湿喷"两种。干喷是将水泥、砂、小石子拌和好，装入喷射机中，用压缩空气通过输料管，把拌和物送到喷嘴处，再加上溶有速凝剂的水喷射出去；湿喷是将水泥、砂、小石子及水等拌和好，装入喷射机中，送到喷嘴处，在喷嘴处再加上溶入水的速凝剂喷射出去。上述两种方法各有优缺点，目前我国多数工地仍然采用干喷，混凝土配比一般为水：水泥：砂：石：速凝剂为 0.35～0.5：1：2：2：0.03。正确选用配合比和正确操作养护是提高混凝土强度的基本方法。此外，还可以在喷射混凝土中加入钢纤维，这样将大大改变喷射混凝土层的韧性及抗拉强度，使之能够承担较大的荷载。每一层喷射混凝土应自下而上进行。如喷射前先已编网，当喷射到钢筋时，应先喷填钢筋后面，再喷钢筋前面，防止钢筋网与坑壁面之间出现空隙。

锚杆有多种不同的形式，按材料分有金属锚杆、木锚杆；按受力情况分有不加预应力锚杆和预应力锚杆。锚杆与锚索各有不同，锚杆一般都较短，不超过 10m，锚索则可以较长，如有时可达 30～40m；锚杆一般受力较小，每根锚杆受力为几吨至十余吨，锚索受力则较大，一组锚索受力可达几十吨甚至上百吨。

各种锚杆和锚索均要求先钻孔，然后才能安设。锚杆的孔径较少，钻孔的费用较少，一般间距较小；锚索要求的孔径较大，可达到 150mm，钻孔的费用较多，一般间距较大。锚杆与锚索的类型多样，主要有楔缝杆、涨壳式锚杆、倒楔式锚杆、开缝管式锚杆、树脂锚杆、砂浆锚杆、预应力锚索等。

3. 竖向超前锚管的应用和喷锚支护的适用条件

对于软弱土层，可在每层开挖前沿坑壁表层设一排伸入坑底 1～3m 的竖向超前锚管，间距一般为 500～1000mm。其作用是由锚管壁孔注浆，以增加刚度，并加固坑壁表层，当在每层土方开挖后，承受喷锚面层的重力并与之形成整体。

喷锚支护结构可用于基坑开挖的深度一般不超过 18m，对硬塑土层可适当放宽，对风化岩层可不受此限制。它不仅有效地用于一般岩石深基坑工程，而且在一些不良地质条件下也得到了成功的应用。

（四）喷锚支护结构与土钉的区别

由喷锚支护结构与土钉的组成构造和作用机理可以看出，正是因为喷锚支护和土钉墙支护的作用机理不同，设计思想和方法也不同，造成了支护的适用对象范围的不同，从而也造成了造价的不同。

土钉墙是埋设土钉，使边坡与土体形成复合体共同工作，适用于无水的基坑，起主动嵌固作用，增加边坡的稳定性，基坑深度不宜大于 12m。喷锚护壁埋设的是锚杆（预应力和非预应力），主要利用的是锚杆与周围土体之间的黏聚力。喷锚支护一般适用于土质不均匀、不稳定土层、地下水位较低、埋置较深、基坑深度在 18m 以内的情况；对硬塑土层，可适当放宽；对风化页岩、页岩开挖深度不受限制，但不适用于有流砂土层和淤泥质土。

设计的锚杆一般是钢绞线束。土钉墙不施加预应力，锚杆可施加预应力。土钉全长范围内受力，锚杆分为自由段和锚固段。土钉复合整体作用，个别失效，对整个土钉墙影响不大；而各锚杆为重要受力部位，失效影响范围大。土钉墙面板基本不受力，锚杆护墙面板和立柱受力较大。

土钉墙与喷锚支护相比，前者构造较简单、成本相对要低些，一般适用于土质较好、放一定坡度的情况；后者在不适宜有较大放坡的情况下采用，且要求锚杆前端嵌入坚实可靠的岩土层，才能起到支护的作用，否则就会转化为土钉墙。

第四节　水泥土重力式挡墙结构

一、概述

重力式挡墙一般指水泥搅拌桩围护和高压旋喷桩围护，有的采用块石、毛石或素混凝土砌筑而成，少数地方也用袋装砂土作重力式挡墙。

重力式水泥搅拌桩挡土墙作为基坑围护结构，具有其他围护形式难以比拟的优点：①水泥搅拌桩挡土墙墙身隔水防渗性能强，可进行基坑内降水，使基坑内干燥、整洁，是很好的止水帷幕；②施工工期短，水泥搅拌桩挡土墙依靠自身刚度保持挡墙稳定，不需支撑、拉锚，基坑内面积大，便于地下室开挖与施工，尤其对于基坑面积大、平面形状不规则的基坑具有独特的优越性；③施工方便，设备简单，成桩工期较短，施工速度快，无振动、无噪声、无污染；④工程造价低（每立方米单价为 $140\sim160$ 元），只需混凝土和极少量钢筋；⑤水泥土的隔水性能特别好，其渗透系数可达 $10^{-8}\sim10^{-6}\,\text{cm/s}$ 数量级，抗渗标号可达 $B_2\sim B_6$ 级，因此可进行坑内降水，使基坑内干燥、整洁，有利于文明施工。

重力式挡墙常见的破坏形式有滑移、倾覆和整体失稳及抗弯受剪破坏。由于它的内部没有配筋，抗弯性能弱，而且施工质量难以检查，往往会引起突发性倒塌事故，因此更应注意围护监测。

二、重力式水泥搅拌桩挡墙作用机理

（1）水泥搅拌桩是采用水泥作固化剂，通过深层搅拌机械在地基深处就地将地基土和水泥强制搅拌，促使水泥和地基土产生一系列物理化学反应，硬化成具有整体性和一定强度的挡土抗渗墙支护结构。

其物理化学反应过程为：

1）水泥的水解、水化反应。水泥遇水后，水泥颗粒表面的矿物质与水很快发生水解和水化反应，产生溶于水的物质，并使水泥颗粒继续暴露在水中，使水泥的水解与水化反应不断进行，当溶液达到饱和状态后，水解和水化产物以细分散状态的胶体析出，浮于溶液中形成凝胶体。

2）水泥水化物与土颗粒的离子交换和团粒化作用。土颗粒在天然状态下带有负电荷，在有地下水的情况下土颗粒被水泥水化物的阳离子包围，土颗粒与水泥水化物的阳离子间通过离子交换形成胶体微粒，该胶体微粒具有很大的表面能和很强的吸附活性，使土颗粒胶体微粒进一步结合形成水泥蜂窝结构，并封闭各土颗粒之间的空隙，形成坚固的联结。

3）硬凝反应。随着水化反应的进一步深入，生成了不溶于水的稳定结晶物，该结晶物能增加土体的强度，并可阻止水分的渗透，从而增强土体的稳定性。

（2）重力式水泥搅拌桩挡土墙是由水泥搅拌桩相互搭接形成并具有一定宽度的格栅状形式，挡土墙利用水泥搅拌桩自身刚度保持挡墙稳定，具有抗压不抗拉的力学特性。水泥搅拌桩约束了土体的变形，起到超前支护的作用，从而减少了土体应力释放量，对基坑分层开挖过程中土体应力重新分布起到了围限作用。重力式挡土墙充分发挥了水泥搅拌桩的特点去承受侧向土压力，达到挡土支护和止水的效果。

三、重力式水泥搅拌桩挡墙的设计方法

水泥搅拌桩挡土墙基坑支护是基于朗肯理论，采用重力式挡土墙计算模式进行设计的。主要考虑的因素有挡土墙的稳定、桩土混合挡墙的抗剪切、基坑的抗管涌及坑内降水等因素。重力式水泥搅拌桩挡土墙适用于 10m 以内的基坑支护，由于土体物理力学性质的差异，对于粉质黏土，加固后变形条件的改善和强度指标的提高最为明显。

支护体系以水泥搅拌桩作为挡土、止水的支护结构，采用格栅状形式布置。水泥搅拌桩分单轴与双轴两种，一般多采用双轴搅拌桩，桩与桩间搭接 $100\sim200\text{mm}$。

重力式水泥搅拌桩挡土墙的设计内容主要包括挡土墙宽度和桩长的确定、土压力的计算、墙体稳定性验算。

（一）荷载取值

墙后土压力按主动土压力计算，墙前土压力按被动土压力计算，土工参数 C、φ 取峰值，水土分算，地面超荷载取 20kN/m^2。

（二）抗渗验算

当坑底为砂类土，厚度较大，桩体无法穿透或穿透的工程量过大，或者坑底为黏土层而其下有砂土透水层时，应该进行抗渗验算。

管涌验算方法是建立在极限平衡公式上的，即在基坑底部（严格地说是在渗流出口处）满足下列公式：

$$\gamma' = i\gamma_w \tag{4-24}$$

抗渗安全系数 K 按下式计算：

$$K = \frac{2\gamma'D}{\gamma_w h_w} \geqslant 1.5 \tag{4-25}$$

式中　γ'——土体浮重度，kN/m^3；

γ_w——地下水重度，kN/m^3。

根据土质情况，墙体埋入深度：

$$f > \frac{\gamma_w}{\gamma'}(h_c - h_b) \tag{4-26}$$

式中　f——墙体埋入深度，m；

γ_w、γ'——水的重度、土的浮重度，kN/m^3；

h_c、h_b——墙底的水头高、坑底的水头高，m。

（三）挡土墙宽度和桩长的确定

根据工程实践经验，一般取桩长 $L=（1.6\sim1.0）$ H，宽度 $B=0.6H$（H 为基坑开挖深度，B 为支护结构宽度）。桩与桩间搭接 $100\sim200mm$。

（四）土压力的计算

土压力计算根据朗肯（Rankine，1857 年）理论分层计算各土层的土压力（主动土压力、被动土压力），考虑到各种因素的影响难以预先估计，因此水压力和土压力以分别计算为宜。计算简图见图 4-30。

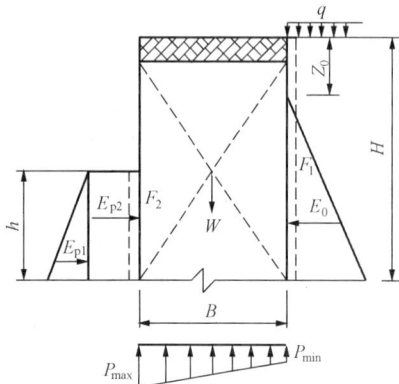

图 4-30　墙体稳定性计算简图

$$E_A = \left(\frac{1}{2}\gamma H^2 + qH\right)\tan^2\left(45° - \frac{\varphi}{2}\right) - 2cH\tan\left(45° - \frac{\varphi}{2}\right) + \frac{2c^2}{\gamma} \tag{4-27}$$

$$E_p = E_{p1} + E_{p2} = \frac{1}{2}\gamma_d h^2 \tan^2\left(45° + \frac{\varphi_d}{2}\right) + 2c_d\tan\left(45° + \frac{\varphi_d}{2}\right) \tag{4-28}$$

式中　E_a——主动土压力，kN；

E_p——被动土压力，kN；

γ、φ、c——墙底以上各层土的饱和重度、内摩擦角和黏聚力，取各层加权平均值；

γ_d、φ_d、c_d——被动区的坑底以下、墙底以上各层土的天然重度、内摩擦角和黏聚力，取各层加权平均值；

H——墙体高度，m；

h——被动区的计算高度，m；

q——地面超载，kPa。

（五）墙体稳定性验算

1. 抗倾覆验算

按墙体绕墙脚的抗倾覆安全系数 K_0 为

$$K_0 = \frac{hE_{p1}/3 + hE_{p2}/2 + BW/2}{(H - Z_0)E_0/3} \geqslant 1.5 \qquad (4-29)$$

式中 W——墙体所受重力，kN。

B——墙体的宽度，m。

2. 抗滑移验算

按墙体沿底面滑动的安全系数 K_c 为

$$K_c = \frac{W\tan\varphi_0 + c_0 B}{E_a - E_p} \geqslant 1.2 \qquad (4-30)$$

式中 φ_0——墙体土层的内摩擦角，(°)；

c_0——墙体土层的黏聚力，kPa；

（六）墙身强度验算

(1) 墙身所验算截面处的法向应力为

$$\sigma = \frac{W}{B} < \frac{q_c}{2K} \qquad (4-31)$$

式中 q_c——加固土的抗压强度，kPa。

(2) 墙身所验算截面处的切向应力为

$$\tau = \frac{E_a}{B} < \frac{\sigma\tan\varphi + c}{K} \qquad (4-32)$$

式中 W_1——验算截面上部的墙所受重力，kN；

K——安全系数，大于 1.5。

四、重力式挡墙的不足

(1) 墙体占地面积大，水泥土重力式挡墙中水泥土搅拌桩一般按格栅形布置，墙宽为 0.6~0.8 倍开挖深度。因此，重力式搅拌桩挡墙围护形式需要足够的施工场地。

(2) 水泥土重力式挡墙相对于有支撑的围护形式，位移较难控制，对于挖深较大、长度较长的基坑，特别是位移，比较难以控制。

(3) 水泥土重力式挡墙由于没有支撑，墙体一旦失稳可控性极差，因此在整个施工过程中，必须强化和完善墙体变形监测。

(4) 搅拌桩施工时，贯穿地面或地下硬土或其他障碍物有困难，有时可用冲水或注水下沉解决，但有时难以成桩。

(5) 对于有机质含量高、pH 值低（<7）、初始抗剪强度低（<2kPa）的土或地下水有侵蚀性时，水泥土加固效果差。

五、工程实例

武汉中银大厦位于武汉和平大道与冶金街交汇的东南角，场地长 54m、宽 21.2m、占地面积 1069m²。主楼为框剪结构，基础埋置深度 6.0m，安全等级为二级，基础采用桩基，场地地形平坦，标高为 21.8~21.9m。

该工程四周环境条件复杂，拟建场地北面人行道下有电缆，上下水、煤气管线和人防设施，这些设施离基坑边 3~10m 不等；东北角人防入口距离基坑约 2.0m；东南角基坑外 2m 处有一栋四层楼房，该楼房采用天然地基，条形基础；南侧有一栋七层综合楼，桩基础，距离现基坑约 4.5m，该楼中部有一楼梯向基坑方向伸出 2.5m。

（一）地质概况

场地土类型为中软场地，建筑场地类别为Ⅱ类，与基坑开挖有关各层土的物理力学指标见表 4-7。

表 4-7 各层土的物理力学指标

土层编号	土层名称	平均厚度（m）	重度 γ（kN/m）	黏聚力 C（kPa）	内摩擦角 φ
1	杂填土	0.8	18.0	5	25
2-1	粉质黏土	2.3	18.7	18	12
2-2	粉质黏土	7.45	18.3	14	9
3-1	粉砂与粉质黏土	5.35	18.0	5	18
3-2	粉砂夹粉质黏土	2.3	18.5	0	28
4	粉细砂	19.5	19.0	0	30

水文地质条件。本场地地下水类型分为两类：一类为赋存于杂填土层中的上层滞水，其水位、水量随季节变化，由大气降水及生活用水补给；另一类为赋存于下部砂性土层中的孔隙承压水，与长江有水力联系，水量较大。两类地下水因黏性土层隔离而无水力联系。勘察期间测得混合稳定水位埋深为 0.7～1.0m。场地周围无不良污染源，根据 GB 50007—2011《建筑地基基础设计规范》的有关规定，可不考虑地下水对混凝土的腐蚀性。

（二）基坑围护结构方案选择

考虑该工程场地地质条件、周边环境情况、开挖深度、工程工期和造价等因素，结合该工程特点，对 6m 左右基坑支护的多种方案进行比较论证，最后确定采用分段设计，见图 4-31。

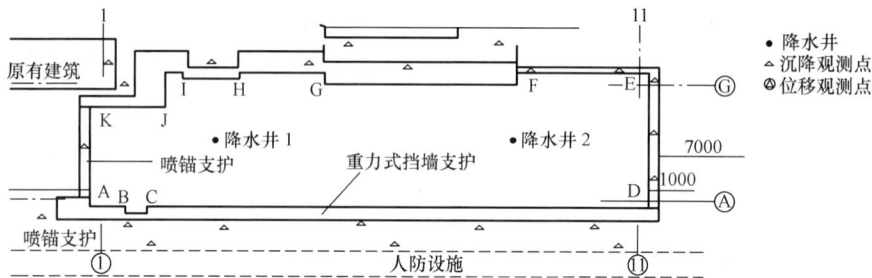

图 4-31 基坑支护平面布置图

南北两侧（AD、JK 段）采用重力式水泥搅拌桩挡土墙。该两侧长 54m，AD 段有一栋七层综合楼，JK 段人行道下有电缆，上下水、煤气管线和人防设施，为确保该两侧的安全性，采用该方案既能挡土又能止水，经济合理，有利于开挖和基础施工，并确保工期。其次对于所加固的土质为粉质黏土，而粉质黏土加固变形条件的改善和强度指标的提高最为明显。

东西两侧（AK、DEF 段）采用喷锚支护。由于两侧为 22m，无特殊建筑，因此选择了造价相对较低的喷锚支护来保持土层稳定，防止土体滑动剥落，保证土方开挖过程中基坑的稳定与安全。

灵活采用多种支护结构形式，既适应了该场地复杂的地质条件和周围环境，又节约了资金，又可边开挖边支护，缩短了工期。

（三）围护墙体设计

本工程采用双轴深层搅拌桩，垂直于墙体轴线方向相互搭接 50mm，沿平行轴线方向搭接 100mm。桩径 500mm，桩长 11m，挡墙厚3.2m，见图4-32。

在挡土墙顶部设置厚度为 0.15m、宽3.2m的钢筋混凝土顶部压板，混凝土强度等级为

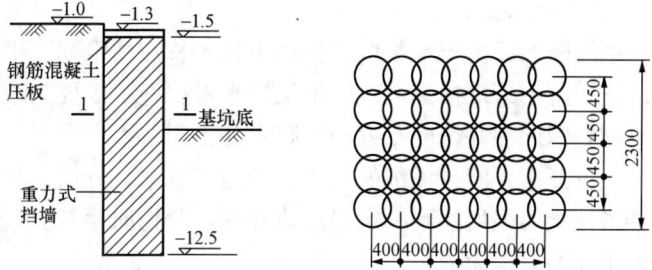

图 4-32　水泥搅拌桩结构示意图

C15，压板与挡墙用插筋连接，插筋长度为1m，1ϕ12钢筋。在靠基坑外侧四排桩内布置通长插筋，其余桩内布置ϕ12的墙顶插筋，插筋深度1.0m。水泥采用425号普通硅酸盐水泥，其掺合量为15%。根据现场情况布置泄水孔。

（四）墙体稳定性验算

主动土压力：E_a＝508.8kPa，q＝5kPa。

被动土压力：E_p＝663.9kPa。

抗倾覆验算：K_0＝1.56＞1.5。

抗滑移验算：K_c＝1.43＞1.3。

水泥搅拌桩的水泥掺合量为15%，取其无侧限抗压强度q_a＝150kPa，C＝0.2q，φ＝20°。

验算截面处法向应力（8.5m），σ＝153kPa，满足要求。

验算截面处剪应力（8.5m），τ＝35kPa，满足要求。

（五）电算验证

为了保证公式计算的可靠性，同时采用"天汉软件"进行了验算，计算结果（见图4-33）如下。电算所得结果与公式计算基本一致，均满足设计要求。

抗滑移安全系数K_b＝1.506＞1.2γ_0，满足要求。

抗倾覆安全系数K_q＝1.632＞1.35γ_0，满足要求。

坑底截面：

墙胸应力：σ_{max}＝157kPa，未超过$q_u/(\gamma_0×1.25×1.6)$，满足要求。

墙背应力：σ_{min}＝32kPa，无拉应力。

剪应力τ＝－10kPa，未超过$q_j/(\gamma_0×1.25×1.6)$，满足要求。

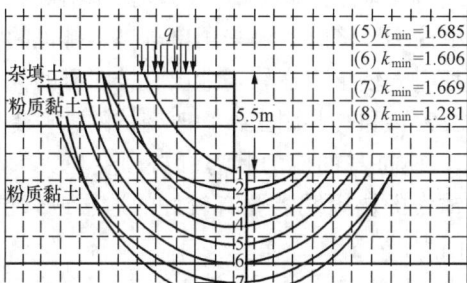

图 4-33　基坑支护稳定性分析结果图

q—均布荷载；K_{min}—最小稳定性系数

其他截面：

8.5mm深度墙胸应力σ_{max}＝275kPa，未超过$q_N/(\gamma_0×1.25×1.6)$，满足要求。

8.5mm深度墙背应力σ_{min}＝－14kPa，未超过$q_L/(\gamma_0×1.25×1.6)$，满足要求。

8.5mm深度度墙剪应力＝－31kPa，未超过$q_j/(\gamma_0×1.25×1.6)$，满足要求。

地基上承载力设计值f_{cuk}＝401kPa。

基底最大压应力＝326kPa，未超过$f_{cuk}/1.6$，满足要求。

（六）施工措施

基坑降水：由于本基坑开挖施工处于长江枯水期，根据以往施工经验，承压水位在基坑底以下，可不采取抽降，对于上层滞水根据施工需要采取明排降水，但考虑到工期能顺延到涨水期，因此在基坑内布置两口降水井备用。

土方开挖：制订详细的土方开挖施工方案。分层、分块开挖土方，基坑开挖必须待水泥搅拌桩挡土墙强度达到一定强度时开挖，开挖时反铲土应避免撞击水泥搅拌桩、喷锚网等，保证桩体的完整无损。

（七）监测与信息化施工

现场根据需要布置一定数量的观测点，见图4-31。

监测内容包括支护结构位移观测（水平位移和倾斜）；坑边土体沉降观测；周边建筑物、地下管线变形、沉降观测。

为确保基坑的安全，不影响周边建筑使用和导致地下管线的变形，要求随时掌握开挖及支护过程中基坑的动态变化，因此必须在施工过程中实施信息化施工，对工程进行监测，及时预报施工中出现的问题，把获得的信息通过修改设计反馈到施工工作中并指导施工。如在土方开挖过程中发现支护结构位移和变形较大，需立即停止土方开挖，加设临时支撑或回填土方，待分析、找出原因后提出切实可行的办法，经处理后再继续进行土方开挖。

第五节　桩墙式围护结构设计与施工

一、桩墙式围护结构的类型、特点及适用范围

（一）板桩墙

板桩是既能挡土，又能挡水的传统性支护结构。钢板桩柔性较大，基坑较深时要采用多层支撑或拉锚，工程量较大，常用于桥梁基础施工。钢筋混凝土板桩刚度较大，在港口码头工程用得较多。

（二）钢筋混凝土排桩墙

钢筋混凝土桩本是桩基础的一种，由于它具有较大的抗弯能力，现在成排的桩墙已成为深基坑支护中的主要形式之一。其中应用最多的是就地成孔（钻孔法、挖孔法、沉管法）灌注桩或压浆桩。根据排桩（piles in row）的结构形式可分为下列几种。

1. 单排桩

单桩是支护桩的基本形式，也是常用的结构形式，其特点是简单、受力和作用明确。当边坡的推力较大，用单桩不足以承担其推力或使用单桩不经济时，可采用单排桩。排桩的特点是转动惯量大，抗弯能力强，桩壁阻力较小，桩身应力较小，在软弱地层有较明显的优越性。有锚桩的锚可用钢筋锚杆或预应力锚索，锚杆（索）和桩共同工作，改变桩的悬臂受力状况和桩完全靠侧向地基反力抵抗滑坡推力的机理，使桩身的应力状态和桩顶变位大大改善，是一种较为合理、经济的抗滑结构。但锚杆或锚索的锚固端需要有较好的地层或岩层，对锚索而言，更需要有较好的岩层以提供可靠的锚固力。

常用的单排桩直径为 600～1000mm。悬臂式桩可用于 7～8m 的基坑深度，如土质较好，可达 10m。单排桩桩顶应设置沿坑周连贯封闭的钢筋混凝土圈梁，以加强单排桩的整体性和刚度，减小桩顶位移，改善桩的受力状态。

单排桩的中心距可根据桩受力及桩间土稳定条件确定，一般不宜超过两倍桩径，桩净距也不宜超过 1m，如土质较好，可稍放宽限制。非密排的桩间土在基坑开挖后应采用钢丝网水泥砂浆或喷射混凝土、砖砌、插挡板等方法保护。

2. 双排桩

双排桩是新开发的支护结构。其特点是利用双排桩及其顶部共同的圈梁组成刚架结构，以承受坑壁侧压力。同样数量的桩由单排改成双排后，桩身应力减小，特别是桩顶位移可大大减少。因而双排桩不仅比单排桩更经济，且可用于更深的基坑支护（如 12m 以内），这对于坑顶位移要求较严的情况也具有重要意义。双排桩直径多为 400～600mm，可布置成梅花状或方格状排列。

3. 连拱式排桩

连拱式排桩也是新开发的支护结构。由大直径和小直径桩组成连拱式结构。拱矢高为大桩中心距的 1/4～1/2，小直径桩可换算为同截面积的等厚度拱截面连续板。桩顶用钢筋混凝土圈梁连成整体。如开挖深度较大，可沿深度方向增加 1～2 道肋梁。连拱式结构可使坑壁侧向荷载产生的力矩由拱截面的轴向压应力承担，且可发挥拱截面较大的惯性矩和抗弯刚度，减小桩顶位移。

（三）桩板组合墙

H 型钢桩和横挡板组合结构曾在地铁工程和一些高层建筑基础施工中被有效应用。桩板组合墙施工方便，H 型钢桩用后可回收，适用于土质较好、地下水位低的场地。

（四）地下连续墙（地下墙）

地下墙支护适用于土质差、基坑深、对周边环境要求高等情况的大型建筑物修建，尽管施工成本和技术要求较高，还是因其难以替代的优越性而越来越多地得到应用。

由于地下墙是就地挖槽浇筑而成，它的截面形式比较灵活，除常用的等厚壁外，如施工场地开阔，基坑很宽而深度不很大时，可做成加肋型或格构型，即内外双排墙间加横隔墙，成为自稳式无撑锚支护结构。

基坑深度较大时地下墙可设多层撑锚。地下墙的厚度可按需要确定，一般是 250～1200mm，有些特大工程则采用更大厚度，因此其深度可以很大。

（五）拱圈（逆作拱）墙

近几年还开发了平面闭合和非闭合的拱圈墙。拱圈可以是圆拱、椭圆拱、抛物线拱及组合拱。

如基坑四周场地都允许起拱（基坑各边长 L 的拱矢高 $f > 0.12L$），则可以采用闭合的拱圈挡土墙，坑壁土压力因土拱作用而减小，它主要是引起拱圈内的轴压应力，正好发挥混凝土抗压强度高的材料特性。如基坑周边只能部分满足起拱要求，则可采用非闭合拱墙，即部分拱圈墙与其他挡土结构组合的混合支护。

拱圈墙不必在坑壁全高范围内支护，更不必深入坑底以下。拱圈墙技术安全可靠，施工方便，设备简单，工期短，比灌注桩节省大量钢筋，可节省投资 40% 以上，但要用模板。

二、悬臂式排桩围护

臂式挡墙由钢筋混凝土桩（预制桩或灌注桩）或钢板桩组成，由于桩身不设支撑，它在土压力作用下，破坏前的危险状态通常为深层土体位移过大、桩顶位移超过设计值、桩体裂缝、环梁裂缝、桩间土坍落或涌入泥浆水流、桩墙倾覆等，因此常用于挡土高度不大、墙高

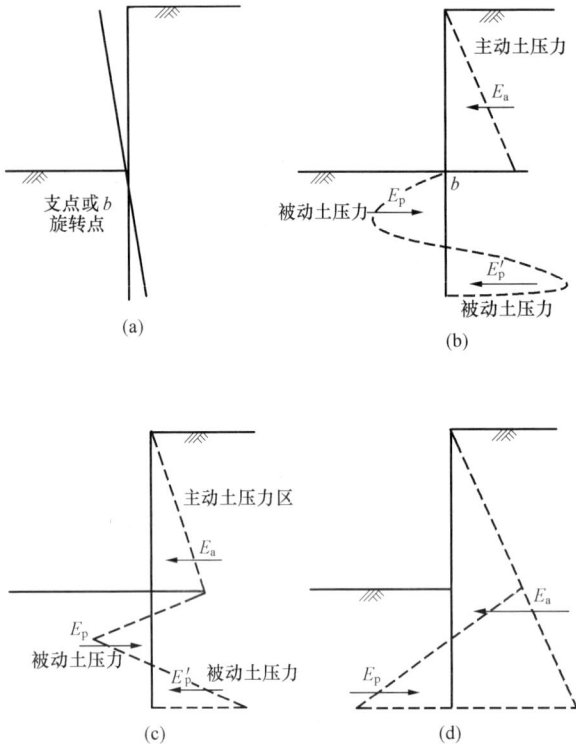

图 4-34 悬臂桩受力分析图

大于 6m、缺乏石料的临时性支撑结构。

悬臂桩在基坑底面以上外侧主动土压力作用下，将向基坑内侧倾斜，而下部则反方向变位，故受到大小相等、方向相反的二力（静止土压力）作用，点 b 静压力为零。点 b 以上墙体向左侧移动，其左侧作用被动土压力，右侧作用主动土压力；点 b 以下则相反，其右侧作用被动土压力，左侧作用主动土压力。因此，作用在墙体上各点的净土压力为各点两侧的被动土压力和主动土压力之差，其沿墙身的分布情况如图 4-34 所示，简化成线性分布后的悬臂桩计算图为图（c），即可根据静力平衡条件计算桩的深度和内力。布鲁姆（H．Blum）又建议采用图 4-34（d）代替图（c），计算入土深度及内力。

悬臂桩式支护结构以其对施工技术要求不高，设计计算较为简单的优点至今仍被大量应用于深度较小（一般不超过 8m）的基坑支护工程中。此种支护结构以及带内支撑或加锚的桩式或桩板式混合支护结构是一种横向（水平）受荷结构，通常按横向受荷桩式结构来分析其位移和内力，人们已提出了解析法、弹性地基系数法、弹性地基杆系有限元法等。我国 JGJ 120—2012 等规范主要建议采用弹性地基系数"m"法，如上海等地，有时采用弹性地基系数"m-K"法。

利用围护桩顶的环梁加钢管角撑，钢管两端焊钢板，用膨胀螺栓固定于环梁侧面。利用工程桩加钢管斜撑，当基坑内有较粗大的工程桩时，可以在加厚的混凝土垫层（至少 200mm 厚）内配上钢筋，把数根工程桩连成整体，使之刚度增大，作为对称式钢管斜撑的下支点，斜撑的上支点为围护桩顶的环梁。也可以将基坑内报废的静载试验用的锚桩连成整体，作为斜撑的下支点。

此外基坑四周卸土降水也是个有效的办法。当基坑四周为软黏上时，尽量多地卸土，卸土带做到宽 6m 以上，并把卸下的土及时运走。当基坑土为砂性土或饱和含水流塑或软塑黏土夹有薄砂层（水平渗透系数 $K_H 10^{-5}$ cm/s）的地层时，首先考虑明排法或井点法，降低基坑开挖影响范围内地层的地下水位，以减小开挖中动水压力引起的流砂现象，提高边坡的稳定性。

当围护、周围地表变形、坑底土体隆起变化速率均急剧增大，基坑有整体失稳趋势，上述措施来不及实施时，可对基坑进行局部甚至全面回填或放水回灌，从而得到临时稳定，赢得时间进行地基或支撑加固。

三、单支点排桩围护的计算

单支点排桩围护的计算主要是单层支点支护结构支点力及嵌固深度设计值 h_d 的计算。

（一）单层支点支护结构支点力的确定

（1）支点位置的确定。基坑底面以下支护结构设定弯矩零点位置至基坑底面的距离 h_d 可按下式确定（见图 4-35），即

$$e_{alk} = e_{plk} \quad\quad (4\text{-}33)$$

（2）支点力 T_{cl} 可按下式计算，即

$$T_{cl} = \frac{h_{al}\sum E_{ac} - h_{pl}\sum E_{pc}}{h_{Tl} + h_{cl}} \quad\quad (4\text{-}34)$$

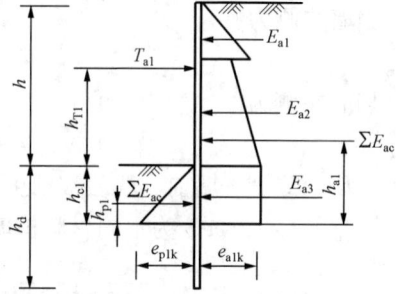

图 4-35　单层支点支护结构
支点力计算简图

式中　e_{alk}——水平荷载标准值，kPa；

e_{pk}——水平抗力标准值，kPa；

$\sum E_{ac}$——设定弯矩零点位置以上基坑外侧各土层水平荷载标准值的合力之和，kN；

h_{al}——合力 $\sum E_{ac}$ 作用点至设定弯矩零点的距离，m；

$\sum E_{pc}$——设定弯矩零点位置以上基坑内侧各土层水平荷载标准值的合力之和，kN；

h_{pl}——合力 $\sum E_{pc}$ 作用点至设定弯矩零点的距离，m；

h_{Tl}——支点至基坑底面的距离，m；

h_{cl}——基坑底面至设定弯矩零点位置的距离，m。

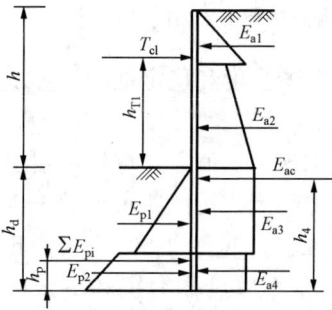

图 4-36　单层支点支护结构嵌固
深度计算简图

（3）嵌固深度设计值 h_d 可按下式确定（见图 4-36），即

$$h_p \sum E_{pj} + T_{cl}(h_{Tl} + h_d) - 1.2 r_0 h_a \sum E_{ai} \geqslant 0 \quad (4\text{-}35)$$

当按上述方法确定单支点支护结构嵌固深度设计值 $h_d < 0.3h$ 时，宜取 $h_d = 0.3h$。

（二）自由端单支点围护桩的计算（平衡法）

图 4-37 是单支点自由端支护结构的断面，桩的右面为主动土压力，左侧为被动土压力。可采用下列入法确定桩的最小入土深度 t_{min} 和水平向每延米所需支点力（或锚固力）R。

如图 4-37 所示，取支护单位长度，对 A 点取矩，令 $M_A = 0$，$\sum Z = 0$，则力

$$M_{E_{a1}} + M_{E_{a_2}} - M_{E_p} = 0 \quad\quad (4\text{-}36)$$

$$R = E_{a1} + E_{a2} - E_p \quad\quad (4\text{-}37)$$

式中　$M_{E_{a1}}$、$M_{E_{a2}}$——基坑底以上及以下主动土压力合力对 A 点的力矩，kN·m；

M_{E_p}——被动土压力合力对 A 点的力矩，kN·m；

E_{a1}、E_{a2}——基坑底以上及以下主动土压力的合力，kN；

E_p——被动土压力合力，kN。

（三）图解分析法（弹性线法）

单支点挡墙按图 4-34（c）情况设计的图解分析法是将挡墙按一端固定另一端简支的梁来研究。挡墙两侧作用着分布荷载，即主动土压力和被动土压力。在计算过程中，我们要计算的是挡墙的入土深度、支撑反力、跨中弯矩和嵌固弯矩。

挡墙底端土压力的分布（见图 4-38）如下：

挡墙右侧为

$$e' = \gamma(K'K_ph_0 - K_at_0) \tag{4-38}$$

挡墙左侧为

$$e = \gamma(KK_pt_0 - K_ah_0) \tag{4-39}$$

式中　K、K'——墙前、墙后被动土压力数值的增减系数，其值随土的内摩擦角而改变。表
　　　　　　　4-8 为不同材料桩墙的被动土压力增减系数表。

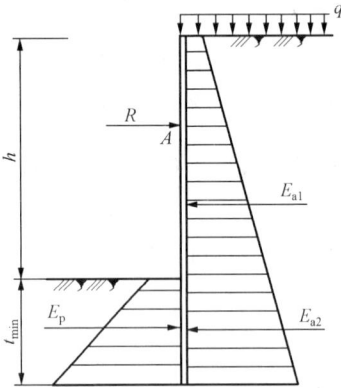

图 4-37　单支点排桩支护的静力平衡计算图

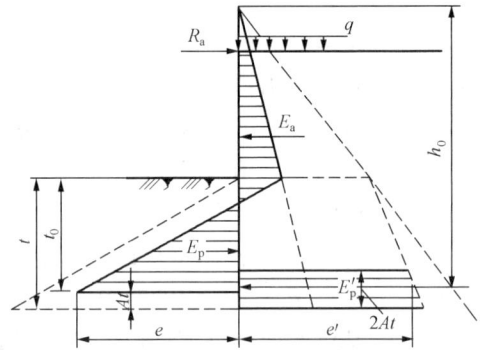

图 4-38　单支点桩墙土压力的计算图

表 4-8　　被动土压力增减系数表

φ	κ		K'
	木和钢板桩	钢筋混凝土板桩	
40°	2.3	3.0	0.35
35°	2.0	2.6	0.41
30°	1.8	2.3	0.47
25°	1.7	2.1	0.55
20°	1.6	1.8	0.64
15°	1.4	1.5	0.75
10°	1.2	1.2	1.00

用图解法求挡墙的强度和稳定性的计算步骤如下：

（1）任意选定一 t_0 值，计算作用在挡墙上的各层土压力强度，按照所求得的土压力强度作压力分布图［见图 4-39（a）］。此时暂不考虑 E'_p，留在以后作力矩和决定板桩入土深度 t_0 时再去计算。但需考虑墙对土的摩擦而计入增减系数 K 及 K'。

（2）将土压力分布图按 0.5～1.0m 的高度分成若干小块，并用相应的集中力来代替每一小块的面积分布力，其作用点在每一小块面积的重心上［见图 4-39（b）］。

（3）按适当的比例选定极点，作力多边形图［见图 4-39（c）］及索线多边形弯矩图［见图 4-39（d）］。通过最上面一根索线与支撑力（或锚拉力）R_a 作用线的交点向下引一索线多边形弯矩图的闭合线，使跨中弯矩比底端固定弯矩大 10%～15%。上述闭合线与最下面索线的交点恰好在底部小面积底端的水平线上时，就代表所有力均处于平衡状态。因此，在计算过程中先使弯矩图的索线多边形能够闭合，然后再求作用力的大小，这时可把最后两三块的高度分得更细些。

（4）根据材料力学弯矩面积求挠度的原理，把索线多边形弯矩分成若干小块作为荷重，其方法与前相仿，计算每一小块的面积并以集中压力代表［见图 4-39（e）］，选一适当的比例尺，然后绘力多边形和相应的索线多边形［见图 4-39（f）、（g）］。此索线多边形就是板桩的变形曲线图，根据变形曲线图即可判定挡墙的入土深度。

（5）支撑力 R_a 及底端反力 E'_p 可在力多边形图上直接量得，即由极点作力多边形弯矩图

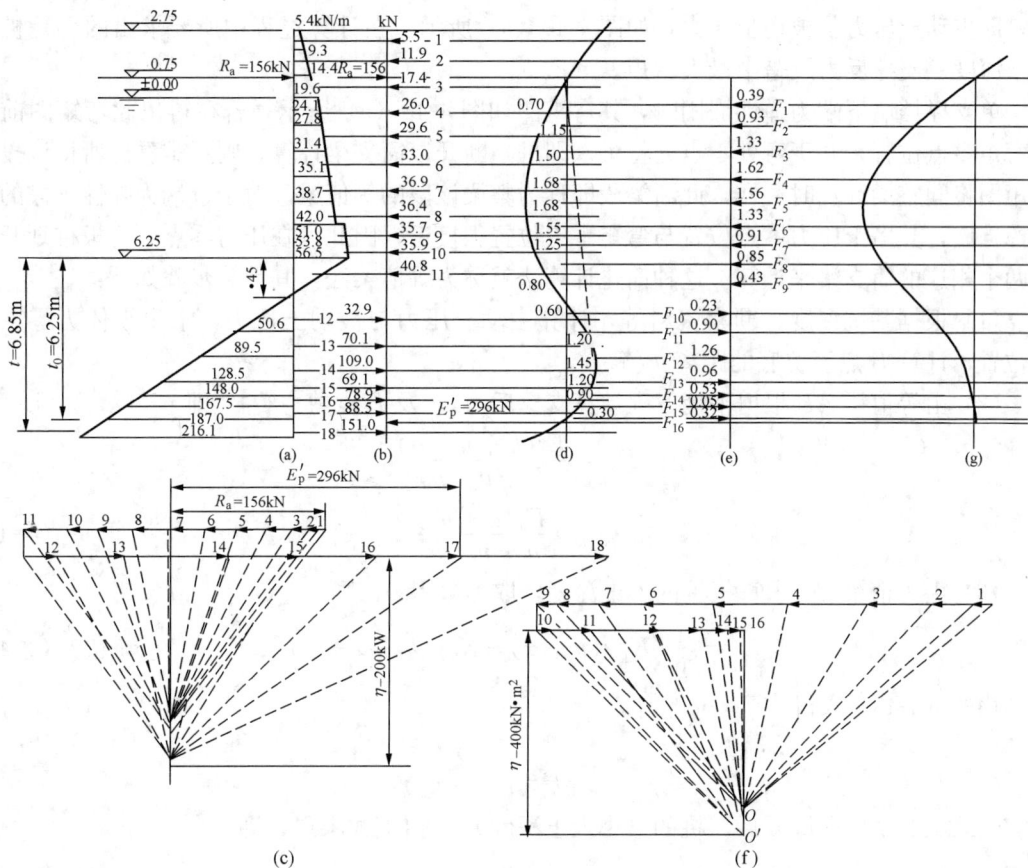

图 4-39 单支点挡墙图解分析法计算图

闭合线的平行线，使其与力线相交就可量得 R_a 与 E'_p 的值 [见图 4-39（c）]。求得 E'_p 后，可按下式求得 Δt，即

$$\Delta t = \frac{E'_p}{2e'} \tag{4-40}$$

式中 e'——按式（4-38）确定，并考虑摩擦力的影响。

板桩的最大弯矩可由弯矩图上最大横坐标 y_{max} 与极矩 η 相乘而得，即

$$M_{max} = y_{max}\eta \tag{4-41}$$

（四）等值梁法

等值梁法是前面介绍的图解分析法的简化。桩入坑底土内有弹性嵌固（铰接）与固定两种，现按前述第三种情况，即可当作一端弹性嵌固，另一端简支的梁来研究。挡土两侧作用着分布荷

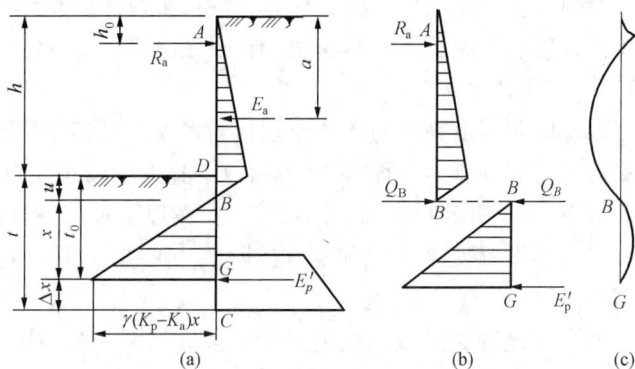

图 4-40 等值梁法计算简图

载，即主动土压力与被动土压力，如图 4-40（a）所示。在计算过程中所要求出的仍是桩的入土深度、支撑反力及跨中最大弯矩。

单支撑挡墙下端为弹性嵌固时，其弯矩图如图 4-40（c）所示，若在得出此弯矩图前已知弯矩零点位置，并于弯处零点处将梁（即桩）断开以简支梁计算，则不难看出所得该段的弯矩图将同整梁计算时一样，此断梁段即称为整梁该段的等值梁。对于下端为弹性支撑的单支撑挡墙，其净土压力零点位置与弯矩零点位置很接近，因此可在压力零点处将板桩划开作为两个相连的简支梁来计算。这种简化计算法就称为等值梁法，其计算步骤如下：

（1）根据基坑深度、勘察资料等，计算主动土压力与被动土压力，求出土体力零点 B 的位置，计算 B 点至坑底的距离 u 值。

（2）由等值梁 AB 根据平衡方程计算支撑反力 R_a 及 B 点剪力 Q_B，即

$$R_a = \frac{E_a(h+u-a)}{h+u-h_0}$$

$$Q_B = \frac{E_a(a+h_0)}{h+u-h_0} \tag{4-42}$$

（3）由等值梁 BG 求算板桩的入土深度，取 $\sum M_G = 0$，则

$$Q_B x = \frac{1}{6}\left[K_p \gamma(u+x) - K_a \gamma(h+u+x)\right]x^2 \tag{4-43}$$

由式（4-43）求得

$$x = \sqrt{\frac{6Q}{\gamma(K_p - K_a)}} \tag{4-44}$$

由式（4-44）求得 x 后，桩的最小入土深度 t_0 可由下式求得，即

$$t_0 = u + x \tag{4-45}$$

如土质差时，应乘以系数 1.1～1.2，即

$$t = (1.1 \sim 1.2)t_0 \tag{4-46}$$

（4）由等值梁求算最大弯矩 M_{max} 值。

四、多支点排桩围护的计算

土基坑比较深时，为了减少支护桩的弯矩，可以设置几层支撑。支撑层数及位置要根据土质、坑深、桩的直径（厚度）、支撑结构的材料强度，以及施工要求等因素拟定。

目前对多支撑围护结构的计算方法很多，一般有等值梁法（连续梁法）；支撑荷载的1/2分担法；逐层开挖支撑力不变法；有限元法等。

（一）连续梁法

前已阐明等值梁法的计算原理，当多支撑时其计算原理相同，一般可当作刚性支承的连续梁计算（即支座无位移），并应对每一施工阶段建立静力计算体系

如图 4-41 所示的基坑支护系统，应按以下各施工阶段的情况分别进行计算。

（1）在设置支撑 A 以前的开挖阶段［见图 4-41（a）］，可将挡墙作为一端嵌固在土中的悬臂桩。

（2）在设置支撑 B 以前的开挖阶段［见图 4-41（b）］，挡墙是两个支点的静定梁，两个支点分别是 A 及土中净土压力为零的一点。

（3）在设置支撑 C 以前的开挖阶段［见图 4-41（c）］，挡墙是具有三个支点的连续梁，三个支点分别为 A、B 及土中的土压力零点。

（4）在浇筑底板以前的开挖阶段［见图 4-41（d）］，挡墙是具有四个支点的三跨连续梁。

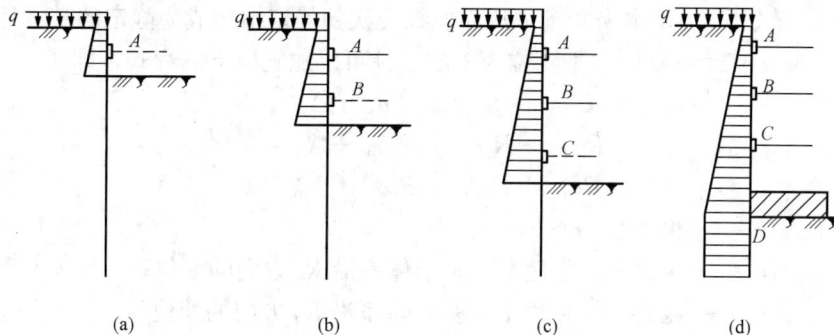

图 4-41　各施工阶段的计算简图

以上各施工阶段，挡墙在土内的下端支点按上述方法取土压力零点，即地面以下的主动土压力与被动土压力平衡支点。但是对第（2）阶段以后的情况，也有其他一些假定，常见的有：最下一层支撑以下主动土压力弯矩和被动土压力弯矩平衡支点，即零弯矩点；开挖工作面以下，其深度相当于开挖高度 20% 左右的一点；上端固定的半无限长弹性支承梁的第一个不动点；对于最终开挖阶段，其连续梁在土内的理论支点取理论支点以下 0.6t 处（t 为基坑底面以下墙的入土深度）。

（二）支撑荷载的 1/2 分担法

当作用在设有支撑的挡墙墙后主动土压力按太沙基和泼克假定的包络图采用时，支撑或拉杆的内力及其挡墙中弯矩的计算可按照以下经验方法进行（见图 4-42）。

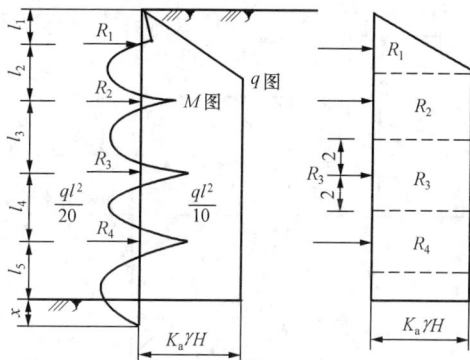

图 4-42　支撑荷载的 1/2 分担法

（1）简单地认为每道支撑或拉杆所受的力是相应于相邻两个半跨的土压力荷载值，如图 4-42 所示。

（2）土压力强度为 q，对于按连续梁计算时，最大支座弯矩（三跨以上）为

$$M = \frac{ql^2}{10} \tag{4-47}$$

最大跨中弯矩为

$$M = \frac{ql^2}{20} \tag{4-48}$$

这种方法由于荷载图多采用实测支撑力反算的经验包络图，因此仍具有一定的实用性，尤其是对于估算支撑轴力有一定的参考价值。

（三）"m 法"

对于设有多道支撑或拉杆的挡墙，基床系数法"m 法"同样适用。此时可以用结构力学的方法（或位移法）来求解支撑或拉杆内力，挡墙在基坑底面以上的悬臂部分也可以用一般结构力学方法计算其内力，至于挡墙在基坑底面以下的入土部分计算，在求得支撑力后，可与常规的"m 法"一样分析其内力。

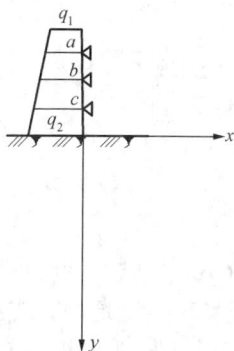

图 4-43　多支撑的挡墙计算示意图

以设有三道支撑的挡墙为例（见图 4-43），当采用力法求解时，先去掉三个支撑，置以三个反力 R_a、R_b、R_c 为基本未知量，从而使该三次超静定结构成为静定的基本体系。

根据 a、b、c 三个支点的水平变位为零的条件可以建立以下方程式，即

$$R_a\delta_{aa} + R_b\delta_{ab} + R_c\delta_{ac} + \Delta_{ap} = 0$$
$$R_a\delta_{ba} + R_b\delta_{bb} + R_c\delta_{bc} + \Delta_{bp} = 0$$
$$R_a\delta_{ca} + R_b\delta_{cb} + R_c\delta_{cc} + \Delta_{cp} = 0 \tag{4-49}$$

式中　　R_a、R_b、R_c——相应的三个支点反力；

δ_{aa}——在 $R_a=1$ 作用下，基本体系沿 R_a 方向的变位；

δ_{bb}——在 $R_b=1$ 作用下，基本体系沿 R_b 方向的变位；

δ_{cc}——在 $R_c=1$ 作用下，基本体系沿 R_c 方向的变位；

δ_{ab}、δ_{ba}——在 $R_b=1$ 作用下，基本体系沿 R_a 方向的变位和在 $R_a=1$ 作用下，基本体系沿 R_c 方向的变位；

δ_{bc}、δ_{cb}——在 $R_c=1$ 作用下，基本体系沿 R_b 方向的变位和在 $R_b=1$ 作用下，基本体系沿 R_a 方向的变位；

Δ_{ap}、Δ_{bp}、Δ_{cp}——基本体系在土压力作用下，沿 R_a、R_b、R_c 方向的变位。

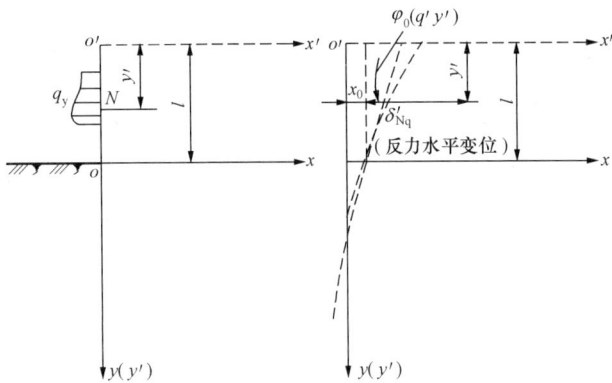

图 4-44　在任意荷载作用下墙体变位的计算

在任意侧向荷载作用下，板桩墙基坑底以上悬臂部分的水平位移可按以下方法求得：

在图 4-44 中，N 点的水平变位 δ_{Nq} 可利用迭加原理，由三部分组成：

（1）挡墙作为弹性地基杆件，在基坑底面处 o 点受力 H_0（q_y 的合力）及弯矩 M_0（q_y 对 o 点的弯矩）后，o 点的水平变位为

$$x_0 = H_0\delta_{HH} + M_0\delta_{HM} \tag{4-50}$$

（2）挡墙作为弹性地基杆件，在基坑底面处 o 点受力 H_0 及弯矩 M_0 后，产生转角 φ_0，因转角 φ_0 在 N 点产生的水平变位为

$$\varphi_0(l - y') = (H_0\delta_{MH} + M_0\delta_{MM})(l - y') \tag{4-51}$$

其中，按题意，$\varphi_0 = -(H_0\delta_{MH} + M_0\delta_{MM})$ 取绝对值。

（3）挡墙悬臂部分作为悬臂梁，在任意荷载 q_y 作用下，在 N 点产生的水平变位 δ'_{Nq}。

N 点在任意荷载 q_y 作用下的总水平变位为

$$\delta_{Nq} = x_0 + \varphi_0(l - y') + \delta'_{Nq} \tag{4-52}$$

五、弹性地基杆系有限元法

（一）概述

随着我国高层建筑和城市地下空间的发展，基坑工程的规模和数量不断扩大，同时深大基坑对支护结构设计也提出了更高的要求。由于城市深大基坑通常位于城市黄金地段，支护设计不仅要保证基坑本身的安全与稳定，而且还要能有效控制基坑的变形以保护周边建筑环境的安全。传统以强度控制设计为主的方式逐渐被以变形控制设计为主的方式所取代。目前，对桩锚支护结构内力和变形的计算方法主要有弹性地基梁杆系有限元法和连续介质有限元法。

弹性地基梁杆系有限元法是建立在土的线弹性本构关系上的一种方法。其计算原理是假设地面以上（基底以上）挡土结构为梁单元，基底以下部分为弹性地基梁单元，支撑或锚杆为弹性支承单元，荷载为主动侧的土压力和水压力。由于杆系有限元法可以有效地计入开挖过程中的各种因素，例如支撑随开挖深度的增加，其架设数量的变化，支撑架设前挡土结构的位移以及架设后支撑轴力也会随后续开挖过程而逐渐得到调整，支撑预加轴力对挡土结构内力变化等的影响，尽管计算结果与实测数据有一定偏差，仍不失为一种实用性较强、计算简便的挡土结构有限元计算方法。

弹性地基梁法能考虑支挡结构的平衡条件和结构与土的相互作用，分析中所需参数单一，并可有效考虑基坑开挖、回筑过程中各种基本因素和复杂情况对支护结构内力和变形的影响，如作用在支挡两侧土压力的变化、拉锚数量随开挖深度增加而发生的变化以及锚撑预加轴和锚撑架设前的桩墙位移对桩墙内力、变形的影响等，故弹性地基梁法已成为支挡结构设计重要的计算方法和手段，展现了越来越广阔的应用前景。连续介质有限元法将支护结构与土体一并离散化，可考虑土的强度和变形，是一种比较理想的数值计算方法。但由于土体计算模型、本构关系、计算参数难以准确确定，使其应用受到限制。

（二）Winkler 弹性地基梁模型

图 4-45 为 Winkler 弹性地基梁计算模型，该模型将桩墙支挡结构视为支撑在弹性支座上的梁，基坑外侧作用已知的土压力和水压力，基坑内侧土体对支挡结构的地基反力 f 用一系列土弹簧模拟，锚撑简化为两力杆单元，它既可考虑挡土结构、锚撑和被动侧土体的变形，又可以模拟基坑分步开挖的施工过程。

地基反力 f 的大小与挡土结构变形 y 有关，即

$$f = ky \tag{4-53}$$

式中　y——计算点处支挡结构的水平位移；

　　　k——水平地基反力系数。

采用 m 法时，假定水平地基反力系数 k 沿深度按线性规律变化，即

$$k = mz \tag{4-54}$$

式中　z——地面或开挖面以下的深度，m；

　　　m——比例系数，可由现场试验或参考相关基坑规范和手册确定。

支挡结构主动侧土压力采用通常使用的土压力分布模式，如图 4-45 所示，即在基底开挖面以上作用的主动土压力根据朗肯土压力理论计算；基底开挖面以下的主动土压力分布呈矩形，不随深度变化。

（三）弹性地基梁杆系有限元计算方法

已知弹性地基梁挠曲微分方程为

$$EI \frac{\mathrm{d}y^4}{\mathrm{d}z^4} = q(z, y) \tag{4-55}$$

式中　　　E——支挡结构的弹性模量；

　　　　　I——支挡结构的截面惯性矩；

　　　　　z——地面或开挖面以下的深度；

　　$q(z, y)$——梁上荷载强度，包括地基反力、锚撑

　　　　　　　力和其他外荷载。

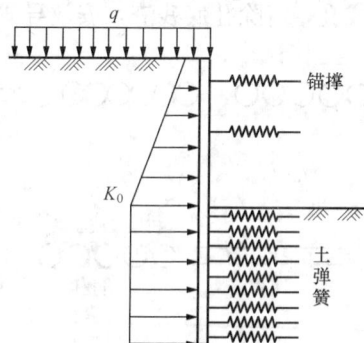

图 4-45　弹性地基梁模型

　　通常式（4-55）仅对简单外荷载分布模式才能求得解析解，而对设有锚撑、支挡结构前后作用荷载分布模式比较复杂的情况，无法求得解析解，但可以凭借弹性杆系有限单元数值计算方法进行求解。

　　弹性杆系有限单元法分析挡土结构内力和变形的过程如下。

　　1. 结构理想化

　　把挡土结构的各个组成部分，根据其结构受力特性，理想化为杆系单元，即基底以上部分挡土结构简化为两端嵌固的梁单元，基底以下部分简化为 Winkler 弹性地基梁单元，锚杆（索）简化为两力杆单元。

　　2. 结构离散化

　　把挡土结构沿竖向划分成有限个单元，每隔 2m 划分一个单元。为计算方便，尽可能将节点布置在挡土结构的截面、荷载突变处，弹性地基反力系数变化段及锚杆（索）的作用点处，各单元以边界上的节点相连接。

　　3. 建立结构平衡方程

　　将各个单元的单元刚度矩阵经矩阵变换得到结构总刚度矩阵，作用在结构节点上的荷载和节点位移之间的关系以结构总刚度矩阵来联系，结构平衡方程为

$$[K]\{\delta\} = \{R\} \tag{4-56}$$

式中　　$[K]$——结构总刚度矩阵；

　　　　$\{\delta\}$——结构节点位移列阵；

　　　　$\{R\}$——结构节点载荷列阵。

　　4. 求解平衡方程式

　　解式（4-56）可求得结构节点位移，进而可求得单元内力。弹性地基梁的地基反力可按式（4-56）由结构位移乘以水平地基反力系数求得。

六、排桩围护的施工

　　排桩可采用钻孔灌注桩、人工挖孔桩、预制钢筋混凝土板桩和钢板桩等。桩的排列方式通常有柱列式［见图 4-46 (a)］、连续式［见图 4-46 (b)、(c)、(d)］和组合式［见图 4-46 (e)、(f)］。排桩支护结构除受力桩外，有时还包括冠梁、腰梁和桩间护壁构造等构件，必要时还可设置一道或多道支撑或锚杆。排桩支护结构适合开挖深度为 6～10m 的基坑。

　　（一）钻孔灌注桩的施工

　　钻孔灌注桩用钻机（如螺旋钻、振动钻、冲抓锥钻、旋转水冲钻等）在所设计桩位处钻上成孔，清除孔底残渣，安放导管和钢筋笼（或直接插筋），然后浇灌混凝土。其横截面呈圆形，可以做成大直径桩和扩底桩。如有的钻机成孔后，可撑开钻头的扩孔刀刃使之旋转侧切扩大桩底，浇灌混凝土后在底端形成扩大桩端，但扩底直径不宜大于 3 倍桩身直径。

　　对于地下水位以上的一般黏性土、砂土及人工填土地基的钻孔灌注桩，可采用干作业成孔法施工，即非泥浆无循环钻进法。

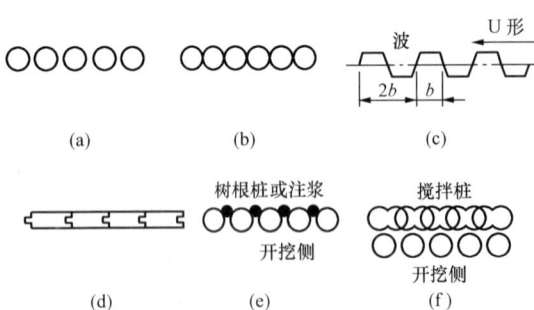

图 4-46　排桩支护结构桩的排列形式

一般采用螺旋钻孔机进行成孔。螺旋钻孔机由主机、滑轮、螺旋钻杆、钻头、滑动支架、出土装置等组成。主要利用螺旋钻头切削土壤，被切的土块随钻头旋转，并沿螺旋叶片上升而被推出孔外。该类钻机结构简单，使用可靠，成孔作业效率高、质量好，无振动、无噪声，最宜用于匀质黏性土，并能较快穿透砂层。

干作业成孔中，螺旋钻成孔应用最多，步履式全螺旋钻孔机如图4-47所示，施工工艺流程见图4-48。

钻孔灌注桩湿作业成孔法一般适用于黏性土、淤泥和淤泥质土、砂类土及碎石土，尤其适用于地下水位较高的土中。旋转钻机成孔是利用动力旋转钻头切削土体钻进，并在钻进的同时采用循环泥浆的方法护壁、排渣，继续钻进成孔。现用的旋转钻机按泥浆循环的程序不同分为正循环和反循环两种。灌注桩湿作业成孔施工工艺流程及钻孔桩成桩施工工艺如图4-49及图4-50所示。

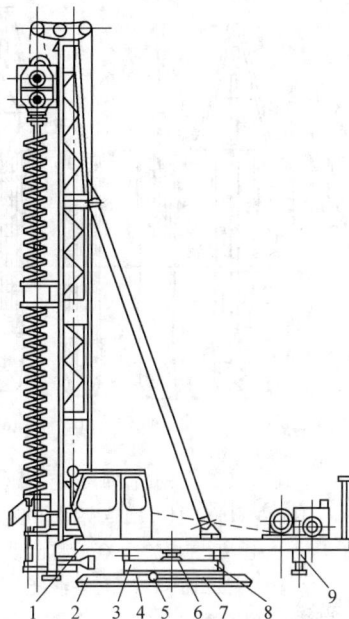

（二）人工挖孔灌注桩的施工

挡土桩采用人工挖孔灌注桩，施工顺序为：测量放线定桩位→挖孔→护壁→下钢筋笼→浇筑桩体混凝土。

1. 挖孔灌注施工

（1）测量好桩位中心线，经检查无误后，开始挖桩孔土方。

（2）孔桩开挖应交错进行（跳挖），桩体垂直度采用吊锤在灌注护壁前测量，岩层用风

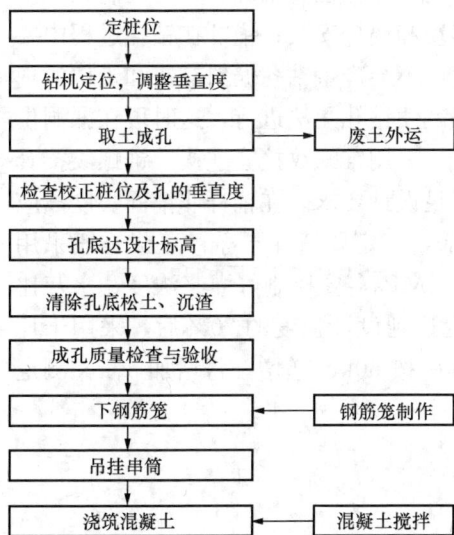

图4-47 步履式全螺旋钻孔机

1—上盘；2—下盘；3—回转滚轮；
4—行车滚轮；5—钢滑轮；6—回转中心；
7—行车油缸；8—中盘；9—支盘

图4-48 钻孔灌注桩干作业成孔
施工工艺流程图

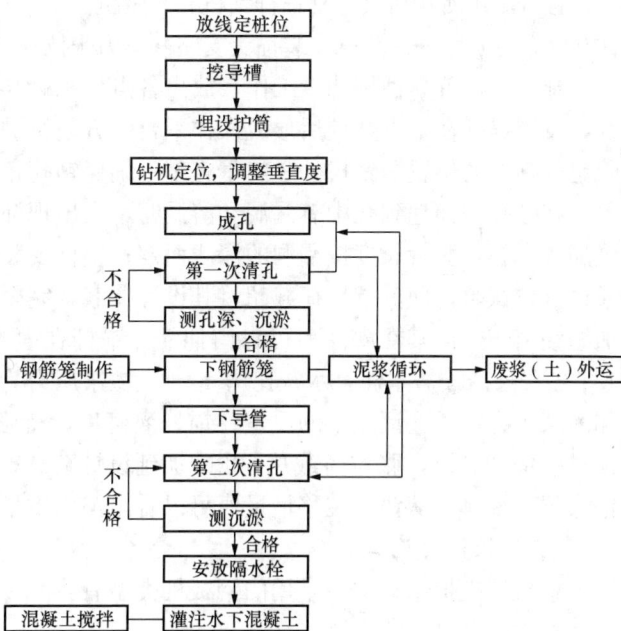

图4-49 钻孔灌注桩湿作业成孔
施工工艺流程图

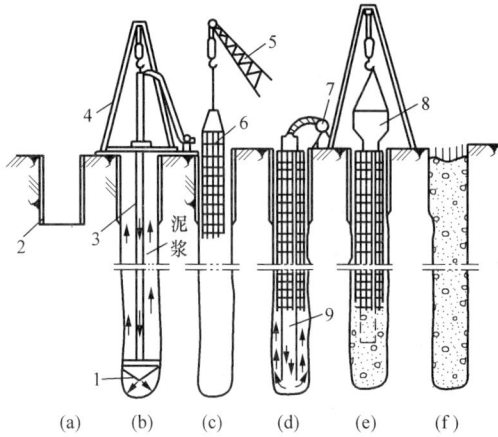

图 4-50 钻孔桩成桩施工工艺图

(a) 埋设护口管；(b) 回转成孔；(c) 吊放钢筋笼；

(d) 二次清孔底沉渣；(e) 水下灌注混凝土；

(f) 拔出护口管，灌注混凝土结束

1—钻头；2—护口管；3—钻杆；4—钻机；

5—吊车；6—钢筋笼；7—高压泵；8—漏斗；9—导管

镐开挖，当风镐掘岩难以作业时可以用小量炸药爆破。在爆破前应订出可行性施工方案，经有关部门批准后，方可进行。

（3）每节桩孔护壁模板安装时，必须通过校正模板，支护牢固，并检查符合要求后方可灌注护壁混凝土。上下节护壁间应采用 $\phi6@300$ 竖向挂筋连接，上节护壁混凝土强度达到 4.0MPa 后，才能进行下节挖土。

（4）钢筋笼在场内制作，分段安装，焊接驳接，每截长度一般为 6m，其中钢筋笼在吊运安装时，为保证其刚度要求，可适当加密加劲箍。在焊接驳接钢筋笼时，一定要保证上下钢筋笼的垂直度，这是施工中的关键。钢筋笼四周按一定间距焊接竖向 U 形限位卡，保证钢筋笼保护层厚度。

（5）桩芯混凝土灌注时，需用串筒，避免混凝土离析。混凝土在灌注过程中，表面不得有大于 50mm 厚的积水，否则应设法把积水排除后，方可继续灌注混凝土。当孔底渗水量过大时，应考虑采用水下混凝土灌注法。在混凝土灌注过程中一定要做好振捣工作，确保混凝土的密实度。

2. 锚杆施工

锚杆施工所用机具包括锚杆钻机、灌浆机、千斤顶等。施工顺序为：测量放标高、点位→钻孔→锚杆安装→灌浆→安装锚头支座→应力张拉→锁定。

施工时，首先做好测量工作，放出各点位和标高，确保钻孔位置正确和方便控制钻孔深度，每层锚杆在上方开挖后形成操作平台，方便机械移动和锚杆安装；锚杆在钻孔过程中要固定好钻机的位置和钻机的竖向垂直度，确保钻孔角度，不会产生钻孔偏斜交错和走位的现象。在钻孔中如遇到孔中有漏洞和溶洞时，会出现漏浆，使钻孔无法进行，这时可在漏洞位置加入套管，套管长度按漏洞的深浅而定；锚杆安装时，采用锥螺纹接套连接。锥螺纹接套通过抗拉试验，使其抗拉荷载超过其设计荷载，完全满足设计要求。在锚杆非锚固长度段应加缠塑料布，使其在灌注后可自由伸缩；锚杆在灌浆前，一定要清孔干净，灌浆一般采用 424 号普通硅酸盐水泥，水灰比为 1∶1，灌浆压力为 1.2MPa，要控制好灌浆浓度、水灰比和灌浆压力，以保证灌浆的质量；锚杆灌浆后，待强度达到设计强度的 70% 后，采用千斤顶进行锚杆张拉，张拉荷载从 50kN 加到设计荷载，其中按 50kN 递增，每增加 50kN 测定锚头位移增量，从锚杆位移增量值可以看出锚固质量。

（三）板桩的施工

板桩墙支护结构中，常用的钢板桩类型有：

1. 钢板桩

常用的截面形式为 U 形、Z 形和直腹板式，如图 4-51 所示。

钢板桩支护结构是将钢板桩打入土层，设置必要的支撑或拉锚，抵抗土压力和水压力并保持周围地层的稳定。钢板桩支护的优点是：板桩材料质量可靠，在软弱土层中施工速度快，施工也较简单，并且有较好的挡水性，临时性结构的钢板桩可拔出多次重复使用，以降低成本。

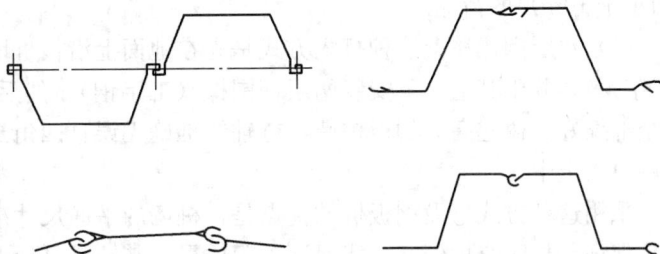

2. 钢筋混凝土板桩

钢筋混凝土板桩常采用矩形截面槽榫结合形式，桩尖部分做成三面斜坡以利于打入并使桩能挤紧。这种板桩的槽和榫

图 4-51 常用钢板桩截面形式

不能做到全长紧密接合，因为在打入土中时，往往有小块泥砂在槽口内嵌紧，迫使桩逐步分离。因此在实际工作中，只能在桩脚上部做至 1.5～2.0m 高度，其余部分槽口留出空隙，使两块板桩合拢后形成孔洞，孔洞内可压水泥浆液等填塞。钢筋混凝土板桩施工简易，造价相对低廉，往往在施工结束后不再拔出，不致因拔桩对周围建筑物产生影响和危害，但打桩时对周围建筑物的影响必须充分考虑。

钢板桩的施工顺序是：按施工图确定基线→探明地下障碍物→确定桩位→平整施工机械行走道路→将桩吊起放至桩位上并固定好→吊起桩帽放至桩顶上→桩垂直度校正→将桩打入 1.5m～2.0m→再次校止→打至设计标高→焊接支撑→挖土→基坑施工→填土→拔除钢板桩。

（1）打设前的准备工作。钢板桩打入前应将桩尖处的四槽底口封闭，避免泥土挤入，锁口应涂以黄油或其他油脂。用于永久性工程的桩表面应涂红丹和防锈漆。对于年久失修、锁口变形、锈蚀严重的钢板桩，应整修矫正，弯曲变形的桩可用油压千斤顶压或火烘等方法进行矫正。

（2）围檩（导架）安装。选用三支点导杆式履带打桩机。

为保证沉桩轴线位置的正确和桩的竖直，控制桩的打入精度，防止板桩的屈曲变形和提高桩的贯入能力，一般都需要设置定刚度的、坚固的围檩，也称"施工导架"。

围檩的形式，在平面上有单面和双面之分，在高度上有单层和双层之分，一般常用的是单层双面围檩，围檩桩的间距段为 2.5～3.5m，双面围檩之间的间距一般比板桩墙厚度大 8mm～15mm。

围檩的位置不能与钢板桩相碰。围檩桩不能随着钢板桩的打设而下沉或变形。围檩梁的高度要适宜，要有利于控制钢板桩的施工高度和提高工效，要用经纬仪和水平仪控制围檩梁的位置和标高。

钢板桩打设允许误差：桩顶标高 ±100mm；板桩轴线偏差 ±100mm；板桩垂直度为 1%。

3. 钢板桩的打设

钢板桩的打设方法有以下几种：

（1）单独打入法。这种方法是从板桩墙的一角开始，逐块（或两块为组）打设，直至工程结束。其优点是打入方式简便、迅速，不需要其他辅助支架；缺点是易使板桩向侧面倾斜，且误差积累后不易纠正。因此，这种方法只适用于对板桩墙要求不高，且板桩长度较小

（如小于 10m）的情况。

（2）双层围檩法。这种打入方式是先在地面上沿板桩墙的两侧每隔一定距离打入围檩桩（工字钢），并于其上、下安装两层钢围檩（工字钢），然后根据钢围檩上的画线将钢板桩逐块全部插好，树起高大的板桩墙，待轴线准确无误且四角封闭合拢后，再按阶梯形将钢板桩逐块打入土中。

采用这种方式打设钢板桩的优点是：桩墙的平面尺寸准确，墙面的平直度和桩的垂直度都易保证，封闭合拢较好，能保证工程质量。其缺点是耗费的辅助材料多，不经济，且施工速度较慢。该方法一般只用于对桩墙质量要求很高的情况，见图 4-52。

（3）屏风法。用单层围檩，然后以 10～20 块钢板桩为组，根据围檩上的画线逐块插入土中，形成屏风墙（见图 4-53），然后先将两端 1～2 块钢板桩打入，并严格控制其垂直度，用电焊固定在围檩上，作为定位钢板桩。其余钢板桩按 1/2 或 1/3 顺序高度呈阶梯状打设。如此逐组进行。

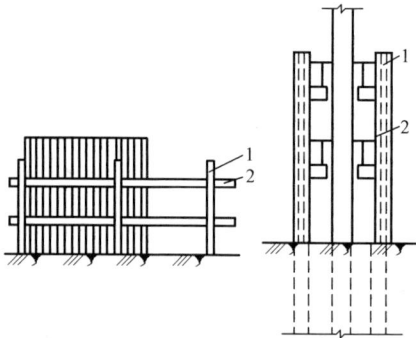

图 4-52 双层围檩
1—围檩桩；2—围檩

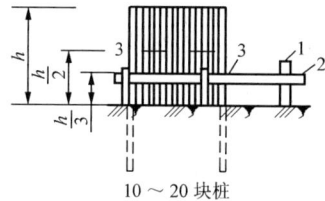

图 4-53 单层围檩
1—围檩桩；2—围檩；3—两端先打入的定位桩

先用吊车将钢板桩吊至插桩点处进行插桩，插桩时锁口要对准，在桩上端套上桩帽并轻轻加以锤击。在打桩过程中，为保证钢板桩的垂直度，用两台经纬仪在互相垂直的两个方向加以控制。为防止锁口中心线平面位移，可在打桩进行方向的钢板桩锁口处设卡板，阻止板桩位移。同时在围檩上预先算出各板块的位置，以便随时检查校正。钢板桩分几次打入，如第 1 次由 20m 高打至 15m，第 2 次则打至 10m，第 3 次打至围檩梁高度，待围檩架拆除后第 4 次再打至设计标高。

打桩时，开始打设的第一、二块钢板桩的打入位置和方向要确保精度，它可以起样板导向作用，一般每打入 1m 应测量一次。

4. 打桩时问题的处理

（1）阻力过大不易贯入。原因主要有两方面：一是在坚实的砂层、砂砾层中沉桩阻力大，对桩侧的阻力过大；二是钢板桩连接锁口锈蚀、变形，入土硬打。对于第一种情况，可伴以高压冲水或改以振动法沉桩，不要用锤硬打；对于第二种情况，宜加以除锈、矫正，在锁口内涂油脂，以减少阻力。

（2）钢板桩向打设前进方向倾斜。产生的原因是在软土中打桩，由于锁口处的阻力大于板桩与土体间的阻力，使板桩易向前进方向倾斜。纠正力法是用卷扬机和钢丝绳将板桩反向拉住后再锤击，或用特制的楔形板桩进行纠正。

（3）共连（板桩与已打入的邻桩一起下沉）。产生的原因是钢板桩弯曲，使槽口阻力增加。处理措施是及时纠正发生倾斜的板桩，把发生共连的桩与其他已打好的桩块用角钢电焊临时固定。

第六节　围护结构内支撑

我国城市建设的发展，使得地下空间的开发利用和深基坑支护的技术也取得了迅速发展。深基坑内支撑技术的应用不仅要确保边坡的稳定，而且要满足变形控制的要求，以确保基坑周围的建筑物、地下管线、道路等安全。施工中采用大跨度钢筋混凝土内支撑梁或圆环拱形钢筋混凝土内支撑支护，保证了土方施工的经济性和施工实践的安全可靠性，所以在施工中越来越多地被采用。

一、概述

围护结构内支撑适用于开挖跨度大、邻近建筑物或道路管线密集的深基坑，内支撑式围护结构由围护结构体系和内支撑体系两部分组成。围护结构体系常采用钢筋混凝土桩排桩墙（见图 4-54）和地下连续墙形式。内支撑体系可采用水平支撑和斜支撑。

（一）围护结构内支撑的分类

根据不同开挖深度又可采用单层水平支撑、两层水平支撑及多层水平支撑，分别如图 4-54（a）、（b）、（c）所示。当基坑平面面积很大，而开挖深度不太大时，宜采用单层斜支撑如图 4-54（d）所示。也有的采用空间结构体系，如图 4-54（f）所示。

（二）深基坑内支撑技术特点

1. 发挥材料的优点

深基坑土方施工中，基坑深度往往较大，挡土结构的水平压力也较大。因此，钢筋混凝土支撑表现为水平受压为主。与钢支撑不同钢筋混凝土支撑，具有变形小的特点，加上采用配筋和加大支撑截面的方法，可以提高钢筋混凝土支撑的强度，用于作为支撑的混凝土能充分发挥材料的刚度大和变形小的受力特性，能确保地下室施工和基础施工以及周边邻近建筑物、道路和地下管线等公共设施的安全。

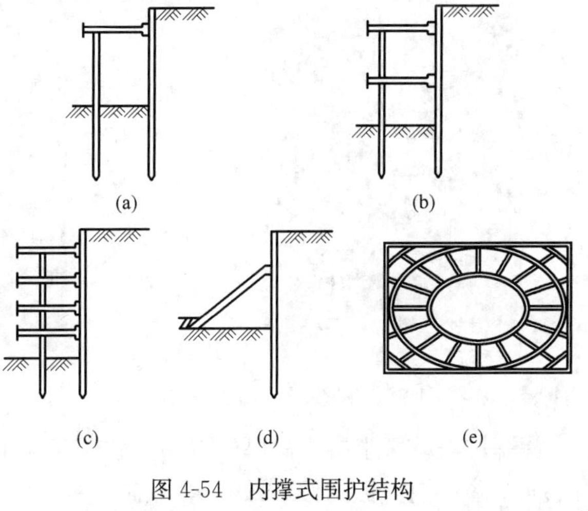

2. 加快土方挖运速度

图 4-54　内撑式围护结构

（a）单层水平支撑；（b）两层水平支撑；（c）多层水平支撑；
（d）单层斜支撑；（e）空间结构体系

在软地基深基坑施工时采用钢筋混凝土支撑，由于它的跨度大，尤其是采用圆环拱形钢筋混凝土内支撑形式，基坑内的平面形成大面积、无支撑的开阔工作面，能够满足挖土机械回转半径的要求。有利于多台大型挖土机械自如运转作业，在基坑内可以留坡道让运土车直接驶入基坑装土，并采用逐层开挖或留岛形式开挖，这样，最后剩余的小量土方用吊土机吊起即可，这样挖土速度可以提高 3 倍以上，达到缩短土方施工工期的目的，同时有利于基坑挡土结构变形的时效控制和缩短基坑内的降水时间，保证邻近建筑物的安全。

3. 降低工程造价

采用了大跨度钢筋混凝土内支撑梁或圆环拱形钢筋混凝土内支撑形式，材料便宜，节省了其他支撑结构（如钢结构）一次性投入的大笔资金。另外，由于采用机械化挖土，工效大大提高，降低了工程造价，从而获得了明显的经济效益。

4. 不受周边场地不足的限制

如果基坑周边狭窄或没有用于通道的场地，也不会影响钢筋混凝土支撑的施工，在没有大型机械（如吊机）和没有周边道路的情况下，就可以进行支撑梁的钢筋混凝土施工。在设计允许的情况下，可以借用支撑梁搭设平台和施工便道，用以堆放材料、安装施工机械设备、输送混凝土和布设电缆等，以便于地下室和基础施工。

（三）深基坑内支撑技术的适应范围

深基坑内支撑技术适用于软地基、深基坑及超深地下室基坑的施工；适用于基坑周围埋有管线、对环保要求高、周边建筑物较接近和土方工期紧迫的基坑施工；适用于吊机无法到位进行支撑吊装的基坑；适用于基坑周边场地狭窄，没有材料和机械设备的堆放场地；适用于允许爆破的任意基础。

内支撑式挡墙围护的常见破坏形式有围护桩断裂、"踢脚"（围护桩底部向坑内位移过大）、环梁断裂、支撑失稳断裂、桩间土坍落漏水和坑底涌土流砂。由于基坑深，一旦围护倒塌，对周围环境影响大，故基坑围护监测必须详尽、周密，及时反映位移值和内支撑压力值。例如深圳市地铁 5 号线中心站工程（见图 4-55）、福州市中旅城基坑工程（见图 4-56）。

图 4-55　深圳市地铁 5 号线中心站工程　　　　图 4-56　福州市中旅城基坑工程

深基坑被动区土层为深厚的流塑、软塑状黏土，容易产生深层土体向坑内位移，造成坑周地面沉降、围护桩内倾，故在开挖前必须对坑底土层加固，尤其是坑底下有透水层（滞水、潜水或承压水层）时，更须结合降水措施加固。一般在坑内被动区高压注入水泥浆或旋喷水泥桩，把坑底下土层加固成不透水的水泥土，提高土体的力学性能，以防止土体隆起和涌砂现象。当涌砂和土体隆起不严重时，也可以在坑底用多孔板代替块石垫层，以达到快速浇捣垫层的目的，同时在适当部位设集水坑不断抽水，快速浇捣桩承台和底板。

二、深基坑内支撑的施工

基坑（槽）支护结构的主要作用是支撑土壁，此外钢板桩、混凝土板桩及水泥土搅拌桩等支护结构还兼有不同程度的隔水作用。基坑（槽）支护结构的形式有多种，根据受力状态可分为横撑式支撑、重力式支护结构、板桩式支护结构等，其中板桩式支护结构又分为悬臂式和支撑式。

（一）支承桩施工

基坑支护结构一般根据地质条件、基坑开挖深度以及对周边环境保护要求采取重力式支护结构、板式支护结构、土钉墙等形式。在支护结构设计中首先要考虑对周边环境的保护，其次要满足本工程地下结构施工的要求，再则应尽可能降低造价、便于施工。

重力式支护结构是指主要通过加固基坑周边土形成一定厚度的重力式墙，以达到挡土的目的。水泥土搅拌桩（或称深层搅拌桩）支护结构是近年来发展起来的一种重力式支护结构。它是通过搅拌桩机将水泥与土进行搅拌，形成柱状的水泥加固土（搅拌桩）。这种支护墙具有防渗和挡土的双重功能。由水泥土搅拌桩搭接而形成水泥土墙，它既具有挡土作用，又兼有隔水作用。该支护结构适用于 4～6m 深的基坑，最深可达 7～8m。

搅拌桩成桩工艺可采用"一次喷浆、二次搅拌"或"二次喷浆、三次搅拌"工艺，主要根据水泥掺入比及土质情况而定。水泥掺量较小，土质较松时，可用前者；反之，可用后者。"一次喷浆、二次搅拌"的施工工艺流程如图 4-57 所示。当采用"二次喷浆、三次搅拌"工艺时可在图示步骤 e 作业时也进行注浆，以后再重复一次 d 与 e 的过程。

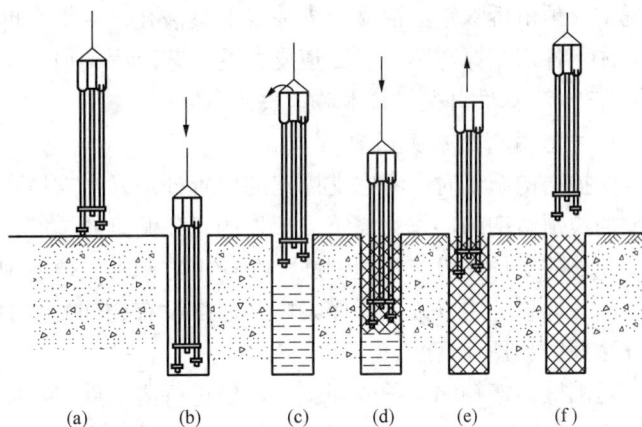

图 4-57　一次喷浆、二次搅拌的施工流程
（a）定位；（b）预理下沉；（c）提升喷浆搅拌；（d）重复下沉搅拌；（e）重复提升搅拌；（f）成桩结束

板式支护结构由两大系统组成，即挡墙系统和支撑（或拉锚）系统（见图 4-58），悬臂式板桩支护结构则不设支撑（或拉锚）。

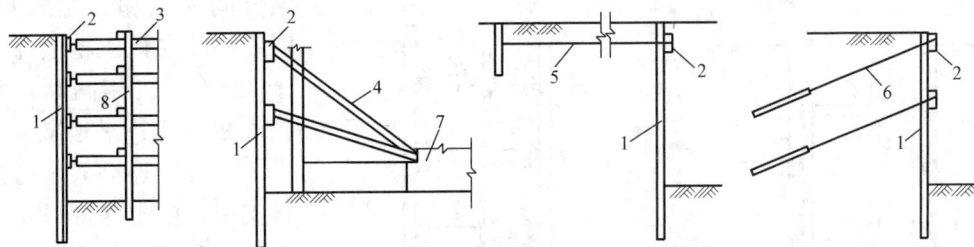

图 4-58　板式支护结构
1—板桩墙；2—围檩；3—钢支撑；4—斜撑；5—拉锚；6—土锚杆；7—先施工的基础；8—竖撑

挡墙系统常用的材料有槽钢、钢板桩、钢筋混凝土板桩、灌注桩及地下连续墙等。钢板桩有平板形和波浪形两种。钢板桩之间通过锁口互相连接，形成一道连续的挡墙。由于锁口的连接，使钢板桩连接牢固，形成整体，同时也具有较好的隔水能力。钢板桩截面积小，易于打入，U形、Z形等波浪式钢板桩截面抗弯能力较好。钢板桩在基础施工完毕后还可拔出重复使用。

（二）多道钢筋混凝土支撑施工的流程

1. 第一道钢筋混凝土支撑施工

施工流程为：基坑土方开挖至第一道钢筋混凝土支撑梁底的垫层底面，凿开支护结构与围檩的连接面→钢筋混凝土支撑垫层施工→绑扎支撑钢筋→支立侧模板→浇筑混凝土（预留拆除钢筋混凝土支撑梁的爆破孔）、梁边护栏预埋铁件→养护、拆模、清理。

2. 第二道钢筋混凝土支撑施工

施工流程为：基坑上方开挖至第二道钢筋混凝土支撑梁底的垫层底面→凿开支护结构与围檩的连接面，清理支承桩→钢筋混凝土支撑垫层施工→绑扎支撑钢筋→支立侧模板→浇筑混凝土，预留拆除钢筋混凝土支撑梁的爆破孔→养护、拆模、清理。

往下各道支撑与第一、二道支撑的工艺流程类似。

（三）深基坑内支撑技术施工要点

1. 护壁施工的有关问题

支护结构施工时应考虑支撑点的位置处理，当支撑点设在支护顶的压顶帽梁时，其顶上必须加长预留钢筋，作为浇筑支护顶的压顶帽梁的锚筋；当支撑点设在支护上的某一标高处时，该处的支护一般应预埋钢筋。在挖土方暴露后，清理干净该标高处的混凝土，将预埋钢筋拉出并伸直，用以锚入围檩梁内（通常没有锚筋）。同样，钢筋混凝土支撑桩也应用同样的方法预留和预埋钢筋。

与围檩梁接触的支护壁部位一定要进行凿毛处理，以保证围檩梁与护壁的紧密衔接。

2. 支撑梁的施工

支撑系统一般采用大型钢管、H型钢或格构式钢支撑，也可采用现浇钢筋混凝土支撑。拉锚系统材料一般用钢筋、钢索、型钢或土锚杆。根据基坑开挖的深度及挡墙系统的截面性能可设置一道或多道支点。基坑较浅，挡墙具有一定刚度时，可采用悬臂式挡墙而不设支撑点。支撑或拉锚与挡墙系统通过围檩、冠梁等连接成整体。

开挖较窄的沟槽，多用横撑式土壁支撑。横撑式土壁支撑根据挡土板的不同，分为水平挡土板式［见图4-59（a）］以及垂直挡土板式［见图4-59（b）］两类。前者挡土板的布置又分间断式和连续式两种。湿度小的黏性土挖土深度小于3m时，可用间断式水平挡土板支撑；对松散、湿度大的土可用连续式水平挡土板支撑，挖土深度可达5m，对松散和湿度很高的土可用垂直挡土板式支撑，其挖土深度不限。挡土板、立柱及横撑的强度、变形及稳定等可根据实际布置情况进行结构计算。

钢筋混凝土支撑梁和围檩梁的底模（垫层）施工，

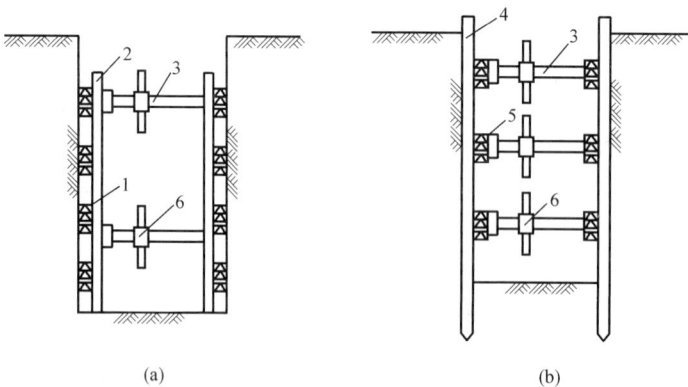

图4-59　横撑式支撑

（a）间断式水平挡土板支撑；（b）垂直挡土板支撑

1—水平挡土板；2—立柱；3—工具式横撑；4—垂直挡土板；

5—横楞木；6—调节螺丝

可以采用基坑原土填平夯实加盖尼龙薄膜，也可用铺模板、浇筑混凝土垫层、铺设油毛毡等方法。经过测量放线后，再绑扎钢筋，然后安装侧模板。围檩梁和支撑结构之间的连接可用预埋钢筋，以斜向方式焊接在支护壁的主筋上。钢筋混凝土支撑梁和围檩梁的侧模利用拉杆螺丝固定，钢筋混凝土支撑梁应按设计要求预起拱。钢筋混凝土支撑梁和围檩梁混凝土浇筑应同时进行，以保证支撑体系的整体性。为了方便拆除钢筋混凝土支撑梁及围檩梁，在浇筑混凝土时应考虑预留爆破孔。为了保证施工人员在支撑梁上行走的安全，支撑梁两侧预埋用于焊接栏杆的铁件。为了缩短工期，及早进入土方开挖阶段，混凝土配比中可加入早强剂，并加强养护，在混凝土达到要求强度后，就可以进行土方开挖。混凝土浇筑、拆模和养护按有关规范要求进行，保证混凝土后期强度的增长。

下面介绍钢管内支撑施工：

钢管内支撑一般由型钢立柱、型钢围檩、支撑钢管、八字撑及上下抱箍组成。每道支撑形成一个平面支承系统，平衡支护桩所传来的水平力如图 4-60 所示。

所用支撑钢管为定型材料，每节长度有 3、6、9m 等。通过法兰盘用螺栓组装成所需长度，每根支撑端部有一节为活头，可调节长短，供对支撑施加顶紧力之用，在支撑交叉处设型钢立柱作支点，以承受支撑自重和施工荷载。

钢管支撑的安设程序是：挖土前按设计位置打下型钢立柱；沿支护灌注桩内侧开沟槽，露出支护桩上的预埋钢板箍；在钢板箍上焊二角架，安装型钢围檩；将型钢围檩与支护桩之间的空隙用早强混凝土灌实，养护不少于 48d；安装支撑钢管，注意检查法兰连接螺栓是否拧紧，支撑轴线是否偏斜；给钢管支撑施加顶紧轴力，施加轴力应两端同时进行，施加轴力前焊钢管抱箍以约

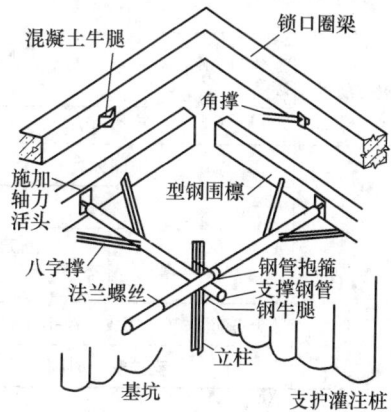

图 4-60 钢管内支撑体系示意图

束钢管的侧向变形，但不要约束钢管的轴向变形；加足轴力后，焊上八字撑，并把抱箍焊死；支撑安装与土方开挖同时进行，相互交叉，并密切配合，保证支撑的及时安装。

钢管内支撑的拆除要在地下室底板混凝土浇筑完并达到一定强度后才能进行。混凝土底板对于支护桩来说犹如一个巨大的刚性支撑，足以约束支护桩的底部位移，可以起到换撑的作用。

拆除方法是先割八字撑，然后割围檩，卸法兰螺栓，将钢管落到板面上，再用卷扬机拖到基坑边吊起运出。

3. 土方开挖

在先施工的支撑范围内的土方安排首先开挖，由远至近地进行。当有多道钢筋混凝土支撑时，应按支撑的道数分层开挖：第一层土方→支撑→第二层土方→支撑→底层土方。每层又要根据基坑深度不同和挖土机械伸展深度能力进行分层挖土，每一层土方开挖都要待混凝土的强度满足要求后，才能进行下一层的土方开挖。

在基坑下运土车辆通过的路段中，遇到混凝土支撑梁时，先用掘土机将土覆盖在支撑梁上，以作保护，覆盖厚度不小于 500mm。这样就能让掘土车辆在上面行走，避免车辆压坏支撑梁。随着挖土深度的加深，护壁和立柱的支撑点凿毛也同时进行。要做好降水工作，如采用地下连续墙作为护壁，一般来说，地下水较少，用少量的降水井就可以解决问题。

（四）深基坑内支撑技术的主要材料与施工机具及设备

（1）主要材料：钢筋、钢模板、混凝土、拉杆螺丝、胶管等。

（2）主要施工机具及设备：掘土机、运土车辆、空压机、风管、手推斗车、钢筋弯曲机、钢筋切断机、电焊机、混凝土振动棒等。

三、深基坑内支撑的施工质量控制

（一）施工质量要求

每一期土方开挖必须按照设计的深度逐层进行，控制支撑梁下面的垫层底不得超深；分别采用做 3d、7d 和 20d 龄期的混凝土试块，提前预测混凝土标准强度，第一层土方开挖以后，支护结构会形成悬臂，应立即进行支撑施工；尽可能缩短施工时间，减少变形；测量必须准确。保证支撑梁的设置位置准确；支护结构土与圈檩梁混凝土应紧密接触，使其具有足够的摩擦力；由于钢筋混凝土支撑梁的跨度大，在制作时应按设计要求预起拱。

钢支撑施工质量应符合表 4-9 的要求。

表 4-9　　　　钢支撑施工质量要求

项　目		标准
主控项目	支撑位置　标高	±30mm
	支撑位置　平面	±100mm
	预加顶力	±50kN
一般项目	围檩标高	±30mm
	立柱桩	设计要求
	立柱位置　标高	±30mm
	立柱位置　平面	±50mm
	开挖超深（开槽放支撑不在此范围）	<200mm
	支撑安装时间	设计要求

（二）安全要求

施工中应遵守建筑施工安全规定，此外还应注意以下问题：

（1）挖土前，应顶先在支护结构上设置变形、位移的观测点，并做好原始数据的记录，随着施工的进展，定期、随时检查，及时发现问题，并立即向有关部门汇报，采取相应的预防措施。

（2）整个挖土过程必须有专人指挥，严格控制挖土深度，谨防挖土机械对支撑梁或圈檩梁的破坏。

（3）挖土时应根据基坑土情况留有一定的安全坡度、防止塌方而造成事故。

（4）当第一层土方挖去后，应立即在基坑边和支撑梁上设安全栏杆。

（5）支撑梁拆除采用爆破方法，应注意保护地下室楼板的安全，如敷设砂包等，同时防止爆破碎石飞溅伤人。

（6）当要在支撑梁上堆放材料时，应符合设计的要求。

第七节　基坑工程逆做法

一、逆做法概述

逆做法是施工开挖高层建筑的多层地下室和其他多层地下结构的有效方法。传统的施工开挖多层地下室的方法是开敞式施工，即大开口放坡开挖，或用支护结构围护后垂直开挖，挖至设计标高后浇筑钢筋混凝土底板，再由下而上逐层施工各层地下室结构，待地下结构完成后再进行地上结构施工。

对于深度大的多层地下室，用上述传统方法施工存在一些问题。首先支护结构的设置存在一定困难，由于基坑很深，支护结构的挡墙长度很大，费用增加，尤其是基坑内部支护结构的支撑用量大，一方面需用大量大规格的钢材，另一方面也增加了地下结构施工的难度；其次如用井点设备降低地下水位时，会引起土体固结，使周围地面产生沉降，如不采取特殊措施，也会危及基坑附近的建筑物、地下管线和道路。深基坑的开挖，其基坑的变形和周围地面的沉降是施工中急待解决的问题之一。

　　实践证明，利用逆做法施工开挖深度大的多层地下结构是十分有效的。逆做法的工艺原理是：先沿建筑物地下室轴线（地下连续墙也是地下室结构承重墙）或周围（地下连续墙等只用作支护结构）施工地下连续墙或其他支护结构，同时在建筑物内部的有关位置（柱子或隔墙相交处等，根据需要计算确定）浇筑或打下中间支承柱，作为施工期间于底板封底之前承受上部结构自重和施工荷载的支撑。然后施工地面一层的梁板楼面结构，作为地下连续墙的支撑，随后逐层向下开挖土方和浇筑各层地下结构，直至底板封底。与此同时，由于地面一层的楼面结构已完成，为上部结构施工创造了条件，因此可以同时向上逐层进行地上结构的施工。这样地面上、下同时进行施工（见图 4-61），直至工程结束。但在地下室浇筑钢筋混凝土底板之前，地面上的上部结构允许施工的层数要经计算确定。

　　逆做法施工以地面一层楼面结构是封闭还是敞开，分为封闭式逆做法和开敞式逆做法。前者可以地面上、下同时进行施工；后者上部结构不能与地下结构同时进行施工，只是地下结构自上而下逐层施工。

　　地下连续墙按其填筑的材料，分为土质

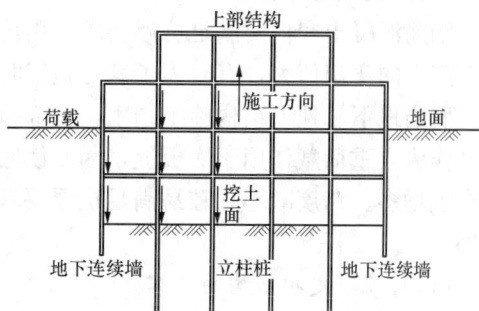

图 4-61　逆做法的工艺原理

墙、混凝土墙、钢筋混凝土墙（又有现浇和预制之分）和组合墙（预制钢筋混凝土墙板和现浇混凝土的组合，或预制钢筋混凝土墙板和自凝水泥膨润土泥浆的组合）；按其成墙方式，分为桩排式、壁板式、桩壁组合式；按其用途分为临时挡土墙、防渗墙、用作主体结构一部分兼作临时挡土墙的地下连续墙、用作多边形基础兼作墙体的地下连续墙。

　　二、逆做法的特点

　　与传统施工方法比较，用逆做法施工多层地下室有下述优点。

　　（一）缩短工程工期

　　对于带多层地下室的高层建筑，如采用传统方法施工，其总工期为地下结构工期加地上结构工期，再加装修等所占的工期；而用逆做法施工，一般情况下只有地下层占绝对工期，其他各层地下室可与地上结构同时施工，不占绝对工期，因此可以缩短总工期。如日本读卖新闻社大楼，地上 9 层，地下 6 层，用封闭式逆做法施工，总工期只有 22 个月，比传统施工方法缩短工期 6 个月。又如有 6 层地下室的法国巴黎拉弗埃特百货大楼，用逆做法施工，工期缩短 1/3。地下结构层数越多，用逆做法施工则工期缩短越显著。

　　（二）基坑变形小

　　采用逆做法施工，是利用逐层浇筑的地下室结构作为周围支护结构地下连续墙的内部支撑。由于地下室结构与临时支撑相比刚度大得多，因此地下连续墙在侧压力作用下的变形就小得多。此外，由于中间支承柱的存在使底板增加了支点，浇筑后的底板成为多跨连续板结构，与无中间支承柱的情况相比跨度减小，从而使底板的隆起也减少。因此，逆做法施工能减少基坑变形，使相邻的建（构）筑物、道路和地下管线等的沉降减少，在施工期间可保证其正常使用。

表4-10是用逆做法施工的德意志联邦银行大楼与相同深度、用地下连续墙作支护结构、用五层土锚拉结的以传统方法施工的原联邦德国国家银行总部大楼的施工变形比较，由此可以清楚地看出，用逆做法施工的结构变形小得多。

表 4-10　　　　　　　　　　　逆做法施工与传统方法施工的变形比较

施工方法	变形量（mm）		
	地下连续墙的水平变形	底板隆起	邻近建筑物的沉降
逆做法	26～35	≤18	4～12
传统施工方法	20～60	60	25～50

（三）底板设计合理

钢筋混凝土底板要满足抗浮要求。用传统方法施工时，底板浇筑后支点少、跨度大，上浮力产生的弯矩值大，有时为了满足施工时抗浮要求而需加大底板的厚度，或增强底板的配筋。而当地下和地上结构施工结束，上部荷载传下后，为满足抗浮要求而加厚的混凝土反过来又作为自重荷载作用于底板上，因而使底板设计不尽合理。用逆做法施工，在施工时底板的支点增多、跨度减小，较易满足抗浮要求，甚至可减少底板配筋，使底板的结构设计趋向合理。

（四）节省支护结构的支撑

对于深度较大的多层地下室，如用传统方法施工，为减少支护结构的变形需设置强大的内部支撑或外部拉锚，不但需要消耗大量钢材，施工费用也相当可观。如上海电信大楼的深11m、地下3层的地下室，若用传统方法施工，为保证支护结构的稳定，约需临时钢围檩和钢支撑1350t；而用逆做法施工，土方开挖后利用地下室结构本身来支撑作为支护结构的地下连续墙，可省去支护结构的临时支撑。

逆做法是自上而下施工，上面已覆盖，施工条件较差，且需采用一些特殊的施工技术，保证施工质量的要求更加严格。

三、逆做法的施工工艺

根据上述逆做法的工艺原理可知，逆做法的施工程序是：中间支承柱和地下连续墙施工→地下室-1层挖土和浇筑其顶板、内部结构→从地下室-2层开始地下室结构和地上结构同时施工（地下室板浇筑之前，地上结构允许施工的高度根据地下连续墙和中间支承柱的承载能力确定）→地下室底板封底并养护至设计强度→继续进行地上结构施工，直至工程结束。

（一）地下连续墙的施工

1. 施工前的准备工作

（1）收集有关机械进场条件的资料。除调查地形条件等之外，还需调查所要经过的道路情况，尤其是道路宽度、坡度、弯道半径、路面状况和桥梁承载能力等，以便解决挖槽机械、重型机械等进场的可能性。

（2）搜集给排水、供电条件的资料。地下连续墙施工需要用大量的水，挖槽机械等也需耗用一定的电力，因而需要调查现有的供水和供电条件（电压、容量、引入现场的难易程度），如现场暂时不具备，则要设法创造条件。

地下连续墙施工时需用泥浆护壁，泥浆中又混有大量土碴，因此排出的水容易引起下水道堵塞和河流污染等公害，在这方面应给予充分的重视。

（3）搜集现有建（构）筑物的资料。当地下连续墙的位置靠近现有建（构）筑物时，要调查其结构及基础情况，还要了解其基础埋置深度及其以下的土质情况，以便确定地下连续墙的位置、槽段长度、挖槽方法、墙体刚度及土体开挖后墙体的支撑等。同时还要研究现有建（构）筑物产生的侧压力是否会增大地下连续墙体的内力和影响槽壁的稳定性。

（4）搜集地下障碍物的资料。埋在地下的桩、废弃的钢筋混凝土结构物、混凝土块体和各种管道等是地下连续墙施工时的主要障碍物，应在开工前进行详细的勘查，并尽可能在地下连续墙施工之前加以排除，否则会给施工带来很大的困难。

（5）搜集水文、地质资料。确定钻孔位置、钻孔深度、深槽的开挖方法，决定单元槽段长度，估计挖土效率，考虑护壁泥浆的配合比和循环工艺等，都与地质情况密切相关。如深槽用钻抓法施工，目前钻导孔所用的工程潜水电钻是正循环出土，当遇到砂土或粉砂层时，要注意不要因钻头喷浆冲刷而使钻孔直径过大，或造成局部塌方，从而影响地下连续墙的施工质量。又如遇到卵石层时，由于泥浆正循环出土不能带出卵石而使其积聚于孔底，会造成不能继续钻孔的困难。

导板抓斗的挖槽效率也与地质条件有关，由于在深槽内挖土的工作自由面比地面上挖土少，工作条件差，并且抓斗在槽内是靠自重切入土内，以钢索或液压设备闭斗抓土，因此在土质坚硬时挖土的效率会降低，甚至会导致不能抓土。此外，地质条件与反循环出土的泥浆处理方法的选择也有很大关系。

槽壁的稳定性也取决于土层的物理力学性质、地下水位高低、泥浆质量和单元槽段的长度。在制订施工方案时，为了验算槽壁的稳定性，就需要了解各土层土的重度 γ、内摩擦角 φ、内聚力 C 等物理力学指标。

基坑坑底的土体稳定性和坑底以下土的物理力学指标密切相关，在验算坑底隆起和管涌时，需要土的重度 γ、土的单轴抗压强度 q_u、内摩擦角 φ、内聚力 C、地下水重力密度 ρ' 和地下水位高度等数据，这些都要求在进行地质勘探时提供。

地质勘探中应注意收集有关地下水的资料，如地下水位及水位变化情况、地下水流动速度、承压水层的分布与压力大小，必要时还需对地下水的水质进行水质分析。另外，在研究地下连续墙施工用泥浆向地层渗透是否会污染邻近的水井等水源时，也需利用土的渗透系数等指标参数。根据上述分析可以清楚地看出，全面而正确地掌握施工地区的水文、地质情况，对地下连续墙施工是十分重要的。

2. 制订地下连续墙的施工方案

在详细研究了工程规模、质量要求、水文地质资料、现场周围环境是否存在施工障碍和施工作业条件等之后，应编制工程施工组织设计。地下连续墙的施工组织设计一般应包括以下内容：工程规模和特点，水文、地质和周围情况以及其他与施工有关条件的说明；挖掘机械等施工设备的选择；导墙设计；单元槽段划分及其施工顺序；预埋件和地下连续墙与内部结构连接的设计和施工详图；护壁泥浆的配合比、泥浆循环管路布置、泥浆处理和管理；废泥浆和土碴的处理；钢筋笼加工详图，钢筋笼加工、运输和吊放所用的设备和方法；混凝土配合比设计，混凝土供应和浇筑方法；动力供应和供水、排水设施；施工平面图布置，包括挖掘机械运行路线、挖掘机械和混凝土浇灌机架布置、出土运输路线和堆土处、泥浆制备和处理设备、钢筋笼加工及堆放场地、混凝土搅拌站或混凝土运输路线、其他必要的临时设施等；工程施工进度计划，材料及劳动力等的供应计划；安全措施、质量管理措施和技术组织措施等。

3. 地下连续墙的施工工艺过程

地下连续墙的施工工艺是利用特制的成槽机械在泥浆（又称稳定液，如膨润土泥浆）护壁的情况下进行开挖，形成一定槽段长度的沟槽，再将在地面上制作好的钢筋笼放入槽段内。采用导管法进行水下混凝土浇筑，完成一个单元的墙段，各墙段之间采用特定的接头方式（如用接头管或接头箱做成的接头）相互连接，形成一道连续的地下钢筋混凝土墙。图 4-62 为地下连续墙施工程序示意图。地下连续墙围护呈封闭状，则在基坑开挖后，加上支撑或锚杆系统，就可挡土和止水，便利了深基础的施工。如将地下连续墙作为建筑的承重结构则经济效益更好。

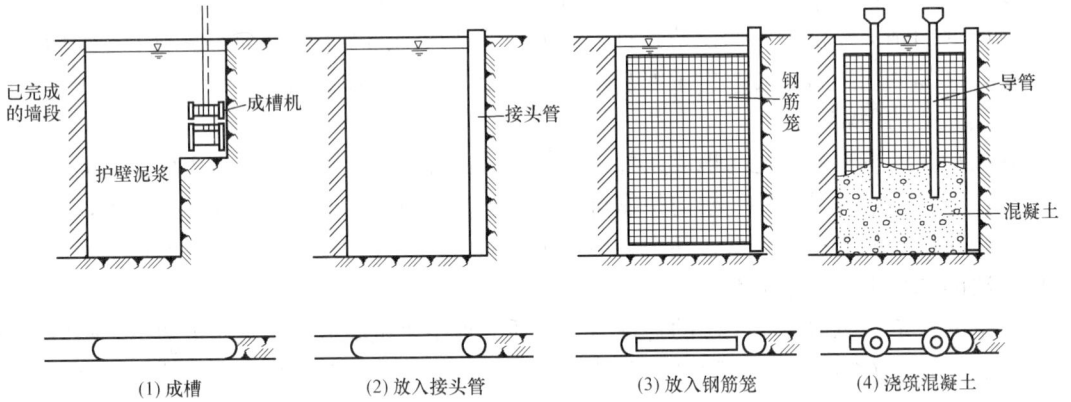

图 4-62 地下连续墙施工程序示意图

对于现浇钢筋混凝土壁板式地下连续墙，其施工工艺过程通常如图 4-63 所示。其中修筑导墙、泥浆制备与处理、深槽挖掘、钢筋笼制备与吊装以及混凝土浇筑是地下连续墙施工中主要的工序。

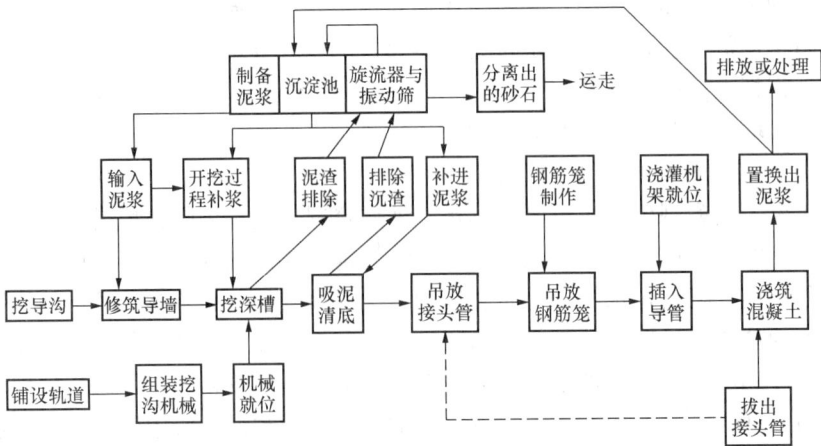

图 4-63 现浇钢筋混凝土地下连续墙施工工艺过程

4. 地下连续墙的施工

（1）修筑导墙。导墙的作用如下：

1）挡土墙。在挖掘地下连续墙沟槽时，接近地表的土极不稳定，容易塌陷，而泥浆也不能起到护壁的作用，因此在单元槽段挖完之前，导墙就起挡土墙作用。

2）作为测量的基准。它规定了沟槽的位置，表明单元槽段的划分，同时也作为测量挖槽标高、垂直度和精度的基准。

3）作为重物的支承。它既是挖槽机械轨道的支承，又是钢筋笼、接头管等搁置的支点，有时还承受其他施工设备的荷载。

4）存储泥浆。导墙可存储泥浆，稳定槽内泥浆液面。泥浆液面应始终保持在导墙面以下 200mm，并高于地下水位 1.0m，以稳定槽壁。

此外，导墙还可防止泥浆漏失；防止雨水等地面水流入槽内；地下连续墙距离现有建筑物很近时，施工过程中还起一定的补强作用；在路面以下施工时，可起到支承横撑的水平导梁的作用。

（2）导墙的形式。导墙一般为现浇的钢筋混凝土结构，其断面形式如图 4-64 所示。但也有钢制的或预制钢筋混凝土的装配式结构，可多次重复使用。

在确定导墙形式时，应考虑下列因素：

1）表层土的特性。表层土体是密实的还是松散的，是否回填土，土体的物理力学性能如何，有无地下埋设物等。

2）荷载情况。挖槽机的重量与组装方法、钢筋笼的重量、挖槽与浇筑混凝土时附近存在的静载与动载情况。

3）地下连续墙施工时对邻近建（构）筑物可能产生的影响。

4）地下水的状况。地下水位的高低及其水位变化情况。

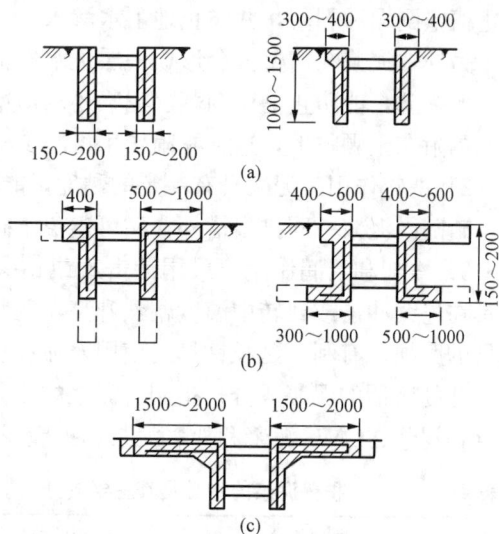

图 4-64 现浇混凝土导墙的断面形式

5）当施工作业面在地面以下（如在路面以下施工）时，对先施工的临时支护结构的影响。

（3）导墙施工。现浇钢筋混凝土导墙的施工顺序为：平整场地→测量定位→挖槽及处理弃土→绑扎钢筋→支模板→浇筑混凝土→拆模并设置横撑→导墙外侧回填土（如无外侧模板，可不进行此项工作）。

当表土较好，在导墙施工期间能保持外侧土壁垂直自立时，则以土壁代替模板，避免回填土，以防槽外地表水渗入槽内。如表土开挖后外侧土壁不能垂直自立，则外侧也需设立模板。导墙外侧应用黏土回填密实，防止地面水从导墙背后渗入槽内，引起槽段塌方。

导墙的厚度一般为 0.15～0.20m，墙趾不宜小于 0.20m，深度一般为 1.0～2.0m。导墙的配筋多为 φ12@200，水平钢筋必须连接起来，使导墙成为整体。导墙施工接头位置应与地下连续墙施工接头位置错开。

导墙面应高于地面约 100mm，可防止地面水流入槽内污染泥浆。导墙的内墙面应平行于地下连续墙轴线，对轴线距离的最大允许偏差为±10mm；内外导墙面的净距应为地下连续墙墙厚加 40mm，净距的允许误差为±5mm，墙面应垂直；导墙顶面应水平，全长范围内的高差应不超过±10mm，局部高差应小于 5mm。导墙的基底应和土面密贴，以防槽内泥浆渗入导墙背面。

现浇钢筋混凝土导墙拆模以后，应沿其纵向每隔 1m 左右加设上、下两道木支撑（常用规格为 50mm×100mm 和 100mm×100mm），将两片导墙支撑起来，在导墙的混凝土达到设计强度之前，禁止任何重型机械和运输设备在旁边行驶，以防导墙受压变形。

导墙的混凝土强度等级多为 C20，浇筑时要注意捣实质量。

（4）泥浆护壁。地下连续墙的深槽是在泥浆护壁下进行挖掘的。泥浆在成槽过程中有以下作用：

1）护壁作用。泥浆具有一定的相对密度，如槽内泥浆液面高出地下水位一定高度，泥浆在槽内会对槽壁产生一定的静水压力，可抵抗作用在槽壁上的侧向土压力和水压力，可以防止槽壁倒塌和剥落，并防止地下水渗入。

另外，泥浆在槽壁上会形成一层透水性很弱的泥皮，从而可使泥浆的静水压力有效地作用于槽壁上，能防止槽壁剥落。泥浆还从槽壁表面向土层内渗透，待渗透到一定程度时，泥浆就黏附在土颗粒上，这种黏附作用可减少槽壁的透水性，也可防止槽壁坍落。

2）携碴作用。泥浆具有一定的黏度，能将钻头式挖槽机挖下来的土碴悬浮起来，既便于土碴随同泥浆一同排出槽外，又可避免土碴沉积在工作面上影响挖槽机的挖槽效率。

3）冷却和滑润作用。采用冲击式或钻头式挖槽机在泥浆中挖槽时，以泥浆作冲洗液，钻具在连续冲击或回转中温度剧烈升高，泥浆既可降低钻具的温度，又可起滑润作用而减轻钻具的磨损，有利于延长钻具的使用寿命和提高深槽挖掘的效率。

此处所谓的泥浆成分是指制备泥浆的成分。护壁泥浆除通常使用的膨润土泥浆外，还有聚合物泥浆、CMC 泥浆和盐水泥浆。护壁泥浆的种类及其主要成分见表 4-11。

表 4-11　　　　　护壁泥浆的种类及其主要成分

泥浆种类	主要成分	常用的外加剂
膨润土泥浆	膨润土、水	分散剂、增黏剂、加重剂、防漏剂
聚合物泥浆	聚合物、水	
CMC 泥浆	CMC、水	膨润水
盐水泥浆	膨润土、盐水	分散剂、特殊黏土

泥浆质量的控制指标一般是：膨润土泥浆相对密度宜为 1.05～1.15；普通黏土泥浆相对密度宜为 1.15～1.25。泥浆相对密度宜每 2h 测定一次。

泥浆的含砂量越小越好，一般不宜超过 5%。含砂量一般用 ZNH 型泥浆含砂量测定仪测定。失水量大的泥浆，形成的泥皮厚而疏松。合适的失水量为 20～30mL/30min，泥皮厚度宜为 1～3mm。膨润土泥浆呈弱碱性，pH 值一般为 8～9，pH 值＞11 时泥浆会产生分层现象，失去护壁作用。泥浆的胶体率应高于 96%，否则要掺加碱（Na_2CO_3）或火碱（NaOH）进行处理。

确定泥浆配合比时，首先根据为保持槽壁稳定所需的黏度来确定膨润土的掺量（一般为 6%～9%）和增黏剂 CMC 的掺量（一般为 0.05%～0.08%）。分散剂的掺量一般为 0～0.5%。在地下水丰富的砂砾层中挖槽，有时不用分散剂。为使泥浆能形成良好的泥皮而掺加分散剂时，对于泥浆黏度的减小，可用增加膨润土或 CMC 的掺量来调节。

（5）挖槽。挖槽是地下连续墙施工中的关键工序。挖槽约占地下连续墙工期的一半，因此提高挖槽的效率是缩短工期的关键。同时，槽壁形状基本上决定了墙体外形，所以挖槽的精度又是保证地下连续墙质量的关键之一。

地下连续墙挖槽的主要工作包括：单元槽段划分；挖槽机械的选择与正确使用；制订防止槽壁坍塌的措施与工程事故和特殊情况的处理方案等。

地下连续墙施工时，预先沿墙体长度方向把地下连续墙划分为许多一定长度的施工单元，这种施工单元称为"单元槽段"。划分单元槽段就是将各种单元槽段的形状和长度标明在墙体平面图上，它是地下连续墙施工组织设计中的一个重要内容。

单元槽段的最小长度不得小于一个挖掘段（挖土机械挖土工作装置的一次挖土长度）。从理论上讲单元槽段越长越好，因为这样可以减少槽段的接头数量和增加地下连续墙的整体性，又可提高其防水性能和施工效率。但是单元槽段的长度受许多因素限制，在确定其长度时除考虑设计要求和结构特点外，还应考虑以下各因素：

1）地质条件。当土层不稳定时，为防止槽壁倒塌，应减少单元槽段的长度，以缩短挖槽时间，这样挖槽后立即浇筑混凝土，可消除或减少槽段倒塌的可能性。

2）地面荷载。如附近有高大建筑物、构筑构，或邻近地下连续墙有较大的地面荷载（静载、动载），在挖槽期间会增大侧向压力，影响槽壁的稳定性。为了保证槽壁的稳定，也应缩短单元槽段的长度，以缩短槽壁的开挖和暴露时间。

3）起重机的起重能力。由于一个单元槽段的钢筋笼多为整体吊装（过长时在竖直方向分段），因此要根据施工单位现有起重机械的起重能力估算钢筋笼的重量和尺寸，以此推算单元槽段的长度。

4）单位时间内混凝土的供应能力。一般情况下一个单元槽段长度内的全部混凝土宜在4h内浇筑完毕，所以

$$单元槽段长度(m) = \frac{4h\,内混凝土的最大供应量(m^3)}{墙宽(m) \times 墙深(m)}$$

5）工地上具备的泥浆池（罐）的窖应不小于每一单元槽段挖土量的2倍，所以泥浆池（罐）的容积也会影响单元槽段的长度。

此外，划分单元槽段时还应考虑单元槽段之间的接头位置，一般情况下接头应避免设在转角处及地下连续墙与内部结构的连接处，以保证地下连续墙有较好的整体性。单元槽段划分还与接头形式有关。单元槽段的长度多取5~7m，但也有取10m甚至更长的情况。

地下连续墙施工用的挖槽机械是在地面上操作，穿过泥浆向地下深处开挖一条预定断面深槽（孔）的工程施工机械，由于地质条件十分复杂，地下连续墙的深度、宽度和技术要求也不同，目前还没有能够适用于各种情况下的万能挖槽机械，因此需要根据不同的地质条件和工程要求，选用合适的挖槽机械。

目前，在地下连续墙施工中，国内外常用的挖槽机械按其工作机理分为挖斗式、冲击式和回转式三大类，而每一类中又分为多种，具体如下：

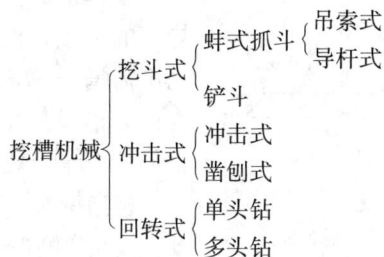

挖槽机械 —— 挖斗式 —— 蚌式抓斗 —— 吊索式、导杆式；铲斗；冲击式 —— 冲击式、凿刨式；回转式 —— 单头钻、多头钻

目前我国在地下连续墙施工中，应用最多的是吊索式蚌式抓斗、导杆式蚌式抓斗、多头钻和冲击式挖槽机，尤以前三种最多。

地下连续墙如发生塌方，不仅可能造成埋住挖槽机的危险，使工程拖延，同时可能引起地面沉陷而使挖槽机械倾覆，对邻近的建筑物和地下管线造成破坏。如在吊放钢筋笼之后，或在浇筑混凝土过程中产生塌方，塌方的土体会混入混凝土内，造成墙体缺陷，甚至会使墙体内外贯通，成为产生管涌的通道。因此，槽壁塌方是地下连续墙施工中极为严重的事故。

（6）清底。槽段挖至设计标高后，用钻机的钻头或超声波等方法测量槽段断面，如误差超过规定的精度则需修槽，修槽可用冲击钻或锁口管并联冲击。对于槽段接头处也需清理，可用刷子清刷或用压缩空气压吹。此后就应进行清底（有的在吊放钢筋笼后，浇筑混凝土前再进行一次清底）。

挖槽结束后，悬浮在泥浆中的土颗粒将逐渐沉淀到槽底，此外，在挖槽过程中未被排出而残留在槽内的土碴，以及吊放钢筋笼时从槽壁上刮落的泥皮等都堆积在槽底。在挖槽结束后清除以沉碴为代表的槽底沉淀物的工作称为清底。

如果槽底的沉碴未清除，则会带来下述危害：在槽底的沉碴很难被浇筑的混凝土置换出来，它残留在槽底会成为地下连续墙底部与持力层地基之间的夹杂物，使地下连续墙的承载力降低，墙体沉降加大。沉碴还会影响墙体底部的截水防渗能力，成为产生管涌的隐患，有时还需进行注浆以提高防渗能力；沉碴混进浇筑的混凝土内会降低混凝土的强度。如在混凝土浇筑过程中，由于混凝土的流动将沉碴带至单元槽段接头处，则会严重影响接头部位的抗渗性。沉碴会降低混凝土的流动性，降低混凝土的浇筑速度，还会造成钢筋笼上浮。沉碴过多时，会使钢筋笼插不到设计位置，使结构的配筋发生变化。

在浇筑混凝土过程中沉碴的存在会加速泥浆变质，沉碴还会使浇筑混凝土上部的不良部分（需清除的部分）增加。

（7）钢筋笼加工和吊放。

1）钢筋笼加工。钢筋笼根据地下连续墙墙体配筋图和单元槽段的划分来制作。钢筋笼最好按单元槽做成一个整体。如果地下连续墙很深或受起重设备起重能力的限制，需要分段制作，吊放时再连续时，接头宜用绑条焊接，纵向受力钢筋的搭接长度如无明确规定时可采用 60 倍的钢筋直径。

钢筋笼端部与接头管或混凝土接头面间应留有 150～200mm 的空隙。主筋净保护层厚度通常为 70～80mm，保护层垫块厚 50mm，在垫块和墙面之间留有 20～30mm 的间隙。由于用砂浆制作的垫块容易在吊放钢筋笼时破碎，又易擦伤槽壁面，近年来多用塑料块或用薄钢板制作，焊于钢筋笼上。

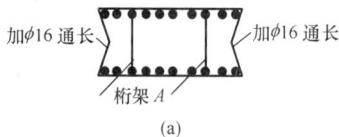

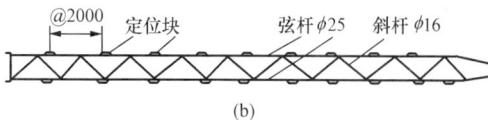

制作钢筋笼时要预先确定浇筑混凝土用导管的位置，由于这部分要上下贯通，因而周围需增设箍筋和连接筋进行加固。尤其是在单元槽段接头附近插入导管时，由于此处钢筋较密集，更需特别加以处理。

横向钢筋有时会阻碍导管插入，所以纵向主筋应放在内侧，横向钢筋放在外侧（见图 4-65）。

图 4-65　钢筋笼构造示意图

(a) 横剖面图；(b) 纵向桁架的纵剖面图

纵向钢筋的底端应距离槽底面 100~200mm，底端应稍向内弯折，以防止吊放钢筋笼时擦伤槽壁，但向内弯折的程度也不应影响插入混凝土导管。纵向钢筋的净距不得小于 100mm。

地下连续墙与基础底板以及内部结构的梁、柱、墙的连接，如采用预留锚固筋的方式，锚固筋一般用光圆钢筋，直径不超过 20mm。锚固筋的布置还要确保混凝土自由流动以充满锚固筋周围的空间。

如钢筋上贴有泡沫苯乙烯塑料块等预埋件时，一定要固定牢固。如果泡沫苯乙烯塑料块在钢筋笼上安装过多，或泥浆相对密度过大，会对钢筋笼产生较大的浮力，阻碍钢筋笼插入槽内，在这种情况下有时须对钢筋笼施加配重。如钢筋笼单面装有过多的泡沫材料块时，会对钢筋笼产生偏心浮力，钢筋笼插入槽内时会擦落大量土碴，此时也应增加配重加以平衡。

2）钢筋笼吊放。钢筋笼起吊应用横吊梁或吊架，吊点布置和起吊方式要防止起吊时引起钢筋笼变形（见图 4-66）。起吊时不能使钢筋笼下端在地面上拖引，以防造成下端钢筋弯曲变形。为防止钢筋笼吊起后在空中摆动，应在钢筋笼下端系上曳引绳以人力操纵。

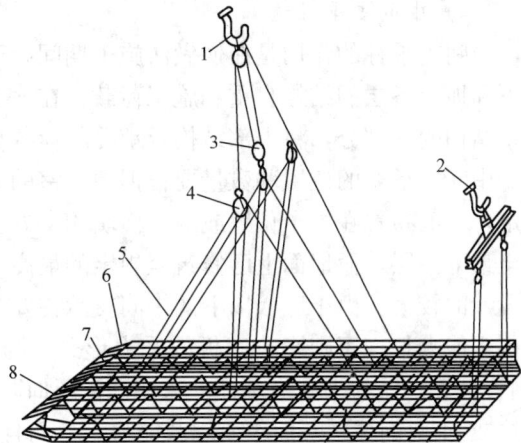

图 4-66　钢筋笼起吊方法
1—主吊；2—副吊；3、4—滑轮；5—钢索；
6—端部向里弯曲；7—纵向桁架；8—横向架立桁架

插入钢筋笼时，最重要的是使钢筋笼对准单元槽段的中心，垂直而又准确地插入槽内。钢筋笼进入槽内时，吊点中心必须对准槽段中心，然后徐徐下降，此时必须注意不要因起重臂摆动而使钢筋笼产生横向摆动，造成槽壁坍塌。

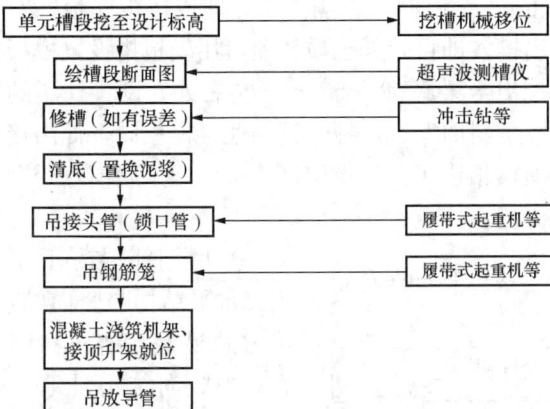

图 4-67　地下连续墙混凝土浇筑前的准备工作

（8）混凝土浇筑。

1）混凝土浇筑前的准备工作。混凝土浇筑之前，有关槽段的准备工作如图 4-67 所示。

2）混凝土配合比。地下连续墙施工所用的混凝土，除满足一般水工混凝土的要求外，还应考虑泥浆中浇筑的混凝土的强度随施工条件变化较大，同时在整个墙面上的强度分散性也大，因此混凝土应按照比结构设计规定的强度等级提高 5MPa 进行配合比设计。

混凝土的原材料，为避免分层离析，要求采用粒度良好的河砂，粗骨料宜用粒径 5~25mm 的河卵石。水泥应采用 425~525 号的普通硅酸盐水泥和矿渣硅酸盐水泥。单位水泥用量：粗骨料如为卵石应在 370kg/m³ 以上；如采用碎石并掺加优良的减水剂，应在 400kg/m³ 以上；如采用碎石而未掺加减水剂时，应在 420kg/m³ 以上。水灰比不大于 0.60。混凝土的坍落度宜为 180~200mm。

3）混凝土浇筑。地下连续墙混凝土用导管法进行浇筑。在混凝土浇筑过程中，应随时掌握混凝土的浇筑量、混凝土上升高度和导管埋入深度，防止导管下口暴露在泥浆内，造成泥浆涌入导管。

在浇筑过程中需随时量测混凝土面的高程，量测的方法可用测锤，由于混凝土面非水平，应量测三个点取其平均值。也可利用泥浆、水泥浮浆和混凝土温度不同的特性，利用热敏电阻温度测定装置测定混凝土面的高程。

（二）中间支承柱施工

中间支承柱的作用是在逆做法施工期间，于地下室底板浇筑之前与地下连续墙一起承受地下和地上各层的结构自重和施工荷载；在地下室底板浇筑后，与底板连接成整体，作为地下室结构的一部分，将上部结构及承受的荷载传递给地基。

中间支承柱的位置和数量要根据地下室的结构布置和制订的施工方案详细考虑后经计算确定，一般布置在柱子位置或纵、横墙相交处。中间支承柱所承受的最大荷载是地下室已修筑至最下一层，而地面上已修筑至规定的最高层数时的荷载。因此，中间支承柱的直径一般比设计的较大。由于底板以下的中间支承柱要与底板结合成整体，多做成灌注桩形式，其长度也不能太长，否则影响底板的受力形式，与设计的计算假定不一致。也有的采用预制桩（钢管桩等）作为中间支承柱。采用灌注桩时，底板以上的中间支承柱的柱身多为钢筋混凝土柱或H型钢柱，断面小而承载能力大，而且也便于与地下室的梁、柱、墙、板等连接。

由于中间支承柱上部多为钢柱，下部为混凝土柱，因此，多采用灌注桩方法进行施工。

（三）地下室结构浇筑

根据逆做法施工的特点，地下室结构无论是哪种结构形式都是由上而下分层浇筑的。地下室结构的浇筑方法有以下两种。

1. 利用土模浇筑梁板

对于地面梁板或地下各层梁板，挖至其设计标高后，将土面整平夯实，浇筑一层厚约50mm的素混凝土（地质好时抹一层砂浆即可），然后刷一层隔离层，即成楼板模板。对于梁模板，如土质好可用土胎模，按梁断面挖出槽穴即可，如土质较差可用模板搭设梁模板。

至于柱头模板，施工时先把柱头处的土挖出至梁底以下500mm左右处，设置柱子的施工缝模板，为使下部柱子易于浇筑，该模板宜呈斜面安装，柱子钢筋通穿模板向下伸出接头长度，在施工缝模板上面组立柱头模板与梁模板相连接。如土质好柱头可用土胎模，否则就用模板搭设。下部柱子挖出后搭设模板进行浇筑。

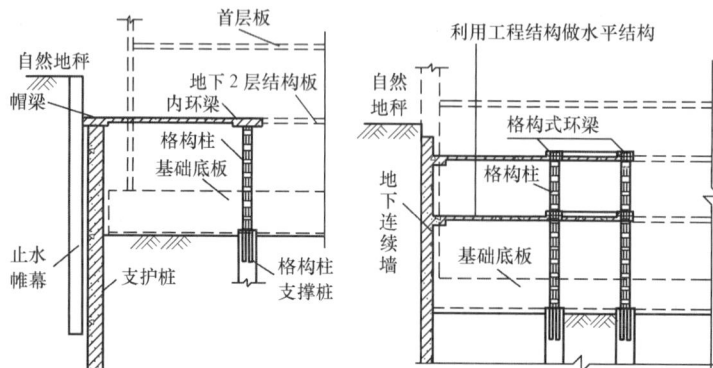

图 4-68　水平结构与竖向结构连接示意图

采用钢筋混凝土边梁连接水平结构与竖向结构，传力效果好，结构稳固可靠。当竖向结构是地下连续墙时，在地下连续墙的相应位置留设凹槽，并沿地下连续墙与水平结构的连接处设置连续封闭的钢筋混凝土边梁。当竖向结构为支护桩（灌注桩）时，则在桩顶帽梁或桩腰边梁与基础结构外墙相交的位置，分别向上和向下伸出墙根，以利于基础结构施工时与工程结构很好地结合（见图 4-68）。

施工缝处的浇筑方法，国内外常用的方法有三种，即直接法、充填法和注浆法。

（1）直接法即在施工缝下部继续浇筑混凝土时，仍然浇筑相同的混凝土，有时添加一些铝粉以减少收缩。为浇筑密实可做一假牛腿，混凝土硬化后可凿去。

（2）充填法即在施工缝处留出充填接缝，待混凝土面处理后，再于接缝处充填膨胀混凝土或无浮浆混凝土。

（3）注浆法即在施工缝处留出缝隙，待后浇混凝土硬化后用压力压入水泥浆充填。

在上述三种方法中，直接法施工最简单，成本也最低。施工时可对接缝处混凝土进行二次振捣，以进一步排除混凝土中的气泡，确保混凝土密实和减少收缩。

2. 利用支模方式浇筑梁板

用此法施工时，先挖去地下结构一层高的土层，然后按常规方法搭设梁板模板，浇筑梁板混凝土，再向下延伸竖向结构（柱或墙板）。为此，需解决两个问题，一个是设法减少梁板支撑的沉降和结构的变形；另一个是解决竖向构件的上、下连接和混凝土浇筑。

为了减少楼板支撑的沉降和结构变形，施工时需对土层采取措施进行临时加固。加固的方法主要有两种：一种是浇筑一层素混凝土，以提高土层的承载能力和减少沉降，待墙、梁浇筑完毕，开挖下层土方时随土一同挖去，这就要额外耗费一些混凝土；另一种加固方法是铺设砂垫层，上铺枕木以扩大支承面积，这样上层柱子或墙板的钢筋可插入砂垫层，以便与下层后浇筑结构的钢筋连接。有时还可用吊模板的措施来解决模板的支撑问题。

至于逆做法施工时混凝土的浇筑方法，由于混凝土是从顶部的侧面入仓，为便于浇筑和保证连接处的密实性，除对竖向钢筋间距进行适当调整外，构件顶部的模板需做成喇叭形。

由于上、下层构件的结合面在上层构件的底部，再加上地面土的沉降和刚浇筑混凝土的收缩，在结合面处易出现缝隙。为此，宜在结合面处的模板上预留若干压浆孔，以便用压力灌浆消除缝隙，保证构件连接处的密实性。

3. 垂直运输孔洞的留设

逆做法施工是在顶部楼盖封闭的条件下进行，在进行地下各层地下室结构施工时，需进行施工设备、土方、模板、钢筋、混凝土等的上下运输，所以需预留一个或几个上下贯通的垂直运输通道。为此，在设计时就要在适当部位预留一些从地面直通地下室底层的施工孔洞，也可利用楼梯间或无楼板处作为垂直运输孔洞。

4. 后浇带

当工程结构较大时，基础结构常常设有后浇带，然而在水平支护结构上留设后浇带会破坏水平支撑的整体性和水平力的传递，在施工中采取了以下方法：

（1）当被利用的水平结构平面面积不很大时，在应留设后浇带的位置设置诱导缝，即当进入基础结构施工阶段，水平支撑不再起支护作用时，在后浇带位置剔出宽约 100mm 的凹槽，使之起到后浇带的作用。

（2）当被利用的水平结构平面面积很大时，采取在后浇带位置浇筑低强度等级混凝土的处理方法（见图 4-69）。

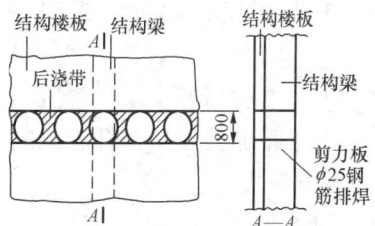

图 4-69 后浇带处理示意图

思 考 题

4-1 填空题

（1）基坑坑壁支护有_____、_____以及两种支护形式结合使用的混合型三种类型。

（2）基坑的挖土方法大体上可分为分层开挖、_____、_____、_____和_____等。

（3）当边坡坡角 β 小于土的内摩擦角 φ 时（$k>1$），土坡即处于_____状态。

（4）对于无黏性土中支护结构的内力计算采用"_____"。

（5）基坑工程支护体系的监测主要内容包括_____监测、_____监测、_____监测、支护体系完整性及强度监测、支护体系应力监测和支护体系受力监测。

（6）土方边坡坡度是以_____与_____之比表示的。

（7）土层锚杆由_____、_____和_____三部分组成。

（8）土层锚杆的类型主要有一般灌浆锚杆、_____锚杆、_____锚杆_____等几种。

（9）土层锚杆的施工工艺包括_____、_____、_____、养护、安装锚头、张拉锚固和挖土。

（10）土层锚杆常用的钢拉杆材料有_____、_____和钢绞线，钢拉杆应平直，除_____除_____，并按_____要求进行_____处理。

（11）土层锚杆钻孔时要求：孔壁_____，不得_____和松动，钻孔时应使用_____，不得用泥浆护壁，以免在孔壁上形成泥皮，降低锚杆承载能力。

（12）土层锚杆的施工过程包括_____、安放钢拉杆、灌浆和_____等。

（13）深层搅拌水泥土墙是由_____桩桩体相互搭接而形成的具有一定强度的_____性的挡墙，属于_____式支护结构。

（14）深层搅拌水泥土桩的桩位偏差不应大于_____m，垂直度偏差不宜大于_____。

（15）土钉墙施工中，基坑开挖和土钉墙施工应按设计要求_____进行，每层开挖的最大高度取决于该土体_____的能力，一般取与土钉竖向间距相间，纵向开挖长度一般为_____左右。

（16）钢板桩的打设方法有_____和_____法，又称屏风式打入法，在打设过程中，为保证桩插入的垂直度，应用两台_____在两个方向加以控制。

（17）深层搅拌桩的水泥掺入量，宜为被加土重度的_____。浆液水灰比一般为_____。

（18）土钉墙施工工序包括_____、成孔、_____及注浆等。

（19）灌浆是土层锚杆施工的一个重要工序，有_____灌浆法和_____灌浆法。灌浆材料一般用_____或_____。

（20）地下连续墙整体性_____，刚度_____，变形_____，对周围环境影响小，适用于地下水位高的_____地基或基坑开挖深度大，且与邻近的建筑物、道路等市政设施等相距较近的_____支护。

4-2 选择题

(1) 基坑支护工程的特点是（　　）。

A. 具有较强的地区性　　B. 具有很强的复杂性　　C. 具有时空效应　　D. 是系统工程

(2) 既有挡土作用又有止水作用的支护结构是（　　）。

A. 土钉墙　　　　　　　B. 钢板桩　　　　　　　C. 地下连续墙　　　D. 水泥土墙

(3) 大型场地平整工程，当挖、填深度不大时，土方机械宜选用（　　）。

A. 推土机　　　　　　　B. 正铲挖土机　　　　　C. 反铲挖土机　　　D. 抓铲挖土机

(4) 在泥浆护壁成孔施工中，泥浆的作用是（　　）。

A. 保护孔壁　　　　　　　　　　　　　　　　B. 润滑钻头

C. 携渣、减少钻头发热　　　　　　　　　　　D. 减少钻进阻力

(5) 钢筋混凝土预制桩主筋的连接宜采用（　　）。

A. 对焊　　　　　　　　B. 电弧焊　　　　　　　C. 电阻点焊　　　　D. 埋弧压力焊

(6) 钢筋混凝土预制桩的混凝土强度达到设计强度的（　　）时，才可以进行打桩作业。

A. 50%　　　　　　　　B. 70%　　　　　　　　C. 90%　　　　　　　D. 100%

(7) 钢筋混凝土预制桩的打桩方式宜采用（　　）。

A. 重锤低击　　　　　　B. 重锤高击　　　　　　C. 轻锤低击　　　　D. 轻锤高击

(8) 滑模施工中，支承杆的连接方法有（　　）。

A. 螺栓连接　　　　　　B. 丝扣连接　　　　　　C. 榫接　　　　　　D. 焊接

(9) 滑升模板施工时，混凝土的出模强度宜控制在（　　）。

A. $0.1\sim0.3N/mm^2$　　　　　　　　　　　B. $1.0\sim3.0N/mm^2$

C. $10\sim30N/mm^2$　　　　　　　　　　　　D. $100\sim300N/mm^2$

(10) 搅拌机加料顺序一般为（　　）。

A. 砂→水泥→石子→水　　　　　　　　　　B. 石子→水泥→砂→水

C. 水→水泥→砂→石子　　　　　　　　　　D. 水泥→石子→水→砂

(11) 防水混凝土结构如必须留置垂直施工缝时，正确的说法是（　　）。

A. 应留在变形缝处　　　　　　　　　　　　B. 留在剪力最大处

C. 留在底板与侧壁交接处　　　　　　　　　D. 留在任意位置都可

(12) 钢模板的宽度模数和长度模数分别为（　　）mm。

A. 50 和 100　　　　B. 20 和 200　　　　　C. 50 和 150　　　D. 100 和 200

4-3 影响土方边坡稳定的因素有哪些？

4-4 试述支护结构的设计步骤。

4-5 打桩施工质量评定的内容是什么？

4-6 泥浆在泥浆护壁成孔灌注桩施工中的作用是什么？

4-7 简述泥浆护壁成孔灌注桩的施工工艺。

4-8 在支护结构设计时，为什么要进行混凝土施工配合比的计算？

4-9 简述地下连续墙的工艺原理及使用范围。

4-10 地下连续墙的施工接头和结构接头分别有哪几类？各有什么特点？

4-11 地下连续墙施工前的准备工作有哪些？其施工工艺包含哪些过程？

4-12 地下连续墙导墙的作用是什么？简述其施工顺序。

4-13 泥浆的作用是什么？泥浆质量的控制指标有哪些？

4-14 泥浆处理的方法有哪些？

4-15 简述防止槽壁塌方的措施。

4-16 简述沉渣的危害及清底的方法。

4-17 简述逆做法施工的原理及施工特点。

4-18 逆做法地下室结构的浇筑方法有哪些？各有什么特点？

4-19 什么是施工缝？施工缝留设的一般原则是什么？

4-20 试述后浇带的处理方法。

第五章　排水、降水工程

在地下水位较高的透水土层中进行基坑开挖时，由于坑内外的水位差大，较易产生潜蚀、流砂、管涌、突涌等渗透破坏现象，导致边坡或基坑坑壁失稳，直接影响建筑物的安全。本章主要研究和基坑有管的排水、降水工程。

人工降低地下水位的方案的作用是从根本上解决了地下水涌入坑内的问题［见图 5-1（a）］；防止边坡由于受地下水流的冲刷而引起塌方［见图 5-1（b）］；消除了因地下水位差引起的对坑底土层的压力，防止了坑底土的上冒［见图 5-1（c）］；由于没有了水压力，使板桩减少了横向荷载［见图 5-1（d）］；可使所挖的土始终保持干燥状态，改善了施工条件，同时还使动水压力方向向下，从而从根本上消除了

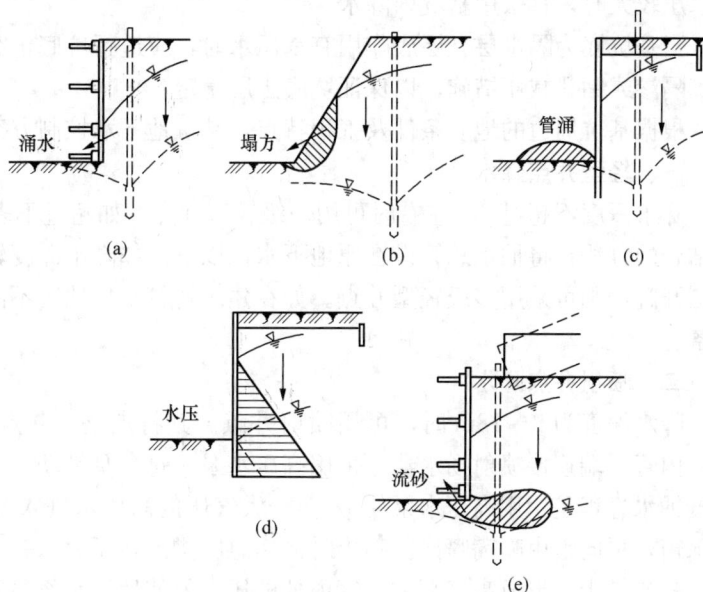

图 5-1　井点降水的作用

(a) 防止涌水；(b) 使边坡稳定；(c) 防止土的上冒；
(d) 减少横向荷载；(e) 防止流砂

流砂现象［见图 5-1（e）］；降低地下水位后，由于土体固结，土层增密，提高了地基土的承载能力；土方开挖时，边坡可适当改陡，减少了挖方量。

人工降低地下水位不仅是一种施工措施，也是一种加固地基的方法，但在降水过程中，应注意在降水影响范围内的已有建筑物和构筑物可能产生附加沉降、位移，以及在岩溶土洞发育地区可能引起的地面塌陷，必要时应事先采取有效的防护措施。

第一节　基坑地下水控制方案的选择

合理确定控制地下水的方案是保证工程质量、加快工程进度、取得良好社会和经济效益的关键。通常应根据地质、环境和施工条件以及支护结构设计等因素综合考虑。

地下水控制方法有集水明排法、降水法、截水和回灌技术。降水的方法通常有轻型井点法、喷射井点法、管井井点法和探井泵井点法。

选择降水方法时，一般中粗砂以上粒径的土用水下开挖或堵截法；中砂和细砂颗粒的土用井点法和管井法；淤泥或黏土用真空法或电渗法。降水方法必须经过充分调查，并注意含

水层埋藏条件及其水位或水压、含水层的透水性（渗透系数、导水系数）及富水性，地下水的排泄能力，场地周围地下水的利用情况，场地条件（周围建筑物及道路情况、地下水管线埋设情况）等。

对基坑周围环境复杂的地区确定地下水控制方案时，应充分论证和预测地下水对环境影响的变化，并采取必要措施，以防止发生因地下水的改变而引起的地面下沉、道路开裂、管线错位、建筑物偏斜及损坏等危害。

当因降水危及基坑及周边环境安全时，宜采用截水或回灌方法。截水后，基坑中的水量或水压较大时，宜采用基坑内降水。

当基坑底为隔水层且层底作用有承压水时，应进行坑底土突涌验算，必要时可采取水平封底隔渗或钻孔减压措施，以保证坑底土层稳定。

根据基坑周边的地质条件及工程特点，基坑地下水控制方案主要有以下几种。

一、轻型井点降水

降水深度不超过 6m 左右时可用一级轻型井点。如超过不多，可采用明沟排水与井点降水结合的方法：将抽水总管设在原地下水位以下。如降水深度较大，但不超过 12m，且基坑周围开阔，则可采用多级轻型井点。如在建筑物较密集地区不能放坡时，要用降水深度大的设备。

二、喷射井点降水

降水深度为 8～18m 时，可用喷射井点。其特点是：井点管的滤管以上部分有内外两层，内管下端连接喷射扬水器，采用高压水泵，每台泵带动 30～40 根井点管。

抽水过程是：用高压水泵使 7～8 个大气压的高压水进入外管，向下进入喷射扬水器的进水窗，再向上由喷嘴喷出。喷出时流速急剧增加，压力水头相应骤降，将喷嘴口周围空气吸入急流带走，形成高度真空。管内外的压力差使地下水经滤管吸入井点管，并上升至喷射扬水器，经喷嘴两侧与喷嘴射出的高速水流一起进入混合室，在此混合后经喉管进入扩散室，流速渐减，高速水流具有的速度水头逐渐转为压力水头，故能经内管自行扬升到地面，流入循环水池，由高压水泵抽出并重新变为高压水进行工作，多余的水由低压离心泵排走。

三、深井泵井点降水

当需抽吸的地下水水量大、降水深度也大时，可用深井泵井点。深井泵井点和轻型井点相同之处是都用水泵来抽吸地下水。但轻型井点所用水泵是安设在地面上，一组泵房机组可带井点管 60～70 根或更多；而深井泵井点的多级离心泵则是在井管中，每井一泵，依靠水泵的扬程把很深处的地下水送到地面。故深井泵可抽吸大量的水。

四、各类降水设备组合或联合降水

喷射井点内管的水流上升过程中受到管壁阻力和重力作用的影响，流速随着上升高度增加而降低，当消减到零时，井点即不能抽水，如在井点系统中增加水射泵，形成一定的真空度，使丧失流速的水流又得到一定速度继续上升，则可增加降水深度。此组合叫水射泵-喷射井点。

如果场地条件允许，还可以采用联合井点的方案。

五、降水井点与具有截水作用的支护结构的配合

如位于潜水含水层的基坑深度不很大，坑底以下不太深处有隔水层，可将具有截水作用的支护结构插入隔水层，在基坑内设置降水井点，可达到既能疏干基坑内地下水，又不降低坑外地下水的目的。

如基坑深度很大，基坑位于承压含水层内，基坑具有截水作用的支护结构未到达下面隔水层，降水井点宜放在基坑内，先降低坑底下承压水水头，再疏干坑内地下水。

第二节 基坑排水工程

基坑如在地下水位以下，随着基坑的下挖，渗水将不断涌集基坑，因此施工过程中必须不断地排水，以保持基坑的干燥，便于基坑挖土和基础的砌筑与养护。

一、场地边坡排水工程

当基坑侧壁出现分层渗水时，可按不同高程设置导水管、导水沟等构成明排系统；当基坑侧壁渗水量较大或不能分层明排时，宜采用导水降水法。基坑明排还应重视环境排水，当地表水对基坑侧壁产生冲刷时，宜在基坑外采取截水、封堵、导流等措施。

基坑较浅、土体较稳定或土层渗水量不大时可用集水井排水，其要点是：在基坑内基础范围外坑角或每隔 30～40m 挖集水井，井间挖排水沟，沟底比坑底低约 0.5m，井底又低于沟底 0.5～1.0m。进入坑内的水沿沟流入集水井后，用水泵抽出，将水面降至坑底以下。

二、基坑明沟排水工程

基坑明沟排水又称表面排水法，是指在基坑设置明沟或渗渠和集水井，然后用水泵将水抽出基坑外的降水方法。它是在基坑整个开挖过程及基础砌筑和养护期间，在基坑四周开挖集水沟汇集坑壁及基底的渗水，并引向一个或数个比集水沟挖得更深一些的集水坑。集水沟和集水坑应设在基础范围以外，在基坑每次下挖之前，必须先挖沟和坑。集水坑的深度应大于抽水机吸水龙头的高度，在吸水龙头上套竹筐围护，以防土石堵塞龙头。

这种排水方法设备简单、费用低，一般适用于土层比较密实、坑壁较稳定、降水深度不大的工程。但当地基土为饱和粉砂土等黏聚力较小的细粒土层时，由于抽水会引起流砂现象，造成基坑的破坏和坍塌，因此应避免采用表面排水法。

（一）明沟排水法的适用条件

选用明沟排水时，应根据场地的水文地质条件、基坑开挖方法和边坡支护形式等综合分析确定。

1. 地质条件

场地为较为密实、分选好的土层，特别是带有一定胶结程度的土层时，由于其渗透性低、渗流量少，在地下水流出时，边坡仍然稳定，虽然在挖方时，底层会出现短期的翻浆或轻微变动，但对地基无害，所以适宜明排；当地层土质为硬质黏土夹无补给的砂土透镜体或薄层时，由于在基坑开挖过程中，其所储存的少量的水会很快流出而被疏干，有利于明排；在岩质基坑施工中，一般采用明排。

2. 水文地质条件

场地含水层为上层滞水或潜水，其补给源较远，渗透性较弱，涌水量不大时，一般可考虑明排降水。

3. 挖土方法

若采用拉铲挖土机、反向铲和抓斗挖土机等机械挖土，为避免由于挖土过程中出现临时浸泡而影响施工，对含水层的砂、卵石，涌水量较大，具有一定降水深度的降水工程，也可以采用明排降水。

4. 其他情况

对于以下情况，采用明沟排水的适用条件可以适当放宽：

（1）基坑边坡为缓坡。

（2）采用堵截隔水后的基坑。

（3）建筑场地宽敞，邻近无其他建筑物。

（4）基坑开挖面积大，有足够场地和施工时间。

（5）建筑物为轻型地基荷载条件。

（二）排水沟和集水井的设计

基坑明沟排水可单独采用（见图 5-2），也可与其他方法结合使用。单独使用时，降水深度不宜大于 5m，否则在坑底容易产生软化、泥化，坡角出现流砂、管涌，边坡塌陷，地面沉降等问题。与其他方法结合使用时，其主要功能是收集基坑中和坑壁

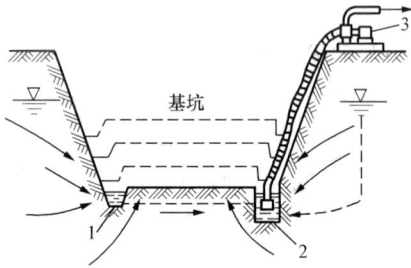

图 5-2　基坑明沟排水法示意图
1—排水沟；2—集水坑；3—水泵

局部渗出的地下水和地面水。

排水沟和集水井可按下列规定布置：

（1）排水沟和集水井宜布置在拟建建筑基础边净距 0.4m 以外，排水沟边缘离开边坡坡脚不应小于 0.3m；在基坑四角或每隔 30～40m 应设一个集水井。

（2）排水沟底面应比挖土面低 0.3～0.4m，集水井底面应比沟底面低 0.5m 以上。

（3）构、井截面应根据排水量确定。

（三）明沟排水法的设备及施工

明沟排水的抽水设备常用离心泵（如 CQB 型磁力泵，其结构见图 5-3）、潜水泵、污水泵等，以污水泵为好。

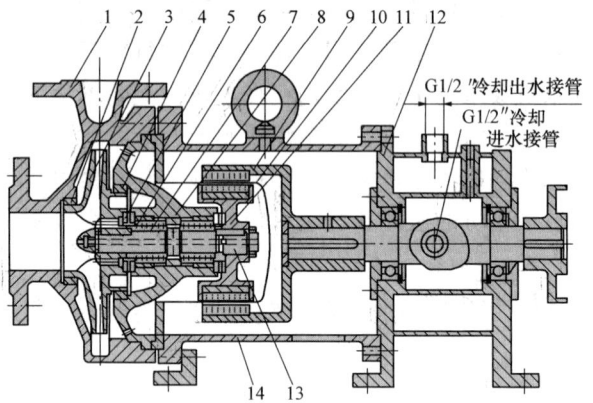

图 5-3　CQB 型磁力泵结构图
1—泵体；2—静环；3—叶轮；4—后密封环；5—止推环；
6—轴承；7—轴套；8—轴承体；9—外磁钢总成；10—隔离套；
11—内磁钢总成；12—冷却箱；13—轴；14—连接架

采用明沟排水，具有施工方法简单、抽水设备少、管理方便和成本费用低等优点。但由于地下水基本沿基坑坡面或坡脚、坑底涌出，易使基坑软化，甚至泥泞，影响地基强度和施工，特别是当降水段内夹有粉砂、细砂层时，易产生地下水潜蚀、边坡失稳以及地面沉降等危害，还会使基坑的土方开挖受到影响。由于地下水位降至基底下的距离较小，容易发生水位回升而浸泡基坑，因此必须备有两套电力供应系统和备用水泵，并由专人严格管理。

（四）明沟排水法的设计

随着基坑的开挖，当基坑深度接近地下水位时，沿基坑四周（基础轮廓线外，基坑边缘坡脚 0.3m 内）设置排水沟和渗渠，在基坑四角或每隔 30～40m 设一直径为 0.7～0.8m 的

集水井，沟底宽约 0.3m，坡度为 0.5%～1.0%，沟底比基坑底低 0.3～0.5m，集水井比排水沟底低 0.5～1.0m。集水井的容积大小取决于排水沟的来水量和水泵的排水量，宜保证泵停后 30min 内基坑坑底不被地下水淹没。随着基坑的开挖，排水沟和集水井随之分级设置加深，直到坑底达到设计标高为止。基坑开挖至预定深度后，应对排水沟和集水井进行修整完善，沟壁不稳定时还须利用砖石干砌或利用透水的砂带进行支护。

当基坑宽度较大时，为了加快降水速度和降低基坑中部的水位，可在基坑的中部设置排水沟，沟宽宜小于 0.3m，沟深小于 0.5m，沟内填入级配砂石，使之既能排水，又不会影响地基强度。当基坑深度较大，在坑壁出现多层水渗出时，可在基坑边坡上分层设置排水沟，以防上层水流对边坡的冲刷而造成塌方。

三、基坑排水机具的选用

（一）离心泵

1. 离心泵的工作原理

离心泵的主要过流部件有吸水室、叶轮和压水室。吸水室位于叶轮的进水口前面，起到把液体引向叶轮的作用；压水室主要有螺旋形压水室（蜗壳式）、导叶和空间导叶三种形式；叶轮是泵最重要的工作元件，是过流部件的心脏，它由盖板和中间的叶片组成（见图 5-4）。

离心泵工作前，先将泵内充满液体，然后启动离心泵，叶轮快速转动，叶轮的叶片驱使液体转动，液体转动时依靠惯性向叶轮外缘流去，同时叶轮从吸入室吸进液体，在这一过程中，叶轮中的液体绕流叶片，在绕流运动中液体作用一升力于叶片，反过来叶片以一个与此

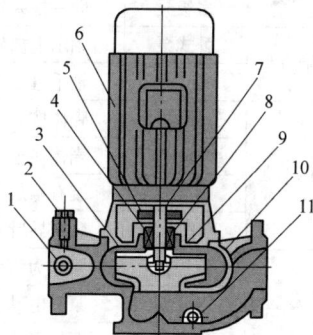

图 5-4　离心泵的结构示意图
1—取压塞；2—排气阀；3—叶轮；
4—机械密封；5—挡水圈；6—电动机；
7—轴；8—联轴座；9—叶轮螺母；
10—泵体；11—放水阀

升力大小相等、方向相反的力作用于液体，这个力对液体做功，使液体得到能量而流出叶轮，这时液体的动能与压能均增大，旋转着的叶轮就连续不断地吸入和排出液体。

2. 离心泵的主要部件

离心泵的主要部件有叶轮、泵壳和轴封装置。

（1）叶轮。叶轮的作用是将原动机的机械能直接传递给液体，以增加液体的静压能和动能（主要增加静压能）。叶轮一般有 6～12 片后弯叶片，分为开式、半闭式和闭式三种。

开式叶轮在叶片两侧无盖板，制造简单、清洗方便，适用于输送含有较大量悬浮物的物料，效率较低，输送的液体压力不高；半闭式叶轮在吸入口一侧无盖板，而在另一侧有盖板，适用于输送易沉淀或含有颗粒的物料，效率也较低；闭式叶轮在叶片两侧有前后盖板，效率高，适用于输送不含杂质的清洁液体，一般的离心泵叶轮多为此类。

叶轮有单吸和双吸两种吸液方式。

（2）泵壳。其作用是将叶轮封闭在一定的空间，以便由叶轮的作用吸入和压出液体。泵壳多做成蜗壳形，故又称蜗壳。由于流道截面积逐渐扩大，故从叶轮四周甩出的高速液体逐渐降低流速，使部分动能有效地转换为静压能。泵壳不仅汇集由叶轮甩出的液体，同时又是一个能量转换装置。

（3）轴封装置。其作用是防止泵壳内液体沿轴漏出或外界空气漏入泵壳内。常用轴封装置有填料密封和机械密封两种。填料一般用浸油或涂有石墨的石棉绳。机械密封主要是靠装

在轴上的动环与固定在泵壳上的静环之间端面作相对运动而达到密封的目的。

3. 离心泵的分类

离心泵的分类见表 5-1。

表 5-1　　　　　　　　离心泵的分类方式、类型、特点一览表

分类方式	类 型	离心泵的特点
按吸入方式	单吸泵	液体从一侧流入叶轮，存在轴向力
	双吸泵	液体从两侧流入叶轮，不存在轴向力，泵的流量几乎比单吸泵增加一倍
按级数	单级泵	泵轴上只有一个叶轮
	多级泵	同一根泵轴上装两个或多个叶轮，液体依次流过每级叶轮，级数越多，扬程越高
按泵轴方位	卧式泵	轴水平放置
	立式泵	轴垂直于水平面
按壳体形式	分段式泵	壳体按与轴垂直的平面剖分，节段与节段之间用长螺栓连接
	中开式泵	壳体在通过轴心线的平面上剖分
	蜗壳泵	装有螺旋形压水室的离心泵，如常用的端吸式悬臂离心泵
	透平式泵	装有导叶式压水室的离心泵
特殊结构	管道泵	泵作为管路的一部分，安装时无需改变管路
	潜水泵	泵和电动机制成一体浸入水中
	液下泵	泵体浸入液体中
	屏蔽泵	叶轮与电动机转子联为一体，并在同一个密封壳体内，不需采用密封结构，属于无泄漏泵
	磁力泵	除进、出口外，泵体全封闭，泵与电动机的连接采用磁钢互吸而驱动
	自吸式泵	泵启动时无需灌液
	高速泵	由增速箱增加泵轴转速，一般转速可达 10 000r/min 以上，也可称部分流泵或切线增压泵
	立式筒型泵	进出口接管在上部同一高度上，有内、外两层壳体，内壳体由转子、导叶等组成，外壳体为进口导流通道，液体从下部吸入

图 5-5　潜水泵

（二）潜水泵

潜水泵（submerged pump）是一种使用非常广泛的基坑降水机具（见图 5-5）。与普通抽水机不同的是它工作在水下，而抽水机大多工作在地面上。

1. 潜水泵的工作原理

开泵前，吸入管和泵内必须充满液体。开泵后，叶轮高速旋转，其中的液体随着叶片一起旋转，在离心力的作用下，飞离叶轮向外射出，射出的液体在泵壳扩散室内速度逐渐变慢，压力逐渐增加，然后从泵出口经排出管流出。此时，在叶片中心处由于液体被甩向周围而形成既没有空气又没有液体的真空低压区，液池中的液体在池面大气压的作用下，经吸入管流入泵内，液体就是这样连续不断地从液池中被抽吸上来又连续不断地从排出管流出。

2. 潜水泵的选择

选择标准化水泵即选用国家根据 ISO 的要求，制定、推行的最新型号的水泵。其主要

特点是体积小、质量轻、性能优、易操作、寿命长、能耗低等。

如选用的规格不恰当，将无法获得足够的出水量，不能发挥机组的效率。另外，还应了解电动机的旋转方向，某些类型的潜水泵正转和反转时皆可出水，但反转时出水量小、电流大，其反转会损坏电动机绕组。为防止潜水泵在水下工作时漏电而引发触电事故，应装漏电保护开关。

（1）水泵扬程选择。所谓扬程是指所需扬程，而并不是提水高度，明确这一点对选择水泵尤为重要。水泵扬程为提水高度的1.15～1.20倍。如地下水面到用地面的垂直高度20m，其所需扬程为23～24m。选择水泵时最好使水泵的扬程与所需扬程接近，这样的情况下，水泵的效率最高，使用会更经济。但并不是一定要求绝对相等，一般偏差只要不超过20%，水泵都能在较节能的情况下工作。

当选择一台水泵扬程远远小于所需扬程的水泵，往往会不能满足基坑降水的需求，即便是能抽上水来，水量也会非常小，甚至会变成一台无用武之地的"闲泵"。是否选择的水泵扬程越高越好呢？其实不然。高扬程的泵用于低扬程，便会出现流量过大，导致电动机超载，若长时间运行，电动机温度升高，绕组绝缘层便会逐渐老化，甚至烧毁电动机。

图 5-6　WQ 型潜水式污水泵

（2）选择合适流量的水泵。水泵的流量即出水量，一般不宜选得过大，否则会增加购买水泵的费用。应具体问题具体分析，基坑降水用的潜水泵就可适当选择流量大一些的。

（三）污水泵

污水泵属于无堵塞泵的一种，具有多种形式，如潜水式和干式两种，目前最常见的潜水式污水泵为WQ型潜水式污水泵（见图5-6），最常见的干式污水泵为W型卧式污水泵和WL型立式污水泵（见图5-7）两种。污水泵主要用于输送城市污水、粪便或液体中含有纤维、纸屑等固体颗粒的介质，通常被输送介质的温度不大于80℃。由于被输送的介质中含有易缠绕或聚束的纤维物，故泵的流道易于堵塞，一旦被堵塞就会使泵不能正常工作，甚至烧毁电动机，从而造成排污不畅。

污水泵和其他泵一样，叶轮、压水室是污水泵的两大核心部件，其性能的优劣代表了泵性能的优劣。污水泵的抗堵塞性能、效率的高低，以及汽蚀性能、抗磨蚀性能主要是由叶轮和压水室两大部件来保证。

1. 叶轮结构形式

叶轮的结构形式分为旋流式、叶片式（开式、半开式、闭式）、流道式（包括单流道和双流道）、螺旋离心式四种。

（1）旋流式叶轮。采用该形式叶轮的泵，由于叶轮部分或全部缩离压水室流道，因此无堵塞性能好，过颗粒能力和长纤维的通过能力较强。颗粒在压水室内流动靠叶轮旋转产生的涡流的推动作用运动，悬浮性颗粒本身不产生能量，只是在流道内和液体交换能量。在流动过程中，悬

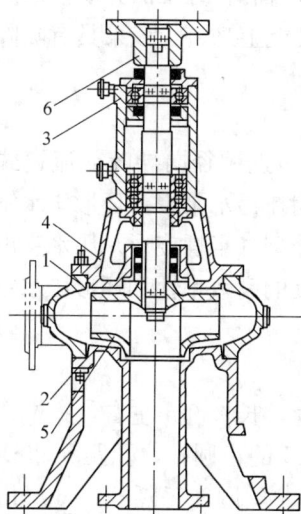

图 5-7　WL 型立式污水泵结构图

1—泵体；2—泵支架；3—轴承箱；

4—轴封体；5—叶轮；6—轴

浮性颗粒或长纤维不与叶片接触，叶片多磨损的情况较轻，不存在间隙因磨蚀而加大的情况，在长期运行中不会造成效率严重下降的问题。采用该形式叶轮的泵适合于抽送含有大颗粒和长纤维的介质。从性能上讲，该叶轮效率较低，仅相当于普通闭式叶轮的 70％ 左右，扬程曲线比较平坦。

（2）叶片式叶轮。

1）开式、半开式叶轮制造方便，当叶轮内造成堵塞时，可以很容易地清理及维修，但在长期运行中，在颗粒的磨蚀下会使叶片与压水室内侧壁的间隙加大，从而使效率降低，并且破坏叶片上的压差分布，不仅产生大量的旋涡损失，而且会使泵的轴向力加大，同时由于间隙加大，流道中液体流态的稳定性受到破坏，使泵产生振动。该种形式叶轮不易于输送含大颗粒和长纤维的介质，从性能上讲，其叶轮效率低，最高效率相当于普通闭式叶轮的 92％ 左右，扬程曲线比较平坦。

2）闭式叶轮。该形式的叶轮正常效率较高，且在长期运行中情况比较稳定。采用该形式叶轮的泵轴向力较小，且可以在前、后盖板上设置副叶片。前盖板上的副叶片可以减少叶轮进口的旋涡损失和颗粒对密封环的磨损；后盖板上的副叶片不仅起平衡轴向力的作用，而且可以防止悬浮性颗粒进入机械密封腔对机械密封起保护作用。但该形式叶轮的无堵性差，易于缠绕，不宜于抽送含大颗粒（长纤维）等未经处理的污水介质。

（3）流道式叶轮。该种叶轮属于无叶片的叶轮，叶轮流道是一个从进口到出口的弯曲流道，所以适宜于抽送含有大颗粒和长纤维的介质，抗堵性好。从性能上讲，该形式叶轮效率高和普通闭式叶轮相差不大，叶轮泵扬程曲线较为陡降，功率曲线比较平稳，不易产生超功率的问题。但该形式叶轮的汽蚀性能不如普通闭式叶轮，尤其适宜用在有压进口的泵上。

（4）螺旋离心式叶轮。该形式叶轮的叶片为扭曲的螺旋叶片，在锥形轮毂体上从吸入口沿轴向延伸。采用该形式叶轮的泵兼具容积泵和离心泵的作用，悬浮性颗粒在叶片中流过时，不撞击泵内任何部位，故无损性好。对输送物的破坏性小。由于螺旋的推进作用，悬浮颗粒的通过性强，因此采用该形式叶轮的泵适宜于抽送含有大颗粒和长纤维的介质，以及高浓度的介质，特别是对输送介质的破坏有严格要求的场合。从性能上来讲，该泵具有陡降的扬程曲线，功率曲线较平坦。

2. 压水室结构形式

污水泵采用的压水室最常见的是蜗壳，在内装式潜水泵中多选用径向导叶或流道式导叶。蜗壳有螺旋型、环型和中介型三种。螺旋形蜗壳基本上不用在污水泵中。环形压水室由于结构简单、制造方便，在小型污水泵上采用较多。但由于中介型（半螺旋形）压水室的出现，环形压水室的应用范围逐渐变小。因中介型压水室兼具螺旋的高效率性和环形压水室的高通透性。

（四）其他

（1）管道：$\phi 38 \sim \phi 55$，壁厚为 3.0mm 的无缝钢管或镀锌管，长 2.0m 左右，一端用厚为 4.0mm 的钢板焊死，在此端 1.4m 长范围内，在管壁上钻 $\phi 15$ 的小圆孔，孔距为 25mm，外包两层滤网，滤网采用编织布，外部再包一层网眼较大的尼龙丝网，每隔 50～60mm 用 10 号铅丝绑扎一道，滤管另一端与井点管进行连接。

（2）连接管：透明管或胶皮管，与井点管和总管连接，采用 8 号铅丝绑扎，应扎紧以防漏气。

（3）总管：$\phi75\sim\phi102$ 钢管，壁厚为 4.0mm，用法兰盘加橡胶垫圈连接，防止漏气、漏水。

（4）移动机具：自制移动式井架（采用旧设备振冲机架）、牵引力为 6～10t 的绞车。

（5）凿孔冲击管：$\phi219\times8$ 的钢管，其长度为 10m。

（6）水枪：$\phi50\times5$ 无缝钢管，下端焊接一个 $\phi16$ 的枪头喷嘴，上端大致弯成直角，且伸出冲击管外，与高压胶管连接。

（7）蛇形高压胶管：压力应达到 1.50MPa 以上。

四、不同水文地质与不同工程要求条件下的基坑降水工程

基坑降水的主要作用是疏干施工基地一定深度范围内的地下水，以利于基础施工。但是，随着孔隙水从土中被吸出而使孔隙水压力消散或降低，土体被压缩、固结。这一固结过程的快慢取决于地基土的性质，如饱和黏性土的压缩、固结需要较长时间才能完成，而砂土固结需要的时间则较短。

（一）砂类土层中降水工程

深基坑开挖过程中，降水改变了原有地下水的平衡状态，地下水便向基坑内产生流动，尤其是基坑壁或基坑底揭露砂类土层时，由于砂类土层的透水性较好，故地下水涌水现象更为严重，如不采取控制地下水的措施，则严重影响施工或无法施工。另外，如果砂类土层中的动水压力超过砂土本身抗渗能力时，则松散的砂土会部分或整体伴随地下水一起涌入基坑内（流砂）。如果黏性土层中砂层透镜体流出，会在黏性土中产生空洞，若空洞较大且距地面较近，则会导致地面沉陷。例如汉口三阳路某工程深基坑开挖深度超过 8m 时，基坑东北角的坡角处产生流量仅 0.01L/s 的冒水，继后产生流砂。几天后，流出的砂大约有 0.4m³，此处地面恰好有三个沉降观测点随机进行沉降观测，发现这段时间沉降量比邻近其他点多沉降 10～30mm，基坑周边的工地围墙产生"八"字形裂缝，表明浅部软土层中的流砂引起的地面沉陷是较明显的。

（二）黏性土层中降水工程

黏性土与砂土相比，颗粒细小一些，当黏粒含量达到一定数量后，发生流砂、管涌等渗透破坏的可能性减小，但整个降水过程会比较缓慢；另外黏粒和粉粒等细小颗粒容易堵塞降水设备中井管滤管和滤层。

为了保证滤管和滤层材料正常工作，一般可根据土层情况和砂样筛分结果参照表 5-2 选用。

表 5-2　　　　　　　　　　　　过滤器缠丝间隙和滤料规格表

项次	含水层分类	筛分结果 （以筛分后的质量计算）	填入砾石直径 （mm）	过滤器缠丝间隙 （mm）
1	卵石	颗粒>3mm，占 90%～100%	24～30	5
2	砾石	颗粒>2.25mm，占 85%～90%	18～22	5
3	砾砂	颗粒>1mm，占 80%～85%	7.5～10	5
4	粗砂	颗粒>0.75mm，占 70%～80%	6～7.5	5
5		颗粒>0.50mm，占 70%～80%	5～6	4
6		颗粒>0.40mm，占 60%～70%	3～4	2.5
7	中砂	颗粒>0.30mm，占 60%～70%	2.5～3	2
8		颗粒>0.25mm，占 60%～70%	2～2.5	1.5

续表

项次	含水层分类	筛分结果 (以筛分后的质量计算)	填入砾石直径 (mm)	过滤器缠丝间隙 (mm)
9	细砂	颗粒>0.20mm，占50%～60%	1.5～2	1
10		颗粒>0.15mm，占50%～60%	1～1.5	0.75
11	细砂含泥	颗粒>0.15mm，占40%～50%（含泥不超过50%）	1～1.5	0.75
12	粉砂	颗粒>0.10mm，占50%～60%	0.75～1	0.5～0.75
13	粉砂含泥	颗粒>0.10mm，占40%～50%（含泥不超过50%）	0.75～1	0.5～0.75

注　表中砾石的规格是最大限度，即含水层筛分粒径的8～10倍，在实际应用中也可根据具体情况定为6～8倍或5～10倍。

五、地下水的不良作用及防治措施

根据渗透破坏的机理将地下水的不良作用（即渗透破坏）分为流砂、管涌、接触流失和接触冲刷、突涌四种形式，称为土的渗透破坏的四种模式。前两种模式发生在单一土层中，后两种模式则发生在成层土中。

（一）地下水的不良作用的类型

1. 流砂

当土中发生自下而上的渗流时，此时渗流力方向向上，与重力方向相反，将减小土粒间的压力，一旦向上的渗透力等于土的浮重度，则土粒间的压力将减小至零，土粒处于悬浮状态而失去稳定，土体中某一范围内的颗粒或颗粒群将同时发生移动，这种现象称为流砂或流土。流砂发生于渗流逸出处而不是土体内部（见图5-8）。

流砂是一种不良地质现象。在水下深基坑或沉井排水挖土时，常会发生流砂现象。流砂主要发生在细砂、粉砂、亚黏土及亚砂土等土层中，而不易发生在粗粒土及黏性土中。

2. 管涌

当深基坑距离河塘较近或基坑底下土层中存在承压含水层时，在水位差的作用下，基坑土体中存在渗透水流，由于土体的不均匀性，土体中某一部位的土颗粒在渗透水流的作用下会发生运动，使填充在土体骨架空隙中的细颗粒被渗水带走而形成涌水通道，即形成管涌（又称翻砂鼓水、泡泉）。当主渗漏涌水通道上的细颗粒被基本带走后，在较强的水流冲刷下，主通道两侧的细颗粒进入涌水主通道，使涌水主通道逐渐变宽，管涌持续时间越长，通道的宽度越宽，继而发生大量涌水和塌方事故（见图5-9）。

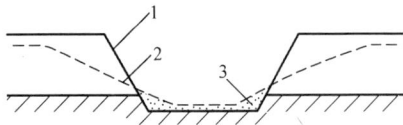

图5-8　流砂破坏示意图

1—基坑边壁；2—浸润水面；3—逸出的土颗粒

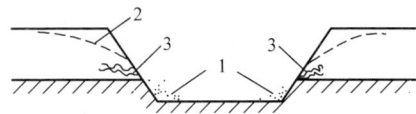

图5-9　基坑管涌破坏示意图

1—管涌堆积颗粒；2—地下水位；3—管涌通道

3. 接触流失

在土层分层较分明且渗透系数差别很大的两土层中，当渗流垂直于层面运动时，将细粒层（渗透系数小）的细颗粒带入粗粒层（渗透系数较大层）的现象称为接触流失，包括接触管涌和接触流砂两种类型。

4. 接触冲刷

渗流沿着两种不同粒径组成的土层层面发生带走细颗粒的现象。在自然界中，沿两种介质界面，诸如建筑物与地基、土坝与涵管等接触面流动促成的冲刷，均属于此破坏类型。

5. 突涌

当基坑下有承压水存在时，开挖基坑减小了含水层上覆不透水层的厚度，在厚度减小到一定程度时，承压水的水头压力能顶裂或冲毁基坑底板，造成突涌现象。基坑突涌将会破坏地基强度，并给施工带来很大困难。

验算坑底不透水层厚度（见图 5-10）与承压水头压力的平衡条件为

$$\gamma h = \gamma_0 h \tag{5-1}$$

由式（5-1）知：基坑开挖后不透水层的厚度 H 应为

$$H = \frac{\gamma_0}{\gamma} h \tag{5-2}$$

式中　γ——岩土的重度，kN/m^3；

　　　γ_0——水的重度，kN/m^3；

　　　h——承压水头高于含水层顶板的高度，m。

当 $H \geqslant \dfrac{\gamma_0}{\gamma} h$ 时，基坑不发生突涌；当 $H < \dfrac{\gamma_0}{\gamma} h$ 时，基坑可能发生突涌。

（二）渗透变形产生的条件

根据渗透破坏的机理，可将产生渗透变形的条件分为两种类型：一类是动水压力和土体结构，它们是产生渗透变形的必要条件；另一类则是地质条件和工程因素，称之为充分条件。只有当土具备充分必要条件时，才会发生渗透破坏。

1. 渗流动水压力和临界水力坡度的概念

地下水在松散介质的孔隙中流动，土粒与水流相互包围。由于水流流线间及水流与土粒间的摩阻力作用而产生一定的水头损失，使水头降低，故每一土粒在水头差作用下，承受来自水流的作用力——渗透力，也称动水压力。

取一微单元体分析，设渗透水由下往上流经的长度和断面面积分别为 dl 和 dw，上下界面的水头差为 dh（见图 5-11），则单元土体承受的总渗透压力 dp 为

$$dp = \gamma_w dh dw \tag{5-3}$$

式中　γ_w——水的重度，kN/m^3。

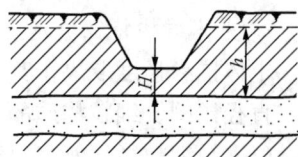

图 5-10　基坑底部最小不透水层的厚度

将渗透力作用分解在土体的单位体积上，称为动水压力 D，即

$$D = \frac{dp}{dw dh} = \gamma_w i \tag{5-4}$$

式中符号含义同前。

动水压力的作用方向与渗流流向一致，一般取 γ_w 为 $10kN/m^3$。

单元土体的浮重度为 γ'，则其水下所受重力 dQ 为

$$dQ = \gamma_w dl dw \tag{5-5}$$

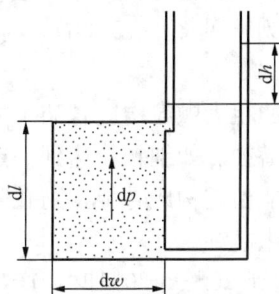

图 5-11　渗透压力示意图

当 $dQ>0$ 时，单元土体发生流砂，此时的水力坡度称为流砂型临界水力坡度，以 I_{cr} 表示，即

$$I_{cr} = \gamma'/\gamma_w \tag{5-6}$$

由土的物理性质指标间的关系，$\gamma' = (G_s - 1)(1 - n)$，故有

$$I_{cr} = (G_s - 1)(1 - n)/\gamma_w \tag{5-7}$$

式中 G_s——土粒的相对密度；

　　　n——土的孔隙度。

式（5-5）即为太沙基渗流公式。由式可知，土粒密度越大，孔隙度越小，临界水力坡度越大，土体越不易发生渗透变形。式（5-6）中未考虑土体本身强度的影响，故实测的 I_{cr} 往往比公式计算的要大。

渗透压力达到一定值时，土中的某些颗粒就会被渗透水流携带和搬运，这种地下水的侵蚀作用称为潜蚀。潜蚀包括机械潜蚀和化学潜蚀。

机械潜蚀作用：指渗流的机械冲刷力把细小的土颗粒携走，而较大的颗粒仍留在原处。

化学潜蚀作用：指当土中含有可溶盐类的颗粒或胶结物时，水流溶蚀了它们，使土的结构变松，孔隙度增大，水流的渗透能力增强。

机械潜蚀和化学潜蚀一般是同时进行的，且二者是相互影响、相互促进的。

潜蚀使得岩土中一些颗粒甚至整体发生移动而被渗流携走，从而引起岩土的结构变松，强度降低，甚至整体发生破坏。这种工程动力地质作用或现象称为渗透变形或渗透破坏。

强烈的渗透变形会在渗流出口处侵蚀成孔洞，孔洞又会促使渗透途经已经缩短、水力坡度有所增大的渗流向它集中，而在孔洞末端集中的渗透水流就具有更大的侵蚀能力，所以孔洞就不断沿最大水力坡度线溯源发展（见图 5-9），最终形成一条水流集中的管道。由管道中涌出的水携带较大量的土颗粒，即管涌（piping），是由潜蚀强烈发展而出现的一种特有的不良地质作用，往往形成地质灾害。

2. 土体结构特征决定土体抗渗强度

土体抗渗强度取决于其本身的结构，制约渗透变形发生的土体结构特性，包括土中粗细颗粒直径比例、细粒物质的含量和土的级配特征、颗粒形状及排列方式等因素。

（1）粗细粒径比例。只有当土中细颗粒的粒径 d 小于粗颗粒的骨架孔隙直径 d_0 时，才会发生潜蚀。据研究其最优比为 $d_0/d = 8$。一般天然无黏性土均为混粒结构，其孔隙率多为 $n = 39.59\%$，大颗粒粒径 D 与其孔隙 d_0 的比为 $D/d_0 = 2.5$。所以有利于发生潜蚀的粗细粒径比为 $D/d_0 = 20$。

砂土粒粒径与其孔隙比值的大小与颗粒的排列方式关系极大，若土粒为等粒球体，立方体排列［见图 5-12（a）］时，$n = 47.6\%$，$D/d_0 = 2.4$；四面体排列［见图 5-12（b）］时，$n = 25.9\%$，$D/d_0 = 6.4$。

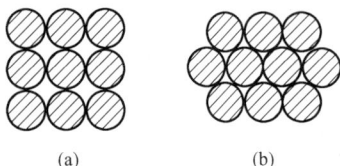

图 5-12　土粒孔隙比与颗粒的
排列方式关系
(a) 立方体排列；(b) 四面体排列

（2）细颗粒含量。只有较大量的粗大颗粒构成骨架，才会形成直径较大的孔隙，易于产生潜蚀。如细颗粒达到一定含量致使颗粒间不能相互接触，不能由它构成骨架，则孔隙大小取决于细颗粒，就比较难以产生潜蚀。

实验资料证实：当黏粒含量达到 $20\%\sim30\%$ 时，产生渗透变形所需的水力坡度值急剧增大（见图 5-13）；当黏粒

含量<20％时，破坏（临点）水力坡度<0.5，较公式计算值（0.8～1.2）小得多，这可能是因为土的结构和孔隙不均一。

（3）土的级配特征。土的级配特征可用土的不均粒系数 C_u 表示（$C_u = d_{60}/d_{10}$），C_u 值越大，说明土越不均匀，级配越好。

当 $C_u < 10$ 时，发生流砂的可能性较大；当 $C_u > 20$ 时，发生潜蚀的可能性较大；C_u 在 10～20 之间时，两种均可能发生。

大量实验表明：临界水力坡度与不均粒系数之间的关系是砂土的 C_u 值越小（土粒越均匀），则 I_{cr} 值越大（见图 5-14），即产生流砂的临界水力坡度较潜蚀的要大。

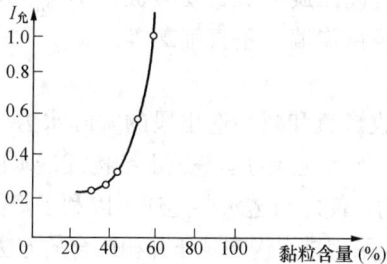

图 5-13　允许水力坡度与黏粒含量的关系　　　图 5-14　临界水力坡度与土不均粒系数曲线

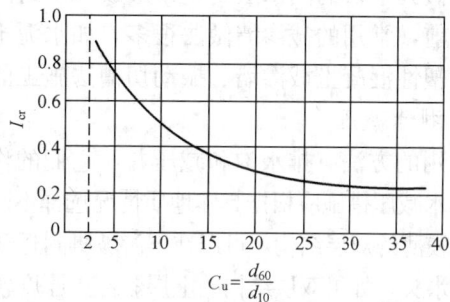

（4）压密固结程度。经过压密固结的土不仅孔隙度有所降低，粒间嵌合力也有所增强，必然要经过渗流力浮动以后才能悬浮。其临界水力坡度和允许水力坡度显著高于颗粒成分相近但未经固结的土（见表 5-3）。

表 5-3　　　　　　　固结硬度不同的砂土的临界水力坡度和允许水力坡度

地质时代	颗粒分析分布曲线	结构	黏粒含量（％）	不均粒系数	I_{cr}	允许水力坡度 $I_允$
第四纪粗砂	双众数或多众数（双峰或多峰）缺乏中间粒径	松散		>20 10~20 10~20 <10	0.3 0.6 0.9 >0.9	0.1 0.2 0.3 >0.3
第三纪湖相砂	双众数或多众数	致密	2~3 3~4 >4	25~50 25 >25		0.2 0.3 >0.3

（5）黏粒含量。黏粒含量增多会增加土的内聚力，提高土的抗潜蚀能力。

3. 地层组合关系及地形地貌条件

必然产生渗透破坏的地层组合是：

（1）砂土地基且下层渗透系数大于表层 10 倍以上。此时在表层砂土下的地下水微具承压状态，因此表层砂土的出逸比降较大，加之砂土无黏性，若无反滤保护则极易发生砂沸，进而产生大的管涌洞。

（2）双层地基且临水侧表土层缺失，背水侧有近堤脚的深塘，如果强透水层较厚，则背水侧表土层下的扬压力很大，加上深塘内的表土层较薄且往往松软，极易被顶穿而产生渗透破坏。如果表土层下是细砂或粉细砂层，则往往会产生大的管涌险情。

4. 人为因素影响

由于基坑工程大面积开挖导致原有的土体结构被破坏，表层工程施工等破坏了表层具有防渗作用的弱透水层。

（三）地下水的不良作用防治措施

地下水的不良作用防治措施可分为垂直截渗、水平铺盖、排水减压和反滤盖重等。

1. 垂直截渗

常用的方法有黏土截土槽、灌浆帷幕和混凝土防渗墙。

黏土截土槽常用于隔水层埋藏较浅的砂卵石地基，其结构视土石坝的结构而定。截水槽一定要做到下伏的隔水层中，以形成一个封闭系统。

目前，常用的截渗墙做法很多，如水泥土搅拌桩、高压旋喷桩、粉喷桩、小直径深层搅拌桩、塑性混凝土截渗墙、振动切槽法施工的水泥砂浆截渗墙、垂直铺塑等。

2. 排水减压

常用的方法有排水沟和减压井，它们的作用是吸收渗流和减小逸出段的实际水力坡度。

排水减压措施应根据具体地质情况选择不同的形式。如果地基为单一透水结构或透水层上覆黏性土较薄的双层结构，可以在下游坡脚附近开挖排水沟，使之与透水层连通，以利于降低浸润曲线和水头。如果双层结构的上层黏性土厚度较大，则应采用排水沟与减压井相结合的方法。

3. 反滤盖重

此措施对保护渗流出口效果很好，它既可保证排水通畅，降低逸出水力坡度，又起到压重的作用。

其方法是在渗流逸出段分层铺设几层粒径不同的砂砾石层，层界面应与渗流方向正交，且沿渗流方向粒径由细到粗，常设置三层，即为反滤层。

反滤层各层的粒径以及各相邻层的粒径比，视被保护层的颗粒组成而定。

第三节　基 坑 降 水 工 程

一、基坑降水原理

由于土体本身具有连续的孔隙，如果存在水位差，水就会透过土体孔隙而产生孔隙内的流动，这一现象称为渗透。土具有被水透过的性能称为土的渗透性。这里所论及的水是指重力水。

水是在土的孔隙中流动的，假定土颗粒骨架形成的孔隙是固定不变的，并且认为在孔隙中流动的水是具有黏滞性的流体。也就是说，把土中水的流动简单地看成是黏滞性的流体在土烧制成的陶瓷管似的刚体孔隙中流动。

达西定律是土中水运动规律的最重要的公式。这个公式采用了流体力学中的伯努利方程这一基本原理，根据达西定律和连续方程，再考虑边界条件，一般的基坑降水问题都可以得到解决，即可以求出土中水的流量（透水量）及土中水压力的分布。

（一）达西（Dracy）渗透定律

1. 达西渗透实验与达西定律

地下水在土体孔隙中渗透时，由于渗透阻力的作用，沿程必然伴随着能量的损失。为了揭示水在土体中的渗透规律，法国工程师达西经过大量的试验研究，1856 年总结得出渗透能量损失与渗流速度之间的相互关系，即达西定律。

达西（Henri Philibert Gaspard Darcy，1803～1858 年），法国著名工程师，1855 年提出了达西定律，1857 年提出了紊流沿程水头损失计算的著名经验公式。

达西试验的装置如图 5-15 所示。装置中横截面积为 A 的直立圆筒其上端开口，在圆筒侧壁装有两支相距为 l 的测压管。筒底以上一定距离处装一滤板，滤板上填放颗粒均匀的砂土。水由上端注入圆筒，多余的水从溢水管溢出，使筒内的水位维持一个恒定值。渗透过砂层的水从短水管流入量杯中，并以此来计算渗流量 q。设 Δt 时间内流入量杯的水体体积为 ΔV，则渗流量 $q = \Delta V / \Delta t$。同时读取断面 A-A 和断面 B-B 处的测压管水头值 h_1、h_2，Δh 为两断面之间的水头损失。

达西分析了大量实验资料，发现土中渗透的渗流量 q 与圆筒断面积 A 及水头损失 Δh 成正比，与断面间距 l 成反比，即

$$q = kA \frac{\Delta h}{l} = kAi \qquad (5\text{-}8)$$

或

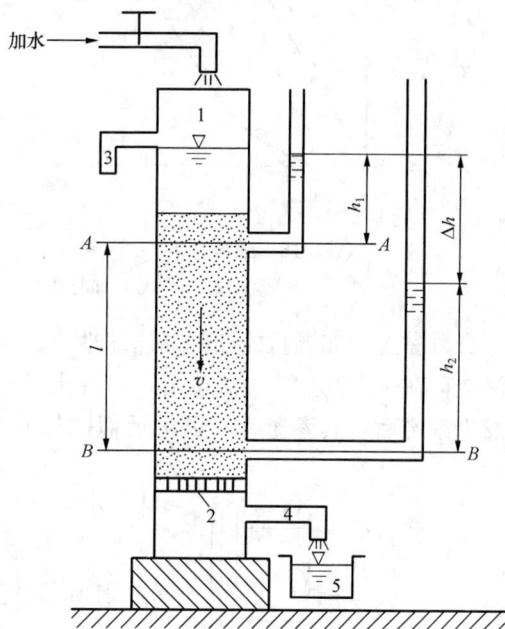

图 5-15　达西渗透试验装置图

1—直立圆筒；2—滤板；3—溢水管；4—短水管；5—量杯

$$v = k \frac{h}{L} = ki \qquad (5\text{-}9)$$

式中　v——渗透速度，m/s；

　　　h——水头差，m；

　　　L——渗径，m；

　　　k——土的渗透系数（permeability coefficient），其值等于水力坡度为 1 时水的渗透速度，m/s；

　　　i——水力坡度，也称为水力坡降。

式（5-6）和式（5-7）所表示的关系称为达西定律，它是渗透的基本定律。

2. 达西定律的适用范围

达西定律是由砂质土体实验得到的，后来推广应用于其他土体，如黏土和具有细裂隙的岩石等。进一步的研究表明，在某些条件下，渗透并不一定符合达西定律，因此在实际工作中还要注意达西定律的适用范围。

大量试验表明，当渗透速度较小时，渗透的沿程水头损失与流速的一次方成正比。在一般情况下，砂土、黏土中的渗透速度很小，其渗流可以看作是一种水流流线互相平行的流动—层流，渗流运动规律符合达西定律，渗透速度 v 与水力梯度 i 的关系可在 v-i 坐标系中表示成一条直线，如图 5-16 所示。粗颗粒土（如砾、卵石等）的试验结果如图 5-17 所示，由于其孔隙很大，当水力梯度较小时，流速不大，渗流可认为是层流，v-i 关系成线性变化，达西定律仍然适用；当水力坡度较大时，流速增大，渗流将过渡为不规则的相互混杂的流动形式—紊流，这时 v-i 关系呈非线性变化，达西定律不再适用。

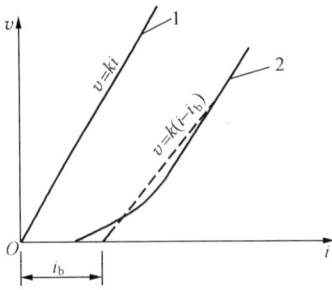

图 5-16　细粒土的 $v\text{-}i$ 关系

1—砂土、一般黏土；2—颗粒极细的黏土

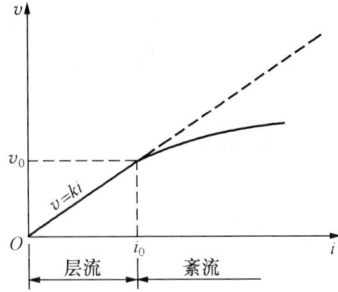

图 5-17　粗粒土的 $v\text{-}i$ 关系

　　少数黏土（如颗粒极细的高压缩性土、可自由膨胀的黏性土等）的渗透试验表明，它们的渗透存在一个起始水力坡度 i_b，这种土只有在达到起始水力坡度后才会发生渗透。这类土在发生渗透后，其渗透速度仍可近似的用直线表示，即 $v=k(i-i_b)$，如图 5-15 中曲线 2 所示。

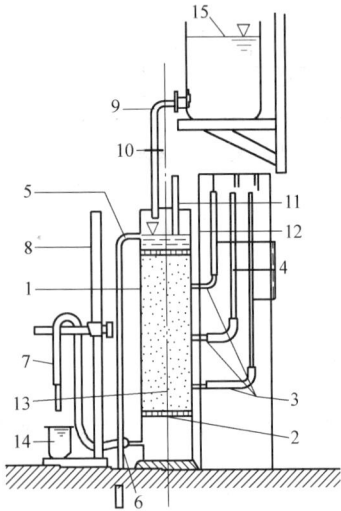

图 5-18　常水头渗透试验装置

1—金属圆筒；2—金属孔板；3—测压孔；
4—测压管；5—溢水孔；6—渗水孔；
7—调节管；8—滑动架；9—供水管；
10—止水夹；11—温度计；12—砾石层；
13—试样；14—量杯；15—供水瓶

（二）渗透系数的确定

　　渗透系数 k 是综合反映土体渗透能力的一个指标，其数值的正确确定对渗透计算有着非常重要的意义。影响渗透系数大小的因素很多，主要取决于土体颗粒的形状、大小、不均匀系数和水的黏滞性等，要建立计算渗透系数 k 的精确理论公式比较困难，通常可通过试验方法或经验估算法来确定 k 值。

　　1. 实验室测定法

　　实验室测定渗透系数 k 值的方法称为室内渗透试验，根据所用试验装置的差异又分为常水头试验和变水头试验。

　　（1）常水头试验。

　　常水头试验（见图 5-18）时将高度为 l、横截面积为 A 的试样装入垂直放置的圆筒中，从土样的上端注入与现场温度完全相同的水，并用溢水口使水头保持不变。土样在不变的水头差 Δh 作用下产生渗流，当渗流达到稳定后，量得时间 t 内流经试样的水量为 Q，而土样渗流流量 $q=Q/t$，根据式（5-9）可求得

$$k_T = \frac{QL}{AHt} \tag{5-10}$$

式中　k_T——水温为 $T\,℃$ 时试样的渗透系数，cm/s；

　　　Q——时间 t 秒内的渗出水量，cm^3；

　　　A——试样的横截面积，cm^2；

　　　L——两测压管中心的距离，cm；

　　　t——时间，s；

H——平均水位差，cm。

常水头试验适用于透水性较大（$k>10^{-3}$cm/s）的土，应用粒组范围大致为细砂到中等卵石。

（2）变水头试验。

当土样的透水性较差时，由于流量太小，加上水的蒸发，使量测非常困难，此时宜采用变水头试验（见图5-19）测定k值。

变水头试验时试样（截面积为A）置于圆筒内，圆筒上端与一根细玻璃量管连接，量管的过水断面积为A'。水在压力差作用下经试样渗流，玻璃量管中的水位慢慢下降，即让水柱高度h随时间t逐渐减小，然后读取两个时间t_1和t_2对应的水头高度h_1和h_2。

流经土样的渗流水量取决于玻璃量管中的水位下降情况，设经过dt时间，量管的水位下降dh，渗流速率为$-dh/dt$，单位时间内流经土样的渗流水量为

$$q=-A\frac{dh}{dt} \tag{5-11}$$

式中负号表示渗流的方向与水头高度h增大的方向相反。

根据达西定律，流经土样的渗流量又可表示为

$$q=Akh/l \tag{5-12}$$

于是可得

$$dt=-\frac{Al}{Akh}dh \tag{5-13}$$

将上式两边积分得

$$t=-\frac{Al}{Ak}\ln\left(\frac{h}{h_0}\right) \tag{5-14}$$

式中　h_0——起始水头高度，m。

把时间t_1和t_2对应的水头高度h_1和h_2分别代入式（5-14），并取两个方程之差，可得渗透系数为

$$k_T=2.3\frac{aL}{A(t_2-t_1)}\log\frac{h_1}{h_2} \tag{5-15}$$

式中　a——变水头管的横截面积，cm^2；

　　　L——渗径，即试样高度，cm；

　t_1、t_2——分别为测读水头的起始和终止时间，s；

　h_1、h_2——起始和终止水头，cm。

变水头试验适用于透水性较小（10^{-7}cm/s$<k<10^{-3}$cm/s）的黏性土等。

为使实验室测定法的成果能适用于较大的范围，试验时应取几个不同的水力坡度，使水头差在一定的范围内变化。室内试验所得的k值对于被试验土样是可靠的，但由于试验采用的试样只是现场土层中的一小块，其结构还可能受到不同程度的破坏，为了正确反映整个渗流区的实际情况，应选取足够数量的未扰动土样进行多次试验。

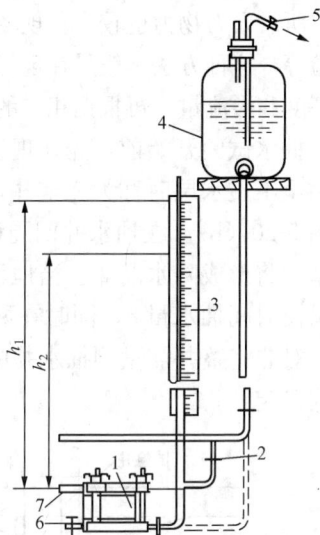

图5-19　变水头渗透试验装置

1—渗透容器；2—进水管夹；3—变水头管；4—供水瓶；5—接水源管；6—排气水管；7—出水管

2. 现场测定法

现场测定法的试验条件比实验室测定法更符合实际土层的渗透情况，测得的渗透系数 k 值为整个渗流区较大范围内土体渗透系数的平均值，是比较可靠的测定方法，但试验规模较大，所需人力物力也较多。现场测定渗透系数的方法较多，常用的有野外注水试验和野外抽水试验等，这种方法一般是在现场钻井孔或挖试坑，在往地基中注水或抽水时，量测地基中的水头高度和渗流量，再根据相应的理论公式求出渗透系数 k 值。下面将主要介绍野外抽水试验。

抽水试验开始前，先在现场钻一中心抽水井，根据井底的土层情况可分为两种类型，井底钻至不透水层时称为完整井，井底未钻至不透水层时称为非完整井，分别见图 5-20 （a）和图 5-20 （b）。在抽水井四周设若干个观测孔，以观测周围地下水位的变化。试验抽水后，地基中将形成降水漏斗。当地下水进入抽水井的流量与抽水量相等且维持稳定时，测读此时的单位时间抽水量 q，同时在两个距离抽水井分别为 r_1 和 r_2 的观测孔处测出水位 h_1 和 h_2。对非完整井需量测抽水井中的水深 h_0，并确定降水影响半径 R。渗透系数 k 值可由下列各式确定：

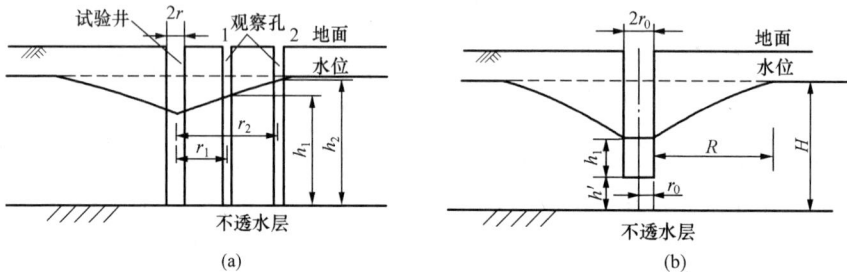

图 5-20 大型抽水试验示意图
（a）无压完整井抽水试验；（b）无压非完整井抽水试验

（1）无压完整井为

$$k = \frac{q\ln\left(\dfrac{r_2}{r_1}\right)}{\pi(h_2^2 - h_1^2)} \tag{5-16}$$

式（5-16）求得的 k 值为 $r_1 < r < r_2$ 范围内的平均值。若在试验中不设观测井，则需测定抽水井的水深 h_0，并确定其降水影响半径 R，此时降水影响半径范围内的平均渗透系数为

$$k = \frac{q\ln\left(\dfrac{R}{r_0}\right)}{\pi(h_2^2 - h_1^2)} \tag{5-17}$$

（2）无压非完整井为

$$k = \frac{q\ln\left(\dfrac{R}{r_0}\right)}{\pi\left[(H-h)^2 - h_0^2\right]\left[1 + \left(0.30 + \dfrac{10r_0}{H}\right)\sin\left(\dfrac{1.8h}{H}\right)\right]} \tag{5-18}$$

R 的取值对 k 值的影响不大，在无实测资料时可采用经验值计算。通常强透水土层（如卵石、砾石层等）的影响半径 R 值很大，在 200～500m 之间，而中等透水土层（如中、细砂等）的影响半径 R 值较小，在 100～200m 之间。

3. 经验估算法

渗透系数 k 值还可以用一些经验公式来估算，例如 1991 年，哈森（Hazen）提出用有效粒径 d_{10} 计算较均匀砂土的渗透系数的公式，即

$$k = d_{10}^2 \tag{5-19}$$

1955 年，太沙基（Kael. Terzaghi，1883～1963 年）提出了考虑土体孔隙比 e 的经验公式

$$k = 2d_{10}^2 e^2 \tag{5-20}$$

式中　d_{10}——累计百分曲线为 10% 对应的粒径，mm。

这些经验公式虽然有其实用的一面，但都有其适用条件和局限性，可靠性较差，一般只在作粗略估算时采用。在无实测资料时，还可以参照有关规范或已建成工程的资料来选定 k 值，有关常见土的渗透系数参考值见表 5-4。

表 5-4　　　　　　　　　　　常见土的渗透系数参考值

土的类别	渗透系数 k(cm/s)	土的类别	渗透系数 k(cm/s)
黏土	$<10^{-7}$	中砂	10^{-2}
粉质黏土	$10^{-6} \sim 10^{-5}$	粗砂	10^{-2}
粉土	$10^{-5} \sim 10^{-4}$	砾砂	10^{-1}
粉砂	$10^{-4} \sim 10^{-3}$	砾石	10^{-1}
细砂	10^{-3}		

流体在多孔介质中的流动，称为渗流。所谓多孔介质，即由固体骨架分隔成有大量密集群微小空隙所构成的物质。土壤、有微小空隙的岩石均属于此类。

（三）渗流的连续方程

渗流模型见图 5-21。

渗流的连续微分方程为

$$-\left[\frac{\partial(\rho u_x)}{\partial x} + \frac{\partial(\rho u_y)}{\partial y} + \frac{\partial(\rho u_z)}{\partial z} \right] \mathrm{d}x\mathrm{d}y\mathrm{d}z$$

$$= \frac{\partial(u\varphi \mathrm{d}x\mathrm{d}y\mathrm{d}z)}{\partial t} \tag{5-21}$$

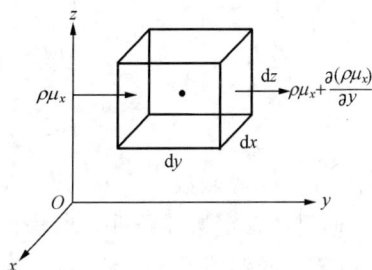

图 5-21　渗流模型

式中　　　ρ——流体密度；

u_x、u_y、u_z——在 x、y、z 方向上的流体速度；

t——时间。

如果骨架不变形，对于各向同性的土壤，则

$$\frac{\partial u_x}{\partial x} + \frac{\partial u_y}{\partial y} + \frac{\partial u_z}{\partial z} = 0 \tag{5-22}$$

对于各向异性的土壤，则

$$\frac{\partial}{\partial x}\left(k_x \frac{\partial H}{\partial x}\right) + \frac{\partial}{\partial y}\left(k_y \frac{\partial H}{\partial y}\right) + \frac{\partial}{\partial z}\left(k_z \frac{\partial H}{\partial z}\right) = 0 \tag{5-23}$$

式中　　　H——水头；

k_x、k_y、k_z——在 x、y、z 方向上的渗透系数。

渗流的连续方程为

$$\frac{\partial}{\partial x}\left(k_x\,\frac{\partial H}{\partial x}\right)+\frac{\partial}{\partial y}\left(k_y\,\frac{\partial H}{\partial y}\right)+\frac{\partial}{\partial z}\left(k_z\,\frac{\partial H}{\partial z}\right)=0 \tag{5-24}$$

式（5-24）的适用条件：恒定不可压缩液体的渗流；土壤颗粒不变形。

（四）渗流的运动方程

$$u=-k\,\frac{\mathrm{d}H}{\mathrm{d}L}\Rightarrow\begin{cases}u_x=-k_x\,\dfrac{\partial H}{\partial x}\\[2mm]u_y=-k_y\,\dfrac{\partial H}{\partial y}\\[2mm]u_z=-k_z\,\dfrac{\partial H}{\partial z}\end{cases} \tag{5-25}$$

式中　u——总流体速度；

　　　k——总渗透系数；

　　　L——流动方向的距离。

渗流的流速势：在均质土中为

$$k_x=k_y=k_z$$
$$H=H(x,y,z)$$
$$\varphi=-kH\Rightarrow$$

$$\begin{cases}u_x=\dfrac{\partial\varphi}{\partial x}\\[2mm]u_y=\dfrac{\partial\varphi}{\partial y}\\[2mm]u_z=\dfrac{\partial\varphi}{\partial z}\end{cases}\Rightarrow\begin{cases}\dfrac{\partial^2\varphi}{\partial x^2}+\dfrac{\partial^2\varphi}{\partial y^2}+\dfrac{\partial^2\varphi}{\partial z^2}=0\\[3mm]\dfrac{\partial^2 H}{\partial x^2}+\dfrac{\partial^2 H}{\partial y^2}+\dfrac{\partial^2 H}{\partial z^2}=0\end{cases} \tag{5-26}$$

式中　φ——势函数。

通过在一定边界条件，求解拉普拉斯方程，可得渗流场。

（五）浸润线基本方程

1. 无压渐变渗流浸润线基本方程——裘布依（A. J. Dupuit）公式

无压渗流重力水的自由表面称为浸润面，在平面问题中称为浸润线。基坑工程问题的渗流空间一般很大，渗流具有一定的渐变流特性，并可按平面问题处理。

由于渗流流速很小，流速水头可以忽略不计，过水断面上各点的总水头等于测管水头，过水断面上各点的总水头等于测管水头，又因属渐变渐流，过水断面上各点测管水头为常数，由此有

$$I=-\frac{\mathrm{d}H}{\mathrm{d}s} \tag{5-27}$$

式中　I——水力坡度；

　　　H——断面测压管水头，m；

　　　s——渗流的流程，又称渗径长度，m。

　　对于均质岩土，$u=v$，有

$$u=v=kJ \tag{5-28}$$

式中　v——渗流速度，m/s。

式（5-28）称为裘布依公式，于1863年提出。它和达西公式形式一样，但含义不同。

达西定律的公式是均匀渗流过水断面上流速的表达式，裘布依公式则是渐变渗流过水断面上的流速表达式，也是达西定律的普遍表达式。

2. 无压恒定渐变渗流浸润线计算

（1）浸润线基本方程。

如图 5-22 所示有

$$H = s + h \tag{5-29}$$

对于均匀渗流，则

$$I = -\frac{\mathrm{d}H}{\mathrm{d}s} = i \tag{5-30}$$

代入裘布依公式，有

$$Q = kA\left(i - \frac{\mathrm{d}h}{\mathrm{d}s}\right) \tag{5-31}$$

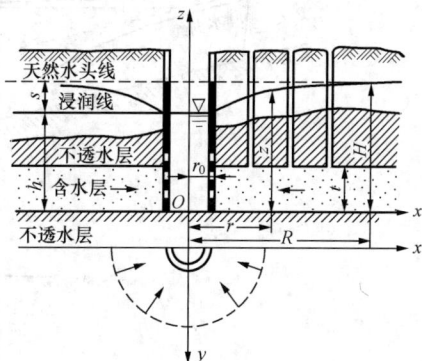

图 5-22 无压恒定渐变渗流浸润线

式中　i——不透水层基底坡度；

　　　h——渗流水深，m；

　　　A——渗流过水面积，m^2。

式（5-31）即无压恒定渐变渗流浸润线基本微分方程。它是分析计算渐变渗流浸润线的理论依据。

（2）渐变渗流浸润线的基本特性。

渗流中，由于流速很小，流速水头可以忽略，测管水头线与总水头线重合，有

$$\frac{\mathrm{d}h}{\mathrm{d}s} = i\left(1 - \frac{h_0}{h}\right) \tag{5-32}$$

式（5-32）表明，在渗流中，断面比能等于水深，渗流中不存在临界水深、急流、缓流、临界底坡等问题，也不会出现水跃或水跌现象，但会有正常水深 h_0。

由于沿程有能量损失，浸润线恒沿程下降，不会存在水深沿程不变或沿程上升。当为均匀渗流时，有 $I = I_p = i$，即水力坡度、测压管坡度和不透水层基底坡度三者相等，总水头线与测管水头线重合。其浸润线是一条平行于不透水层基底的直线，沿程水深即正常水深 h_0。均匀渗流只可能发生在顺坡（$i > 0$）条件，平坡（$i = 0$）及逆坡（$i < 0$）条件不会发生均匀渗流。由于无 h_c，只有 h_0，即只有 N-N 线，故渗流中只有 a 区与 b 区，并只有 a 型壅水曲线与 b 型降水曲线两大类。

（3）浸润线类型（见图 5-23）。

顺坡渗流（$i > 0$）的浸润线方程：

由式（5-29）和式（5-30）有

$$\frac{\mathrm{d}h}{\mathrm{d}s} = i - \frac{Q}{kA} \tag{5-33}$$

平坡渗流（$i = 0$）的浸润线方程：

当 $i = 0$ 时，按式（5-31）有

$$\frac{\mathrm{d}h}{\mathrm{d}s} = -\frac{Q}{kA} \tag{5-34}$$

逆坡渗流（$i < 0$）的浸润线方程为

$$\frac{\mathrm{d}h}{\mathrm{d}s} = -i\left(1 + \frac{Q}{kA}\right) \leqslant 0 \tag{5-35}$$

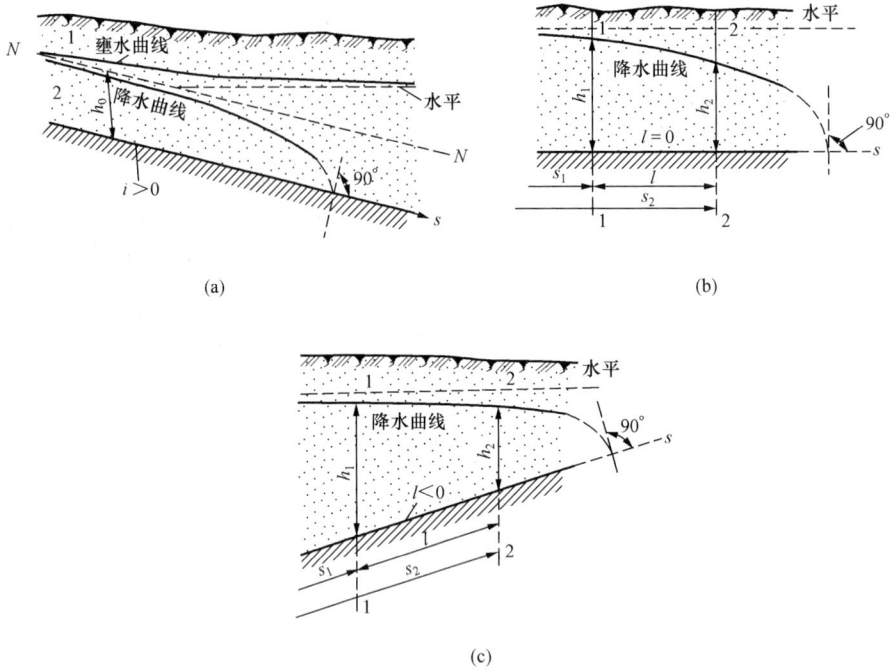

(a)

(b)

(c)

图 5-23　浸润线类型

(a) 顺坡；(b) 平坡；(c) 逆坡

（六）井的渗流计算

1. 井的类型

汲取地下水或为降低地下水位沿铅垂方向开凿的集水建筑物，称为井。可有以下几种类型：

（1）普通井——在无压地下水层中开凿的井，又称为潜水井。当井底直达不透水层时，称为普通完整井；当井底未达不透水层时，称为普通不完整井。

（2）自流井——在两个不透水层间有压地下水层开凿的取水井，又称为承压井。它与普通井一样，也可分为完整井和不完整井两类。

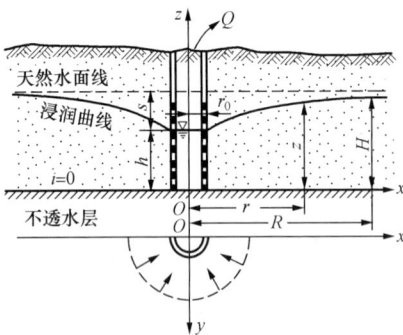

图 5-24　普通完整井结构示意图

2. 普通完整井的渗流计算

如图 5-24 所示为普通完整井。

当在井中抽水时，周围的地下水面将下降，并在一定影响范围内形成一个对称于井轴线的漏斗形浸润线，当含水层体积很大时，天然地下水面仍可恒定不变。

此外，地下水向井集流时，其过水断面是一系列圆柱面，径向各断面的渗流情况相同，除井壁附近区域外，浸润线的曲率很小，可看作恒定渐变渗流，并可应用裴布依公式计算断面平均流速。

（1）浸润线方程为

$$z^2 - h^2 = \frac{0.732Q}{k}\lg\frac{r}{r_0} \tag{5-36}$$

式中　r_0——井的半径，m；

　　　h——井中水深，m；

　　　z——距井轴线 r 处的浸润线高度（见图 5-24），m。

（2）基坑涌水量的计算。基坑井点系统是由许多井点同时抽水，各个单井水化降落漏斗彼此发生干扰，因而使各个单井的涌水量比计算的要小，但总的水位降低值确是大于单个井点抽水时的水位降低值，这种情况对于以疏干为目的的基坑施工是有利的。

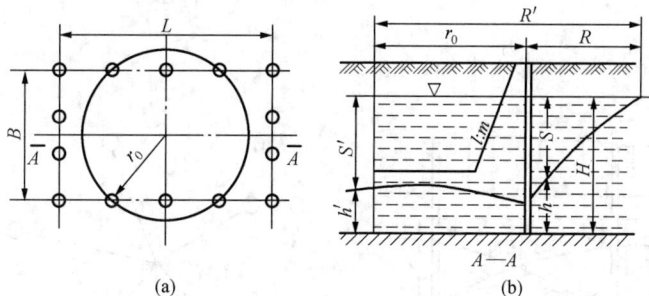

图 5-25　无压完全井（基坑）涌水量计算图

无压完全井环形井点系统（见图 5-25）可按下式计算涌水量，即

$$Q = 1.366k \frac{(2H - S)S}{\lg R' - \lg r_0} \tag{5-37}$$

式中　S——降深；

　　　R'——群井的影响半径（$R' = R + r_0$）。

其他符号如图 5-24 所示。

如果井点系统布置成矩形，为了简化计算，也可用式（5-37）计算涌水量，但式中的 r_0 应为井点系统的假想半径。

对外形基坑，其长度为 L 与宽度 B 之比不大于 5，可将不规则平面形状化成一个假想半径为 r_0 的圆井进行计算，则

$$r_0 = \sqrt{\frac{F}{\pi}} \tag{5-38}$$

式中　F——井点系统包围的基坑面积，m^2。

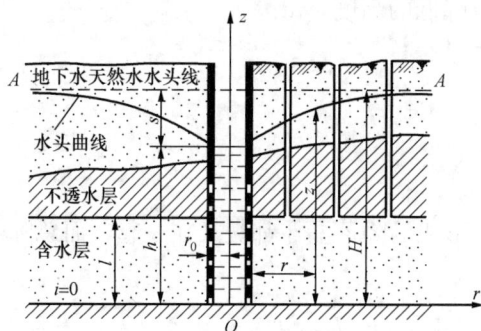

图 5-26　浸润线示意图

在实际基坑工程中，具体工程特点、井点的采用、周围环境条件及地质情况千差万别，将会涉及各种情况的抽水量计算，比如承压井的群井涌水景、非完整井的群井涌水量、基坑周围有隔水体的情况、周围有河流等供水体的情况等。为满足工程设计计算需要，JGJ 120—2012 给出了在各种情况下基坑涌水量的计算公式，可供选用。

3. 自流完整的渗流计算

（1）浸润线（见图 5-26）方程为

$$z - h = 0.366 \frac{Q}{kt} \lg \frac{r}{r_0} \tag{5-39}$$

式中　t——自流含水层（或承压含水层）厚度，m；

　　　h——井中水深，m；

z——浸润线高度，m。

（2）涌水量公式为

$$Q = 20732\frac{kt(H-h)}{\lg\dfrac{R}{r_0}} = 20732\frac{ktS}{\lg\dfrac{R}{r_0}} \tag{5-40}$$

式中　R——影响半径，m。

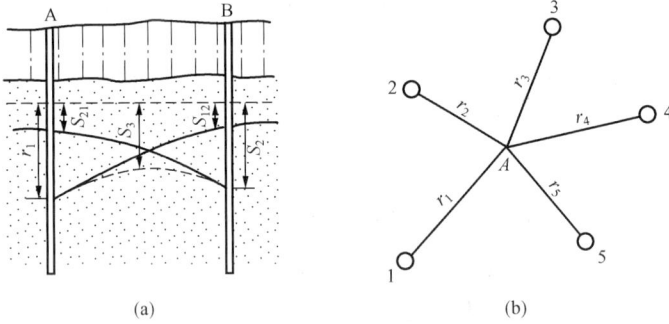

图 5-27　群井作用示意图
(a) 两口相互作用的井；(b) 井位布置示意图

4. 群井理论

若有两个井的距离小于影响半径 R，则需考虑到群井的相互作用。图 5-27 表示在 A 井抽水时，水位降低为 S_1 值，相当于该井的流量 q_1，因 B 井在影响范围之内，故 A 井抽水而使 B 井的水位降低为 S_{12} 值，同样，若 B 井抽水而 A 井不抽水，则 A 井处的水位降低为 S_{21} 值。若 A、B 两井同时抽水，则两井的降落斗交叉在一起，在两井之间行成一个总的水位降低 S_3。S_3 大于两井单独抽水时的降低值，同时占有两井间的整个面积。但是两井间时抽水时，其每井所抽到的流量比单独抽水时要小。

设有若干个井布置在 A 点的周围，见图 5-27b 所示，其距离可任意决定，但须在抽水井的影响范围之内。

自 A 点的第一个井抽水，则水位下降，并得出降落漏斗，其方程式为

$$y_1^2 - h_1^2 = \frac{q_1}{\pi k}\ln\frac{x_1}{r_1} \tag{5-41}$$

式中　y_1——第一个潜水在 A 点不透水层以上水位降低的高度，m；

　　　h_1——第一个井的水深，m；

　　　q_1——第一个井的流量；

　　　x_1——第一个井与 A 点的距离，m；

　　　r_1——第一个井的半径，m。

如果全部井都同时进行抽水工作，则每个井所形成的降落漏斗都交叉在一起，而总降落曲线的方程式为

$$y^2 - h_0^2 = \frac{q_1}{\pi k}\ln\frac{x_1}{r_1} + \frac{q_2}{\pi k}\ln\frac{x_2}{r_2} + \cdots + \frac{q_n}{\pi k}\ln\frac{x_n}{r_n} \tag{5-42}$$

式中　q_1、q_2、$\cdots$、q_n——全部井同时工作时各井的流量；

　　　h_0——每个井外的水位，其值均相等。

若各井径均相等，即 $r_1 = r_2 = \cdots = r_n$，流量也相等，即 $q_1 = q_2 = \cdots = q_n = \dfrac{Q}{n}$（$Q$ 为各井总流量，n 为井数），则式（5-42）应为

$$y^2 - h_0^2 = \frac{Q}{\pi k_n}(\ln x_1 x_2 \cdots x_n - n\ln r) \tag{5-43}$$

若在影响范围内任取一点，其水位高度等于静止水位的高度 H，各井距该点的距离分别以 R_1、R_2、$\cdots$、R_n 表示，则 $x_1 = R_1$，$x_2 = R_2$，$\cdots$，$x_n = R_n$，而 $y = H$，于是式（5-43）可写成

$$H^2 - h_0^2 = \frac{Q}{\pi k_n}(\ln R_1 R_2 \cdots R_n - n\ln r) \tag{5-44}$$

$$H^2 - y^2 = \frac{Q}{\pi k_n}(\ln R_1 \ln R_2 \cdots R_n - \ln x_1 x_2 \cdots x_n) \tag{5-45}$$

若该点离各井的中点很远，则即使令 $R_1 = R_2 = \cdots = R_n$，其误差也较大，因此

$$Q = \pi k \frac{H^2 - y^2}{\ln R - \dfrac{1}{n}(\ln x_1 x_2 \cdots x_n)} \tag{5-46}$$

以常数对数代替自然对数，即

$$Q = 1.366 k \frac{(2H - S)S}{\lg R - \dfrac{1}{n}(\lg x_1 x_2 \cdots x_n)} \tag{5-47}$$

同理，承压水则为

$$Q = 2.73 \frac{S}{\lg R - \dfrac{1}{n}(\lg x_1 x_2 \cdots x_n)} \tag{5-48}$$

二、基坑降水方法

基坑降水方法是在基坑开挖之前，预先在基坑四周埋设一定数量的滤水管（井），利用抽水设备抽水，使地下水位降落到坑底以下，并在基坑开挖过程中仍不断抽水。这样，可使所挖的土始终保持干燥状态，并可防止流砂发生，土方边坡也可陡些，从而减少了挖方量。

基坑降水方法有轻型井点、电渗井点、喷射井点、管井井点及深井井点降水等，具体方法应根据土的渗透系数、降低水位的深度、工程特点及设备条件等，按照表 5-5 选择。

表 5-5　　　　　　　　各种井点的适用范围

井点类别	土的渗透系数 （m/d）	降低水位深度 （m）	井点类别	土的渗透系数 （m/d）	降低水位深度 （m）
一级轻型井点	0.1～50	3～6	电渗井点	<0.1	根据选用的井点确定
二级轻型井点	0.1～50	根据井点级数而定	管井井点	20～200	3～5
喷射井点	0.1～50	8～20	深井井点	10～250	>15

（一）轻型井点降水

轻型井点降水是沿基坑四周每隔一定距离埋入井点管（直径 38～51mm，长 5～7m 的钢管）至蓄水层内，利用抽水设备将地下水从井点管内不停抽出，使原有地下水降至坑底以下。在施工过程中要不断地抽水，直至施工完毕。

根据 GB/T 50300—2013《建筑工程施工质量验收统一标准》和 GB 50202—2002 规定，轻型井点系统的布置应根据基坑或沟槽的平面形状和尺寸、深度、土质、地下水位高低与流向、降水深度要求等因素综合确定。

1. 轻型井点降水的设计

（1）平面布置。

当基坑或沟槽宽度小于 6m，且降水深度不大于 5m 时，可采用单排线状井点，布置在地下水流的上游一侧，两端延伸长度一般以不小于坑（槽）宽度为宜；如宽度大于 6m，或土质不良，渗透系数较大时，则宜采用双排线状井点（见图 5-28）。

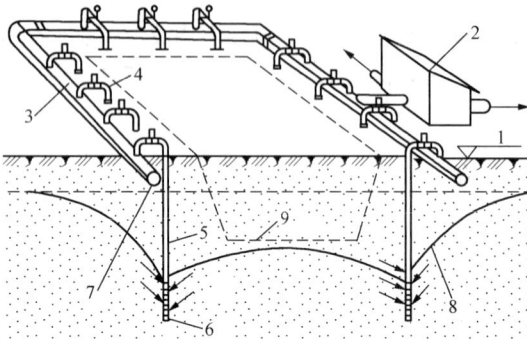

图 5-28　轻型井点降低地下水位全貌图

1—地面；2—水泵房；3—总管；4—弯联管；
5—井点管；6—滤管；7—原有地下水位线；
8—降低后的地下水位线；9—基坑

面积较大的基坑宜用环状井点，有时也可布置为 U 形，以利于挖土机械和运输车辆出入基坑，见图 5-29～图 5-31。

井点管距离基坑壁一般为 0.7～1.0m，以防局部发生漏气。井点管间距应根据土质、降水深度、工程性质等确定，一般采用 0.8～1.6m，或由计算和经验确定。井点管在总管四角部分应适当加密。

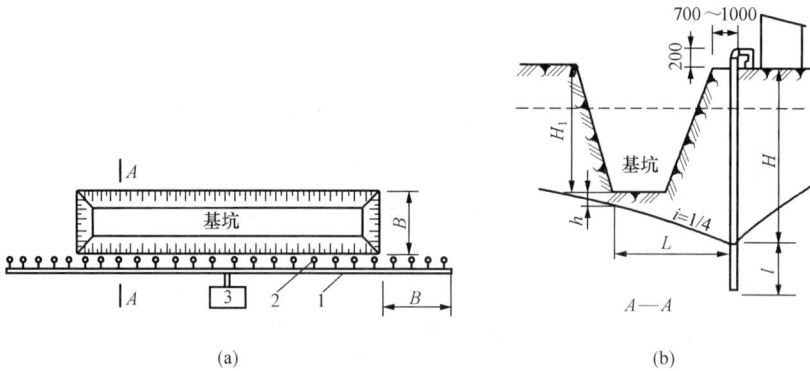

图 5-29　单排线状井点布置

（a）平面布置；（b）高程布置

1—总管；2—井点管；3—抽水设备

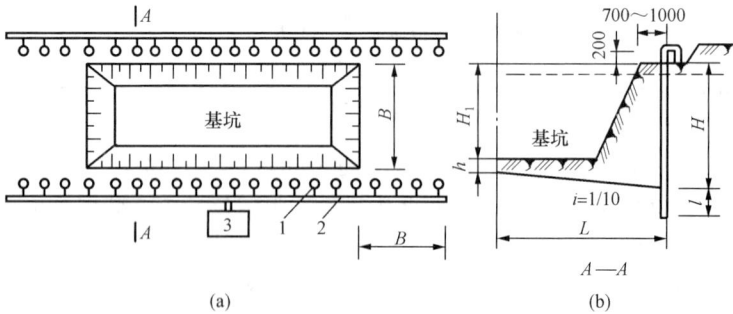

图 5-30　双排线状井点布置图

（a）平面布置；（b）高程布置

1—井点管；2—总管；3—抽水设备

一套抽水设备能带动的总管长度一般为100～120m，采用多套抽水设备时，井点系统应分段，各段长度应大致相等。分段地点宜选择在基坑转弯处，以减少总管弯头数量，提高水泵抽吸能力。水泵宜设置在各段总管中部，使泵两边的水流平衡。分段处应设阀门或将总管断开，以免管内水流紊乱，影响抽水效果。

（2）高程布置。

1）轻型井点的降水深度（见图5-32）在考虑设备水头损失后，不超过6m。

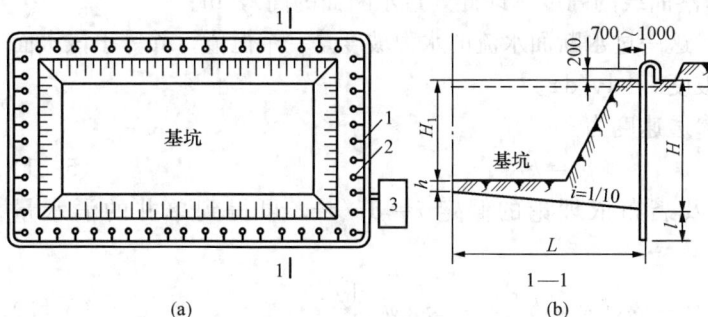

图5-31　环状井点布置简图
（a）平面布置；（b）高程布置
1—总管；2—井点管；3—抽水设备

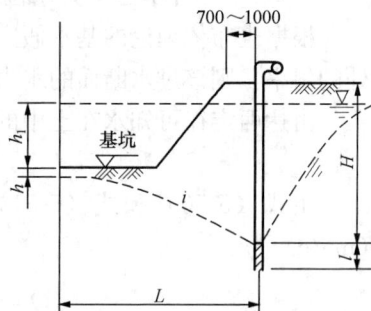

图5-32　高程布置示意图

井点管的埋设深度H（不包括滤管长）按下式计算，即

$$H \geqslant h_1 + h + iL \tag{5-49}$$

式中　H——井点管埋深，m；

　　　h_1——井管埋设面至基坑底的距离，m；

　　　h——基坑中心处基坑底面（单排井点时，为远离井点一侧坑底边缘）至降低后地下水位的距离，一般为0.5～1.0，m；

　　　i——地下水降落坡度，环状井点为1/10，单排线状井点为1/4；

　　　L——井点管至基坑中心的水平距离，m（在单排井点中，为井点管至基坑另一侧的水平距离）。

2）若计算出的H值大于井点管长度，则应降低井点管的埋置面（但以不低于地下水位为准）以适应降水深度的要求。

3）当一级井点系统达不到降水深度要求时，可根据具体情况采用其他方法降水（如上层土的土质较好时，先用集水井排水法挖去一层土再布置井图点系统）或采用二级井点（即先挖去第一级井点所疏干的土，然后在其底部装设第二级井点），使降水深度增加。

（3）无压完整井涌水量计算。

目前采用的计算方法都是以法国水力学家裘布依的水井理论为基础的。

裘布依理论的基本假定是：抽水影响半径内，从含水层的顶面到底部任意点的水力坡度是一个恒值，并等于该点水面处的斜率；抽水前地下水是静止的，即天然水力坡度为零；对于承压水，顶、底板是隔水的；对于潜水，井边水力坡度不大于1/4，底板是隔水的，含水层为均质水平；地下水为稳定流（不随时间变化）。

当均匀地在井内抽水时，井内水位开始下降。经过一定时间的抽水，井周围的水面就由水平的变成降低后的弯曲水面，最后该曲面渐趋稳定，成为向井边倾斜的水位降落漏斗。

由此可导出单井涌水量的裘布依微分方程，设不透水层基底为 x 轴，取井中心轴为 y 轴，对于距井轴 x 处水流的过水断面近似地看作一垂直的圆柱面，其面积为

$$\omega = 2\pi xy \tag{5-50}$$

式中　x——井中心至过水断面处的距离，m；

　　　y——距井中心 x 处水位降落曲线的高度（即此处过水断面的高），m。

根据裘布依理论的基本假定，这一过水断面水流的水力坡度是一个恒值，并等于该水面处的斜率，则该过水断面的水力坡度 $i = \mathrm{d}y/\mathrm{d}x$。

由达西定律可知水在土中的渗透速度为

$$v = ki \tag{5-51}$$

由式（5-50）和式（5-51）及裘布依理论的假定 $i = \mathrm{d}y/\mathrm{d}x$，可得到单井的涌水量（$\mathrm{m}^3/\mathrm{d}$）为

$$Q = \omega v = \omega ki = \omega k \frac{\mathrm{d}y}{\mathrm{d}x} = 2\pi xyk \frac{\mathrm{d}y}{\mathrm{d}x} \tag{5-52}$$

将式（5-52）分离变量，得

$$2y\,\mathrm{d}y = \frac{Q}{\pi k} \frac{\mathrm{d}x}{x} \tag{5-53}$$

水位降落曲线在 $x=r$ 时，$y=l$；在 $x=R$ 时，$y=H$。l 与 H 分别表示水井中的水深和含水层的深度。对式（5-53）两边积分，可得

$$\int_l^H 2y\,\mathrm{d}y = \frac{Q}{\pi k} \int_r^R \frac{\mathrm{d}x}{x} \tag{5-54}$$

$$H^2 - l^2 = \frac{Q}{\pi k} \ln \frac{R}{r} \tag{5-55}$$

于是

$$Q = \pi k \frac{H^2 - l^2}{\ln R - \ln r} \tag{5-56}$$

设水井中水位降落值为 S，$l = H - S$，则

$$Q = \pi k \frac{(2H - S)S}{\ln R - \ln r} \tag{5-57}$$

式中　R——单井的降水影响半径，m；

　　　r——单井的半径，m。

裘布依公式的计算与实际有一定出入，这是由于在过水断面处的水力坡度并非恒值，在靠近井的四周误差较大，但对于离井外有相当距离处，其误差是很小的。

式（5-57）是无压完整单井的涌水量计算公式。但在井点系统中，各井点管是布置在基坑周围，许多井点同时抽水，即群井共同工作，其涌水量不能用各井点管内涌水量简单相加求得。

群井涌水量的计算，可把由各井点管组成的群井系统视为一口大的单井，设该井为圆形，在上述单井的推导过程中积分的上下限成为：x 由 $x_0 \to R'$，y 由 $l' \to H$。于是由式（5-57）积分可得群井的涌水量计算公式为

$$Q = \pi k \frac{H^2 - l^2}{\ln R' - \ln x_0} \qquad (5\text{-}58)$$

或

式中 R'——群井降水影响半径，m；

x_0——由井点管围成的大圆井的半径，m；

l'——井点管中的水深，m。

假设在群井抽水时，每一井点管（视为单井）在大圆井外侧的影响范围不变，仍为 R，则有 $R' = R + x_0$。设 $S = H - l$，由此式（5-58）成为如下的形式，即

$$Q = \pi k \frac{(2H - S)S}{\ln(R + x_0) - \ln x_0} \qquad (5\text{-}59)$$

式（5-59）即为实际应用的群井系统涌水量的计算公式。

在实际工程中往往会遇到无压非完整井的井点系统（见图 5-33），这时地下水不仅从井的侧面流入，还从井底渗入。因此涌水量要比完整井大。为了简化计算，仍可采用式(5-59)。此时式中 H 换成有效含水深度 H_0，即

$$Q = \pi k \frac{(2H_0 - S)S}{\ln(R + x_0) - \ln x_0} \qquad (5\text{-}60)$$

H_0 可查表 5-6。当算得的 H_0 大于实际含水层的厚度 H 时，取 $H_0 = H$。

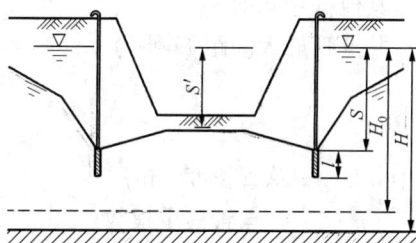

图 5-33 无压非完整井计算简图

表 5-6 有效深度 H_0 值

$S/(S+l)$	0.2	0.3	0.5	0.8
H_0	$1.3(S+l)$	$1.5(S+l)$	$1.7(S+l)$	$1.84(S+l)$

注 1 $S/(S+l)$ 的中间值可采用插入法求 H_0。
　2 S 为井点管内水位降落值（m）；l 为滤管长度（m）。

有效含水深度 H_0 的意义是，抽水是在 H_0 范围内受到抽水影响，而假定在 H_0 以下的水不受抽水影响，因而也可将 H_0 视为抽水影响深度。

应用上述公式时，先要确定 x_0、R、k。

由于基坑大多不是圆形，因此不能直接得到 x_0。当矩形基坑长宽比不大于 5 时，环形布置的井点可近似作为圆形井来处理，并用面积相等原则确定，此时将近似圆的半径作为矩形水井的假想半径，即

$$x_0 = \sqrt{\frac{F}{\pi}} \qquad (5\text{-}61)$$

式中 x_0——环形井点系统的假想半径，m；

F——环形井点所包围的面积，m²。

抽水影响半径与土的渗透系数、含水层厚度、水位降低值及抽水时间等因素有关。在抽水 2～5d 后，水位降落漏斗基本稳定，此时抽水影响半径可近似地按下式计算，即

$$R = 1.95S \sqrt{Hk} \qquad (5\text{-}62)$$

式中　S、H——水位降落值和含水层厚度，m。

渗透系数 k 值对计算结果影响较大。k 值的确定可用现场抽水试验或实验室测定，对于重大工程，宜采用现场抽水试验以获得较准确的值。

（4）井点管数量计算。

井点管最少数量由下式确定，即

$$n' = \frac{Q}{q} \tag{5-63}$$

$$q = 65\pi d l^3 \sqrt{k} \tag{5-64}$$

式中　q——单根井管的最大出水量，m^3/d；

　　　　d——滤管直径，m。

其他符号同前。

井点管最大间距 D' 便为

$$D' = \frac{L}{n'} \tag{5-65}$$

式中　L——总管长度，m；

　　　　n'——井点管最少根数。

实际采用的井点管间距 D 应当与总管上接头尺寸相适应，即尽可能采用 0.8、1.2、1.6m 或 2.0m，且 $D < D'$，这样实际采用的井点数 $n > n'$，一般 n 应当超过 $1.1n'$，以防井点管堵塞等影响抽水效果。

2. 轻型井点降水的施工

（1）井点安装。

1）安装程序：井点放线定位→安装高位水泵→凿孔安装埋设井点管→布置安装总管→井点管与总管连接→安装抽水设备→试抽与检查→正式投入降水程序。

2）井点管埋设。根据建设单位提供的测量控制点，测量放线确定井点位置，然后在井位先挖一个小土坑，深约 500mm，以便于冲击孔时集水，埋管时灌砂，并用水沟将小坑与集水坑连接，以便于排泄多余的水。

用绞车将简易井架移到井点位置，将套管水枪对准井点位置，启动高压水泵，水压控制在 0.4～0.8MPa，在水枪高压水的射流冲击下套管开始下沉，并不断地升降套管与水枪。一般含砂的黏土，按经验，套管落距不超过 1000mm。在射水与套管冲切作用下，在 10～15min 时间之内，井点管可下沉 10m 左右，若遇到较厚的纯黏土时，沉管时间要延长，此时可采取增加高压水泵的压力，以达到加速沉管速度的目的。冲击孔的成孔直径应达到 300～350mm，保证管壁与井点管之间有一定间隙，以便于填充砂石，冲孔深度应比滤管设计安置深度低 500mm 以上，以防止冲击套管提升拔出时部分土塌落，并使滤管底部存有足够的砂石。

凿孔冲击管上下移动时应保持垂直（见图 5-34），这样才能使井点降水井壁保持垂直。若在凿孔时遇到较大的石块和砖块，会出现倾斜现象，此时成孔的直径也应尽量保持上下一致。

井孔冲击成型后，应拔出冲击管，通过单滑轮，用绳索拉起井点管插入，井点管的上端应用木塞塞住，以防砂石或其他杂物进入，并在井点管与孔壁之间填灌砂石滤层，该砂石滤层的填充质量直接影响轻型井点降水的效果。

3）冲洗井管。将直径为15～30mm的胶管插入井点管底部进行注水清洗，直到流出清水为止。清洗时应逐根进行，避免出现"死井"。

4）管路安装。首先沿井点管线外侧，铺设集水毛管，并用胶垫螺栓把干管连接起来，主干管连接水箱水泵，然后拔掉井点管上端的木塞，用胶管与主管连接好，再用10号铅丝绑好，防止管路不严、漏气而降低整个管路的真空度。主管路的流水坡度按坡向泵房5‰的坡度，并用砖将主干管垫好。

5）检查管路。检查集水干管与井点管连接的胶管的各个接头在试抽水时是否有漏气现象，发现这种情况时应重新连接或用油腻子堵塞，重新拧紧法兰盘螺栓和胶管的铅丝，直到不漏气为止。

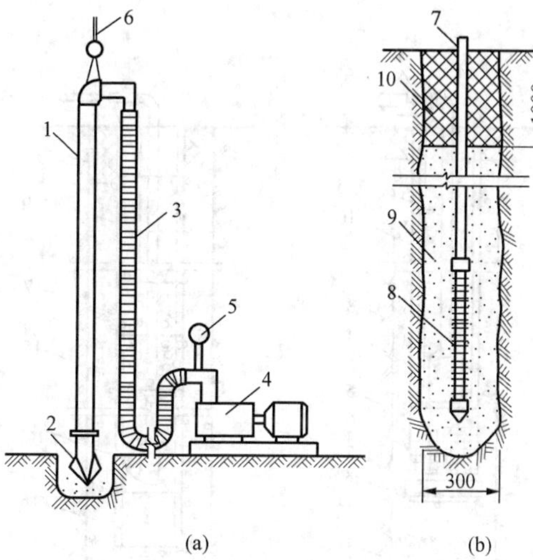

图 5-34　井点管的埋设
(a) 冲孔；(b) 埋管
1—套管；2—冲嘴；3—胶皮管；4—高压水泵；5—压力表；6—起重机吊钩；7—井点管；8—滤管；9—填砂；10—黏土封口

在正式运转抽水之前必须进行试抽，以检查抽水设备运转是否正常，管路是否存在漏气现象。在水泵进水管上安装一个真空表，在水泵的出水管上安装一个压力表。为了观测降水深度是否达到施工组织设计所要求的降水深度，在基坑中心设置一个观测井点，以便于通过观测井点测量水位，并描绘出降水曲线。

在试抽时，应检查整个管网的真空度达到550mmHg（73.33kPa）后，方可进行正式投入抽水。

（2）抽水。轻型井点管网全部安装完毕后，进行试抽。当抽水设备运转一切正常后，整个抽水管路无漏气现象，可以投入正常抽水作业。开机一个星期后，将形成地下降水漏斗，并趋向稳定，土方工程可在降水10d后开挖。

3. 质量标准

井点管间距、埋设深度应符合设计要求，一组井点管和接头中心应保持在一条直线上；井点埋设应无严重漏气、淤塞、出水不畅或死井等情况；埋入地下的井点管及井点连接总管均应除锈并刷防锈漆一道；各焊接口处焊渣应凿掉，并刷防锈漆一道；各组井点系统的真空度应保持在55.3～66.7kPa，压力应保持在0.16MPa。

（二）深井井点降水

深井井点降水（见图5-35）是在深基坑的周围埋置深于基底的井管，使地下水通过设置在井管内的潜水电泵将地下水抽出，使地下水位低于坑底。

1. 适用范围

深井井点具有排水量大、降水深（15～50m）、不受土质限制等特点，适用于地下水丰富、基坑深、基坑占地面积大的工程地下降水，流砂地区和重复挖方地区使用这种方法效果更佳。

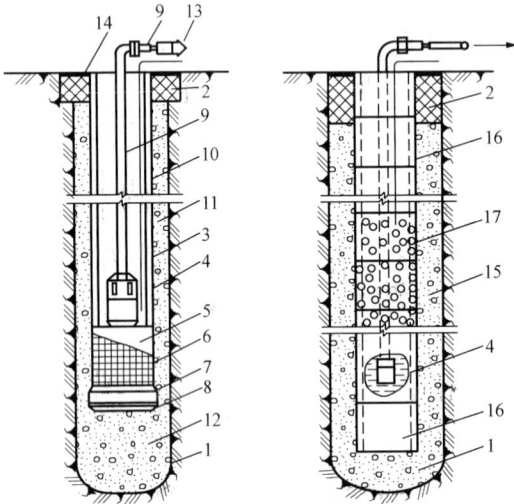

图 5-35　深井井点构造

1—井孔；2—井口（黏土封口）；3—φ300～φ375 井管；4—潜水电泵；5—过滤段（内填碎石）6—滤网；7—导向段；8—开孔底板（下段滤网）；9—φ50 出水管；10—电缆；11—小砾石或中粗砂；12—中粗砂；13—φ50～φ75 出水总管；14—20mm 厚钢板井盖；15—小砾石；16—沉砂管；17—混凝土过滤管

2. 工艺流程

工艺流程为：井点测量定位→挖井口→安护筒钻机就位→钻孔→回填井底砂垫层→吊放井管→回填井管与孔壁间的砾石过滤层→洗井→井管内下设水泵、安装抽水控制电路→试抽水降水井正常工作→降水完毕拔井管→封井。

3. 操作要点

（1）定位：根据设计的井位及现场实际情况，准确定出各井位置，并做好标记。

（2）采用冲击钻成孔，孔径一般为 600～800mm，用泥浆护壁，孔口设置护筒，以防孔口塌方，并在一侧设排泥沟、泥浆坑。

（3）成孔后立即清孔，并安装井管。井管下入后，井管的滤管部分应放置在含水层的适当范围内，并在井管与孔壁间填充砾石滤料。

（4）安装水泵前，用压缩空气洗井法清洗滤井，冲除尘渣，直到井管内排出的水由浑变清，达到正常出水量为止。

（5）水泵安装后，对水泵本身和控制系统作一次全面细致的检查，合格后进行试抽水，满足要求后转入正常工作。

（6）观测井中地下水位的变化，作好详细记录。

4. 质量要求

基坑周围井点应对称、同时抽水，使水位差控制在要求限度内；井管安放应力求垂直并位于井孔中间，井管顶部应比自然地面高 0.5m；井管与土壁之间填充的滤料应一次完成，从井底填到井口下 1.0m 左右，上部采用不含砂石的黏土封口，每台水泵应配置一个控制开关，主电源线路要沿深井排水管路设置，大口井成孔直径必须大于滤管外径 300mm 以上，确保滤管外围的过滤层厚度，滤管在井孔中位置偏移不得大于滤管壁厚。

（三）无砂大孔混凝土管井井点降水

沿高层建筑基础或在地下水位以下的构筑物基坑的四周采用泥浆护壁冲击式钻机成孔，然后每隔一定距离埋设一个无砂大孔混凝土管井，形成环状布置，以单孔管井用潜水泵抽水至连续总管内，然后排至沉淀池内，再排送至下水道。

1. 材料、机械准备

材料、机械包括滤水井管、冲击式成孔钻机、潜水泵、吸水管、空压机、排水管、水泵控制自动系统、8～5mm 豆石、木底座或混凝土底座、沥青、麻布等。

2. 管井构造

管井的滤管为无砂大孔混凝土，采用粒径为 8～5mm 的豆石加水泥按 6：1 左右比例预制而成，强度大于 2MPa，每节长 1m 左右。最下部一节为有孔滤管，其空隙率为 20％～25％。管接头处用两层麻布浇沥青包裹，外夹竹片用 10 号铅丝扎牢，以免接缝处挤入泥砂淤塞管井，其内径为 500、600mm。

3. 工艺流程

工艺流程为：施工准备→放线→冲击式成孔钻机就位→成孔→泥浆护壁→下管→下滤水层→上部用厚土填实→洗井→下潜水泵→抽水→排水总管→沉淀池→污水管井。

4. 工艺原理

管井采用冲击式成孔机冲击成孔，孔的直径为 1m 左右，采用泥浆护壁。待冲孔到设计深度后，用吸管将其中的泥浆吸净，下底座，然后下管，外填塞滤水小豆石，上部用厚土填实，立即用压缩空气将泥浆吹出洗井，然后抽水。

管井的有效降水深度取决于管井深度、降水面积、含水层渗透系数以及水泵扬程。降水坡度环形为 1：10。

（四）电渗井点降水

电渗井点降水是井点管作阴极，在其内侧相应地插入钢筋或钢管作阳极，通入直流电后，在电场的作用下，使土中的水流加速向阴极渗透，流向井点管。这种方法耗电多，只在特殊情况下使用。电渗井点降水在渗透系数小于 0.1m/d 的粉质黏土中的施工效果比较好。

1. 施工工艺

（1）阳极用直径 50～75mm 或直径 20～25mm 钢筋，以与井点管同等数量埋设在井点管内侧，成平行交错排列。

（2）阴阳极的距离：采用轻型井点时为 0.8～1.0m；采用喷射井点时为 1.2～1.5m。

（3）阳极管（钢筋）的埋设，采用 75mm 旋叶式电动钻机成孔埋设。

（4）阳极外露 0.2～0.4m，入土深度比井点管深 0.5m，以保证水位能降到所要求的深度。

（5）阴阳极的数量相同，分别用电线连接成通路，并分别接到直流发电机或直流电焊机的相应电极上。

井点运行同轻型井点降水（或喷射井点降水）；电渗井点降水运行时，工作电压不大于 60V，土中通电时的电流密度宜为 $0.5～1.0 A/m^2$。直流电采用间歇通电流法，每通电 24h，停电 2～3h，然后再通电，如此循环。

地下建筑物竣工，并进行回填、夯实至地下水位线以上时，方可拆除井点系统。拔出井点管、阳极钢管（钢筋）可借助于倒链或杠杆式起重机。所留孔洞下部用砂、上部 1～2m 用黏土填实。

2. 质量标准

排水沟坡度：允许值为 0.1‰～0.2‰。检查方法：目测，沟内不积水、排水畅通。井

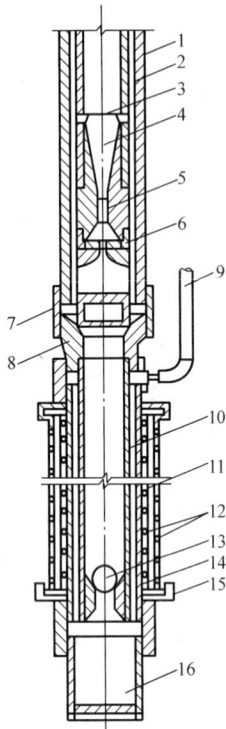

图 5-36　喷射井点降水示意图

1—外管；2—内管；3—喷射器；4—扩散管；5—混合管；6—喷嘴；7—缩节管；8—连接座；9—真空测定管；10—滤管芯管；11—滤管有孔套管；12—滤管外缠滤网及保护网；13—止回球阀；14—止回阀座；15—护套；16—沉泥管

管（点）垂直度：允许值为1%以内。检查方法：插管时目测。井管（总）间距：与设计相比小于等于150%。检查方法：用钢尺量。井管（点）插入深度：与设计相比小于等于200mm。检查方法：现场测量（水准仪）。过滤砂砾填灌：与计算值相比小于等于5mm。检查方法：检查回填料用量。井点真空度：轻型井点真空度大于60kPa；喷射井点真空度大于93kPa，检查方法：观察真空度表。电渗井点阴阳极距离：轻型井点：80～100mm；喷射井点：120～150mm，检查方法：用钢尺量。

（五）喷射井点降水

如果基坑较深，采用轻型井点要采用多级井点，就会增加基坑挖土量、延长工期并增加设备数量，显然不经济。因此，当降水深度超过8m时，宜采用喷射井点，降水深度可达8～20m。

喷射井点降水（见图5-36）是在井点内部装设特别的喷射器，用高压水泵或空气压缩机通过井点管向喷射器输入高压水（喷水井点）或压缩空气（喷气井点），形成水气射流，将地下水经井点外管和内管之间的间隙排走。喷射井点的设备主要由喷射井管、高压水泵和管路系统组成。该方法设备比较简单，排水深度大，可达8～10m；比轻型井点降水设备少，基坑土方开挖量少，施工快、费用低。

真空喷射井点出水量可按表5-7确定。

表 5-7　　　　　　　　　　　真空喷射井点出水量

型　号	外管直径（mm）	喷射管		工作水压力（MPa）	工作水流量（m³/d）	设计单井出水流量（m³/d）	适用含水层渗透系数（m/d）
		喷嘴直径（mm）	温合室直径（mm）				
1.5型并列式	38	7	14	0.6～0.8	112.8～163.2	100.8～138.2	0.1～5.0
2.5型圆心式	68	7	14	0.6～0.8	110.4～148.8	103.2～138.2	0.1～5.0
4.0型圆心式	100	10	20	0.6～0.8	230.4	259.2～388.8	5.0～10.0
6.0型圆心式	162	19	40	0.6～0.8	720	600～720	10.0～20.0

三、截水与回灌

当地下降水会对基坑周围建（构）筑物和地下设施带来不良影响时，可采用竖向截水帷幕或回灌的方法避免或减小该影响。

竖向截水帷幕通常用水泥搅拌桩、旋喷桩等做成。其结构形式有两种：一种是当含水层较薄时，穿过含水层，插入隔水层中；另一种是当含水层相对较厚时，帷幕悬吊在透水层中。前者作为防渗计算时，只需计算通过防渗帷幕的水量，后者还需考虑绕过帷幕涌入基坑的水量。

截水帷幕的厚度应满足基坑防渗要求，截水帷幕的渗透系数宜小于1.0×10^{-6}cm/s。

落底式竖向截水帷幕应插入下卧不透水层，其插入深度可按下式计算，即

$$l = 0.2h_w - 0.5b \tag{5-66}$$

式中　l——帷幕插入不透水层的深度，m；

　　　h_w——作用水头，m；

　　　b——帷幕厚度；m。

当地下含水层渗透性较强、厚度较大时，可采用悬挂式竖向截水与坑内井点降水相结合或采用悬挂式竖向截水与水平封底相结合的方案。

截水帷幕施工方法和机具的选择应根据场地工程水文地质及施工条件等综合确定。

在基坑开挖与降水过程中，可采用回灌技术防止因建筑物基础局部下沉而影响建筑物的安全。回灌方式有两种：一种是采用回灌沟回灌（见图5-37）；另一种是采用回灌井回灌（见图5-38）。其基本原理是：在基坑降水的同时，向回灌井或沟中注入一定水量，形成一道阻渗水幕，使基坑降水的影响范围不超过回灌点的范围，阻止地下水向降水区流失，保持已有建筑物所在地原有的地下水位，使土压力仍处于原有平衡状态，从而有效地防止降水的影响，使建筑物的沉降达到最小程度。

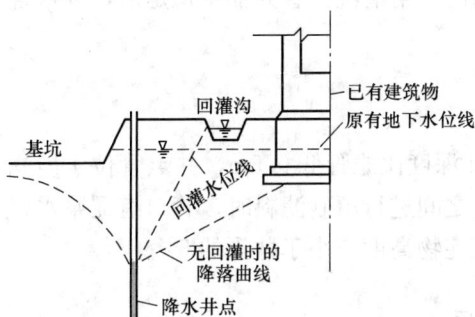

图5-37　井点降水与回灌沟回灌示意图　　　图5-38　井点降水与井点回灌示意图

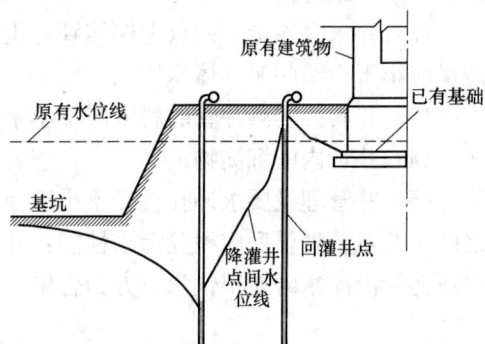

如果建筑物离基坑稍远，且为较均匀的透水层，中间无隔水层，则采用最简单的回灌沟方法进行回灌较好，其经济易行，如图5-37所示。但如果建筑物离基坑近，且为弱透水层或透水层中间夹有弱透水层和隔水层时，则须用回灌井点进行回灌，如图5-38所示。

回灌井点系统的工作条件恰好和抽水井点系统相反，将水注入井点以后，水从井点向四周土层渗透，在井点周围形成一个和抽水相反的倒转漏斗，有关回灌井点系统的设计，也应按照水井理论进行计算与优化。

第四节　基坑降水的施工质量控制与检验

基坑降水施工质量检验主要是指井管施工完毕，在施工现场对管井的质量进行逐井检查和验收。

一、集水坑降水施工质量控制与检验

（1）集水坑应设置在基础范围以外，地下水流的上游。

（2）应根据地下水量的大小、基坑平面形状及水泵能力，每隔 20～40m 设置一个集水坑。

（3）集水坑的直径或宽度一般为 0.6～0.8m，深度随着挖土的加深而加深，要保持低于挖土面 0.7～1.0m，井壁可用竹、木板等简易加固。

（4）应根据现场土质条件保持开挖边坡的稳定。边坡坡面上如有局部渗出地下水时，应在渗水处设置过滤层，防止土粒流失，并设置排水沟，将水引出坡面。

二、井点降水施工质量控制与检验

井管竣工验收一般在管井施工单位内部进行，我国有的地区，管井单位施工仅负责管井施工，并不负责基坑施工期间的管井抽水工作，管井竣工后即向降水单位移交，由管井施工单位会同降水单位共同进行管井竣工验收。

根据降水管井的特点和我国各地降水管井施工的实际情况，并参照 GB 50296—1999《供水管井技术规范》规定，质量控制标准主要有以下四个方面：

（1）管井出水量。井点管在地面以下 0.5～1.0m 深度内应用黏土填实，以防止漏气。埋设完毕应检查是否漏水、漏气，出水是否正常、有无淤塞。井点使用时应保证连续不断抽水，并准备备用电源。实测管井在设计降深时的出水量，应不小于管井设计出水量，当管井设计出水量超过抽水设备能力时，按单位出水量检查。

（2）井水含沙量。井点管连接管与集水总管使用前严格清洗。管井抽水稳定后，井水含沙量应小于 1/20 000（体积比）。

（3）井斜。实测井管的斜度应不小于 1°。

（4）井管内的沉淀物。

（5）井管埋设要求冲孔直径不小于 300mm，冲孔深度比滤管低 0.5m，井点管位于砂滤之间。井点管埋设后应检验渗水性能：井点管与孔壁之间进行填砂滤料时，管口有泥浆水冒出或向管内灌水时能很快渗下方为合格。井管内的沉淀物高度应小于井深的 5‰。

思 考 题

5-1 选择题

（1）渗流模型与实际渗流相比较，（　　）。

A. 流量相同　　　　　　　　　B. 流速相同

C. 各点压强不同　　　　　　　D. 渗流阻力不同

（2）比较地下水在不同土壤中渗透系数的大小，下列正确的是（　　）（黏土 k_1、黄土 k_2、细砂 k_3）。

A. $k_1>k_2>k_3$　　　　　　　B. $k_1<k_2<k_3$

C. $k_2<k_1<k_3$　　　　　　　D. $k_3<k_1<k_2$

（3）地下水渐变渗流，过流断面上各点的渗透速度按（　　）。

A. 线性分布　　　　　　　　　B. 抛物线分布

C. 均匀分布　　　　　　　　　D. 对数曲线分布

（4）地下水渐变渗流的浸润线，沿程变化为（　　）。

A. 下降　　　　　　　　　　　B. 保持水平

C. 上升
D. 以上情况都可能

（5）普通完整井的出水量（　　）。

A. 与渗透系数成正比
B. 与井的半径成正比

C. 与含水层厚度成正比
D. 与影响半径成正比

5-2　达西定律的适用条件是什么？与裘布依公式的含义有何不同？

5-3　渗透系数 k 值与哪些因素有关？如何确定？

5-4　何谓井的影响半径？引用这一概念的实用意义和理论缺陷是什么？

5-5　在实验室中用达西实验装置来测定土样的渗流系数。如圆筒直径为 20cm，土层厚度为 400mm（即两测压管间距为 400mm），测得通过流量 Q 为 100mL/min，两测压管的水头差为 200mm。试计算土样的渗透系数。

5-6　某工地以潜水为给水水源。由钻探测知含水层夹有沙粒的卵石层，厚度 H 为 6m，渗流系数 k 为 0.00 116m/s。现打一普通完整井，井的半径为 0.15m，影响半径 $R=150$m。试求井中水位降深 s 为 3m 时井的涌水量 Q。

5-7　从一承压井取水，井的半径 $r_0=0.1$m，含水层厚度 $t=5$m，在离井中心 10m 处钻一观测孔（见图 5-39）。在未抽水前，测得地下水的水位 $H=12$m，现抽水量 $Q=36$m³/h，井中水位降深 $d_0=2$m，观测孔中水位降深 $s_1=1$m。试求含水层的渗流系数 k 值及承压井 s_0 为 3m 时的涌水量。

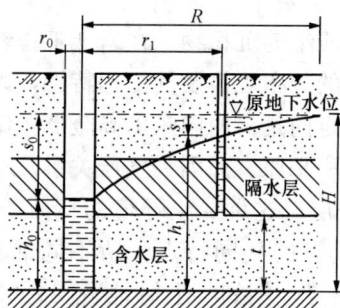

图 5-39　题 5-7 插图

第六章　基坑土体加固原理

　　基坑周围土体的物理、力学性质影响着基坑边坡工程的稳定，因此有必要从土的基本性质入手，研究其加固原理。

　　土是自然地质历史的产物。在漫长的地质历史演变过程中，由坚固而连续的岩体经过风化作用变成大小不一甚至大小悬殊的颗粒，经由各种地质作用的剥蚀、搬运而在不同的环境中沉（堆）积形成土体。自然界的成土过程可用图 6-1 的简略示意予以概括。

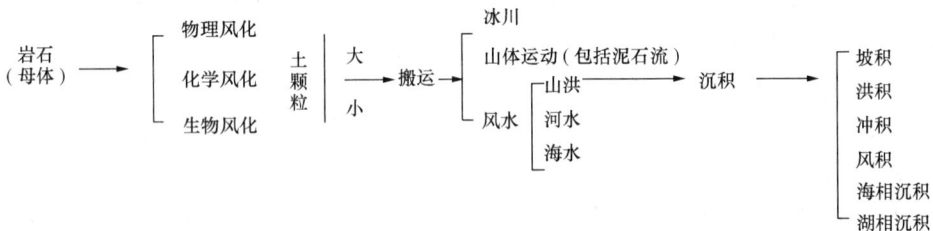

图 6-1　成土过程示意图

　　在地质学中，土体主要指第四纪的沉积物。在岩土工程领域，人们关心的是这种不同成因类型的第四纪沉积物各自具有的分布规律及其工程特性，以利于工程实践中对土体的认识和利用。例如，我国大陆的地势走向是自西向东由高至低倾斜，河流大多于东部入海。于是在河口海岸地带常形成三角洲冲积平原。而因为气候关系及土中水分的蒸发，往往形成表层的硬壳层，其下反而是软弱下卧层。这种成土环境的特征条件在土层纵剖面上的分布，是大陆沿海城市的浅层地基土所具有的共同特点。所不同的只是硬壳层的厚度各地有所不同，且有自北向南逐渐减薄的趋势。例如，上海地区硬壳层厚度一般为 3m 左右，往南到了温州、福州等地一般只有 1m 左右。这种土层构造和工程特征使得软弱下卧层的性状与验算成为地基设计的关键问题。又如，在沿海地区由于河流与海水的交替作用而出现淤泥或黏土与粉质土的交替沉积，故而常形成黏土、粉土互层或在厚层黏性土中夹有多层厚度仅为 1～2mm 的薄粉砂（土）层的微层理构造（其中以上海地区淤泥质黏性土层最为典型）。这种土层剖面的工程特性是水平向的高渗透性，在挖方工程中极易形成潜藏的流砂源点。

　　我国黄泛区的冲积平原则是黄河改道和反复泛滥中夹带泥沙沉积的结果，形成自郑州以东、新乡以南、许昌以北直至黄海边的大片扇形面积的黄河冲积平原，这是我国典型的粉土分布区之一。粉土作为一种介于黏土和砂土之间的过渡性土类，理应有其自身的工程特性及与此相应的认识方法，例如粉粒是颗粒组成中的主导部分；不稳定的颗粒结构联结；较高的透水性；仍有主次固结过程；液化的潜在性等。但目前对它的工程性质及其宏观工程反应的认识仍是将其作为一般黏性土来对待。因此引起了对这类土质进行边坡稳定性研究的局限性。

　　在岩土工程领域中，软土是备受关注的对象，包括淤泥、泥炭、淤泥质黏性土以及软、流塑状态的黏土等，有时也把高含水量的粉土纳入其中。另外还有人工吹填土也可归入软土之列，因其成土时间短，在自重下尚未完成固结，所以一般都很松软。在我国，软土分布很广，沿海、内地都可见到，但以沿海地区为主，特别是江河出海口的三角洲平原地带的软土层面广而深厚。软土工程性质中的最大特点是它的"三高三低"特性，即高含水量、高灵敏度、高压缩性、低密度、低强度、低渗透性。工程实践已表明，软土工程的水平位移较之竖直压缩（沉降）对于建于其中的建（构）筑物的安全和可靠使用更具威胁，所以软土中的深基坑工程的支护、降水和开挖设计和施工也因其力学性状的特征而增加了难度。

第一节 基坑土体加固的方法

对软土基坑，特别是深大而环境恶劣的基坑，在基坑内外一定范围内进行土体加固，可以起到防止坑底隆起、稳定坑壁、减少位移、保护环境的作用。现在工程界已普遍认识到，基坑支护设计只有把挡墙、撑锚及土体加固三项技术综合运用，方可达到安全、经济的目的。实践证明，在一般情况下，加固坑内被动区的效果比加固坑外主动区的效果更好，因此在基坑开挖施工中，土体加固技术常用于加固被动土压力区。

在以下可能引起突发性灾害性事故的地质情况或环境条件下，应对基坑土体进行加固：

（1）液性指数大于1.0的触变性及流变性较大的黏土层。

（2）基坑底面以下存在承压水层，坑底不透水层有被承压水顶破的危险。

（3）在坑底面与下面承压水之间存在不透水层与受压透水层互层的过渡性地层。

（4）基坑承受偏载的条件：坑周地面和地下水位高程有较大差异；坑周挡墙外侧有局部的松土或空洞；基坑对面挡墙外侧超载很大；基坑内外地层软硬悬殊；部分挡墙受到邻近工地打桩、压浆等施工活动引起的附加压力。

（5）含丰富地下水的砂性土层及废弃地下室管道等构筑物内的贮水体。

（6）地下水丰富且连通流动大水体的卵砾石地层或旧建筑垃圾层。

（7）基坑周围外侧存在高耸桅塔，易燃管道，地下铁道、隧道等对沉降很敏感的建筑设施。

基坑土体加固采用的方式主要有深层搅拌法、高压旋喷法、压力注浆法、人工挖孔桩法。除了这些常规的地基处理技术外，还常利用降水技术，也可以达到显著的加固效果。

一、深层搅拌法

深层搅拌法是通过特制的深层搅拌机械在地基深部就地将软土和固化剂（如水泥）强制拌和，使软土硬结而提高土体强度。水泥在深层搅拌中仅占被加固体的 7%～15%。它的加固原理不同于一般混凝土，水泥和土中的水以及与土粒中的硅、钠、钾等离子产生一系列的物理-化学变化，从而得到胶结和固化，其硬凝反应一般需 3 个月才能完成，故水泥土的强度增长比混凝土缓慢。

深层搅拌法适用于各类软土，如淤泥、淤泥质土、粉土和含水量较高且地基承载力特征值不大于 120kPa 的黏性土，包括新吹填的超软土，但对泥炭（含水量高达 500%）或地下水具有侵蚀性时，应通过试验确定其适用性。

（一）设计

1. 设计必备资料

（1）地基勘察资料，土的物理力学性能指标，土的矿物成分，有机质含量、可溶盐含量及地下水 pH 值、硫酸盐含量的水质分析。

（2）建筑物类型、荷载要求及特点，加固平面范围。

搅拌桩就其强度而言是介于刚性混凝土桩和柔性砂桩、碎石桩之间的一种桩型，其强度又接近于刚性桩，设计时仅需在基础范围内布桩。

2. 室内外试验

由于地基土质条件的复杂性，为使设计更合理、更科学，在设计施工前应进行室内外试验，以确定水泥的品种、标号，最适宜的水泥掺合量、水灰比，以及最优的外掺剂。

几种不同成因的软土采用水泥加固的部分试验结果如表 6-1 所示。经大量试验表明，当其他条件相同，水泥掺入比不同时，水泥土强度不同，当掺入比小于 5％时，水泥与土的反应过弱，固化程度偏低，当掺入比大于 10％时，标准强度可达 0.3～2.0MPa 以上，掺入比由 10％增到 12％时，强度可增加 10％～26％，视土质和施工条件而异。

表 6-1　　　　　　　　　　不同成因软土的水泥加固试验结果

土层成因	土名	土的性质							掺加水泥试验			
		含水量 w （％）	天然密度 （g/cm³）	孔隙比 e	液性指数 I_L （％）	塑性指数 I_P （％）	压缩系数 α_{1-2} （MPa）	无侧限抗压强度 q_u （kPa）	水泥标号	水泥渗量 （％）	龄期 （d）	水泥土无侧限抗压强度 $f_{cu,k}$ （kPa）
滨海相沉积	淤泥	50.0	1.73	1.39	1.21	22.8	1.33	24	325	10	90	1096
	淤泥质亚黏土	36.4	1.83	1.03	1.26	10.4	0.64	26	425	8	90	1415
	淤泥质黏土	68.4	1.56	1.80	1.71	21.8	2.05	19	425	14	90	1097
河川沉积	淤泥质亚黏土	47.4	1.74	1.29	1.63	16.0	1.03	28	425	10	120	998
	淤泥质黏土	56.0	1.67	1.31	1.18	21.0	1.47	20	525	10	30	880
湖沼相沉降	泥炭	448.0	1.04	8.06	0.85	341.0		≈0	425	25	90	155
	泥炭化土	58.0	1.63	1.48	1.65	26.0	1.78	15	425	15	90	714

当水泥土配方相同时，水泥土强度随土样的天然含水量的降低而增大。试验表明，当土样含水量在 50％～85％范围内变化时，含水量每降低 10％，强度可提高 30％～50％。

有机质使土层具有一定酸性，阻碍水泥水化反应的进行，故有机质含量高，水泥土强度低。此外，地下水中硫酸盐（如 Na_2SO_4）对普通水泥具有侵蚀性，使水泥土强度大幅度下降。

在室内试验的基础上，为确定不同桩长和不同桩身强度的单桩承载力，可进行现场试验，也可用载荷试验确定复合地基的承载力，例如，单桩复合地基载荷试验的压板面积应取一根桩承担的处理面积。

3. 单桩设计

桩长一般由土层条件或施工条件确定，使其符合承载力的要求。单桩竖向承载力标准值也可按下列两式计算，取其中较小值，即

$$R_k^d = \eta f_{cu,k} A_p \tag{6-1}$$

$$R_k^d = \bar{q}_s U_p l + \alpha A_p q_p \tag{6-2}$$

式中　$f_{cu,k}$——与搅拌桩桩身加固土配比相同的室内加固土试块（70.7mm×70.7mm×70.7mm 或 50mm×50mm×50mm）的无侧限抗压强度平均值，kPa；

　　　　A_p——桩的截面积，m^2；

　　　　η——强度折减系数，可取 0.35～0.50；

　　　　$\bar{q}_s$——桩周土的平均摩擦力，对淤泥可取 5～8，对淤泥质土可取 8～12，对黏性土可取 12～15，kPa；

　　　　U_p——桩周长，m；

　　　　l——桩长，m；

　　　　q_p——桩端土承载力标准值，kPa；

　　　　α——桩端天然地基土的承载力折减系数，可取 0.4～0.6。

4. 群桩设计

群桩设计需确定桩的平面布置和桩数，搅拌桩可采用正方形（见图 6-2）或等边三角形布置形式，定义面积置换率 m 为

$$m = \frac{A_P}{A_e} = \frac{A_p}{A_p + A_s} \tag{6-3}$$

A_s 和 A_e 分别为被加固土体面积和加固区面积（见图 6-1），则总桩数 n 由下式计算，即

$$n = \frac{mA}{A_p} \tag{6-4}$$

式中　A——基础底面积，m^2。

选用的面积置换率 m 需满足复合地基承载力的要求，搅拌桩复合地基承载力除通过现场试验确定外，也可用下式计算，即

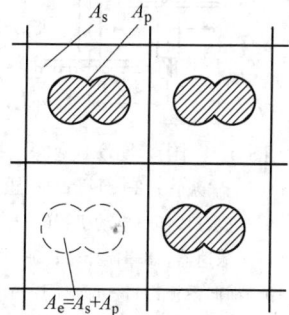

图 6-2　正方形布置搅拌桩

$$f_{sp,k} = \frac{mR_k^d}{A_p} + \beta(1-m) f_{s,k} \tag{6-5}$$

式中　$f_{sp,k}$——复合地基承载力特征值，kPa；

　　　　$f_{s,k}$——桩间天然地基土承载力特征值，kPa；

　　　　β——桩间土承载力折减系数，当桩端土为软土时，可取 0.5～1.0，当桩端土为硬土时，可取 0.1～0.4，当不考虑桩间土作用时，可取零。

当搅拌桩处理范围以下存在软弱下卧层时，应按下式进行下卧层强度验算，即

$$p_z + p_{cz} \leqslant f_z \tag{6-6}$$

式中　p_z——软弱下卧层顶面处的附加应力，kPa；

　　　　p_{cz}——软弱下卧层顶面处土的自重应力，kPa；

f_z——软弱下卧层顶面处经深度修正后的地基承载力特征值，kPa。

5. 沉降计算

搅拌桩复合地基的变形包括复合土层的压缩变形和桩端以下未处理土层的压缩变形。其中复合土层的压缩变形值可根据上部荷载、桩长、桩身强度等按经验取 10～30mm。桩端以下未处理土层如处在沉降计算深度以内，其压缩变形值计算可参见本章第一节有关内容。

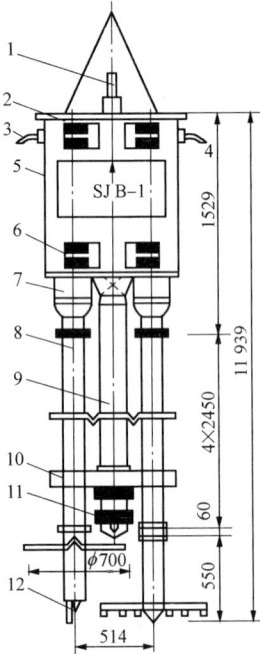

图 6-3　国产 SJB-1 型深层搅拌机

1—输浆管；2—外壳；3—出水口；
4—进水口；5—电动机；6—导向滑块；
7—减速器；8—搅拌轴；9—中心管；
10—横向系板；11—球形阀；12—搅拌头

在基坑开挖的坑壁支护和止水工程中，搅拌桩的布置除图 6-1 的处理形式外，常连在一起呈壁状，或纵横方向相连平面呈格栅状。壁状和格栅状布置用于基础桩，虽损失了部分桩身面积和桩周摩擦力，但其防止不均匀沉降的效果显著。

（二）施工

1. 搅拌机械

图 6-3 为国产 SJB-1 型深层搅拌机，两台电动机分别通过减速器使搅拌头回转切削软土，并与从输浆管向地基中压入的水泥固化剂强制拌和形成平面呈"8"字形的水泥土固结体，随着搅拌机上下运动即形成了搅拌桩。双轴深层搅拌机两个搅拌头外径为 700～800mm，另有一种单轴搅拌机（CZB-600 型），其搅拌头外径为 600mm，形成单根圆柱形桩体。

2. 施工流程

搅拌工艺流程见图 6-4。

（1）准备固化剂浆液，其水泥和外掺剂（起早强、缓凝、减水、节省水泥用量或提高水泥土强度作用，如木质素磺酸钙、石膏、三乙醇胺、氯化钠、氯化钙、粉煤灰等）以及水灰比应通过室内试验确定。

（2）清除桩位处地表及地下障碍物，如大块石、树根和生活垃圾等；场地低洼时应回填黏性土料将地面整平。

（3）起吊深层搅拌机对准桩位。

（4）启动电动机预搅下沉，如遇较硬土层下沉太慢时（超过 30min/m），可适当加水，但应考虑冲水成桩对水泥土强度的影响。

（5）下沉达设计桩底高程后，喷浆搅拌提升。

（6）重复搅拌下沉。

（7）重复搅拌提升直至孔口。

（8）关闭搅拌机械，并移至下一个桩位。

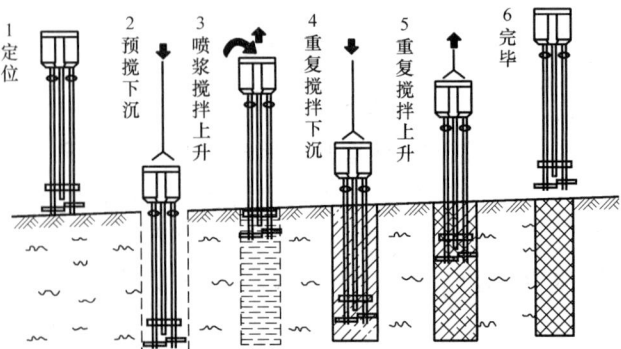

图 6-4　深层搅拌法工艺流程图

二、高压喷射注浆法

高压喷射注浆法是用钻机在预定的处理地点钻孔，再把带有特制喷嘴的注浆管放至钻孔底，用高压泵（压力大于 20MPa）将浆液从喷嘴中高速射出，连续和集中地作用于土体，充分混合，同时逐渐提升注浆管（或边旋转边提升），从而形成壁状（或圆柱状）的浆土混合物，凝固后成为具有一定强度的固结体，用于地基加固，构筑地下防渗帷幕。

高压注浆喷射流的能量大、速度快，几乎对各种土质，无论其软硬，均具有巨大的冲击破坏和搅动作用。实践表明，该方法对淤泥、淤泥质土、黏性土、粉土、黄土、砂土、碎石土和人工填土都有良好的处理效果。目前处理的深度已达 30m 以上，但对于含有较大粒径块石或有大量植物根茎的地基，因喷射流可能受到阻挡或削弱，会影响处理效果。对含有机质过多的土层，则处理效果受固结体化学稳定性的影响，应根据现场试验确定适用程度。

高压喷射注浆法的注浆形式有三种：①旋喷注浆，其固结体为圆柱状（旋喷桩）或圆盘状；②定喷注浆，固结体为壁状；③摆喷注浆，固结体为扇状（见图 6-5）。

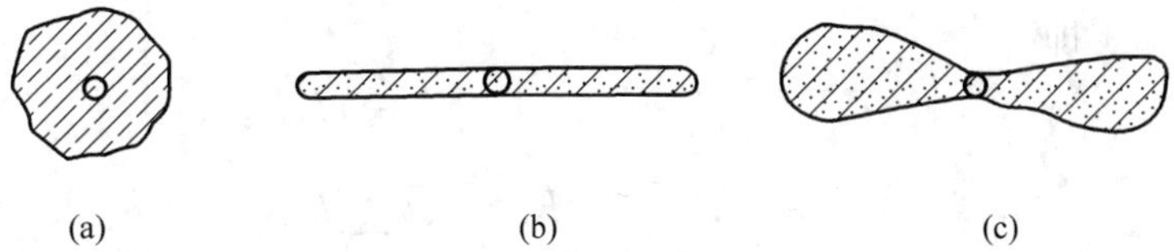

图 6-5　旋喷、定喷和摆喷浆土混合体截面图
(a) 旋喷体（桩）；(b) 定喷体（板桩）；(c) 摆喷体（板墙）

根据工程需要和机具设备条件，这三种形式均可用下列方法实现。

(1) 单管法：喷射高压水泥浆液一种介质。

(2) 二重管法：分别喷射高压水泥浆液和气流复合流，或者分别喷射高压水流和灌注水泥浆液，均为两种介质。

(3) 三重管法：分别喷射高压水流、气流复合流和灌注水泥浆液三种介质。

试验表明若在高压喷射的浆液流周围同时喷射高速空气流，则浆液的动压衰减大为降低，喷射距离增大。因此，有效处理长度以三重管最长，二重管次之，单管法最短。实践表明，定喷和摆喷注浆宜采用三重管法，而旋喷注浆形式可采用单管法、二重管法和三重管法中的任意一种方法。

(一) 设计

高压喷射注浆法中，旋喷桩处理的地基，因水泥和土的固结体强度较低，例如在黏性土中强度为 1～5MPa，砂土中为 4～10MPa，故受力后变形大，通常按复合地基设计，即桩与桩间土共同承担基础荷载；当旋喷桩用作挡土结构时，因桩的抗剪、抗压强度比桩间土大得多，故仅考虑桩的作用；旋喷桩和定喷用作防水帷幕，应根据防渗要求进行设计计算，其桩孔布置或定喷的平面布置均应保证帷幕的连续性；当高压喷射注浆用于深基坑底部加固时，加固范围应按复合土层考虑抗圆弧滑动的要求或考虑抗基坑突涌的要求。下面主要介绍旋喷桩复合地基的设计方法。

1. 旋喷桩的设计直径

旋喷桩的直径和土层性质及喷射压力有关，并非固定的值，计算中根据经验选用表 6-2 所示的平均值。

表 6-2   旋喷桩的设计直径   m

土的类别	标准贯入击数 N	方 法		
		单管法	二重管法	三重管法
黏性土	0<N<5	0.5~0.8	0.8~1.2	1.2~1.8
	6<N<10	0.4~0.7	0.7~1.1	1.0~1.6
	11<N<20	0.3~0.5	0.6~0.9	0.7~1.2
砂土	0<N<10	0.6~1.0	1.0~1.4	1.5~2.0
	11<N<20	0.5~0.9	0.9~1.3	1.2~1.6
	21<N<30	0.4~0.8	0.8~1.2	0.9~1.5

注 定喷和摆喷有效长度为旋喷桩直径的 1.0~1.5 倍。

2. 旋喷桩单桩承载力

单桩竖向承载力标准值 R_k^d 可通过现场载荷试验确定，也可按下列两式计算，取其中较小值，即

$$R_k^d = \eta f_{cu,k} A_p \tag{6-7}$$

$$R_k^d = \pi \bar{d} \sum_{i=1}^n h_i q_{si} + A_p q_p \tag{6-8}$$

式中 $f_{cu,k}$——桩身试块（边长为 70.7mm 的立方体）的无侧限抗压强度平均值，kPa；

        η——强度折减系数，可取 0.35~0.50；

        $\bar{d}$——桩的平均直径，m；

        n——桩长范围内所划分的土层数；

        h_i——桩周第 i 层土的厚度，m；

        q_{si}——桩周第 i 层土的极限侧阻力标准值，可采用钻孔灌注桩侧壁摩擦力标准值，取值见表 6-3；

        q_p——桩端天然地基土的承载力标准值，取值见表 6-4。

其余符号意义同前。

确定桩身强度的试块，其龄期为 28d，实际上后期强度仍会继续增长，这种强度的增长可作为安全储备。由于影响旋喷桩单桩承载力的因素较多，除依据现场试验和上述公式数据外，还需结合本地区或相似土质条件下的经验做出综合判断。

表 6-3   桩的极限侧阻力标准值（q_s）

土的名称	土的状态	混凝土预制桩	水下钻（冲）孔桩	沉管灌注桩	干作业钻孔桩
填土		20~28	18~28	15~22	18~28
淤泥		11~17	10~18	9~13	10~18
淤泥质土		20~28	18~28	15~22	18~28
黏性土	$I_L>1$	21~38	20~34	18~28	20~34
	$0.75<I_L\leqslant1$	38~50	34~48	28~40	34~48
	$0.50<I_L\leqslant0.75$	50~68	48~64	40~52	48~62
	$0.25<I_L\leqslant0.50$	68~82	64~78	52~63	62~78
	$0<I_L\leqslant0.25$	82~81	78~88	63~72	78~88
	$I_L\leqslant0$	81~101	88~88	72~80	88<98

续表

土的名称	土的状态	混凝土预制桩	水下站（冲）孔桩	沉管灌注桩	干作业钻孔桩
红黏土	$0.7<u_w\leq1$	13~32	12~30	10~25	12~30
	$0.5<u_w\leq0.7$	32~74	30~70	25~88	30~70
粉土	$e>0.8$	22~44	22~40	16~32	20~40
	$0.75\leq e\leq0.8$	42~64	40~60	32~50	40~60
	$e<0.75$	64~85	60~80	50~67	60~80
粉细砂	稍密	22~42	22~40	16~32	20~40
	中密	42~63	40~60	32~50	40~60
	密实	63~85	60~80	50~67	60~80
中砂	中密	54~74	50~72	42~58	50~70
	密实	74~85	72~90	58~75	70~90
粗砂	中密	74~85	74~85	58~75	70~90
	密实	85~116	85~116	75~82	90~110
砾砂	中密、密实	116~138	116~135	82~110	110~130

注　1　对于尚未完成自重固结的填土和以生活垃圾为主的杂填土，不计算其侧阻力。
　　2　u_w 为含水比，$u_w=w/w_L$（即含水率/液限）；I_L 为液性指数；e 为孔隙比（桩端天然地基土承载力标准值）。

表 6-4　桩的极限端阻力标准值（q_p）

土的名称	土的状态　桩型	预制桩入土深度（m）				水下钻（冲）孔桩入土深度（m）			
		≤0	0~10	10~30	>30	5	10	15	>30
黏性土	$0.75<I_L\leq1$	210~840	630~1300	1100~1700	1300~1900	100~150	150~250	250~300	300~450
	$0.50<I_L\leq0.75$	840~1700	1500~2100	1900~2500	2300~3200	200~300	350~450	450~550	550~750
	$0.25<I_L\leq0.50$	1500~2300	2300~300	2700~3600	3600~4400	400~500	700~800	800~900	900~1000
	$0<I_L\leq0.25$	2500~3800	3800~5100	5100~5900	5900~6800	750~850	1000~1200	1200~1400	1400~1600
粉土	$0.75<e\leq0.8$	840~1700	1300~2100	1900~2700	2500~3400	250~350	300~500	450~650	650~850
	$e\leq0.75$	1500~2300	2100~3000	2700~3600	3600~4400	550~800	650~900	750~1000	850~1000
粉砂	稍密	800~1600	1500~2100	1900~2500	2100~3000	200~400	350~500	450~600	600~700
	中密、密实	1400~2200	2100~3000	3000~3800	3300~4600	400~600	600~800	800~900	900~1100
细砂		2500~3800	3600~4800	4400~5700	5300~6500	550~650	900~1000	1000~1200	1200~1500
中砂	中密、密实	3600~5100	5100~6300	6300~7200	700~800	850~950	1300~1400	1600~1700	1700~1800
粗砂		5700~7400	7400~8400	8400~9500	9500~10300	1400~1500	2000~2200	2300~2400	2300~2500
砾砂		6300~10500				1500~2500			
角砾、圆砾	中密、密实	7400~11600				1800~2800			
碎石、卵石		8400~12700				2000~3000			

土的名称	土的状态　桩型	预制桩入土深度（m）				水下钻（冲）孔桩入土深度（m）			
		5	10	15	>15	5	10	15	
黏性土	$0.75<I_L\leq1$	400~600	600~750	750~1000	1000~1400	200~400	400~700	700~850	
	$0.50<I_L\leq0.75$	670~1100	1200~1500	1500~1800	1800~2000	420~630	740~950	850~1200	
	$0.25<I_L\leq0.50$	1300~2200	2300~2700	2700~3000	3000~3500	850~1100	1500~1700	1700~1800	
	$0<I_L\leq0.25$	2500~2900	3500~3900	4000~4500	4200~5000	1600~1800	2200~2400	2600~2800	

续表

土的名称	桩型 土的状态	预制桩入土深度（m）				水下钻（冲）孔桩入土深度（m）			
		5	10	15	>15	5	10	15
粉土	0.75<e≤0.8	1200~1800	1600~1800	1800~2100	2100~2600	600~1000	1000~1400	1400~1600
	e≤0.75	1800~2200	2200~2500	2500~3000	3000~3500	1200~1700	1400~1900	1600~2100
粉砂	稍密	800~1300	1300~1800	1800~2000	2000~2400	500~900	1000~1400	1500~1700
	中密、密实	1300~1700	1800~2400	2400~2800	2800~3600	850~1000	1500~1700	1700~1800
细砂	中密、密实	1800~2200	3000~3400	3500~3900	4000~4900	1200~1400	1900~2100	2200~2400
中砂		2800~3200	4400~5000	5200~5500	5500~7000	1800~2000	2800~3000	3300~3500
粗砂		4500~5000	6700~7200	7700~8200	8400~9000	2900~3200	4200~4600	4900~5200
砾砂	中密、密实	5000~8400			3200~5300			
角砂、圆砾		5900~9200						
碎石、卵石		6700~10000						

注 1. 砂土和碎石类土中桩的极限端阻力取值，要综合考虑土的密实度，土越密实，桩端进入持力层的深度比越大，取值越高。

2. 对于预制桩，根据土层埋深 h，将 q_{pk} 乘以下表中的修正系数。

土层埋深 h（m）	≤5	10	20	≥30
修正系数	0.8	1.0	1.1	1.2

3. 群桩设计

旋喷桩复合地基承载力特征值应通过现场复合地基载荷试验确定。也可按下式计算或结合当地情况及其土质相似工程的经验确定，即

$$f_{sp,k} = \frac{1}{A_e}\left[R_k^d + \beta f_{s,k}(A_e - A_p)\right] \quad (6-9)$$

式中　$f_{sp,k}$——复合地基承载力特征值，kPa；

A_e——桩承担的处理面积，m^2；

$f_{s,k}$——桩间天然地基土承载力特征值，kPa；

β——$f_{s,k}$ 的折减系数，可根据试验确定，在无试验资料时，可取 0.2~0.6，当不考虑桩间软土的作用时，可取零。

4. 沉降计算

基础的沉降包括桩长范围内复合土层以及下卧层地基变形值两部分，复合土层的压缩模量可按下式确定，即

$$E_{ps} = \frac{E_s(A_e - A_p) + E_p A_p}{A_e} \quad (6-10)$$

式中　E_{ps}——旋喷桩复合土层压缩模量，MPa；

E_s——桩间土的压缩模量，可用天然地基土的压缩模量代替，MPa；

E_p——桩体的压缩模量，采用测定混凝土割线弹性模量的方法确定，MPa；

A_p——桩的截面积，m^2；

A_e——复合地基面积，m^2。

求混凝土割线弹性模量试验的试块是边长为 100mm 的立方体，测得试块的无侧限压缩

应力 σ 和压缩应变 ε 的关系曲线，确定破坏强度 σ_a 和曲线上应力 $\sigma_h = 0.4\sigma_a$ 的点 K，连接坐标原点 O 和 K 点（作割线 OK），则 $E_p = \tan a$（a 为割线 OK 与水平轴 $O\varepsilon$ 的夹角）。

（二）施工

1. 施工设备

以三重管旋喷桩施工为例（见图 6-6），高压喷射注浆法需下列设施：钻机常选用 XJ-100 型或 SH-30 型浅孔钻机，如地基含有不厚的砂砾石层，则 76 型振动钻机能很快将钻杆插入地层；水箱、水泥仓和水泥浆搅拌机；高压泥浆泵用于单管法和二重管法，常选用 SNC-H300 型水泥浆注浆车；高压水泵用于二重管和三重管法，如 3XB 型三柱塞泵；空压机用于二重管和三重管法产生气流复合流。此外，还有注浆用特种钻杆，包括单管、二重管和三重管等类型。

由于高压喷射注浆压力越大，地基处理的效果越好，因此以上设备应能满足下列技术要求：高

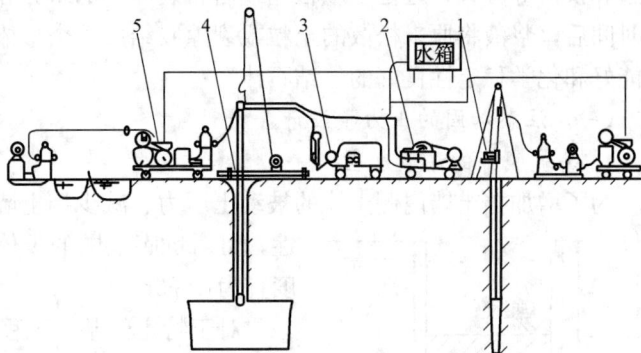

图 6-6 高压喷射注浆设备组合示意图
1—钻机；2—水系统；3—气系统；4—喷射系统；5—浆系统

压水泥浆液或高压水流的压力宜大于 20MPa，气流压力通常在 0.7MPa 左右，低压水泥浆的灌浆压力宜在 1.0MPa 左右，注浆钻杆的提升速度为 0.1～0.25m/min，旋转速度可取 10～20r/min。

2. 注浆材料的准备

注浆的主要材料为水泥，一般采用 325 号或 425 号普通硅酸盐水泥，根据需要可在水泥浆中分别加入适量的外加剂和掺合料，以改善水泥浆液的性能，例如，水玻璃、氯化钙和三乙醇胺起速凝早强作用；悬浮剂有膨润土或膨润土加碱；防冻剂有沸石粉、三乙醇胺和亚硝酸钠；掺合料多用磨细的粉煤灰。所用外加剂或掺合料的数量，应通过室内配比试验或现场试验确定，也可根据类似工程的成功经验确定。

水泥浆液的水灰比越小，处理后水泥土的强度越高，但当水灰比小于 0.8 时，喷射有困难，故水灰比取 1.0～1.5，生产实践中常用 1.0。

3. 施工工序

（1）钻机就位。将钻机安置在设计的孔位上，对准孔位中心，校正钻机的水平以保证钻孔的垂直度。

（2）钻孔。为将注浆管插入预定的深度，可采用浅孔地质钻机或旋转振动钻机成孔。

（3）插管。当运用地质钻机成孔后，需拔出岩芯管，并换上注浆管插入预定深度，如用旋转振动或锤击法直接把注浆管打入预定深度，则插管和钻孔两工序合为一道工序。

（4）喷射注浆。当注浆管插入预定深度后，即可自下而上进行高压注浆，当注浆管不能一次提升完成而需分数次卸管时，卸管后喷射的搭接长度不得小于 100mm，以保证固结体的整体性。对同一土层进行重复喷射可加大加固范围和提高固结强度，通常在底部和顶部进行复喷，以增大承载力和确保处理质量。

（5）拔出注浆管，重复上述工序。

在高压喷射注浆完毕后，或因故中断短时间（不超过浆液初凝时间）内不能继续喷浆时，均应立即拔出注浆管清洗备用。在浆液未硬化前，不能使加固范围内地基受扰动而强度降低，以防产生附加变形，故应控制施工进度（如挖土或竖向加载），确保处理的质量。

三、压力注浆法

压力注浆法是指利用液压或气压，通过注浆管把浆液均匀地注入地层中，浆液以填充、渗透和挤密等方式，赶走土颗粒间或岩石裂隙中的水分和空气后占据其位置，经人工控制一定时间后，浆液将原来松散的土粒或裂隙胶结成一个整体，形成一个结构新、强度大、防水性能好和化学稳定性良好的"结石体"。

（一）注浆加固的土力学设计

1. 基坑底部的注浆加固

为了增加挡土墙内侧土体的被动土压力、减少挡土墙的水平位移、提高基坑底部的稳定

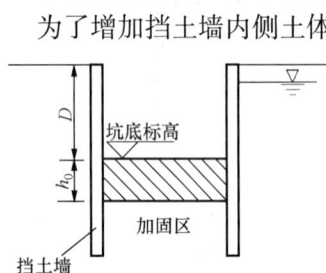

图 6-7　基坑内加固

D—基坑深度；h_0—加固深度

性，可对坑底范围的土体进行注浆加固，见图 6-7。加固深度宜为 4～6m。

对于特定的基坑工程，可根据周围环境对挡土墙外侧最大地层沉降（ΔV_{max}）的限制，确定出基坑底部的允许抗隆起安全系数 $[K_0]$。

加固后需要对基坑的变形和抗隆起稳定进行验算。

2. 基坑纵向稳定的注浆加固

在分段开挖的长而大的基坑中，如果坑内土体的纵向抗滑移稳定性不足，可对斜坡坡角的土体进行适当加固，见图 6-8。可采用条分法对加固后的纵向抗滑移稳定性进行计算。抗滑移安全系数 K_t 可取：

$K_t \geqslant 1$：基坑宽度小于 10m 的情况。

$K_t \geqslant 1.2$：基坑宽度为 10～20m 的情况。

$K_t \geqslant 1.5$：基坑宽度大于 20m 的情况。

3. 挡土墙底部的注浆加固

当挡土墙是地下连续墙或灌注桩时，如果需要减少挡土墙的垂直沉降，或提高挡土墙的垂直承载能力，可用埋管注浆法对挡土墙底部进行注浆加固。加固深度宜为挡土墙底部下方 1～2m 处。

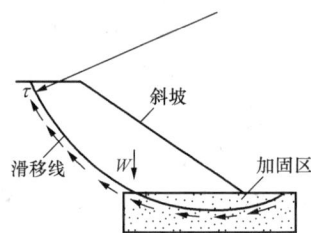

图 6-8　注浆加固

W—重力

4. 挡土墙外侧的注浆加固

在挡土墙外侧进行注浆加固的目的主要是减少挡土墙的侧向土压力、防止挡土墙接缝漏水和堵漏，以及控制基坑周围构筑物的变形。注浆加固的范围一般如图 6-9 所示。预注浆加固应在基坑开挖前一个月完成。

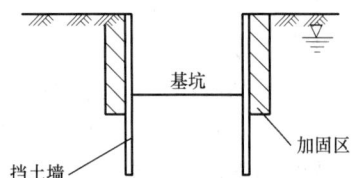

图 6-9　挡土墙外侧的注浆加固

（二）设计

1. 注浆材料选择

地基注浆加固对浆液的技术要求较多，根据土质和注浆目的的不同，将注浆材料的选择列于表 6-5 和表 6-6 中。

表 6-5 　　　　　　　　　**按土质不同对注浆材料的选择**

土　质　名　称		注　浆　材　料
黏性土和粉土	粉土	水泥类注浆材料及水玻璃悬浊型浆液
	黏土	
	黏质粉土	
砂质土	砂	渗透性溶液型浆液（但在预处理时，使用水玻璃悬浊型）
	粉砂	
砂砾		水玻璃悬浊型浆液（大孔隙）
		渗透性溶液型浆液（小孔隙）
层界面		水泥类及水玻璃悬浊型浆液

表 6-6 　　　　　　　　　**按注浆目的的不同对注浆材料的选择**

项　目			基　本　条　件
改良目的	加固地基	堵水注浆	渗透性好、黏度低的浆液（作为预注浆使用悬浊型）
		渗透注浆	渗透性好、有一定强度，即黏度低的溶液型浆液
		脉状注浆	凝胶时间短的均质凝胶，强度大的悬浊型浆液
		渗透脉状注浆并用	均质凝胶、强度大且渗透性好的浆液
	防止涌水注浆		凝胶时间不受地下水稀释影响而延缓的浆液、瞬时凝固的浆液（溶液或悬浊型的，使用双层管）
综合注浆	预处理注浆		凝胶时间短、均质凝胶强度比较大的悬浊型浆液
	正式注浆		和预处理材料性质相似的渗透性好的浆液
	特殊地基处理注浆		对酸性及碱性地基、泥炭应事先进行试验校核后选择注浆材料
	其他注浆		研究环境保护（毒性、地下水污染、水质污染等）

2. 浆液扩散半径的确定

浆液扩散半径 r 是一个重要的参数，它对注浆工程量及造价具有重要的影响。r 值可按球形扩散理论公式进行估算。浆液扩散的理论模型如图 6-10 所示，扩散半径 r 和时间 t 的表达式为

$$r = \sqrt[3]{\frac{3kh_1 r_0 t}{\beta n}} \tag{6-11}$$

$$t = \frac{r^2 \beta n}{3kh_1 r_0} \tag{6-12}$$

式中　k——砂土的渗透系数，cm/s；

　　　β——浆液黏度对水的黏度比；

　　　h_1——灌浆压力水头，cm；

　　　r_0——灌浆管半径，cm；

　　　t——灌浆时间，s；

　　　n——砂土的孔隙率，%。

当地质条件较复杂或计算参数不易选准时，就应通过现场灌浆试验来确定。在没有试验资料时，可按土的渗透系数参照表 6-7 确定。

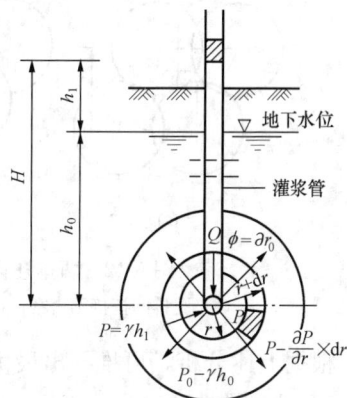

图 6-10　注浆管底端注浆球状扩散
h_0—注浆点以上的地下水压头；
H—地下水压头和灌浆压力水头之和

表 6-7　　　　　　　　　　　　　　**按渗透系数选择浆液扩散半径**

砂土（双液硅化法）		粉砂（单液硅化法）		黄土（单液硅化法）	
渗透系数（m/d）	加固半径（m）	渗透系数（m/d）	加固半径（m）	渗透系数（m/d）	加固半径（m）
2～10	0.3～0.4	0.3～0.5	0.3～0.4	0.1～0.3	0.3～0.4
10～20	0.4～0.6	0.5～1.0	0.4～0.6	0.3～0.5	0.4～0.6
20～50	0.6～0.8	1.0～2.0	0.6～0.8	0.5～1.0	0.6～0.9
50～80	0.8～1.0	2.0～5.0	0.8～1.0	1.0～2.0	0.9～1.0

3. 孔位布置

注浆孔的布置是根据浆液的注浆有效范围，按照相互重叠，使被加固土体在平面和深度范围内连成一个整体的原则决定的。

（1）单排孔的布置。如图 6-11 所示，l 为灌浆孔距，r 为浆液扩散半径，则灌浆体的厚度 b 为

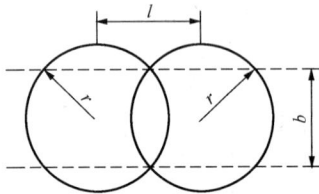

图 6-11　单排孔的布置

l—灌浆孔距；r—浆液扩散半径；

b—灌浆体的厚度

$$b = 2\sqrt{r^2 - \left[(l-r) + \frac{r-(l-r)}{2}\right]^2} = 2\sqrt{r^2 - \frac{l^2}{4}} \tag{6-13}$$

当 $l = 2r$ 时，两圆相切，b 值为零。

根据灌浆体的设计厚度 b 可以计算灌浆孔距为

$$l = 2\sqrt{r^2 - \frac{T^2}{4}} \tag{6-14}$$

（2）多排孔布置。当单排孔不能满足设计厚度的要求时，就要采用两排以上的多排孔。而多排孔的设计原则是要充分发挥灌浆孔的潜力，以获得最大的灌浆体厚度，不允许出现两排孔间搭接不紧密的"窗口"［见图 6-12（a）］，也不能搭接过多出现浪费［见图 6-12（b）］。图 6-13 为两排孔正好紧密搭接的最优设计布孔方案。

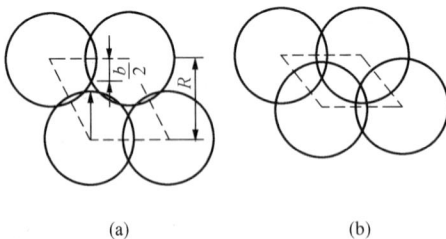

图 6-12　两排孔设计图

（a）孔排间搭接不紧密；（b）搭接过多

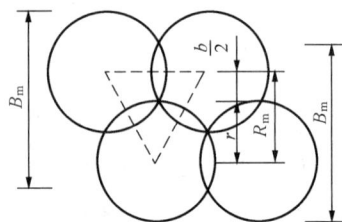

图 6-13　孔排间的最优搭接

根据上述分析，可推导出最优排距 R_m 和最大灌浆有效厚度 B_m 的计算公式。

1）两排孔为

$$R_m = r + \frac{b}{2} = r + \sqrt{r^2 - \frac{l^2}{4}} \tag{6-15}$$

$$B_{\mathrm{m}} = 2r + b = 2\left(r + \sqrt{r^2 - \frac{l^2}{4}}\right) \tag{6-16a}$$

2）三排孔：

R_{m} 与式（6-15）相同，即

$$B_{\mathrm{m}} = 2r + 2b = 2\left(r + 2\sqrt{r^2 - \frac{l^2}{4}}\right) \tag{6-16b}$$

3）五排孔：

R_{m} 与式（6-15）相同，即

$$B_{\mathrm{m}} = 4r + 3b = 4\left(r + 1.5\sqrt{r^2 - \frac{l^2}{4}}\right) \tag{6-16c}$$

综上所述，可得出多排孔的最优排距为式（6-16a），最优厚度则为：

奇数排为

$$B_{\mathrm{m}} = (N-1)\left[R + \frac{N+1}{N-1}\frac{B}{2}\right] = (N-1)\left[r + \frac{(N+1)}{(N-1)}\sqrt{r^2 - \frac{l^2}{4}}\right] \tag{6-17}$$

偶数排为

$$B_{\mathrm{m}} = N\left(r + \frac{b}{2}\right) = N\left(r + \sqrt{r^2 - \frac{l^2}{4}}\right) \tag{6-18}$$

式中 N——注浆孔排数。

4. 注浆压力的确定

注浆压力是指不会使地表面产生变化和邻近建筑物受到影响的前提下可能采用的最大压力。

注浆压力值与地层土的密度、强度和初始应力、钻孔深度、位置及灌浆次序等因素有关，而这些因素又难以准确地预知，因而宜通过现场灌浆试验来确定。

上海市工程建设规范标准 DG/TJ 08-40—2010《地基处理技术规范》中规定："对劈裂注浆，在浆液注浆的范围内应尽量减少注浆压力。注浆压力的选用应根据土层的性质及其埋深确定。在砂土中的经验数值是 0.2～0.5MPa；在黏性土中的经验数值是 0.2～0.3MPa。注浆压力因地基条件、环境条件和注浆目的等不同而不能确定时，可参考类似条件下的成功工程实例决定。一般情况下，当埋深浅于 10m 时，可取较小的注浆压力值。""对压密注浆，注浆压力主要取决于浆液材料的稠度。如采用水泥-砂浆的浆液，坍落度一般在 25～75mm，注浆压力应选定在 1～7MPa 范围内，坍落度较小时，注浆压力可取上限值，如采用水泥-水玻璃双液快凝浆液，则注浆压力应小于 1MPa。"

5. 注浆量与注浆顺序

（1）注浆量。灌注所需的浆液总用量 Q 可参照下式计算，即

$$Q = KVn1000 \tag{6-19}$$

式中 Q——浆液总用量，L；

　　V——注浆对象的土量，m^3；

　　n——土的孔隙率，%；

　　K——经验系数。

软土、黏性土、细砂：$K=0.3\sim0.5$。

中砂、粗砂：$K＝0.5\sim0.7$。

砾砂：$K＝0.7\sim1.0$。

湿陷性黄土：$K＝0.5\sim0.8$。

一般情况下，黏性土地基中的浆液注入率为 $15\%\sim20\%$。

（2）注浆顺序。注浆顺序必须采用适合于地基条件、现场环境及注浆目的的方法进行，一般不宜采用自注浆地带某一端单向推进压注方式，应按跳孔间隔注浆方式进行，以防止串浆，提高注浆孔内浆液的强度与时俱增的约束性。对有地下动水流的特殊情况，应考虑浆液在动水流下的迁移效应，从水头高的一端开始注浆。对加固渗透系数相同的土层，首先应完成最上层封顶注浆，然后再按由下而上的原则进行注浆，以防浆液上冒。如土层的渗透系数随深度增大而增大，则应自下而上进行注浆。

注浆时应采用先外围，后内部的注浆顺序；若注浆范围以外有边界约束条件（能阻挡浆液流动的障碍物）时，也可采用自内侧开始顺次往外侧的注浆方法。

（三）施工

1. 施工机械

注浆施工机械的种类及其性能如表 6-8 所示。

表 6-8   注浆施工机械的种类及其性能

设备种类	型　号	性　能	质量（kg）	备　注
钻探机	主轴旋转式 D-2 型	340 给油式 旋转速度：160、300、600、1000r/min 功率：5.5kW 钻杆外径：40.5mm 轮周外径：41.0mm	500	
注浆泵	卧式二连单管复活活塞式 BGW 型	容量：16～60L/min 最大压力：3.62MPa 功率：3.7kW	350	
水泥搅拌机	立式上下两槽式 MVM5 型	容量：上下槽各 250L 叶片旋转数：160r/min 功率：2.2kW	340	
化学浆液混合器	立式上下两槽式	容量：上下槽各 220L 搅拌容量：20L 手动式搅拌	80	化学浆液的配制和混合
齿轮泵	齿轮旋转式 KI-6 型	排出量：40L/min 排出压力：0.1MPa 排出压力：0.1MPa	40	从化学浆液槽往混合器送入化学浆液
流量、压力仪表	附有自动记录仪 电磁式浆液 EP	流量计测定范围：40L/min 压力计：3MPa（布尔登管式） 记录仪为双色，蓝色表示流量，红色表示压力	120	

2. 施工

施工工艺流程与施工顺序见图 6-14 和图 6-15。

具体施工步骤如下：

（1）钻机与灌浆设备就位。

（2）钻孔：注浆孔的钻孔孔径一般为 70～110mm，垂直偏差应小于 1‰。注浆孔有设计角度时应预先调节钻杆角度，倾角偏差不得大于 20″。

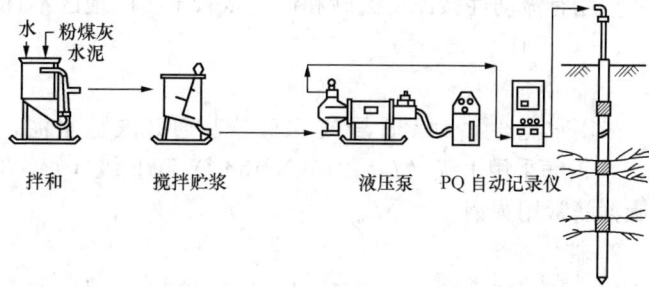

图 6-14 分层注浆的施工工艺流程

（3）当钻孔至设计深度后，从钻杆内灌入封闭泥浆，直至孔口溢出泥浆方可提杆。当提杆至中间深度时，应再次注入封闭泥浆，最后完全提出钻杆。封闭泥浆的 7d 无侧限抗压强度宜为 0.3～0.5MPa，浆液黏度 80～90s。

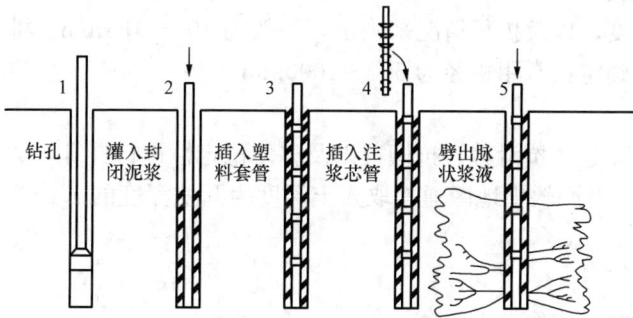

图 6-15 分层注浆的施工顺序

（4）插入塑料单向阀管至设计深度。当注浆孔较深时，阀管中应加入水，以减少阀管插入土层时的弯曲。

（5）待封闭浆凝固后，在塑料阀管中插入双向密封注浆芯管再进行注浆。注浆压力一般与加固深度的覆盖压力、建筑物的荷载、浆液黏度、灌注速度和灌浆量等因素有关。注浆过程中压力是变化的，初始压力小，最终压力高，在一般情况下每深 1m 压力增加 20～50kPa。注浆的流量一般为 7～10L/min，对充填型灌浆，流量可适当加大，但也不宜大于 20L/min。

（6）注浆完后就要拔管，若不及时拔管，浆液会把管子凝住而增加拔管困难。拔管时宜使用拔管机。用塑料阀管注浆时，注浆芯管每次上拔高度应为 330mm；花管注浆时，花管每次上拔或下钻高度宜为 500mm。拔出管后，及时刷洗注浆管等，以便保持通畅、洁净。拔出管在土中留下的孔洞，应用水泥砂浆或土料填塞。注浆完毕后，应用清水冲洗塑料阀管中的残留浆液，以利下次再行重复注浆。对于不宜用清水冲洗的场地，可考虑用纯水玻璃浆或陶土浆灌满阀管。

四、人工挖孔桩

人工挖孔桩是采用人工挖掘桩身土方，随着孔洞的下挖，逐段浇捣钢筋混凝土护壁，直至设计所需深度。土层好时，也可不用护壁，一次挖至设计标高，最后在护壁内一次浇筑完成混凝土桩身的桩，见图 6-16。它有以下优点：大量的挖孔桩可分批挖孔，使用机具较少，无噪声、无振动、无环境污染；适应建筑物、构筑物拥挤的地区，对邻近结构和

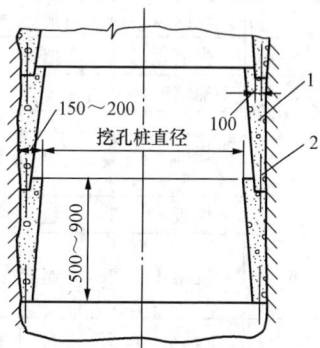

图 6-16 人工挖孔桩示意图
1—混凝土护圈；
2—连接钢筋 8～12@350～410

地下设施的影响小，场地干净，造价较经济。

选用人工挖孔桩进行地基加固，除了对挖孔桩的施工工艺和技术要有足够的经验外，还应注意在有流动性淤泥、流砂和地下水较丰富的地区不宜采用。

（一）设计

1. 桩体材料

采用水泥通常为 425 号或 525 号普通硅酸盐水泥，混凝土强度不宜低于 C20（常取 C30）；钢筋采用Ⅰ级（$f_y = 210kN/mm^2$）和Ⅱ级（$f_y = 310kN/mm^2$）。主筋常用螺纹钢筋，螺旋箍筋常用圆钢。

2. 桩体布置

当基坑不考虑防水（或已采取了降水措施）时，挖孔桩可按一字形间隔或相切排列。间隔排列的间距常为 2.5～3.5 倍的桩径，土质较好时，可利用桩侧"土拱"作用适当扩大桩距。

当基坑需考虑防水时，可按一字形搭接排列，也可按间隔或相切排列，外加防水墙。搭接排列时，搭接长度通常为保护层厚度；当间隔或相切排列，需另设防渗措施时，桩体净距可根据桩径、桩长、开挖深度、垂直度，以及扩径情况来确定，一般为 100～150mm。桩径和桩长应根据地质和环境条件由计算确定，常用桩径为 500～1000mm。

3. 桩的入土深度

桩的入土深度需考虑加固区的抗隆起、抗滑移、抗倾覆以及整体稳定性进行计算，具体参见第四章有关内容。在初步设计时，沿海软土地区通常取入土深度为开挖深度的 1.0～1.2 倍为预估值。

4. 设计与计算

同柱列式挡墙设计，参见第四章相关内容。

（二）施工

1. 施工机具

挖孔桩施工机具见表 6-9。

表 6-9　　挖孔桩施工机具表（单孔）

序 号	名称	数量	单位	备 注	序 号	名称	数量	单位	备 注
1	铁锹	4	把		8	电缆	20	m	可根据孔深确定
2	尖镐	3	把		9	电葫芦	1	个	视提升重力选择
3	手摇辘轳	1	个	自制	10	滑轮	4	个	
4	提桶	2	个	可用汽车自制，一般三种规格	11	吊桶	2	个	机械提升，一般小于 $0.2m^3$
5	模板	1	组		12	潜水泵	1	台	扬程可根据孔深选择
6	支架	1	组	电动提升用，一般为自制	13	鼓风机	1	台	通风用
					14	工作灯	3	个	
7	电动机	1	台	视提升重力选择					

注 序号 1～4 为不护壁人力提升所用工具；序号 5～14 为护壁机械提升所用机具。

2. 成孔施工工艺

人工挖孔桩施工工艺流程见图 6-17。

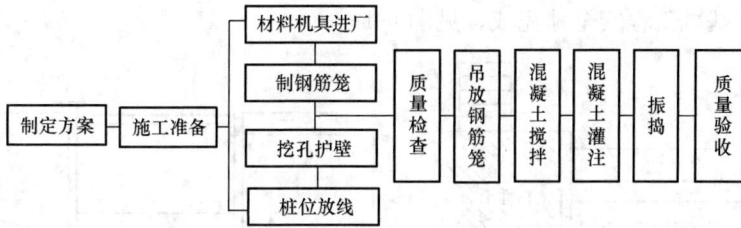

图 6-17 挖孔桩施工工艺流程

具体施工步骤如下：

（1）按施工图放出桩位中心线及桩位。

（2）开挖土方。一般挖深 0.8～1.2m 为一施工段，挖土一般用锄、镐，较坚硬的土即用风镐凿。用铲把土装到小铁桶内（铁桶直径一般为 600mm，高 600～800mm），然后用电动提升葫芦、卷扬机或手摇滚筒传动钢丝绳把小铁桶提至井口，并运到指定地点排放。

（3）安装护壁钢筋笼及模板，护壁竖筋一般为 $\phi6～\phi8$，放置的数量、间距视孔壁模板一般由 4～8 块组成，一般高 1m。钢、木模板均可，拼成一个整体圆环。在模板上方放置钢脚手板平台，平台一般用两个半圆组成，浇筑混凝土时作为放置混凝土的平台，挖土时，用一半作挖土工人的防护板。

（4）浇捣混凝土护壁。护壁一般采用 C20 混凝土，护壁厚度应根据土层及桩的直径而定，一般上口 150mm，下口 75mm，上下两节护壁搭接 75mm，当达到流砂或支护结构桩时，护壁厚度可适当加厚，当桩的直径较大时也应加厚。上下两节钢筋应按搭接要求连接。

（5）护壁混凝土达到一定强度（一般为 12h）后，拆除模板继续下一节施工。一般一天一节，上班拆模板、开挖，下班前浇筑完护壁混凝土，直至挖到设计深度。作为支承桩，底部通常需作扩大处理。

（6）在护壁支护下，绑扎钢筋笼，一次完成桩身混凝土的浇筑。有时为节省混凝土，也常将挖孔桩做成环状截面的空心桩，在受力较小时，也可将护壁适当加厚作为桩的受力结构，不再灌注桩身混凝土。

人工挖孔桩在浇筑完成以后，即具有一定的防渗能力和支承水平土压力的能力。把挖孔桩逐个相连，即形成一个能承受较大水平压力的挡墙，从而起到支护结构防水、挡土等作用。

人工挖孔桩加固原理与钻孔灌注桩挡墙或地下连续墙相类似。人工挖孔桩直径较大，属于刚性结构，设计时应考虑桩身刚度较大对土压力分布及变形的影响。

五、各种方法在基坑土体加固中的应用

（一）抵抗坑底承压水的坑底地基加固

坑底被承压水顶破而发生涌砂、隆起是基坑工程中最大的危险事故之一。当坑底地基不能满足抗承压水安全要求时，必须采取安全可靠的地基处理措施，方法有以下三种：

（1）采用高压三重管旋喷注浆法。在开挖前于基坑底面以下做成与坑周地下连续墙结成整体的抗承压水底板。上海市河流污水治理一期工程中，彭越浦泵站进水总管的条形深基坑长 160m、宽 5.8m、深 1.5m，坑底不透水层仅 5m，不能承受其下 16t/m^2 的承压水压力，后采用该法得以安全完成该基坑工程，见图 6-18。

（2）采用注浆法或高压三重管旋喷注浆法，在开挖前于基坑周围地下墙墙底平面以上做成封住基坑周围地下墙墙底平面的不透水加固土层，此加固层底面以上土重与其下面承压水压力相平衡，使基坑工程安全地完成，见图 6-19。

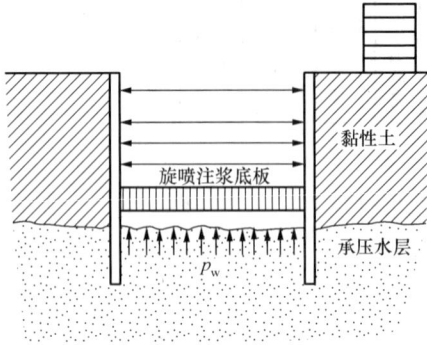

图 6-18　旋喷桩加固土体抗承压水图

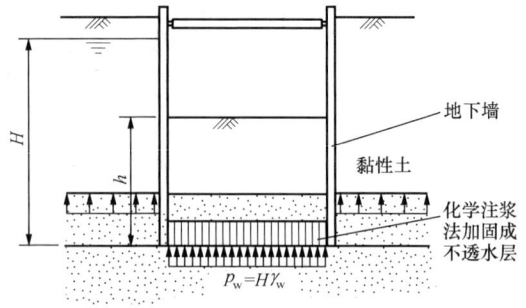

图 6-19　注浆法加固土体承压水图

荷兰鹿特丹市地铁区间隧道基坑工程中，用此法解决了承压水问题。

$$h\gamma_e \geqslant H\gamma_w \tag{6-20}$$

式中　h——坑底至加固底面高度，m；

　　　γ_e——加固层底面以上土层平均重度，kN/m^3；

　　　$H\gamma_w$——承压水压力。

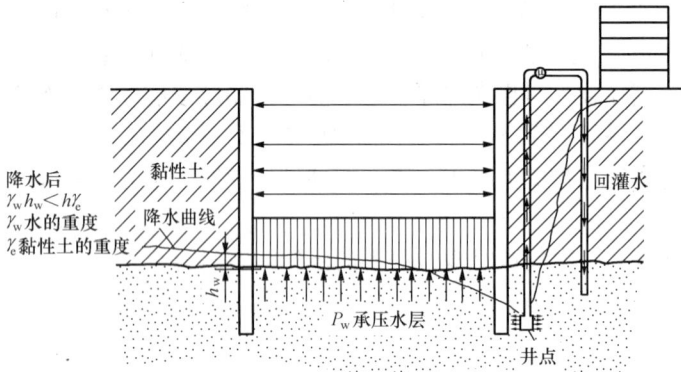

图 6-20　井点降低承压水稳定坑底图

（3）在基坑外侧或内侧以深井点降低承压水压力，同时在附近建筑物旁边地层中用回灌水法来控制地层沉降，保护建筑设施。当基坑处于空旷地区时可不用回灌水措施，见图 6-20。

（二）基坑外设防水帷幕

在地下水位以下的松散砂、砾或渗透性较大的地层中进行基坑开挖前，必须根据地层透水性和流动性，在排桩式挡墙或密水性较差的挡墙外侧，采用搅拌桩、旋喷桩、水泥系列或注浆法，做成防水帷幕，严防挡墙缝隙水土流失和挡墙底部管涌。防水帷幕在坑底以下的插入深度务必满足抗管涌的安全要求，见图 6-21。

（三）坑内降水预固结地基法

在市区建筑设施密集地区，对密封性良好的围护墙体基坑内的含水砂性土或软弱黏性土夹薄砂层等适宜降水的地层，合理布设井点，在基坑开挖前超前降水，将基坑底面至设计基坑底面以下一定深度的土层疏干并排水固结，以便于开挖土方，更着重于提高挡墙被动区及基坑中土体的强度和刚度，并减少土体流变性，以满足基坑稳定和控制土体变形的要求。在开挖前开始降水的超前时间，按降水深度及地层渗透性而定。在上海地区夹薄砂层的淤泥质黏土层中，水平渗透系数为 10^{-4} cm/s，垂直渗透系数不大于 10^{-6} cm/s，当降水深度为 17～18m，自地面挖至坑底的时间为 30d 时，超前降水时间不少于 28d。实践说明降水固结的软弱黏土夹薄砂层强度可提高 30% 以上，对砂性土效果则更明显。大量工程的总结资料可证

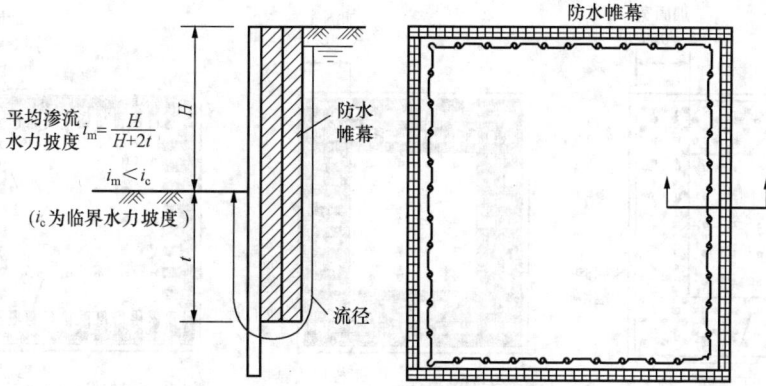

图 6-21　基坑挡墙防水帷幕

H—基坑深度；t—基坑底至灌浆帷幕底部的距离

明适宜降水的基坑土层，以降水法加固是最经济有效的方法。为提高降水加固土体的效果，降水深度要经过验算而合理确定，如图 6-22 所示。

（四）围护挡墙被动区加固法

在邻近建筑设施的流塑、软塑黏性土层中的深大基坑，为控制挡墙侧向位移，在基坑开挖前超前一定时间（加固后土体的硬结时间），对挡墙被动区用水泥搅拌桩、旋喷桩、或压力注浆法进行加固。加固范围及加固土体力学性能要求除与

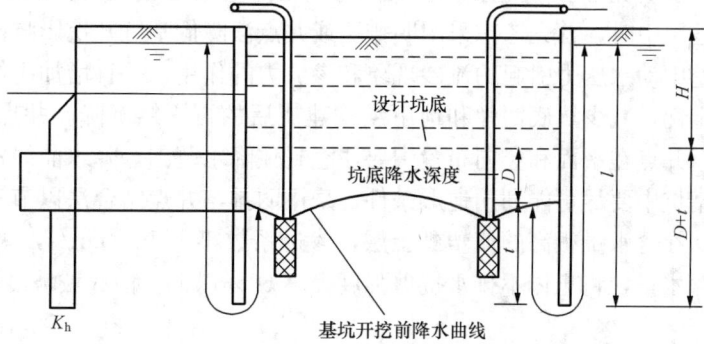

图 6-22　基坑降水预固结地基图

基坑深度、平面几何尺寸、地质条件、支护结构体系特征有关外，还与施工工艺及施工参数有很大关系。对于采用现浇钢筋混凝土支撑的基坑，即使精心地分层、分部、对称、平衡和限时地开挖及支撑，每部地下墙卸荷后的无支撑暴露时间 T_r 也不能小于 48h。而采用钢支撑的基坑，精心地施工可将 T_r 控制在不超过 24h。挡墙被动区加固形式如图 6-23 及图 6-24 所示。

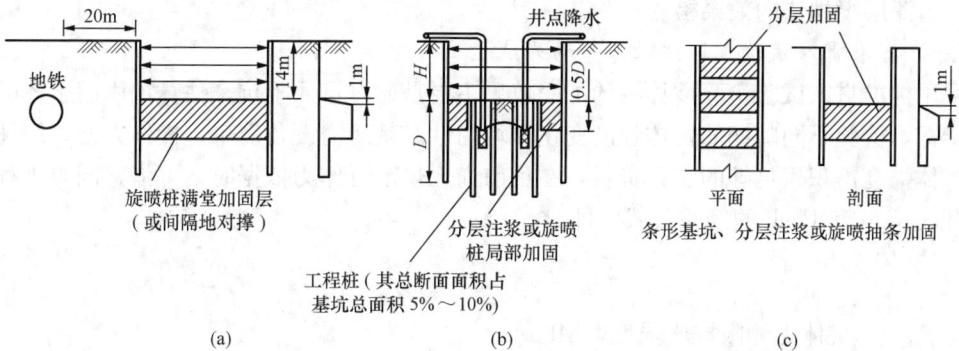

(a)　　　　　　　　　(b)　　　　　　　　　(c)

图 6-23　基坑挡墙被动区注浆加固图

D—注浆深度；H—基坑深度

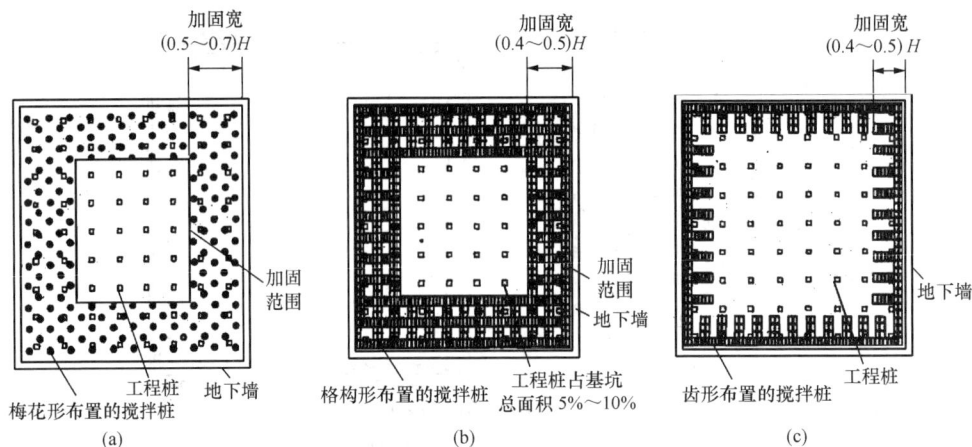

图 6-24 基坑挡墙被动区搅拌桩加固图

（五）放坡开挖的边坡加固法

当基坑处于砂性土或饱和含水流塑或软塑黏性土夹有薄砂层（水平渗透系数≥10^{-5} cm/s）的地层中时，首先考虑采用明排法或井点法降低基坑开挖影响范围地层的地下水位，以防止开挖中动水压力引起的流砂现象和渗流力的作用，并且增加土体抗剪强度和刚度，提高边坡稳定性，减少坑底回弹和地下结构建成后的再固结沉降。井点选型根据地质和降水深度确定，井点在平面和竖向布置中要注意封住降水范围，降水曲线符合预期要求。在大型放坡开挖基坑中要尽可能利用地形条件，采用明排与井点结合法以节省造价。

在含水量很高的流塑黏土层，渗透系数小于 10^{-6} cm/s，采用电渗排水井点，可降低土层含水量，将土体不排水抗剪强度提高 50％以上，使放坡坡度改陡，且提高稳定性。

第二节 基坑土体加固效果的检验

基坑土体经过加固后，需要对加固后土体的物理力学性质提高的程度进行检验，即加固效果的检验。加固效果的检验方法主要有两种方式：一种是现场取样进行加固前后物理力学性质参数的对比；另一种是现场原位测试。为了清楚地说明问题，本节将对应上一节的加固方法进行相应的具体效果检验方法的介绍。

一、深层搅拌法的效果检验

（一）标准贯入试验或轻便触探等动力试验

采用标准贯入试验检验搅拌桩的加固效果主要是通过贯入阻抗来估算加固后土体的物理力学指标，检验不同龄期的桩体强度变化和均匀性。其所需设备简单，操作方便。用锤击数估算桩体强度需积累足够的工程资料，在目前尚无规范可作为依据时，可借鉴同类工程，或采用 Terzaghi 和 Peck 的经验公式，即

$$f_{cu} = \frac{1}{80} N_{63.5} \tag{6-21}$$

式中　　f_{cu}——桩体无侧限抗压强度，MPa；

$N_{63.5}$——标准贯入试验的贯入击数。

轻便动力触探试验是用轻便触探器中附带的勺钻，在水泥土桩桩身钻孔，取出水泥土桩

芯，观察其颜色是否一致；是否存在水泥浆富集的结核或未被搅拌均匀的土团。也可用轻便触探击数判断桩身强度。

（二）静力触探试验

静力触探可连续检查桩体长度内的强度变化。用比贯入阻力 p_s（MPa）估算桩体强度 f_{cu}（MPa）需有足够的工程试验资料，在目前积累资料尚不够的情况下，可借鉴同类工程经验或用下式估算桩体无侧限抗压强度，即

$$f_{cu} = \frac{1}{10} P_s \tag{6-22}$$

水泥土搅拌桩制桩后用静力触探测试桩身强度沿深度的分布，并与原始地基的静力触探曲线相比较，可得桩身强度的增长幅度，并能测得断浆（粉）、少浆（粉）的位置和桩长。整根桩的质量情况将暴露无遗。

虽然静力触探可以严格检验桩身质量和加固深度，是检查桩身质量的有效方法之一。但在理论上和实践上还需进行大量的工作，用以积累经验。同时在测试设备上还须进一步改进和完善，以保证该法检验的可行性。

（三）取芯检验

用钻孔方法连续取水泥土搅拌桩桩芯，可直观地检验桩体强度和搅拌的均匀性。取芯通常用 $\phi 106$ 岩芯管，取出后可当场检查桩芯的连续性、均匀性和硬度，并用锯、刀切割成试块做无侧限抗压强度试验。但由于桩的不均匀性，在取样过程中水泥土很易产生破碎，取出试件做强度试验很难保证其真实性。使用本方法取桩芯时应有良好的取芯设备和技术，确保桩芯的完整性和原状强度。进行无侧限强度试验时，可视取位时对桩芯的损坏程度，将设计强度指标乘以 $0.7\sim0.9$ 的折减系数。

（四）截取桩段作抗压强度试验

在桩体上部不同深度现场挖取 50cm 桩段，上下截面用水泥砂浆整平，装入压力架后以千斤顶加压，即可测得桩身抗压强度及桩身变形模量。

这种检测方法可避免桩横断面方向强度不均匀的影响；测试数据直接、可靠；可积累室内强度与现场强度之间关系的经验；试验设备简单易行。但该方法的缺点是挖桩深度不能过大，一般为 $1\sim2m$。

（五）静载荷试验

对承受垂直荷重的水泥土搅拌桩，静载荷试验是最可靠的质量检验方法。

对于单桩复合地基载荷试验，载荷板的大小应根据设计置换率来确定，即载荷板面积应为一根桩所承担的处理面积，否则应予修正。试验标高应与基础底面设计标高相同。对单桩静载荷试验，在板顶上要做一个桩帽，以便受力均匀。

水泥土搅拌桩通常是摩擦桩，所以试验结果一般不出现明显的拐点，容许承载力可按沉降的变形条件选取。

载荷试验应在 28d 龄期后进行，检验点数每个场地不得少于 3 点。当试验值不符合设计要求时，应增加检验孔的数量，若用于桩基工程，其检验数量应不少于第一次的检验量。

一般桩的载荷试验均在成桩后 28d 时进行，而设计要求均为 90d，其承载力对于龄期的换算关系完全不同于室内水泥土强度的换算关系。根据经验及资料分析，认为 28d 单桩承载力推算到 90d 的单桩承载力，可以乘以 $1.2\sim1.3$ 的系数，主要与单桩试验的破坏模式有关；

28d 单桩复合地基承载力推算到 90d 的承载力，可以乘以 1.1 左右的系数，主要与桩土模量比等因素有关。

（六）开挖检验

可根据工程设计要求，选取一定数量的桩体进行开挖，检查加固柱体的外观质量、搭接质量和整体性等。

（七）沉降观测

建筑物竣工后，还应进行沉降、侧向位移等观测。这是最为直观检验加固效果的理想方法。

目前对于水泥土搅拌桩的检测，由于试验设备等因素的限制，只能限于浅层。对于深层强度与变形、施工桩长及深度方向水泥土的均匀性等的检测，目前还没有更好的方法，有待于今后进一步研究解决。

二、高压喷射注浆法效果检验

（一）检验内容

（1）固结体的整体性和均匀性；

（2）固结体的有效直径；

（3）固结体的垂直度；

（4）固结体的强度特性（包括桩的轴向压力、水平力、抗酸碱性、抗冻性和抗渗性等）；

（5）固结体的溶蚀和耐久性能。

喷射质量的检验：

1）施工前，主要通过现场旋喷试验，了解设计采用的旋喷参数、浆液配方和选用的外加剂材料是否合适，固结体质量能否达到设计要求。如某些指标达不到设计要求，则可采取相应措施，使喷射质量达到设计要求。

2）施工后，对喷射施工质量的鉴定，一般在喷射施工过程中或施工告一段落时进行。检查数量应为施工总数的 2%～5%，少于 20 个孔的工程，至少要检验 2 个点。检验对象应选择地质条件较复杂的地区及喷射时有异常现象的固结体。

凡检验不合格者，应在不合格的点位附近进行补喷或采取有效补救措施，然后再进行质量检验。

高压喷射注浆处理地基的强度较低，28d 的强度在 1～10MPa 之间，强度增长速度较慢。检验时间应在喷射注浆后 4 周进行，以防在固结度强度不高时，因检验而受到破坏，影响检验的可靠性。

（二）检验方法

1. 开挖检验

待浆液凝固具有一定强度后，即可开挖检查固结体垂直度和固结形状。

2. 钻孔取芯

在已旋喷好的固结体中钻取岩芯，并将岩芯做成标准试件进行室内物理和力学性能的试验。做压力注水和抽水两种渗透试验，测定其抗渗能力。

3. 标准贯入试验

在旋喷固结体的中部可进行标准贯入试验。

4. 载荷试验

静载荷试验分垂直和水平载荷试验两种。做垂直载荷试验时，需在顶部 0.5～1.0m 范围内浇筑 0.2～0.3m 厚的钢筋混凝土桩帽，做水平推力载荷试验时，在固结体的加载受力部位，浇筑 0.2～0.3m 厚的钢筋混凝土加荷面，混凝土的标号不低于 C20。

载荷试验是检验建筑地基处理质量的良好方法，有条件的地方应尽量采用。虽然载荷试验设备筹备较困难，但对重要建筑物仍应做载荷实验为宜。

三、压力注浆法的效果检验

压力注浆效果的检验，通常在注浆结束后 28d 才可进行，检验方法如下：

（1）统计计算注浆量。可利用注浆过程中的流量和压力自动曲线进行分析，从而判断注浆效果。

（2）利用静力触探测试加固前后土体力学指标的变化，用以了解加固效果。

（3）在现场进行抽水试验，测定加固土体的渗透系数。

（4）采用现场静载荷试验，测定加固土体的承载力和变形模量。

（5）采用钻孔弹性波试验测定加固土体的动弹性模量和剪切模量。

（6）采用标准贯入试验或轻便触探等动力触探方法测定加固土体的力学性能，此法可直接得到注浆前后原位土的强度进行对比。

（7）进行室内试验。通过室内加固前后土的物理力学指标的对比试验，判定加固效果。

（8）采用射线密度计法。它属于物理探测方法的一种，在现场可测定土的密度，用以说明注浆效果。

（9）使用电阻率法。将注浆前后对土所测定的电阻率进行比较，根据电阻率差说明土体孔隙中浆液的存在情况。

在以上方法中，动力触探试验和静力触探试验最为简便实用。检验点一般为灌浆孔数的 2%～5%，如检验点的不合格率等于或大于 20%，或虽小于 20% 但检验点的平均值达不到设计要求，在确认设计原则正确后应对不合格的注浆区实施重复注浆。

四、人工挖孔桩的效果检验

（1）桩间土检验：用标准贯入法、十字板剪切、静力触探和钻孔取样等试验进行处理前后的对比试验。对砂性土地基采用标贯或动力触探方法进行挤密程度检验。

（2）单桩和复合地基检验：采用单桩载荷试验、单桩或多桩复合地基载荷试验进行处理效果检验。检验点数量可按处理面积大小取 2～4 点。

（3）桩身：采用静力触探试验检测桩身阻力；也可进行挖桩检验与桩身取样试验来检验桩身质量。

思考题

6-1 含水量符合要求的_____土，可用作各层回填土。

6-2 基坑回填土应_____进行，并尽量采用_____填筑，采用不同透水性的土料填筑时，必须将透水性大的土层置于透水性小的土层之_____，不得混杂。

6-3 填方施工应_____填筑压实，当基底位于倾斜地面时，应先将斜坡挖成_____状，阶宽不小于_____ m，然后_____填筑，以防填土横向移动。

6-4　填土压实的方法有碾压法、夯实法和_____等。

6-5　人工填土可分为素填土、_____和冲填土三类。

6-6　按照土的_____分类，称为土的工程分类。

6-7　影响填土压实质量的因素有土料的种类和_____、_____、土的_____及每层铺土厚度与_____。

6-8　填土压实的方法有_____法、_____法和振动压实法。

6-9　填土、密实度是以设计规定的_____作为检查标准的，_____与_____最大干容重 ρ_{dmax} 之比称为_____度。

6-10　含水量符合压实要求的_____土，可用作各层填料，碎石类土、爆破石渣和砂土可用作_____的填料，_____和_____一般不能用作填料。

6-11　应使用同样的压实功进行压实的条件下，使填土压实获得最大密实度时士的含水量称为土的_____含水量。

6-12　填土碾压法是利用_____的压力压实土壤，碾压机械有_____等，主要适用于_____和大型_____回填土等工程。

6-13　夯实法是利用夯锤_____的冲击力来夯实土壤，夯实机械有_____、夯锤，主要适用于_____面积的回填土。

6-14　在实际施工中，对松土应先用_____碾压实，再用_____碾压就会取得较好的压实效果。

6-15　检查土的实际干重度，可采用_____法取样测定，对基坑回填应_____ m^2 取样一组，基槽每层_____ m 取样一组，室内填土每层_____取样一组，场地平整填方每层_____ m^2 取样一组。

第七章　基坑工程现场监测与信息化施工

第一节　概　　述

一、基坑工程监测与信息化施工的意义

随着城市建设的发展，基坑施工的开挖深度越来越深，从最初的 5～7m 发展到目前最深已达 20m 多。由于地下土体性质、荷载条件、施工环境的复杂性，对在施工过程中引发的土体性状、环境、邻近建筑物、地下设施变化的监测已成了工程建设必不可少的重要环节。据统计，近年来发生在基础施工方面的事故约占总数的 16%，死亡人数占死亡总人数的 16.5%。

对于复杂的大中型工程或环境要求严格的项目，往往难从以往的经验中得到借鉴，也难以从理论上找到定量分析、预测的方法，这就必定要依赖于施工过程中的现场监测。第一，靠现场监测数据来了解基坑的设计强度，为今后降低工程成本指标提供设计依据；第二，可及时了解施工环境——地下土层、地下管线、地下设施、地面建筑在施工过程中所受的影响及影响程度；第三，可及时发现和预报险情的发生及险情的发展程度，以便及时采取安全补救措施。

深基坑监测工作既是检验深基坑设计理论正确性和发展设计理论的重要手段，同时又是及时指导正确施工、避免基坑工程事故发生的必要措施。利用基坑开挖前期监测成果来指导后继工程施工的方法，已发展成为一种新的信息化施工技术。监测工作因而也成为深基坑开挖工作的重要组成部分，在工程实践中得到了高度重视。

基坑工程信息化施工基础是基坑工程环境监测，它是检验设计正确性和发展岩土工程理论的重要手段，又是及时指导正确施工、避免发生事故的必要措施，基坑工程环境监测是基坑在开挖施工处理中，用科学仪器设备与手段对基坑支护结构及周边环境（如土体、建筑物、道路、地下设施等）的位移、变形、倾斜、沉降、应力、开裂、基底隆起、地下水位动态变化、土层孔隙水压力变化等进行综合监测。基坑信息化施工是指充分利用前段基坑开挖监测到的岩土及结构体变位、行为等大量信息，通过与勘察、设计的比较和分析，在判断前期设计与施工合理性基础上，反馈分析与修正岩土力学参数，预测后续工程可能出现新行为与新动态，进行施工设计与施工组织再优化，以指导后续开挖方案、方法、施工，排除险情，实现最佳工程。

二、监测与信息化施工的作用

从许多起基坑工程事故的分析中，可以得出这样一个结论，大多数基坑工程事故都与监测不力或险情预报不准确有关。换言之，如果基坑的环境监测与险情预报准确而及时，就可以防止重大事故的发生，或可以将事故所造成的损失减少到最小。

基坑工程的环境监测既是检验设计正确性的重要手段，又是及时指导正确施工、避免事故发生的必要措施。基坑工程的监测技术是指基坑在开挖施工过程中，采用科学仪器、设备和手段对支护结构、周边环境（如土体、建筑物、道路、地下设施等）的位移、倾斜、沉

降、应力、开裂、基底隆起以及地下水位的动态变化、土层孔隙水压力变化等进行综合监测。然后，根据前一段开挖期间监测到的岩土变位等各种行为表现，及时捕捉大量的岩土信息，及时比较勘察、设计所预期的性状与监测结构的差别，对原设计成果进行评价并判断事故方案的合理性。通过反分析方法计算和修正岩土力学参数，预测下一阶段工程实践可能出现的新行为、新动态，为施工期间进行设计优化和合理组织施工提供可靠的信息，对后续的开挖方案与开挖步骤提出建议，对施工过程中可能出现的险情进行及时的预报，当有异常情况时立即采取必要的措施，将问题抑制在萌芽状态，以确保工程安全。

近年来，信息化施工技术使基坑施工始终处于受控状态，及时发现问题，及时处理问题，掌握工程进展的主动权，做到了施工技术的科学化、信息化、标准化、规范化，并为施工过程中的科学决策提供了有力的支持。信息技术在大型工程施工中的应用和推广是工程管理现代化的重要标志和必要途径，也是确保工程质量和施工安全的关键性措施。

三、信息化施工技术发展

随着测量技术和传感器及自动控制技术的发展，监测技术也不断向自动化和高精度方向发展。

在测量监测领域，如果是在开阔的地区且测点密度不是很大，静态 GPS 已经可以满足毫米级的变形监测要求。当深基坑施工监测时监测点一般较多时，高精度智能全站仪可对多个测点（但需安装专用小棱镜）进行自动定时监测，可以得到测点的实时三维变形数据。例如：瑞士 Leica 公司推出的 TCA2003 测量机器人就是智能全站仪的接触代表，她具有自动目标识别、自动照准的 ART 功能。在现代测量中不但提高了测量速度，而且在一些条件恶劣、时间要求紧迫以及重复性很强的工作中发挥着人工操作难以完成的工作，优势十分明显。

在测试领域，传感器制造技术也在不断发展，新一代的传感器将更坚固、可靠、稳定和高精度。围护墙的深部位移可以使用固定倾斜传感器，安装于测斜管内，进行墙体深部的水平位移自动监测；而支撑轴力、土压力、孔隙水压力测试通常采用的振弦式测力传感器已经是较为成熟的产品，关键是通过电缆线将这些传感器接入控制模块。近年来，支撑轴力的测力传感器甚至直接和加力设备合二为一，在主控机上可以直接看到支撑实时的受力情况，并可以随时调整其受力情况。同时，地下水位和土体分层沉降测试等监测项目也可以采用带相应传感器探头的自动测控仪器。

显然，自动监测技术的实施还离不开自动控制技术，需要强大的网络通信系统及控制软件做后盾，还需要有优秀的切合现场需要的数据分析软件与报警系统。

四、监测系统设计原则

施工监测工作是一项系统工程，监测工作的成败与监测方法的选取及测点的布设有关。监测系统的设计原则可归纳为以下五点。

（一）可靠性原则

可靠性原则是监测系统设计中所要考虑的最重要的原则。为了确保可靠性，必须做到：

（1）系统需要采用可靠的仪器。一般而言，机测式仪器的可靠性高于电测式仪器，所以如果使用电测式仪器，则通常要求具有目标系统或与其他机测式仪器互相校核。

（2）应在监测期间内保护好测点。

（二）多层次监测原则

多层次监测原则主要有以下几个方面：

（1）在监测对象上以位移为主，但也考虑其他物理量监测。

（2）在监测方法上以仪器监测为主，并辅以巡检的方法。

（3）在监测仪器选型上以机测式仪器为主，辅以电测式仪器；为了保证监测的可靠性，监测系统还应采用多种原理不同的方法和仪器。

（4）考虑分别在地表、基坑上体内部及邻近受影响建筑物与设施内布点以形成具有一定测点覆盖率的立体监测网。

（三）重点监测关键区的原则

据研究，在不同支护方法的不同部位，其稳定性是各不相同的。一般来说，稳定性差的部位容易失稳塌方，甚至影响相邻建筑物的安全。因此，应将易出问题且一旦出问题就将带来很大损失的部分列为关键区进行重点监测，并尽早实施。

（四）方便实用原则

为了减少监测与施工之间的相互干扰，监测系统的安装和测读应尽量做到方便实用。

（五）经济合理原则

考虑到多数基坑都是临时工程，因此其监测时间较短，另外监测范围不大，量测者容易到达测点，所以在系统设计时应尽量考虑实用、低价的仪器，不必过分追求仪器的先进性，以降低监测费用。

五、信息化施工技术的应用

信息化施工技术应用于地下铁道车站、高层房屋建筑基坑等深基坑围护工程的领域，对施工现场周围的旧有建筑的沉降变形控制有一定作用。

基坑工程信息化施工变化因素多，在目前设计中尚难做到全面、准确、合理。对于开挖深度较大、坑壁土质较差、周围环境复杂的基坑工程，应在施工过程中加强对挡土结构位移、支撑锚拉系统应力、基坑周围环境变化的严密监测，以反馈的数据信息调整基坑工程的设计与施工，确保基坑安全。

信息化施工，要求对墙顶和墙后位移、墙后的土压力、墙体应力、支撑轴力和立柱位移、周围建筑和管线位移及地下水位等方面进行监测。运用数值方法，分析、拟合实测数据，提出符合基坑变形特点的计算模型和设计参数，提高基坑工程设计水平；施工中通过变形预测，避免基坑垮塌和环境效应，减少基坑支护造价。

信息化施工技术为确保工程顺利、安全进行做出了很大贡献。2000 年 10 月 20 日，江泽民总书记为润扬长江公路大桥奠基开工，标志着"十五"期间我们要建设这座我国跨径最大的现代化桥梁。润扬长江公路大桥（见图 7-1）为目前我国第一大跨径的组合型桥梁，其建设过程中攻克多项世界性技术难题，创造出 8 项全国第一。第一大跨径：大桥南汉主桥为主跨径长 1490m 的单孔双铰钢梁悬索桥，是目前中国第一、世界第三的特大跨径悬索桥。第一大锚碇：大桥北锚碇

图 7-1　润扬长江公路大桥

要承受6.8万t的主缆拉力，锚体由近6万m³混凝土浇筑而成，国内第一、世界罕见。第一特大深基坑：为了给巨大的锚体安个"家"，开挖了世界罕见的特大深基坑，开挖土方近17万m³，是我国第一特大深基坑。第一高塔：大桥南汊悬索桥索塔高达215.58m，相当于73层楼的高度，是目前国内桥梁中最高的索塔。第一长缆：悬索桥主缆缠丝采用的是国内首次使用的"S"型钢丝，两根主缆每根长2600m，为国内第一长缆。第一重钢箱梁：大桥悬索桥桥面钢箱梁宽38.7m、高3m，钢箱梁共有93节，总质量为21000t，最大一节钢箱梁重达506t，是目前国内最重的。第一大面积钢桥面铺装：在全国首次全部采用环氧沥青铺装，铺装总长度2248m，铺装总面积达70800m³。第一座刚柔相济的组合型桥梁：润扬长江公路大桥由北接线、北汊斜拉桥、世业洲互通、南汊悬索桥、南接线、南接线延伸段6个部分组成，其中南汊主桥是柔性悬索桥，北汊主桥是刚性斜拉桥，是我国第一座刚柔相济的组合型桥梁。

在润扬大桥基础部分施工中，对地下连续墙垂直沉降、平面位移、纵向变形、墙体钢筋应力、内支撑轴力、立柱桩内力、坑内外地下水位、坑外孔隙水压力、坑外地基沉降、长江大堤及附近建筑物变形等进行监测，共埋设测点1800多个，汇集了大量的数据，并建立现场信息分析小组，对监测数据进行分析处理，做出了空间模型计算反演分析、神经网络反演分析预测及结构安全复核计算（正演计算）等，可以说整个工程是数字工程。

第二节　基坑监测的控制标准

一、基坑监测项目的选择

按照基坑安全等级，监测项目的选择见表7-1。

表7-1　监测项目的选择

监　测　项　目	工程安全等级		
	一级	二级	三级
边坡土体位移观测（用测量仪器）	△	△	△
边坡土体位移观测（用测斜仪）	△	▲	▲
支护结构位移观测（用测量仪器）	△	△	△
支护结构位移观测（用测斜仪）	△	▲	▲
边坡土体沉降观测	△	△	▲
支护结构沉降观测	△	△	△
边坡土体内部沉降观测	▲	×	×
相邻建（构）筑物变形观测	△	△	△
地下设施变形观测	△	△	▲
支护结构受力状态监测	△	▲	×
土体的土压力及孔隙水压力监测量	▲	▲	×
地下水动态观测	深层降水时必须进行		

注　1. 符合下列情况之一，为一级基坑：①重要工程或支护结构做主体结构的一部分；②开挖深度大于10m；③与临近建筑物，重要设施的距离在开挖深度以内的基坑；④基坑范围内有历史文物、近代优秀建筑、重要管线等需严加保护的基坑。
　　2. 三级基坑为开挖深度小于7m，且周围环境无特别要求时的基坑。
　　3. 除一级和三级外的基坑属二级基坑。
　　4. "△"表示必须进行的项目；"▲"表示有条件宜进行的项目；"×"表示可不进行的项目。

在基坑开挖过程中，若基坑突发异常情况，如严重的涌砂、冒水，支护结构或邻近建（构）筑物、地下管线严重变形等，应及时进行跟踪监测。

（1）在建筑物密集及地下管网复杂的城区开挖深基坑，从基坑边缘向外 30～50m 范围内的建（构）筑物应作为主要监测对象，特别是古文物保护区及重要建（构）筑物和交通干道、煤气管、通信电缆、上下水管等应列在监测范围之内。在降水及开挖阶段应重点监测由于变形产生的裂缝变化。

（2）在进行深层降水的情况下，应将监测范围扩大到影响半径以外，观测对象以地面沉降和地下水动态为主，有条件时可设置若干分层沉降观测孔，采用分层沉降仪进行观测或分层设置深层沉降标，用精密水准仪进行观测。

（3）土体、支护结构及建（构）筑物的变形（包括水平位移、沉降及倾斜）观测应按现行国家标准（工程测量规范）执行，用测量仪器进行水平位移观测可采用视准线法、坐标网法等；沉降观测可采用闭合环或返观测法；倾斜观测可采用投影及倾角计法。

（4）土体内部的位移应利用钻孔测斜仪进行观测。在钻孔中埋设测斜管时，应采用可靠方法密实地回填管周空隙，使测斜管能随土体一道位移。应将不同深度测得的挠度值绘制成整个剖面的挠度曲线，并参用水平位移测量结果提供推测的整个剖面位移曲线。

（5）支护桩的形变可通过埋设于桩体内的测斜管进行观测。观测点的间距为 0.5～1.0m。

（6）内支撑和锚杆受力状况可通过在其端部安置应力传感器，或在侧面或钢筋上贴应变片进行监测。

（7）土体应力与孔隙水压力可按以下要求监测：

1）土压力可通过预埋压力盒或直接使用应力铲进行测试。

2）孔隙水压力可通过钻孔或压入法埋设的孔隙水压力计进行监测。

3）观测成果以压力与时间、压力与荷载、压力与开挖深度等关系曲线图表示。

（8）地下水动态观测包括地下水位和抽（排）水时含砂量的定期观测，应及时提供地下水动态变化的各种因素。

（9）基坑开挖施工期间，每天应有专人进行现场目测。目测中可使用一般的质量衡器具对裂缝、塌陷、管涌、流土、渗漏等现象的发生、发展情况进行测定，作出详细记录。在深基坑工程开始之前，可对周围建（构）筑物的破坏情况摄影或作出标记，在工程进行过程中严密监视其变化情况。

二、基坑监测的控制标准

基坑（槽）、管沟土方工程验收必须以确保支护结构安全和周围环境安全为前提。当设计有指标时，以设计要求为依据，例如 DB/TJ 08-61—2010 中规定见表 7-2。

表 7-2　　　　　　　　　　　　　　基坑变形的监控值

基坑类别	围护结构墙顶位移监控值（mm）	围护结构墙体最大位移监控值（mm）	地面最大沉降监控值（mm）
一级基坑	30	50	30
二级基坑	60	80	60
三级基坑	80	100	100

基坑工程属临时性工程，是为主体结构工程服务的。设置强制性条文是针对近年来基坑工程的坍塌事故屡有发生，而且常常是多人伤亡的重大安全事故，并危及周围设施，为杜绝类似事故的发生，规定了基坑土方开挖的原则。

判定合格与否，应以基坑变形是否满足要求以及周围环境能否得到保护为度。由于周围环境的保护与基坑支护结构的变形无固定关系，有可能基坑变形较大，但不影响主体结构施工，而周围环境变形仍在控制范围内，因此也应对基坑开挖予以验收。

如基坑的支护结构是主体结构的一部分，则支护结构的变形应以是否影响主体结构的功能为度，如没有影响则也应予以验收。

三、基坑监测观测要求

各项监测的时间间隔应根据不同工程的施工进程具体确定。一般应符合下述要求：

（1）各监测项目在基坑开挖前应测定初始数据，且不宜少于两次。

（2）开挖初期观测时间间隔不宜超过5～7d，开挖卸载急剧阶段不宜超过3d，当测试数据超过有关控制标准时应加密观测次数。当有危险事故征兆时应进行连续监测，并及时向有关部门提交监测成果。

（3）基坑开挖间歇期，观测间隔时间不宜超过5～7d，运行维护阶段观测时间间隔可为10～15d。

（4）现场检测人员应及时分析各种监测资料，捕捉险情发生前的种种前兆信息，实现险情预报。

四、基坑监测精度要求

对于支护结构和边坡土体的水平位移及沉降，可按以下要求进行观测：

（1）在基坑周边按一定间距布置水平位移及沉降观测点，数量不少于8个，间距不大于20m，在关键部位宜加密测点。

（2）观测基准点要求稳固，应设在开挖和降水影响范围以外，数量不得少于2个。

（3）观测有基本精度要求，应根据观测对象的容许变形范围、变形速率、观测周期等多种因素综合分析确定，可分为高精度和中精度两类，见表7-3。

表 7-3   观测精度标准   mm

项　目	高精度	中精度
沉降观测	中误差<0.2	中误差<0.5
水准测量闭合差	$\pm 0.30\sqrt{n}$（n为观测站数）	$\pm 0.30\sqrt{n}$（n为观测站数）
位移观测	中误差<2.0	中误差<5.0

第三节 基坑监测的内容与方法

一、基坑监测的内容

深基坑施工时，必须有一定的围护结构用以挡土、挡水。围护设施必须安全有效。浅基坑的围护结构以前常用的是钢板桩或混凝土板桩；深基坑则大多采用现场浇灌的地下连续墙结构或排桩式灌注桩结构，并配以混凝土搅拌桩或树根桩止水。开挖时，当地下水位较高

时，必须抽水以保持坑内干燥，7～15m深的基
坑，中间必须配两～三道水平支撑，水平支撑采
用钢管式结构或钢筋混凝土结构（见图7-2）。围
护结构必须安全可靠，并能确保施工环境稳定。
从经济角度来讲，好的围护设计应把安全指标取
在临界点附近，再靠现场监测提供的动态信息反
馈来调整施工方案。

　　基坑工程的现场监测主要包括对支护结构的
监测、对周围环境的监测和对岩土性状受施工影
响而引起的变化的监测，见表7-4。

图7-2　两道水平支撑基坑工程

表 7-4　　　　　　　　　　　　　　　监测内容及对象与方法

内　容	对　象	方　法
变形	地面、边坡、坑底土体、支护结构（柱、锚、内支撑、连续墙等）建（构）筑物、地下设施	目测巡视，对倾斜、开裂、鼓凸等迹象进行丈量、记录、绘制图形或摄影；采用精密光学仪器、导线或收敛计测量水平位移，经纬仪投影测量倾斜；埋设测斜管、分层沉降仪测量深层土体变形
应力	支护结构中的受力构件、土体内应力	预埋应力传感器、钢筋应力计、电阻应变片等元件；埋设土压力盒或应力铲侧压仪
地下水动态	地下水位、抽（排）水量、含砂量	设置地下水观测孔；埋设孔隙水压力计或钻孔测压仪；对抽水流量、含砂量定期观测、记录

（一）支护结构顶部水平位移监测

　　这是基坑工程中最重要的一项监测。一般每间隔5～8m布设一个仪器监测点，在关键
部位适当加密测点。基坑开挖期间，每隔2～3d监测一次，位移较大者每天监测1～2次。
考虑到施工场地狭窄，测点常被阻挡的实际情况，可用多种方法进行监测：一是用位移收敛
计（见图7-3）对支护结构顶部进行收敛量测。该方法测定布设灵活方便，仪器结构不复
杂，操作方便，读数可靠，测量精度为0.05mm，从而可准确地捕捉支护结构细微的变位动
态，并尽早对未来可能出现的新行为、新动态进行预测预报。二是用精密光学经纬仪（见
图7-4）进行观测。在基坑长直边的延长线上两端静止的构筑物上设观察点和基准点，并

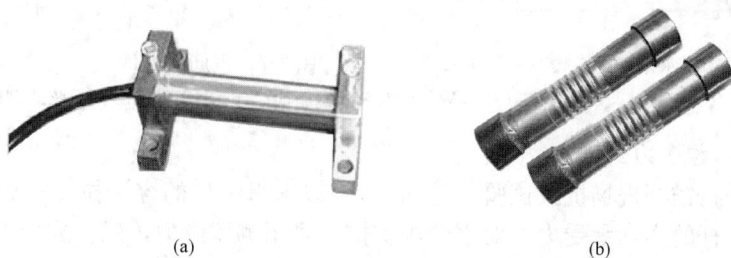

(a)　　　　　　　　　　　　　　　　　　　　　(b)

图7-3　　位移收敛计

（a）HS-580型振弦式表面应变计；（b）HS-500型振弦式应变计

在观察点位置旋转一定角度的方向上设置校正点，然后监测基坑长直边上若干测点的水平位移。三是用伸缩仪进行量测。仪器的一端放在支护结构顶部，另一端放在稳定的地段上并与自动记录系统相连，可连续获得水平位移曲线和位移速率曲线。

（二）支护结构倾斜监测

根据支护结构受力及周边环境等因素，在关键的地方钻孔布设测斜管，用高精度测斜仪（见图 7-5）定期进行监测，以掌握支护结构在各个施工阶段的倾斜变化情况，及时提供支护结构深度-水平位移-时间的变化曲线及分析计算结果。也可在基坑开挖过程中及时在支护结构侧面布设测点，用光学经纬仪观测支护结构的倾斜。

（三）支护结构沉降观测

可按常规方法用精密水准仪（见图 7-6）对支护结构的关键部位进行沉降观测。

图 7-4　J2-2 系列光学经纬仪　　　　　图 7-5　GN-1 型测斜仪

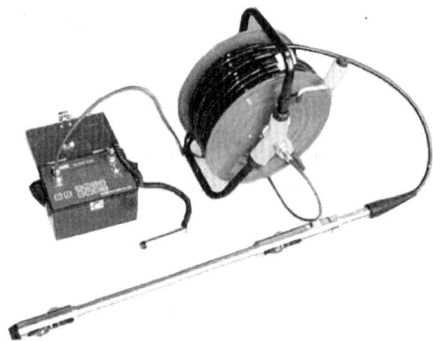

（四）支护结构应力监测

用钢筋应力计（见图 7-7）对桩顶圈梁钢筋中较大应力断面处的应力进行监测，以防止支护结构的结构性破坏。

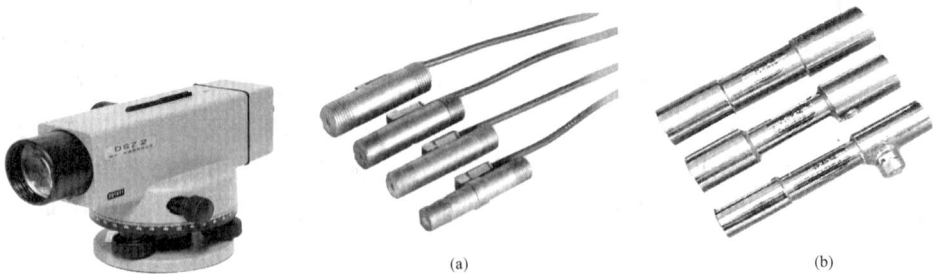

(a)　　　　　　　　　　(b)

图 7-6　DSZ-2 型水准仪　　　　图 7-7　钢筋应力计

(a) VWR 型振弦式钢筋计；(b) HS100-110 型振弦式钢筋测力计

（五）支撑结构受力监测

施工前应进行锚杆现场抗拔试验（见图 7-8）以求得锚杆的容许拉力；施工过程中用锚杆测力计监测锚杆的实际承受力。对钢管内支撑，可用测压应力传感器或应变仪等监测其受力状态的变化。

（六）基坑开挖前对支护结构完整性检测

例如，用低应变动测法（见图 7-9）检测支护桩桩身是否断裂、严重缩颈、严重离析和夹泥等，并判定桩身的缺陷部位。

　　低应变法作用在桩顶上的动荷载小于使用荷载，其能量小，只能使桩产生弹性变形，一般情况下只产生10^{-5}动应变。它是通过应力波在桩身中传播和反射的原理，对桩身结构完整性进行评价；根据振动理论对承载力进行推算。低应变法从原理上不能直接得到承载力的推断，而是由实测动刚度和静动对比的修正进行推算，因此带有很大的地区经验和人为因素。

　　桩动测法具有以下优点：

　　（1）仪器设备轻便，检测速度快和费用较低。

图 7-8　锚杆现场抗拔试验

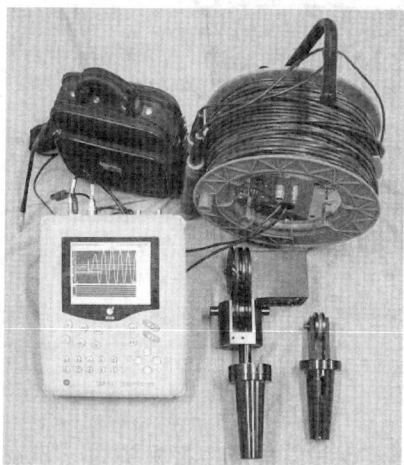

图 7-9　低应变动测法仪器

　　（2）具有静荷载试桩不具备的功能。动力试桩除了和静力试桩一样，可检测单桩承载力外，还有桩身结构完整性检测、沉桩能力分析、桩工机械监控和桩动态特性测定等功能。

　　（3）可区分破坏模式是土的破坏还是桩身结构破坏。

　　（4）可对工程桩进行普查。低应变法检测速度快，费用低，可对工程桩进行普遍检查，然后有针对性对质量稍差的桩进行承载力检测，更好地保证工程质量。

　　（5）波形拟合法不仅可得到单桩总承载力，还可进行侧阻力分布和端阻力值的估计。

　　（七）邻近建筑物的沉降、倾斜和裂缝发生时间及发展监测

　　基坑工程现场检测还包括邻近建筑物的沉降监测（见图7-10）、邻近建筑物的倾斜监测和裂缝的发生时间和发展的监测（见图7-11）。

　　（八）邻近构筑物、道路、地下管网设施的沉降和变形监测

　　对邻近构筑物可用智能裂缝观测仪（见图7-12）进行观测。

　　邻近道路路基沉降变形监测的目的，是以实际变形监测数据为基础，采用科学的方法对邻近道路路基的沉降变形进行综合分析和评估，验证设计并检验施工质量，全面掌握道路路基的变形动态，分析和推算其最终沉降量和施工后沉降。

　　（九）对岩土性状受施工影响而引起变化的监测

　　该项监测内容包括对表层沉降和水平位移的观测，以及深层沉降和倾斜的监测。监测范围着重在距离基坑1.5～2倍的基坑开挖深度范围之内。该项监测可及时掌握基坑边坡的整体稳定性，及时查明土体中可能存在的潜在滑移面的位置。

　　地基分层和深层沉降标埋设要点：

　　（1）采用钻孔导孔埋设，钻孔垂直偏差率应不大于1.5%，

图 7-10　建筑物的沉降观测

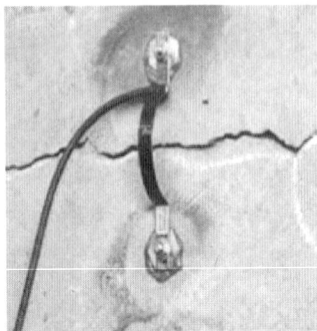

图 7-11 建筑物裂缝的监测

并无塌孔缩孔现象存在，遇到松散软土层应下套管或泥浆护壁。钻孔深度：对分层标即为埋置深度；对深层标为埋置深度以上 0.5m。成孔后必须清孔。

（2）分层标埋设时先埋置波纹管（见图 7-13），第一节波纹管底部必须封死，至一定深度后，插入导管与波纹管一并压至孔底。当埋置深度较大时，波纹管与导管均应随埋随接，接口必须牢固，但不能采用磁感材料作固定件。波纹管露出地面 150～200mm，并用水泥混凝土固定；导管外露 300～500mm，并随填土增高，接出导管并外加保护管。

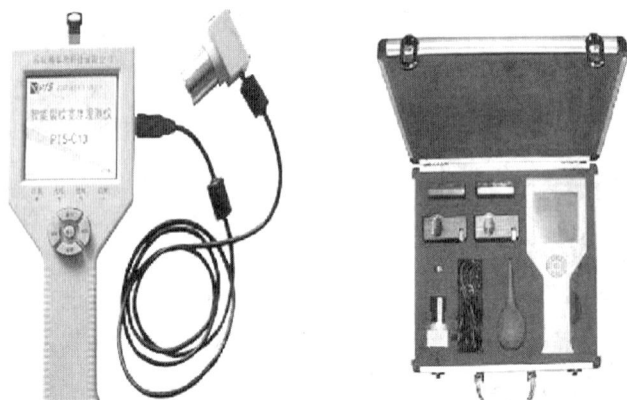

图 7-12　智能裂缝观测仪

（3）深层标埋设时先下保护管，再下主杆，到位后再将保护管拔离主杆标头 30～50cm。随填土增高，接长主杆和保护管。

（4）当分层标和深层标至孔底定位后，用砂子填塞钻孔孔壁与波纹管或保护管之间间隙。待孔侧土回弹稳定后，测定初始读数。对于分层标应先用水准仪测出导管管口高程，并用磁性测头自上向下依次逐点测读管内各感应线圈至管顶距离（见图 7-14），换算出各点高程；连续测读数日，稳定读数即为初始读数。

图 7-13　HS-86 型 PVC 沉降管

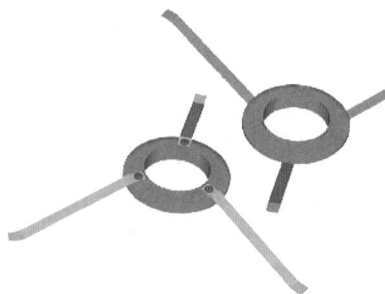

图 7-14　HS-81 型电测沉降磁环

（十）桩侧土压力测试

桩侧土压力（见图 7-15）是支护结构设计计算中重要的参数，常常要求进行测试。可用钢弦频率接收仪进行测试（见图7-16）。

图7-15　VWES型振弦式混凝土应力计　　　7-16　HS-250型振弦式二次感应土压力计

（十一）基坑开挖后的基底隆起观测

这里包括由于开挖卸载基底回弹的隆起和由于支护结构变形或失稳引起的隆起。

回弹观测是为了测定深基坑开挖后，由于卸除了基坑土的自重而产生的基底土的隆起量所进行的观测。测杆式回弹标结构如图7-17所示。

测杆式回弹标的埋设和观测步骤是：

（1）用钻机在预定位置上钻孔，直至预计坑底标高；

（2）将标志头放入孔内，压入孔底，一般应使其低于基坑底面100～200mm，以防挖基坑时被铲坏；

（3）将测杆放入孔内，并使其底面与标志头顶部紧密接触，上部的水准气泡居中；

（4）用三个定位螺丝将测杆固定在套管上；

（5）在测杆上竖立铟钢尺（见图7-18），用水准仪观测高程。

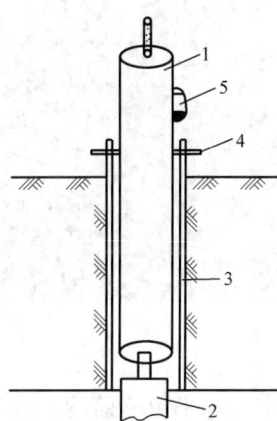

图7-17　测杆式回弹标示意图　图7-18　铟钢尺
1—测杆；2—回弹标志；3—钻孔套管；4—固定螺丝；5—水准泡

基坑回弹观测对于一个工程不应少于3次，分别在基坑开挖前、开挖后和浇筑基础混凝土之前。对于分阶段开挖的深基坑，可在中间增加观测次数。

（十二）土层孔隙水压力变化的测试

一般用振弦式孔隙水压力计（见图7-19）、电测式侧压计和数字式钢弦频率接收仪（见图7-20）进行测试。

图7-19　HS300-310型振弦式孔隙水压力计

图7-20　SS-II袖珍数字式钢弦频率接收仪

（十三）地下水位动态监测

当地下水位的升降对基坑开挖有较大影响时，应进行基坑内、外的地下水位动态监测，以及渗漏、冒水、管涌（见图 7-21）和冲刷的观测。

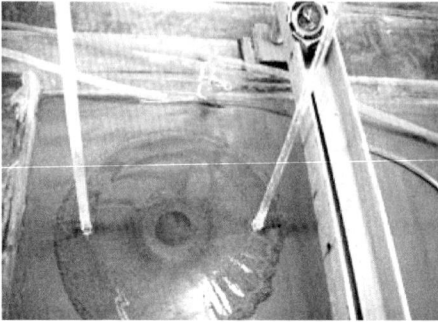

图 7-21　基坑底部局部管涌

（十四）肉眼巡视与裂缝观测

经验表明，由有经验的工程师每日进行的肉眼巡视工作具有重要意义。肉眼巡视主要是对桩顶圈梁、邻近建筑物、邻近地面的裂缝（见图 7-22）、塌陷以及支护结构工作失常、流土渗漏或局部管涌的功能不良现象的发生和发展进行记录、检查和分析。肉眼巡视包括用裂缝读数显微镜量测裂缝宽度和使用一般的度、量、衡手段。

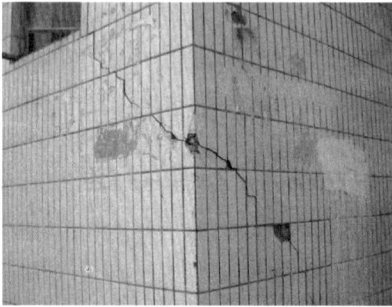

图 7-22　肉眼巡视墙体裂缝

上述监测项目中，水平位移监测、沉降观测、基坑隆起观测、肉眼巡视和裂缝观测等是必不可少的，其余项目可根据工程特点、施工方法以及可能对环境带来危害的功能综合确定。

二、深基坑监测的方法

（一）观测点的布设

测点布设合理方能经济有效。监测项目的选择必须根据工程的需要和地基的实际情况而定。在确定测点的布设前，必须知道基地的地质情况和基坑的围护设计方案，再根据以往经验和理论预测来考虑测点的布设范围和密度。

原则上，能埋设的测点应尽量在工程开工前埋设完成，并应保证有一定的稳定期，在工程正式开工前，各项静态初始值应测取完毕。沉降、位移的测点应直接安装在被监测的物体上，若道路地下管线无条件开挖探洞设点，则可在人行道上埋设水泥桩作为模拟监测点，此时模拟桩的深度应稍大于管线深度，且地表应设井盖保护，不至于影响行人安全；如果马路上有管线设备（如管线井、阀门等），则可在设备上直接设点观测。

测斜管（测地下土体、围护桩体的侧向位移）的安装：测斜管应根据地质情况，埋设在那些比较容易引起塌方的部位，一般按平行于基坑围护结构以 20～30m 的间距布设；围护桩体测斜管应在围护桩体浇灌混凝土时放入；地下土体测斜管的埋设须用钻机钻孔，放入管子后再用中-粗砂填实孔壁，用混凝土封固地表管口，并在管口加帽或设井框保护。测斜管的埋设要注意十字槽应该与基坑边垂直。

基坑在开挖前必须降低地下水位，但在降低地下水位后有可能引起坑外地下水位向坑内渗漏，地下水的流动是引起塌方的主要因素，所以地下水位的监测是保证基坑安全的重要内容；水位监测管的埋设应根据地下水文资料，在含水量大和渗水性强的地方，在紧靠基坑的外边，以 20～30m 的间距平行于基坑边埋设，埋设方法与地下土体测斜管的埋设相同。

分层沉降管的埋设也与测斜管的埋设方法相同。埋设时须注意波纹管外的铜环不要被破坏；一般情况下，铜环每隔 1m 放一个比较适宜。基坑内也可用分层沉降管来监测基坑底部的回弹，当然基坑的回弹也可用精密水准测量法监测。

土压力计和孔隙水压力计是监测地下土体应力和水压力变化的手段，对环境要求比较高的工程，都应安装。孔隙水压力计的安装，也须用到钻机钻孔，在孔中可根据需要按不同深度放入多个压力计，再用干燥黏土球填实，待黏土球吸足水后，便将钻孔封堵好了。土压力计要随基坑围护结构施工时一起安装，注意它的压力面须向外；并根据力学原理，压力计应安装在基坑隐患处的围护桩的侧向受力点。这两种压力计的安装，都须注意引出线的编号和保护。

应力计是用于监测基坑围护桩体和水平支撑受力变化的仪器。它的安装也须在围护结构施工时请施工单位配合安装，一般在方便的部位选几个断面，每个断面装 2 只压力计，以取平均值；应力计必须用电缆线引出，并编好号。

（二）数据观测

根据经验知道，基坑施工对环境的影响范围为坑深的 3～4 倍，因此沉降观测所选的后视点应选在施工的影响范围之外；后视点不应少于 2 点。沉降观测的仪器应选用精密水准仪，按二等精密水准观测方法测二测回，测回校差应不超过 ±1mm，地下管线、地下设施、地面建筑都应在基坑开工前测取初始值。在开工期间，应根据需要不断测取数据，从几天观测一次到一天观测几次都可以；每次的观测值与初始值比较即为累计量，与前次的观测数据相比较即为日变量。一般日变量大于 3mm，累计变量大于 10mm 即应向有关方面报警。

位移监测点的观测一般最常用的方法是偏角法。同样，测站点应选在基坑的施工影响范围之外。外方向的选用应不少于 3 点，每次观测都必须定向，为防止测站点被破坏，应在安全地段再设一点作为保护点，以便在必要时作恢复测站点之用。初次观测时，须同时测取测站至各测点的距离，有了距离就可算出各测点的秒差，以后各次的观测只要测出每个测点的角度变化就可推算出各测点的位移量。观测次数和报警值与沉降监测相同。当然也可用坐标法来测取位移量。

地下水位、分层沉降的观测，首次必须测取水位管管口和分层沉降管管口的标高，从而可测得地下水位和地下各土层的初始标高。在以后的工程进展中，可按需要的周期和频率，测得地下水位和地下各土层标高的每次变化量和累计变化量。地下水位和分层沉降的报警值，应由设计人员根据地质水文条件来确定。

测斜管的管口必须每次用经纬仪测取位移量，然后用测斜仪测取地下土体的侧向位移量，再与管口位移量比较即可得出地下土体的绝对位移量。位移方向一般应取直接的或经换算过的垂直于基坑边方向上的分量。应力、水压力、土压力的变量报警值同样由设计人员确定。

监测数据必须填写在为该项目专门设计的表格上。所有监测的内容都须写明初始值、本次变化量、累计变化量。工程结束后，应对监测数据，尤其是对报警值的出现进行分析，绘制曲线图，并编写工作报告。因此，记录好工程施工中的重大事件是监测人员必不可少的工作。

三、监测结果的分析和评价

基坑支护工程监测的特点是在通过监测获得准确数据之后，十分强调定量分析与评价，强调及时进行险情预报，提出合理化措施与建议，并进一步检验加固处理后的效果，直至解决问题。任何没有仔细深入分析的监测工作，充其量只是施工过程的客观描述，绝不能起到指导施工进程和实现信息化施工的作用。

对监测结果的分析评价主要包括下列方面：

（1）对支护结构顶部的水平位移进行细致深入的定量分析，包括位移速率和累积位移量的计算，及时绘制位移随时间的变化曲线，对引起位移速率增大的原因（如开挖深度、超挖现象、支撑不及时、暴雨、积水、渗漏、管涌等）进行准确记录和仔细分析。

（2）对沉降和沉降速率进行计算分析。沉降要区分是由支护结果水平位移引起还是由地下水位变化等原因引起。一般由支护结构水平位移引起相邻地面的最大沉降与水平位移之比在 $0.65\sim1.00$，沉降发生时间比水平位移发生时间滞后 $5\sim10d$；而地下水位降低会较快地引起地面较大幅度的沉降，应予以重视。邻近建筑物的沉降观测结果可与有关规范中的沉降限值相比较。

（3）对各项监测结果进行综合分析并相互验证和比较。用新的监测资料与原设计预计情况进行对比，判断现有设计和施工方案的合理性，必要时，及早调整现有设计和施工方案。

（4）根据监测结果，全面分析基坑开挖对周围环境的影响和基坑支护的工程效果。通过分析，查明工程事故的技术原因。

（5）用数值模拟法分析基坑施工期间各种情况下支护结构的位移变化规律，进行稳定性分析，推算岩土体的特性参数，检验原设计计算方法的适宜性，预测后续开挖工程可能出现的新行为和新动态。

四、险情预报

险情预报是一个极其严肃的技术问题，必须根据具体情况，认真综合考虑各种因素，及时做出决定。但是，报警标准目前尚未统一，一般为设计容许值和变化速率两个控制指标。例如，当出现下列情形之一时，应考虑报警：

（1）支护结构水平位移速率连续几天急剧增大，如达到 $2.5\sim5.5mm/d$。

（2）支护结构水平位移累积值达到设计容许值。如最大位移与开挖深度的比值达到 $0.35\%\sim0.70\%$，其周边环境复杂时取较小值。

（3）任一项实测应力达到设计容许值。

（4）邻近地面及建筑物的沉降达到设计容许值。如地面最大沉降与开挖深度的比值达到 $0.5\%\sim0.7\%$，且地面裂缝急剧扩展。建筑物的差异沉降达到有关规范的沉降限值。例如，某开挖基坑邻近的六层砖混结构，当差异沉降达到 20mm 左右时，墙体出现了十余条长裂缝。

（5）煤气管、水管等设施的变位达到设计容许值。例如，某开挖基坑邻近的煤气管局部沉降达 30mm 时，出现了漏气事故。

（6）肉眼巡视检查到的各种严重不良现象，如桩顶圈梁裂缝过大，邻近建筑物的裂缝不断扩展，严重的基坑渗漏、管涌等。

第四节 基坑监测与观测常用仪器设备简介

一、CX 系列测斜仪

CX 系列测斜仪主要用于测量深基坑、边坡、地基、水平位移测量槽管扭曲度（见图 7-23、图 7-24），是目前基坑、边坡、地基测斜的专用测试仪。通过钻孔方式，将测量槽管埋入地下，当基坑、边坡、地基产生形变时，测斜槽管随之变形，测扭探头上滑轮顺槽而下逐点测试，从而可精确测出扭曲角。根据扭曲角值的大小，对测斜值进行修正。

图 7-23 CX-3B 型基坑测斜仪

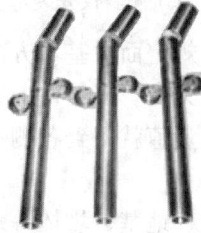

图 7-24 CX-7A 型固定测斜仪

（一）测斜仪的工作原理

测斜仪采用电子罗盘传感器作为敏感元件，它是一个磁感应系统，当传感器探头相对于地球重心方向转动 θ 角时，由于磁力作用，传感器中敏感元件相对于地磁摆动一个角度，通过高灵敏的微电子换能器将此角度转换成信号，经过分析处理，直接在液晶屏上显示被测点的扭曲角度值。

敏感元件具有精度高、稳定性好、重复性高、漂移小、热稳定性高等优点，原来主要用于航天器上导航，近年来用于测斜仪，可靠性大大提高，采用三层固化密封，彻底解决了仪器进水问题。仪器原理见图 7-25。

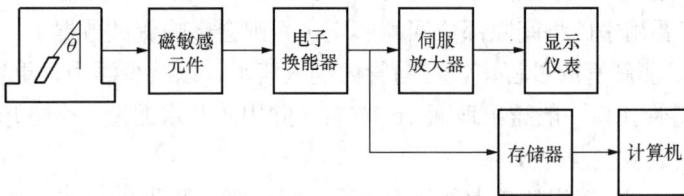

图 7-25 仪器原理方框图

在机械设计方面突出实用性，3 层密封性能可靠，探头采用全不锈钢材料，外径更小，维修携带更方便。仪器安装示意图见基坑测斜仪（见图 7-26）、剖面沉降仪（见图 7-27）。

（二）操作方法概述

将探头信号接头按槽对准插入仪器面板，打开电源开关，将探头垂直竖立正中时，显示初始值。记下仪器初始值，探头每隔 1m 测一个点，每个测点值与初值差值为槽管扭曲值。以孔底为基准点：从下往上每间距 1m 测一个点（这样做的条件是槽管落在孔底，底部点应为稳定点，水平位移不会影响到该点）。

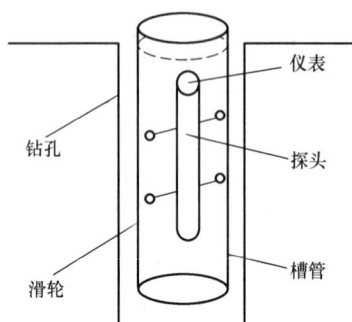

图 7-26 基坑测斜仪安装示意图

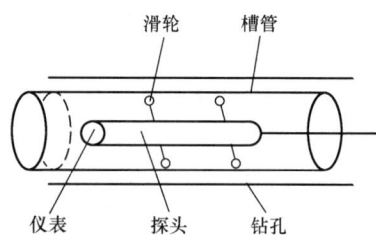

图 7-27 剖面沉降仪安装示意图

仪器读数方法：规定面对基坑方向顺时针为正方向值，角度增加，逆时针方向为负方向值，仪器读数值单位为度。仪器左上方显示值为电池电压，右上方显示值为工作电压值。每次测试值减去初次测量值就得到各测点的角度扭曲值。

1. 现场操作要点

对于基坑、边坡、地基、坝体等水平位移的监测，由于是较新的监测项目，因此目前还没有制定一些具体的操作规范、规程之类的文件。实际当中只要按照现场操作规程操作，就可避免数据不真实，或者和实际情况不太相符的情况。

（1）钻直径为 90～110mm 的垂直钻孔，垂直度不大于 2%。

（2）PVC 测斜管外经为 70mm，接头处直径为 80mm，高要求场合可选用 ABS 管式铝合金管。

（3）PVC 测斜管接头处，用长 8mm、直径 3mm 的自攻螺丝牢固上紧，孔底部必须用盖子盖好，上 4 个螺丝，孔口也需上保护盖。

（4）PVC 测斜管有 4 个内槽，每个内槽相隔 90°。安装时将其中 1 个内槽对准基坑方向，或地基边坡需要监测的位移方向。

（5）PVC 测斜管与钻孔间隙部位用中砂加清水慢慢回填，慢慢加砂的同时，倒入适量的清水。注意一定要用中砂将间隙部位回填密实，否则会影响测试数据。

（6）在下 PVC 测斜管的过程中，可向管内倒入清水，以减少浮力，更容易安装到底。

（7）PVC 测斜管孔口一般露出地面 1m 左右，并用砖及水泥做一个方形保护台。

2. 测斜管安装及监测操作步骤

测斜管外径 70mm，接头处最大外径 80mm，因此要求钻孔 90～110mm，视地层条件而定，如果为不缩孔地层，可采用 90mm 钻孔，对于缩孔地层需用 100～110mm 钻孔，以保证测斜管能下到底。

（1）测斜管长度有 4m 和 2m 两种规格，管壁厚 5mm，接头处有导槽，用 3mm 的钻头钻 4 个孔（相距 90°），用 4mm 长度不大于 9mm 的自攻螺丝上紧，防止脱落。注意：螺丝长度必须小于或等于 9mm，否则超过管内壁造成测头下不去，以致钻孔报废。

（2）下孔前孔底部用封盖上紧，上 4 个螺丝，防止脱落。

（3）钻孔中如有水，上接头时下部管子应用绳子拉住，以免不小心管子掉入孔中，无法对接。

（4）管子下到孔底设计深度后，管子与孔壁之间间隙回填是关键，采用中砂每次少许加入间隙部位，同时倒入清水将砂慢慢冲入孔间隙中，千万不能将一桶砂一次倒入，这样会造成上部堵塞，下部空，下部管子没有回填密实，将会影响以后的测试数据不准确。

（5）孔口管子配有盖子，管外用长 1m 左右的套管保护管子，管上应配有铁盖子，一般不容易开启，以免插入杂物堵塞钻孔。

（6）下管子时，管中 4 个导槽相距 90°，应将其中 1 个导槽尽量对准边坡水平位移方向，从开始第一根管子直至孔底都应保持同一个方向，否则将影响测试精度。

（7）每间距 0.5m 设一个测点，电缆上有记号，深度每次都应在同一个记号点上，误差应不大于 2mm，这样才能保证测头每次都在同一个点上测试，以保证数据的重复性。

（8）测试前在滑轮上的一边做一个记号，每次都应朝同一个方向下去以消除仪器的综合误差。

（9）仪表显示值即为该点的扭曲值，单位为度。每次测试做好详细记录，包括一些特殊情况，以便为今后分析数据提供依据。

（三）观测资料整理

每次沉降观测要求计算出各观测点的高程、累计沉降量、本次沉降量、沉降速率、每次水平位移观测要求记录各个观测点的位移量、累计位移量、位移速率等。

根据各个勘察观测成果绘制沉降（s）-时间（t）关系曲线图、水平位移（L）-时间（t）关系曲线图、沉降（s）-水平位移（L）-距离（a）关系展开曲线图。

二、沉降仪

现以 XBHV-10 型钢尺沉降仪为例，介绍沉降仪的使用方法。

钢尺沉降仪机构简单、操作方便。该仪器与 XB 型 PVC 沉降管、沉降磁环及底盖配套使用在软土地基加固、土石坝、基坑开挖、回填、路堤等工程中，测量土体的分层沉降或隆起，也可测量一般堤坝等建筑物的水平（侧向）位移量。本仪器既可在施工期间使用，也可作为大坝等建筑物的长期安全监测，符合土石坝安全监测技术规范要求。

（一）主要技术指标

XBHV-10 型钢尺沉降仪的技术指标见表 7-5。

表 7-5　　　　　　　　　　　XBHV-10 型钢尺沉降仪的技术指标

规　格	30	50	100	150
测量深度（m）	0～30	0～50	0～100	0～150
最小读数（mm）	1.0			
重复性误差（mm）	±2.0			
仪器重量（kg）	3.5	4.5	6.5	10
工作电压（V）	9（DC）			

（二）结构原理

沉降量的测量由两大部分组成：一是地下埋入部分，由沉降导管和底盖、沉降磁环组成；二是地面接收仪器——钢尺沉降仪，由测头、测量电缆、接收系统和绕线盘等部分组成（见图 7-28）。

测头部分：不锈钢制成，内部安装了磁场感应器，当遇到外磁场作用时，便会接通接收系统，当外磁场不作用时，就会自动关闭接收系统。

测量电缆部分：由钢尺和导线采用塑胶工艺合二为一，既防止了钢尺锈蚀，又简化了操

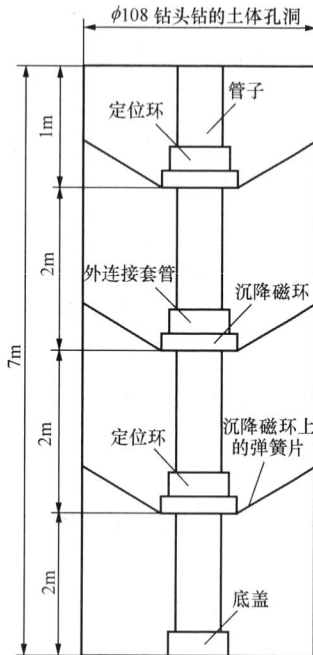

图 7-28　沉降仪的组成

作过程，测读更加方便、准确。钢尺电缆一端接入测头，另一端接入接收系统。

接收系统：由音响器和峰值指示组成，音响器发出连续不断的蜂鸣声，峰值指示为电压表指针指示，两者可通过拨动开关来选用，无论用何种接收系统，测读精度都是一致的。

绕线盘部分：由绕线圆盘和支架组成，接收系统和电池全置于绕线盘的芯腔内，腔外绕钢尺电缆。

沉降管：由 PVC 工程塑料制成，包括主管和连接管，连接管套于两节主管接头处，起着连接固定的作用。

底盖：由注塑制成，安装在沉降管的底端和顶端，能有效地防止泥沙进入或异物掉入管内，从而影响测量。

（三）使用方法

1. 沉降磁环

测量时，拧松绕线盘后面的止紧螺丝，让绕线盘转动自由后，按下电源按钮（电源指示灯亮），把测头放入导管内，手拿钢尺电缆，让测头缓慢地向下移动，当测头接触到土层中的磁环时，接收系统的音响器会发出连续不断的蜂鸣叫声，此时读写出钢尺电缆在管口处的深度尺寸，这样一点一点地测量到孔底，称为进程测读，用 J_i 表示。当在该导管内收回测量电缆时，也能通过土层中的磁环接受到系统的音响仪器发出的音响，此时也须读写出测量电缆在管口处的深度尺寸，如此测量到孔口，称为回程测读，用 H_i 表示。该孔各磁环在土层中的实际深度用 S_i 表示。

其计算公式为

$$S_i = (J_i + H_i)/2 \tag{7-1}$$

式中　i——为一孔中测读的点数，即土层中磁环的个数；

　　S_i——i 测点距管口的实际深度，mm；

　　J_i——i 测点在进程测读时距管口的深度，mm；

　　H_i——i 测点在回程测读时距管口的深度，mm。

若是在噪声比较大的环境中测量时，蜂鸣声听不见，可改用峰值指示，只要把仪器面板上的选择开关拨至电压挡即可，测量方法同上，此时的测量精度与音响测得的精度相同。

2. 土体分层沉降的安装方法

（1）用 φ108 钻头钻孔，为了使管子顺利地放到底，一般都需比安装深度深一些，其原则是 10m+0.5m、20m+1m，依次类推。

（2）清孔：钻头钻到预定位置后，不要立即提钻，需把泵接到清水里向下灌清水，直到泥浆水变成清水为止，再提钻后安装。

（3）安装管子的连接采用外接头，一边下管子一边向管子内注入清水（管子浮力太大时）。

（4）磁环的安装：按设计要求在每节管子上套上磁环和定位环，并用螺丝固定定位环，然后把管子插入外接头内，拧紧螺钉，这样边接边向下放到设计深度止。

（5）若磁环的间隔距离不是正 2m 时，可采取调节管子长短来实现，也可采用管子上套定位环的方法来解决，但要掌握一个原则：磁环向下要有足够的沉降距离，必须满足其设计要求。

（6）沉降管放到设计要求后，盖上盖子就可以进行回填。回填原料为现场干细土或中粗砂，回填速度不能太快，以免堵塞后回填料下不去，从而形成空隙，最好时隔一两天后再去检查一下，回填料下沉后再回填满即可，管子周围加上保护措施，方可放心待后测量。

第五节 深基坑支护常见工程事故、处理方法及预防对策

深基坑工程支护技术虽已在全国不同地区、不同的地质条件下取得了不少成功的经验，甚至有一些已经达到国际水平，但仍存在一些问题需进一步研究或提高，以适应现代化经济建设的需要。深基坑工程支护施工过程中常常存在的问题主要有以下几种。

一、土层开挖和边坡支护不配套

常见支护施工滞后于土方施工很长一段时间，而不得不采取二次回填或搭设架子来完成支护施工。一般来说，土方开挖技术含量相对较低，工序简单，组织管理容易，而挡土支护的技术含量高，工序较多且复杂，施工组织和管理都较土方开挖复杂。所以在施工过程中，大型工程均是由专业施工队来分别完成土方和挡土支付工作，而且绝大部分都是两个平行的合同。这样在施工过程中协调管理的难度大，土方施工单位抢进度，抢工期，开挖顺序较乱，特别是雨期施工，甚至不顾挡土支护施工所需工作面，留给支护施工的操作面几乎是无法操作，时间上也无法完成支护工作，致使支护施工滞后于土方施工，因支护施工无操作平台完成钻孔、注浆、布网和喷射混凝土等工作，而不得不用土方回填或搭设架子来设置操作平台完成施工。这样不但难以保证进度，也难以保证工程质量，甚至发生安全事故，留下质量隐患。

二、边坡修理达不到设计、规范要求

常存在超挖和欠挖现象。一般深基础在开挖时均使用机械开挖、人工简单修坡后即开始挡土支护的混凝土初喷工序，而在实际开挖时，由于施工管理人员不到位、技术交底不充分、分层分段开挖高度不一、挖机械操作手的操作水平等因素的影响，使机械开挖后的边坡表面平整度、顺直度极不规则，而人工修理时不可能深度挖掘，只能就机挖表面作平整度修整，在没有严格检查验收的情况下就开始初喷，故出现挡土支护后产生超挖和欠挖现象。

三、成孔注浆不到位、土钉或锚杆受力达不到设计要求

土钉或锚杆采用直径为 100～150mm 的钻杆成孔，孔深少则 5～6m，深则十几米，甚至二十多米，钻孔所穿过的土层质量也各不相同，钻孔如果不认真研究土体情况，往往造成出渣不尽、残渣沉积而影响注浆，有的甚至成孔困难、孔洞坍塌，无法插筋和注浆。另外，注浆时配料随意性大、注浆管不插到位、注浆压力不够等造成注浆长度不足、充盈度不够，而使土钉或锚杆的抗拔力达不到设计要求，影响工程质量，甚至要做再次处理。

四、喷射混凝土厚度不够、强度达不到设计要求

目前建筑工程基坑支护喷射混凝土常用的是干拌法喷射混凝土设备，其主要特点是设备简单、体积小，输送距离长，速凝剂可在进入喷射机前加入，操作方便，可连续喷射施工。

虽然干喷法设备操作简单方便，但由于操作手的水平不同，操作方法和检查控制等手段不全，混凝土回弹严重，再加上原材料质量控制不严、配料不准、养护不到位等因素，往往造成喷后混凝土的厚度不够、混凝土强度达不到设计要求。

五、施工过程与设计的差异太大

深层搅拌桩的水泥掺量常常不足，影响水泥土的支护强度。地面施工堆载在局部位置往往要大大高于设计允许荷载，将产生不稳定因素。施工质量与偷工减料的现象也时有发生。基坑挖土是支护受力与变形显著增加的过程，设计中常常对挖土程序有严格要求以减少支护变形，但实际施工中往往为抢进度而违反施工程序。

六、设计与实际情况差异较大

深基坑支护由于其土压力与传统理论的挡土墙土压力有所不同，在目前没有完善的土压力理论指导下，通常仍沿用传统理论计算，因此有误差是正常的，许多学者对此进行了许多研究，在传统理论土压力计算的基础上结合必要的经验修正可以达到实用要求。问题是对这样一个极为复杂的课题，脱离实际工程情况，往往会造成过量变形的后果。如某些设计不考虑地质条件、地面荷载的差异，照搬照套相同坑深的支护设计。必须根据实际地面可能发生的荷载，包括建筑堆载、载重汽车、临时设施和附近住宅建筑等的影响，比较正确地估计支护结构上的侧压力。

七、工程监理不到位

按规定高层建筑、重大市政等的深基坑是必须实行工程监理的，大多数事故工程都没有按规定实施工程监理，或者虽有监理而工作不到位，只管场内工程，不管场外影响，实行包括设计在内的全过程监理的就更少。客观地说，深基坑工程监理要求监理人员具有较高业务水平，在我国现阶段主要就只是监控支护结构工程质量、工期、进度，而对于设计监理与对住宅及周边环境的监控还有一定差距，亟待完善与提高。

八、施工监测不重视

有时建设单位为省钱不要求施工监测，或者虽设置一些测点，但数据不足，忽视坑边住宅的检测，或者不重视监测数据，形同虚设。支护设计中没有监测方案，结果发生情况不能及时警报，事故发生后也不易分析原因，不利于事故的早期处理，省了小钱花大钱。

为了减少支护事故，有待精心设计、精心施工、强化监理，保护坑边住宅与环境，提高深基坑支护技术和管理水平。

在险情发生时刻，预报的实现途径可归纳如下：

首先进行场地工程地质、水文地质、基坑周围环境、基坑周边地形地貌及施工方案的综合分析。从险情的形成条件入手，找出险情发生的必要条件（如岩土特性、支护结构、有效临空面、邻近建筑物及地下设施等）和某些相关的诱发条件（如地下水、气象条件、地震、开挖施工等），再结合支护结构稳定性分析计算，得出是否会发生险情的初步结论。

现场监测是实现险情预报的必要条件。现场监测的目的是运用各种有效监测手段，及时捕捉险情发生前所暴露出的各种前兆信息，以及诱发险情的各种相关因素。监测成果不仅要表示出险情发生动态要素的演变趋势，而且要及时绘出水平位移及其速率、沉降、应力及裂缝等随时间的变化曲线，并及时进行分析评价。

模拟试验有利于险情发生时刻的准确预报。险情发生时刻是现场监测数据达到了险情发生模式中的临界极限指标的时刻。模拟试验可以较准确地确定各种可能的险情发生模式和确定临界状态时的相关极限指标和险情预报根据。

要及时捕捉宏观的险情发生前兆信息。通过肉眼巡视和一般的险情预报实例发现，大多数的险情是可能通过肉眼巡视早期发现的。

在经过细致深入的定量分析评价和险情报警之后，应及时提出处理措施和建议，并积极配合设计、施工单位调整施工方案，采取必要的补救或其他应急措施，及时排除险情，通过跟踪监测来检验加固处理后的效果，从而确保工程后续进程的安全。

思 考 题

7-1 基坑支护工程为什么要进行监测？

7-2 基坑支护工程主要的监测内容有哪些？如何实施？

7-3 基坑工程检测系统的布置需要遵循哪些原则？

7-4 深基坑的监测方法有哪些？观测点如何布置？

7-5 基坑监测常用的仪器有哪些？如何使用？

7-6 深基坑支护常见的工程事故有哪些？如何处理？

第八章　岩体基坑工程

　　人类工程活动很多都离不开利用岩石进行工程建设。在建造地下工程时，往往需要进行岩体工程施工。由地面向下开挖的地下空间称为基坑。我们把进行岩体开挖相关的地下空间称为岩体基坑工程。随着社会的发展需要，岩体基坑工程规模越来越大，所涉及的岩体力学问题也越来越复杂。

　　在岩体表面或其内部进行任何工程活动，都必须符合安全、经济和正常运营的原则。然而，要使岩体基坑工程既安全稳定又经济合理，必须通过准确地预测工程岩体的变形与稳定性、正确的工程设计和良好的施工质量等来保证。其中，准确地预测岩体在各种应力场作用下的变形与稳定性，进而从岩体力学观点出发，选择相对优良的工程场址，防止事故的发生，为合理的工程设计提供岩体力学依据，是岩体基坑工程的首要任务和根本目的。

　　岩体基坑工程与土质基坑工程有本质的区别。岩体基坑工程围护结构主体为岩石构成的岩体，岩体的性能和强度受很多因素的影响，比如，不连续面的分布形式、地下水的渗压、开挖和钻爆的动力效应等，特别是岩体的非均质、各向异性、非弹性以及流变特性。通常，在城市建设中，新建建筑物的基础可能与已有建筑基础非常近，在岩体爆破时，必须使振动不致危害邻近的建筑物或扰动附近的住宅；露天矿坑是否合理，取决于使用是否方便和开挖是否经济，这就要求对其边坡岩体进行大量的研究工作以选择合适的开挖坡度。另外，临时开挖也可能需要设置锚固系统，防止滑坡或岩块松动。上述的各种因素和特性不仅变异性很大，在岩石开挖前很难预测，在岩石开挖后也只能观测表面的情况，因而岩石基坑工程有其独特的设计、施工方法。

第一节　岩石的工程性质和破坏机理

一、岩石的矿物成分及物理性质

　　岩石是自然界中各种矿物的集合体，是地质作用的产物。岩石是构成岩体的基本组成单元。相对岩体而言，岩石可看作是连续、均质、各向同性的介质。但实际上岩石中也存在一些如矿物解理、微裂隙、粒间空隙、晶格缺陷、晶格边界等内部缺陷，统称微结构面。因此，自然界中的岩石又是一种受到不同程度损伤的材料。

　　（一）岩石的矿物成分

　　岩石中主要的造岩矿物有正长石、斜长石、石英、黑云母、白云母、角闪石、辉石、橄榄石、方解石、白云石、高岭石、赤铁矿等。不同岩石所含矿物成分因不同成因的岩石而异。

　　岩石按成因可分为岩浆岩、沉积岩和变质岩三大类。岩石坚硬程度按饱和单轴抗压强度划分，可分为坚硬岩、较硬岩、较软岩、软岩和极软岩。以风化程度划分，岩石又分为未风化、微风化、中等风化、强风化、全风化岩石和残积土。

　　矿物颗粒间具有牢固的联结是岩石区别于土并使岩石具有一定强度的主要原因。岩石颗粒间联结分为结晶联结和胶结联结两类。结晶联结是矿物颗粒通过结晶相互嵌合在一起，如岩浆岩、大部分变质岩和部分沉积岩都具有这种联结。它通过共用原子或离子使不同晶粒紧密接触，一般强度较高。胶结联结是矿物颗粒通过胶结物联结在一起，这种联结的岩石强度取决于胶结物的成分和胶结类型。岩石矿物颗粒结合的胶结物质有硅质、铁质、钙质、泥质等。一般来说，硅质胶结的岩石强度最高，铁质和钙质胶结的次之，泥质胶结的岩石强度最差，且抗水性差。

（二）岩石的物理性质

岩石和土一样，也是由固体、液体和气体三相组成的。所谓物理性质是指岩石三相组成部分的相对比例关系不同所表现的物理状态。

岩石的物理性质除与其组成成分有关外，还取决于岩石的结构和构造。岩石的结构是指矿物颗粒的形状、大小和联结方式所决定的结构特征，通常是针对岩石的微细粒子部分而言；岩石的构造则是指各种不同结构的矿物集合体的各种分布和排列方式，通常是指比微细粒子更大的部分，使用更广泛。

1. 岩石密度

岩石密度是指单位体积岩石的质量，它是建筑材料选择、岩石风化研究、岩体稳定性及围岩压力预测等必需的参数。岩石密度又分为颗粒密度和块体密度。

（1）颗粒密度。岩石的颗粒密度（ρ_s）是指岩石固相部分的质量与其体积的比值。它不包括空隙在内，因此其大小仅取决于组成岩石的矿物密度及其含量。如基性、超基性岩浆岩，含密度大的矿物较多，岩石颗粒密度也大，一般为 $2.7\sim3.2g/cm^3$；酸性岩浆岩含密度小的矿物较多，岩石颗粒密度也小，多变化在 $2.5\sim2.8g/cm^3$ 之间；而中性岩浆岩则介于以上两者之间。又如硅质胶结的石英砂岩，其颗粒密度接近于石英密度；石灰岩和大理岩的颗粒密度多接近于方解石密度。

岩石的颗粒密度属实测指标，常用比重瓶法进行测定。

（2）块体密度。块体密度（或岩石密度）是指岩石单位体积内的质量，用 ρ 表示，单位一般为 g/cm^3。其表达式为

$$\rho = \frac{m}{V} \tag{8-1}$$

式中 m——岩样的总质量，kg；

V——岩样的总体积，m^3。

根据岩石试样的含水状态不同，岩石的密度也可分为干密度 ρ_d、饱和密度 ρ_{sat}，在未指明含水状态时一般是指岩石的天然密度。

岩石的块体密度除与矿物组成有关外，还与岩石的空隙性及含水状态密切相关。致密而裂隙不发育的岩石，块体密度与颗粒密度很接近，随着孔隙、裂隙的增加，块体密度相应减小。

岩石的块体密度可采用规则试件的量积法及不规则试件的蜡封法测定。具体试验操作步骤见 GB/T 50266—2013《工程岩体试验方法标准》。

在计算应力时，须采用重力密度，简称为重度。与上述几种岩石的密度相应地有天然重度 γ、干重度 γ_d、饱和重度 γ_{sat}。在数值上，它们等于相应的密度乘以重力加速度 g，即 $\gamma = \rho g$，$\gamma_{sat} = \rho_{sat} g$，$\gamma_d = \rho_d g$，各指标的单位一般为 kN/m^3。

　　岩石的重度取决于组成岩石的矿物成分、孔隙大小以及含水率。当其他条件相同时，岩石的重度在一定程度上与其埋藏深度有关。一般而言，靠近地表的岩石重度较小，深层的岩石则具有较大的重度。岩石重度的大小，在一定程度上反映出岩石力学性质的优劣，通常岩石重度越大，强度越高，其力学性质越好。

　　2. 岩石的相对密度

　　岩石的相对密度就是岩石的干重量除以岩石的实体积（不包括岩石中的空隙体积）所得的量与 1 个大气压下 4℃时纯水重度的比值，可由下式计算，即

$$G_s = \frac{W_s}{V_s \gamma_w} \tag{8-2}$$

式中　G_s——岩石的相对密度；

　　　　W_s——岩石的干重量，kN；

　　　　V_s——岩石的实体部分（不包括空隙）的体积，m^3；

　　　　γ_w——1 个大气压下 4℃时纯水的重度，kN/m^3。

　　岩石的相对密度可采用比重瓶法测定，试验时先将岩石研磨成粉末，烘干后用比重瓶法测量。岩石的相对密度取决于组成岩石的矿物相对密度，岩石中重矿物含量越多其相对密度越大，大部分岩石的相对密度介于 2.50～2.80 之间。

　　3. 空隙率和空隙比

　　岩石由于经受过多种地质作用，发育有各种成因的裂隙，如原生裂隙、风化裂隙及构造裂隙等，因此空隙性比土要复杂得多，即除了孔隙外，还有裂隙存在。另外，岩石中的空隙有些部分往往是互不连通的，而且与大气也不相通。因此，岩石中的空隙有开口空隙和闭空隙之分。开口空隙按其开启程度又有大、小开口空隙之分。

　　岩石试样中空隙体积与岩石试样总体积的百分比称为空隙率，可用下式表示：

$$n = \frac{V_v}{V} \times 100\% \tag{8-3}$$

式中　n——空隙率，以百分比表示；

　　　　V_v——岩样的空隙体积，m^3；

　　　　V——岩样的体积，m^3。

　　岩石的空隙率也可根据干重度 γ_d 和相对密度 G_s 计算，即

$$n = 1 - \frac{\gamma_d}{G_s \gamma_w} \tag{8-4}$$

　　一般提到的岩石空隙率是指总空隙率，其大小受岩石的成因、时代、后期改造及其埋深的影响变化范围很大。一般地，新鲜结晶岩类的空隙率一般小于 3%，沉积岩的空隙率较高，一般为 1%～10%，而一些胶结不良的砂砾岩，其空隙率可达 10%～20%，甚至更大。

　　岩石的空隙性对岩块及岩体的水理、热学性质及力学性质影响很大。一般来说，空隙率越大，岩石中的孔隙和裂隙就越多，岩石的力学性能就越差，岩石的塑性变形和渗透性越大；反之越小。同时由于空隙的存在，岩石更易遭受各种风化作用，导致岩石的工程地质性质进一步恶化。对可溶性岩石来说，空隙率大，可以增强岩体中地下水的循环与联系，使岩溶更加发育，从而降低了岩石的力学强度并增强其透水性。当岩体中的空隙被黏土等物质充填时，则又会给工程建设带来诸如泥化夹层或夹泥层等岩体力学问题。因此，对岩石空隙性

的全面研究，是岩体力学研究的基本内容之一。

空隙比是指空隙的体积 V_v 与固体的体积 V_s 的比值，表示为

$$e = \frac{V_v}{V_s} \tag{8-5}$$

根据岩样中三相体的相互关系，空隙比 e 和空隙率 n 存在着以下关系，即

$$e = \frac{n}{1-n} \tag{8-6}$$

4. 含水率、吸水率和饱水率

天然状态下岩石中水的质量与岩石烘干质量比值的百分率称为岩石的天然含水率，即

$$w = \frac{m_w}{m_s} \times 100\% \tag{8-7}$$

岩石的吸水率是指干燥岩石试件在 1 个大气压和室温条件下自由吸入水的质量 m_w 与岩石干质量 m_s 之比的百分率，一般以 w_a 表示，即

$$w_a = \frac{m_w}{m_s} = \frac{m_0 - m_s}{m_s} \times 100\% \tag{8-8}$$

式中 m_0——烘干岩样浸水 48h 后的质量，g。

其余符号同前。

岩石吸水率的大小取决于岩石中孔隙数量多少和细微裂隙的连通情况，同时还受到岩石成因、时代及岩性的影响。一般，孔隙越大、越多，孔隙和细微裂隙连通的情况越好，则岩石的吸水率越大，岩石的力学性能越差。大部分岩浆岩和变质岩的吸水率多为 0.1%～2.0%；沉积岩的吸水性较强，其吸水率大多在 0.2%～7.0% 之间变化。常见岩石的吸水率列于表 8-1 中。

表 8-1 常见岩石的吸水性指标值

岩石名称	吸水率（%）	饱和吸水率（%）	饱水系数	岩石名称	吸水率（%）	饱和吸水率（%）	饱水系数
花岗岩	0.46	0.84	0.55	云母片岩	0.13	1.31	0.10
石英闪长岩	0.32	0.54	0.59	砂岩	7.01	11.99	0.60
玄武岩	0.27	0.39	0.69	石灰岩	0.09	0.25	0.36
基性斑岩	0.35	0.42	0.83	白云质灰岩	0.74	0.92	0.80

岩石的饱和吸水率也称饱水率，是指岩石试件在高压（一般压力为 15MPa）或真空条件下吸入水的质量与岩样干质量之比，用百分数表示，即

$$w_{sa} = \frac{m_p - m_s}{m_s} \times 100\% \tag{8-9}$$

式中 m_p——岩样饱和后的质量。

其余符号同前。

通常认为，在高压条件下水能进入岩样中所有敞开的裂隙和孔隙中去，国外采用高压设备使岩样饱和，由于高压设备较为复杂，国内实验室常用真空抽气法或煮沸法使岩样饱和。饱水率反映岩石总开口空隙的发育程度，因此也可间接地用于判定岩石的抗风化能力和抗冻性。常见岩石的饱和吸水率见表 8-1。

饱水系数 k_w 是指岩石吸水率与饱水率比值的百分率，即

$$k_w = \frac{w_a}{w_{sa}} \times 100\% \tag{8-10}$$

它反映了岩石中大、小开口空隙的相对比例关系。一般来说，饱水系数越大，岩石中的大开口空隙相对越多，而小开口空隙相对越少。另外，饱水系数大，说明常压下吸水后余留的空隙就越少，岩石越易被冻胀破坏，因而其抗冻性越差。一般岩石的饱水系数在 0.5~0.8 之间。试验表明，当 $k_w < 0.91$ 时，可免遭冻胀破坏。

5. 岩石的渗透性

岩石的渗透性是指在一定的水力坡度或压力差作用下，岩石的孔隙和裂隙透过水的能力。通常认为，水在岩石中的流动与水在土中的流动相类似，也服从于达西定律，即

$$v = kI \tag{8-11}$$

式中 v——渗透流速，m/s；

I——水力坡度；

k——渗透系数，数值上等于水力坡度为 1 时的渗透流速，cm/s 或 m/d（岩石的渗透性可用该系数来衡量）。

渗透系数的大小是直接衡量土的透水性强弱的一个重要力学性质指标，其大小取决于岩石的物理特性和结构特征，例如岩石中孔隙的数量、规模及连通情况等。但它不能由计算求出，只能通过试验直接测定，室内可根据达西定律测定。岩石的渗透性一般都很小，远小于相应岩体的透水性，新鲜致密岩石的渗透系数一般均小于 10^{-7} cm/s 量级。同一种岩石，有裂隙发育时，渗透系数急剧增大，一般比新鲜岩石大 4~6 个数量级，甚至更大，说明空隙性对岩石透水性的影响是很大的。

6. 岩石的膨胀性

岩石的膨胀性是岩石浸水后体积增大的性质。某些含黏土矿物（如蒙脱石、水云母及高岭石）成分的软质岩石，经水化作用后在黏土矿物的晶格内部或细分散颗粒的周围生成结合水溶剂腔（水化膜），并且在相邻的颗粒间产生楔劈效应，当楔劈作用力大于结构联结力时，岩石显示膨胀性。

岩石膨胀性大小一般用膨胀力和膨胀率两项指标表示，这些指标可通过室内试验确定，目前国内大多采用土的固结仪和膨胀仪测定岩石的膨胀性，测定岩石膨胀力和膨胀率的试验方法常用的有平衡加压法、压力恢复法和加压膨胀法，具体操作见 GB/T 50266—2013。

7. 岩石的崩解性

岩石的崩解性是指岩石与水相互作用失去黏结性并变成完全丧失强度的松散物质的性能。这种现象是由于水化过程中削弱了岩石内部的结构联结引起的，常见于由可溶盐和黏土质胶结的沉淀岩地层中。岩石崩解性一般用岩石的耐崩解性指数表示，这个指标可以在实验室内通过干湿循环试验确定。对于极软的岩石及耐崩解性低的岩石，还应根据其崩解物的塑性指数、颗粒成分与用耐崩性指数划分的岩石质量等级等进行综合考虑。

8. 岩石的软化性

岩石的软化性是指岩石浸水饱和后强度降低的性质。岩石的软化性高低一般用软化系数表示，软化系数是岩样饱水状态下的抗压强度与干燥状态下的抗压强度的比值，即

$$\eta_c = \frac{R_{cw}}{R_c} \tag{8-12}$$

式中 η_c——岩石的软化系数；

R_{cw}——岩样在饱水状态下的抗压强度，kPa；

R_c——干燥岩样的抗压强度，kPa。

岩石的软化系数总是小于1的，说明岩石均具有不同程度的软化性。显然，η_c越小则岩石软化性越强。一般认为，软化系数$\eta_c > 0.75$时，岩石的软化性弱，同时也说明岩石的抗冻性和抗风化能力强。而$\eta_c < 0.75$的岩石则是软化性较强和工程地质性质较差的岩石。

岩石软化作用的机理是由于水分子进入颗粒间的间隙而削弱了颗粒间的联结造成的。岩石的软化性取决于岩石的矿物组成与空隙性。大部分未经风化的结晶岩在水中不易软化，岩石中含有较多的亲水性和可溶性矿物，且含大开口空隙较多时，岩石的软化性较强，软化系数较小。如黏土岩、泥质胶结的砂岩、砾岩和泥灰岩等岩石，软化性较强，软化系数一般为0.4~0.6，甚至更低。

9. 岩石的抗冻性

岩石抵抗冻融破坏的性能称为岩石的抗冻性。岩石的抗冻性通常用抗冻系数来表示。

岩石的抗冻系数是指岩样经反复冻融后其抗压强度的下降值与冻融前的抗压强度的比值，用百分率表示，即

$$c_f = \frac{R_c - R_{cf}}{R_c} \times 100\% \tag{8-13}$$

式中 c_f——岩石的抗冻系数；

R_c——岩样冻融前的抗压强度，kPa；

R_{cf}——岩样冻融后的抗压强度，kPa。

冻融次数和温度可根据工程地区的气候条件选定。

岩石在反复冻融后其强度降低的主要原因有两个：一是构成岩石的各种矿物的膨胀系数不同，当温度变化时由于矿物的膨胀不均而导致岩石结构的破坏；二是当温度降低到0℃以下时岩石孔隙中冻结水的冻胀导致其体积增大达9%，并产生膨胀压力，使岩石的结构遭受破坏。

岩石的抗冻性取决于造岩矿物的热物理性质和强度、粒间联结、开口空隙的发育情况以及含水率等因素。由坚硬矿物组成，且具强的结晶联结的致密状岩石，其抗冻性较高；反之，则抗冻性低。

二、岩石的强度

岩石在荷载作用下破坏时所承受的最大荷载应力称为岩石的强度。岩石是矿物的集合体，具有复杂的组成成分和结构，因此其强度属性也是很复杂的。岩石的强度一方面受岩石成分与结构的影响；另一方面还和它的受力条件、荷载的大小及其组合情况、加载方式与速率及应力路径等密切相关。这里所讨论的岩石强度是指不含裂隙的完整岩块的强度。

（一）岩石的抗压强度

岩石的抗压强度包括岩石的单轴抗压强度和三轴抗压强度。

1. 单轴抗压强度

岩石单轴抗压强度就是岩石试件在轴向压力作用下所能承受的最大压应力，如图8-1所示。单轴抗压强度R_c等于达到破坏时最大轴向压力P_c除以试件的横截面积A，即

$$R_c = \frac{P_c}{A} \tag{8-14}$$

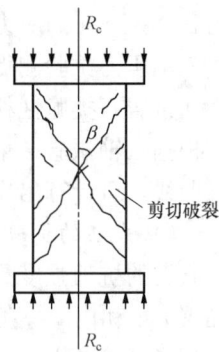

图 8-1 岩石的
抗压强度试验
β—破坏角

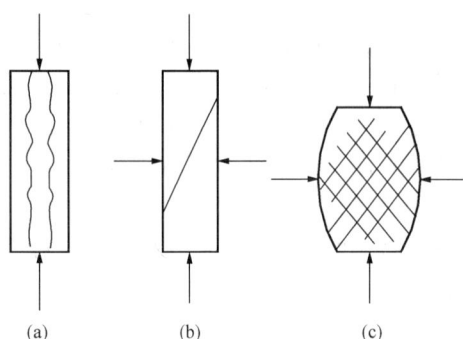

图 8-2　岩石单轴压缩时的常见破坏形式
(a) 单轴压力作用下试件的劈裂；(b) 单斜面
剪切破坏；(c) 多个共轭面剪切破坏

岩石试件在单轴压力作用下常见的破坏形式分别如图 8-2 (a)、(b) 和 (c) 所示。

岩石单轴抗压强度一般是在室内试验机上通过加压试验得到的，试件采用圆柱体或立方体，目前被广泛采用的圆柱体岩样尺寸一般为 $\phi 50 \times 100$mm。试验影响因素主要有：

(1) 试件端部效应。当试验由上下加压板加压时，加压板与试件之间存在摩擦力，因此在试件端部存在剪应力，约束试件端部的侧向变形，端部应力不是均匀的，只有之间一段才会出现均匀应力。为了减少"端部效应"，应将试件端部磨平，在试件与加压板之间加入润滑剂，减少摩擦力，同时使试件长度达到规定要求，保证试件中部出现均匀应力状态。

(2) 试件形状、尺寸。主要体现在高径比 h/d、高宽比 h/s、横断面积上。试件太长，高径比太大，会由于弹性不稳定而提前发生破坏，降低岩石的强度。试件太短，又会由于试件端面与承压板之间出现的摩擦力而阻碍试件的横向变形，使试件内部产生约束效应以致增大岩石的试验强度。试件横断面积减小，会相对地增大端部约束效应，因此强度也会有所提高。经试验研究，认为取高径比 $h/d=2\sim2.5$ 为宜，这时试件内部应力分布均匀，并能保证破坏面不承受承压板约束自由通过试件的全断面。

(3) 加载速率。加载速率越大，测得的弹性模量越大；加载速率越小，测得的弹性模量越小，峰值应力越不显著。

2. 三轴抗压强度

为了得到岩石全面的力学特性，根据三个方向施加应力的不同可分为常规三轴压力试验（一般为圆柱体）和真三轴压力试验（一般为立方体），如图 8-3 所示。常规三轴压力试验是使圆柱体试件周边受到均匀压力（$\sigma_2=\sigma_3$），而轴向则用压力机加载（σ_1）。真三轴压力试验是使试件成为 $\sigma_1>\sigma_2>\sigma_3$ 的应力状态。

三轴压力试验测得的岩石抗压强度随围压的增加而提高。通常岩石类脆性材料随围压的增加而具有延性。

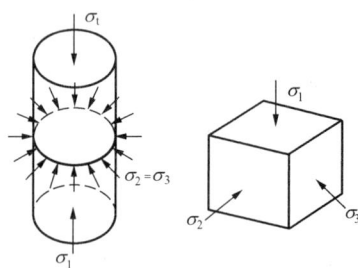

图 8-3　常规三轴压力试验和
真三轴压力试验

根据三轴试验结果绘制出不同围压下的岩石三轴强度关系曲线，可计算出岩石的黏聚力和内摩擦角。

(二) 岩石的抗剪强度

岩石的抗剪强度是岩石抵抗剪切破坏的极限能力，它是岩石力学中的重要指标之一，常以黏聚力 c 和内摩擦角 φ 这两个抗剪强度参数表示。确定岩石抗剪强度的方法可分为室内试验和现场试验两大类。室内试验常采用直接剪切试验、楔形剪切试验和三轴压缩试验来测定岩石的抗剪强度指标。

1. 直接剪切试验

直接剪切试验采用直接剪切仪进行，如图 8-4 所示。每次试验时，先在试样上施加垂直

荷载 P，然后在水平方向上施加水平剪切力 T，直到达到最大值 T_{max} 发生破坏为止。剪切面上的正应力 σ 和剪应力 τ 按下列公式计算，即

$$\sigma = \frac{P}{A} \tag{8-15}$$

$$\tau = \frac{T}{A} \tag{8-16}$$

式中　A——试样的剪切面积。

在给定正应力下的抗剪强度以 τ_f 表示。用相同的试样、不同的 σ 进行多次试验即可求出不同 σ 下的抗剪强度 τ_f，绘成关系曲线 τ_f-σ，如图 8-5 所示。

试验证明，这条强度线并不是绝对严格的直线，但在岩石较完整或正应力值不很大时可近似看作直线。

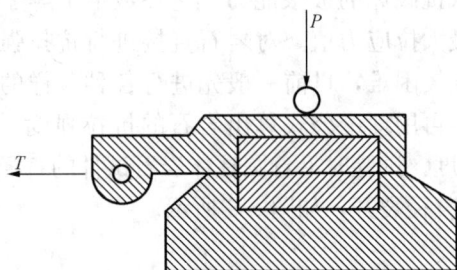

图 8-4　直接剪切仪

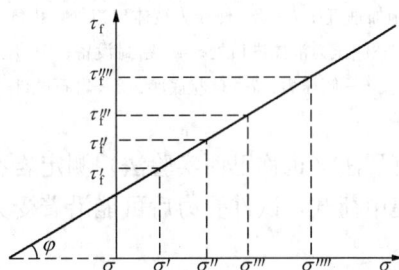

图 8-5　抗剪强度 τ_f 与正应力 σ 的关系

2. 楔形剪切试验

楔形剪切试验用楔形剪切仪进行，如图 8-6 所示。试验时把装有试件的这种装置放在压力机上加压，直至试件沿着 AB 面发生剪切破坏。这种实验实际上是另一种形式的直接剪切试验。试验中采用多个试样，分别以不同的 α 角进行试验。当破坏时，对应于每一个 α 值可以得出一组 σ 和 τ_f 值，连接每个对应的 σ 和 τ_f，可得到一条曲线（见图 8-7），当 σ 不大时可视为直线，即可求出 c 和 φ。

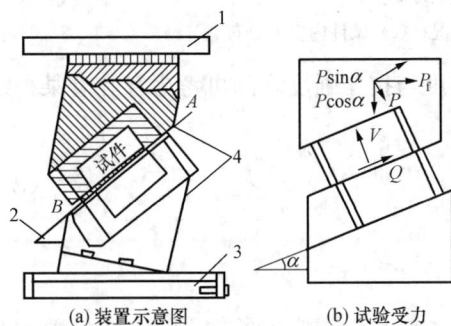

图 8-6　楔形剪切仪

（a）装置示意图；（b）试验受力

1—上压板；2—倾角；3—下压板；4—夹具

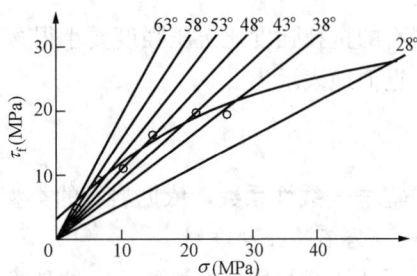

图 8-7　楔形剪切试验结果

3. 三轴压缩试验

三轴压缩试验采用三轴压力仪进行，三轴压缩试验装置如图 8-8 所示。进行三轴压缩试验时，先对试件施加围压，即小主应力 σ_3，然后逐渐增加轴向压力，直至破坏，得到应力

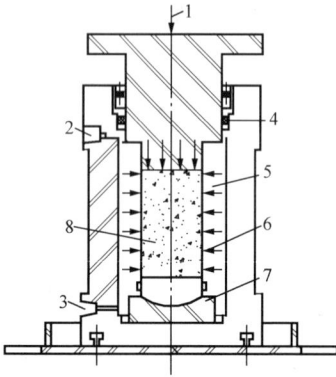

图 8-8　三轴压缩试验装置图

1—施加垂直压力；2—侧压力液体出口处，排气处；3—侧压力液体进口处；4—密封设备；5—压力室；6—侧压力；7—球状底座；8—岩石试件

即为最大主应力 σ_1，根据 σ_1、σ_3 可绘制一个莫尔应力圆。如果采用同一种岩样，分别在不同的 σ_3 下做三轴压缩试验，那么它们必定在不同的 σ_1 下达到剪破，即得到一组莫尔应力圆。绘出这些莫尔应力圆的包络线，即可求得岩石的抗剪强度曲线。如果把它看作是一根近似直线，则可根据该线与纵轴的截距及该线与水平轴的夹角求得黏聚力 c 和内摩擦角 φ。

（三）岩石的抗拉强度

岩石的抗拉强度就是岩石试件在单轴拉力作用下抵抗破坏的极限能力，它在数值上等于破坏时的最大拉应力值。对岩石直接进行抗拉强度的试验比较困难，目前一般先进行各种各样的间接试验，再用理论公式算出岩石的抗拉强度。目前常用劈裂法（也称巴西实验法）测定岩石抗拉强度。试验时沿着圆柱体岩石试件的直径方向施加集中荷载，试件受力后可能沿着受力方向的直径裂开，如图 8-9 所示。

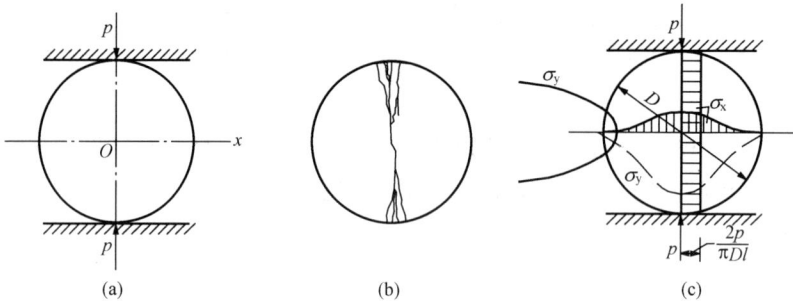

图 8-9　岩石劈裂试验

（a）劈裂试验加载；（b）试件开裂情况；（c）试件内应力分布

岩石的抗拉强度比抗压强度要小得多，抗拉强度与抗压强度之间可考虑存在着某种线性关系，近似地表示为

$$R_t = \frac{R_c}{C_m} \tag{8-17}$$

式中　C_m——线性系数，依据岩石的类型而定。

（四）岩石的强度准则

岩石破坏有两种基本类型：一种是脆性破坏，主要是由于应力条件下岩石中裂隙的产生和发展的结果，达到破坏时不产生明显的变形；另一种是塑性破坏，通常是由于组成物质颗粒间互相滑移所致，破坏时会产生明显的塑性变形而不呈现明显的破坏面。

目前广泛应用的岩石莫尔-库伦强度理论和格里菲斯（Griffith）强度理论，均是立足于应力观点来解释的。莫尔-库伦强度理论一般能较好地反映岩石的塑性破坏机制，加之较为简单，在工程界广为应用。但莫尔强度理论不能反映具有细微裂缝的岩石破坏机理，而格里菲斯强度理论能很好地反映脆性破坏机理。

1. 莫尔-库伦准则

1776 年，库伦（Coulomb）提出内摩擦准则，称为库伦强度准则。

$$\tau_f = c + \sigma\tan\varphi \tag{8-18}$$

式中 τ_f——土的抗剪强度指标，kPa；

    σ——滑动面上的法向总应力，kPa；

    c——黏聚力，kPa；

    φ——内摩擦角，（°）。

c 和 φ 称为总应力强度指标。

如果抗剪强度线和莫尔应力圆已知，那么当应力圆与式（8-18）所表示的直线相切时，即发生破坏。

若将 τ 和 σ 用主应力 σ_1、σ_2 和 σ_3 表示，这里 $\sigma_1 > \sigma_3$，则

$$\sigma = \frac{1}{2}(\sigma_1 + \sigma_3) + \frac{1}{2}(\sigma_1 - \sigma_3)\cos 2\theta \tag{8-19}$$

$$\tau = \frac{1}{2}(\sigma_1 - \sigma_3)\sin 2\theta \tag{8-20}$$

式中 θ——剪切面与最小主应力 σ_3 之间的夹角，即剪切面的法线方向与最大主应力 σ_1 的夹角。

可得主应力表示的库伦准则，即

$$2c = \sigma_1[(\tan\varphi^2 + 1)^{1/2} - \tan\varphi] - \sigma_3[(\tan\varphi^2 + 1)^{1/2} + \tan\varphi] \tag{8-21}$$

试验表明：库伦准则不适于 $\sigma_3 < 0$，即有拉应力的情况（因为断裂面与 σ_3 垂直）；也不适于高围压的情况。但对于一般工程来说，库伦准则还是适用的。必须注意，在这一强度理论中，不考虑中主应力对强度的影响。

莫尔（Mohr）提出材料的强度是应力的函数，在极限时滑动面上的剪应力达到最大值 τ_f（即抗剪强度），并取决于法向压力和材料的特性。这一破坏准则可表示为

$$\tau_f = f(\sigma) \tag{8-22}$$

此式在 $\tau - \sigma$ 平面上是一条曲线，它可以由试验确定，即在不同应力状态下达到破坏时的应力圆的包络线，称为强度线。值得注意的是，这个准则也没考虑中主应力对强度的影响。

根据莫尔强度理论，当莫尔应力圆在强度线以内时，表示通过该单元的任何平面上的剪应力都小于它的强度，故该单元体处于稳定状态，没有剪破。当莫尔应力圆与强度线相切时，表示已有一平面上的应力达到了它的强度，该单元体处于极限平衡状态，接近剪破。这时的莫尔应力圆称为莫尔极限应力圆。当莫尔应力圆与强度线相割时，表示该单元体已剪破。实际上，这种应力状态并不存在，在此之前，单元体早已沿着某一对平面剪破了。

试验表明，莫尔包络线是曲线，但在一定的应力范围内通常可用直线近似表示，此时莫尔准则与库伦准则等价，实际中将式（8-18）称为莫尔-库伦准则。

对于莫尔-库伦准则，需要指出的是：

（1）库伦准则是建立在试验基础上的破坏依据。

（2）库伦准则和莫尔准则都是以剪切破坏作为物理机理，但是岩石试验证明：岩石破坏存在着大量的微裂变，这些微裂变是张拉破坏而不是剪切破坏。

（3）莫尔-库伦准则适用于低围压的情况。

2. 格里菲斯准则

格里菲斯（Griffith）假定材料中存在着许多随机分布的微小裂隙，在荷载作用下，裂隙尖端产生高度的应力集中。当方向最有利的裂隙尖端附近的最大应力达到材料的特征值时，会导致裂隙不稳定扩展而使材料发生脆性破裂。因此，格里菲斯准则认为：脆性破坏是拉伸破坏，而不是剪切破坏。

三、岩石的变形

岩石的变形性质是岩体力学性质的另一个重要方面。岩石在外荷载作用下发生变形，随着荷载的不断增加，变形也逐渐增加，当岩石产生较大位移时，建（构）筑物内部安全和使用影响很大；当荷载达到或超过某一定限度时，将导致岩石破坏。

（一）单轴压缩条件下岩石的变形特征

1. 连续加载条件下的变形特征

在刚性压力机上进行单轴压力试验，可得到如图 8-10 所示的岩石典型应力-应变全过程曲线，据此可将岩块变形过程划分成不同的阶段：

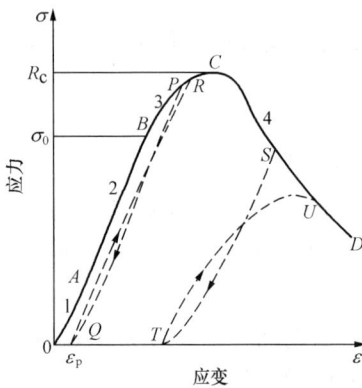

图 8-10　岩石典型应力-应变全过程曲线

（1）孔隙裂隙压密阶段（图 8-10，OA 区段）：即试件中原有张开性结构面或微裂隙逐渐闭合，岩石被压密，形成早期的非线性变形。应力-应变曲线稍微向上弯曲，曲线斜率随应力增加而逐渐增大，表明微裂隙的闭合开始较快，随后逐渐减慢。本阶段变形对裂隙岩石来说较明显，而对坚硬、少裂隙的岩石则不明显，甚至不显现。

（2）弹性变形阶段（图 8-10，AB 区段）：该阶段接近于直线，近似于线弹性工作阶段；弹性变形阶段不仅变形随应力成比例增加，而且在很大程度上表现为可恢复的弹性变形，B 点的应力称为弹性极限。

对大多数岩石来说，在 AB 这个区段内应力-应变曲线具有近似直线的形式，可表示为

$$\sigma = E\varepsilon \tag{8-23}$$

式中　E——岩石的弹性模量，即 OB 线的斜率。

如果岩石严格地遵循式（8-23）的关系，那么这种岩石就是线弹性的，可用弹性力学的理论解答。如果某种岩石的应力-应变关系不是直线，而是曲线，但应力与应变之间存在一一对应关系，则称这种岩石为完全弹性的。对应于一点的应力 σ 值，都有一个切线模量和割线模量。切线模量就是该点在曲线上的斜率 $\dfrac{d\sigma}{d\varepsilon}$，而割线模量就是该点的斜率，它等于 $\dfrac{\sigma}{\varepsilon}$。如果逐渐加载至某点，然后逐渐卸载至零，应变也退至零，但卸载曲线与加载曲线不重合，形成滞回环，产生了所谓的滞回效应，卸载曲线上该点的切线斜率就是相当于该应力的卸载模量。如果不仅卸载曲线与加载曲线不重合，而且应变也不恢复到零，则产生了弹塑性变形。

（3）微破裂稳定发展阶段（见图 8-10，BC 区段）：曲线向下弯曲属于非弹性阶段，主要是在平行于荷载方向开始逐渐生成新的微裂变以及裂隙的不稳定，B 点是岩石从弹性转变为非弹性的转折点；微破裂稳定发展阶段的变形主要表现为塑性变形，试件内开始出现新的

微破裂，并随应力增加而逐渐发展，当荷载保持不变时，微破裂也停止发展。由于微破裂的出现，试件体积压缩速率减缓，应力-应变曲线偏离直线向纵轴方向弯曲。这一阶段的上界应力（C 点应力）称为屈服极限。

从 B 点开始岩石应力－应变曲线的斜率随着应力的增加而逐渐降低到零，岩石模量下降，岩石中产生新的张拉裂隙。在这一范围内，岩石将发生可恢复的弹性变形和不可恢复的塑性变形，加载与卸载的每次循环都是不同的曲线。弹性模量 E 是加载曲线直线段的斜率，加载曲线直线段大致与卸载曲线的割线相平行。这样，一般可将卸载曲线的割线斜率作为弹性模量，而岩石的变形模量 E_0 取决于总的变形量，即取决于弹性变形 ε_e 与塑性变形 ε_p 之和，它是正应力 σ 与总的正应变之比，即

$$E_0 = \frac{\sigma}{\varepsilon_e + \varepsilon_p} \tag{8-24}$$

在线性弹性材料中，变形模量等于弹性模量；在弹性材料中，当材料屈服后，其变形模量不是常数，它与荷载的大小或范围有关。在应力-应变曲线上的任何点与坐标点原点相连的割线的斜率，表示该点所代表的应力的变形模量。

（4）非稳定破裂发展阶段（见图 8-10，CD 区段）：为破坏阶段，C 点的纵坐标就是单轴抗压强度 R_c。进入本阶段后，微破裂的发展出现了质的变化。由于破裂过程中所造成的应力集中效应显著，即使外荷载保持不变，破裂仍会不断发展，并在某些薄弱部位首先破坏，应力重新分布，其结果又引起次薄弱部位的破坏。依次进行下去直至试件完全破坏。试件由体积压缩转为扩容，轴向应变和体积应变速率迅速增大，试件承载能力达到最大。本阶段的上界应力称为峰值强度或单轴抗压强度。

在这一区段内卸载可能产生很大的残余变形。图 8-10 中 ST 段表示卸载曲线，TU 段表示再加载曲线。可以看出，TU 段在比 S 点低得多的应力值下趋近于 CD 曲线。

（5）破坏后阶段（见图 8-10，D 点以后段）：岩块承载力达到峰值后，其内部结构完全破坏，但试件仍基本保持整体状。到本阶段，裂隙快速发展、交叉且相互联合形成宏观断裂面。此后，岩块变形主要表现为沿宏观断裂面的块体滑移，试件承载力随变形增大迅速下降，但并不降到零，说明破裂的岩石仍有一定的承载能力。

2. 循环荷载条件下的变形特征

岩块在循环荷载作用下的应力-应变关系随加卸载方法及卸载应力大小的不同而异。

对于弹塑性岩石，在反复多次加载与卸载时，所得的应力-应变曲线将具有以下特点：

（1）卸载应力水平一定时，每次循环中的塑性应变增量逐渐减小，加卸载循环次数足够多后，塑性应变增量将趋于零。因此，可认为所经历的加卸载循环次数越多，岩石越接近弹性变形。

（2）加卸载循环次数足够多时，卸载曲线与其后一次再加载曲线之间所形成滞回环的面积将越变越小，且越靠拢越趋于平行，如图 8-11 所示。这表明，加卸载曲线的斜率越接近。

（3）如果多次反复加载、卸载循环，每次施加的最大荷载都比前一次循环的最大荷载大，则可得图 8-12 所示的曲线。随着循环次数的增加，塑性滞回环的面积也有所扩大，卸载曲线的斜率（代表岩石的弹性模量）也逐次略有增加的现象称为强化。此外，每次卸载后再加载，在荷载超过上一次循环的最大荷载以后，变形曲线仍沿着原来的单调加载曲线上升（见图 8-12 中的 OC 线），好像不曾受到反复加卸荷载的影响似的，这就是所谓的岩石具有

记忆效应。

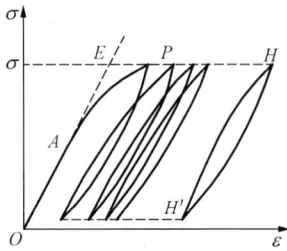

图 8-11　常应力下弹塑性岩石加卸
载循环时应力-应变曲线

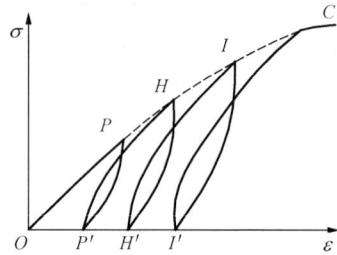

图 8-12　弹塑性岩石在应变水平下加卸
载循环时应力-应变曲线

（二）三轴压缩条件下岩石的变形特征

常规三轴压缩试验采用圆柱形试件，可得到该岩石试件的应力-应变曲线。图 8-13 为苏长岩试件反复加卸载的全应力-应变曲线；图 8-14 为某砂岩试件的试验曲线。

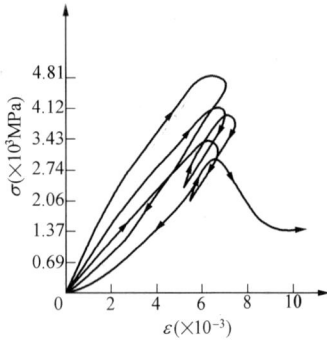

图 8-13　苏长岩试件在反复加卸载
条件下的全应力-应变曲线

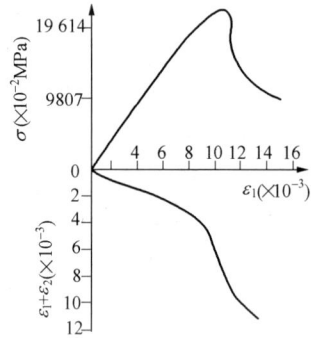

图 8-14　砂岩试件轴向应力-应变曲线
以及径向应变-轴向应变曲线

（三）真三轴压缩条件下岩石的变形特征

进行真三轴压缩试验（$\sigma_1 > \sigma_2 > \sigma_3$），可充分反映中间主应力 σ_2 对于岩石变形以及强度的影响，这一特点也正是与常规三轴试验的主要差别。日本的茂木清夫对山口县大理岩进行了 $\sigma_1 > \sigma_2 > \sigma_3$ 的真三轴试验，他分别以固定 σ_3、变动 σ_2 和固定 σ_2、变动 σ_3 的方法测得 σ_2、σ_3 对于轴向应变 ε_1 的影响，如图 8-15 所示。

从图 8-15 中可以看出：

（1）当 $\sigma_2 = \sigma_3$ 时，随围压的增大，岩石的塑性和岩石破坏时的强度、屈服极限同时增大。

（2）当 σ_3 为常数时，随着 σ_2 的增大，岩石的强度和屈服极限有所增大，而岩石塑性却减少了。

（3）当 σ_2 为常数时，随着 σ_3 的增大，岩石的强度和塑性有所增大，但其屈服极限并无变化。

（四）岩石的各向异性

在上述的介绍中都将岩石作为连续、均质和各向同性介质来看待。事实上，许多岩石具有不连续性、不均质性和各向异性。岩石的全部或部分物理、力学性质随方向不同而表现出差异的现象称为岩石的各向异性。由于岩石的各向异性，如在不同方向加载时，岩石可表现出不同的变形特性、不同的弹性模量和泊松比、不同的强度等。

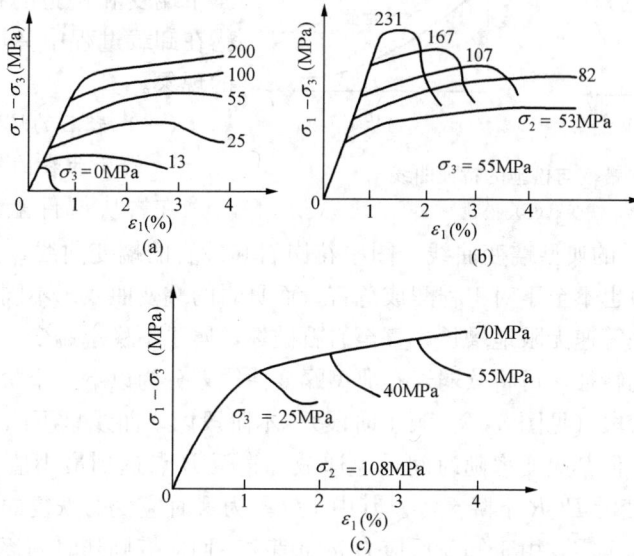

图 8-15　岩石在三轴压缩状态下的应力-应变曲线（茂木清夫，1985 年）

(a) $\sigma_2 = \sigma_3$ 时的围压效应；(b) σ_3 等于常数时 σ_2 的影响；(c) σ_2 等于常数时 σ_3 的影响

1. 极端各向异性体的应力-应变关系

在物体内的任一点任何两个不同方向的弹性性质都互不相同，这样的物体称为极端各向异性体。实际工程材料中很少见到。

极端各向异性体的特点是：任何一个应力分量都会引起六个应变分量，也就是说正应力不仅能引起线应变，也能引起剪应变；剪应力不仅能引起剪应变，也能引起线应变。

2. 正交各向异性体的应力-应变关系

假设在弹性体构造中存在着这样一个平面，在任意两个与此面对称的方向上，材料的弹性相同，或者说弹性常数相同，那么这个平面就是弹性对称面。

如果在弹性体中存在着三个互相正交的弹性对称面，在各个面两边的对称方向上弹性相同，但在这个弹性主向上弹性并不相同，这种物体称为正交各向异性体。

3. 横观各向同性体

横观各向同性体是各向异性的特殊情况。在岩石某一平面内的各方向弹性性质相同，这个面称为各向同性面，而垂直于此面方向的力学性质是不同的，具有这种性质的物体称为横观各向同性体。

4. 各向同性体

若物体内的任一点任何方向的弹性都相同，则这样的物体称为各向同性体，如钢材、水泥等。各向同性体的弹性参数中只有两个是独立的，即弹性模量 E 和泊松比 μ。

四、岩石的蠕变与松弛

岩石在力的作用下发生与时间相关的变形的性质，称为岩石的流变性。岩石的流变性包括蠕变、松弛和弹性后效。蠕变是指在应力恒定的情况下岩石变形随时间逐渐增大的现象；

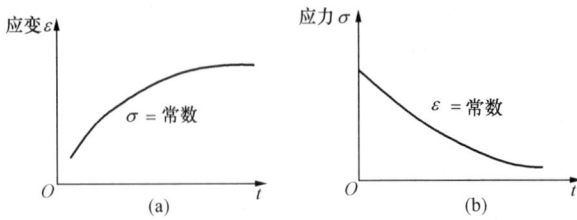

图 8-16　蠕变与松弛的特征曲线

(a) 蠕变；(b) 松弛

松弛是指在应变恒定的情况下岩石应力随时间逐渐减小的现象。图 8-16 显示了蠕变和松弛的特征。弹性后效是指在卸载过程中弹性应变滞后于应力的现象。

（一）岩石的蠕变性质

1. 蠕变曲线的特征

在岩块试件上施加恒定荷载时，可得到如图 8-17 所示的典型蠕变曲线。图中花岗岩和砂岩的蠕变曲线，其蠕变变形最终较小或趋于稳定，一般也不至于对工程酿成危害；而页岩的蠕变曲线却不同，其蠕变变形达到一定值后，就以某一等速无限地增长，直至岩石破坏，属于不稳定蠕变。

根据蠕变曲线的特征，可将软弱岩石典型蠕变曲线划分为以下三个阶段：

（1）初始蠕变阶段（见图 8-18，第 I 阶段）。本阶段内，曲线呈下凹形，特点是应变最初随时间增大较快，但其应变率随时间迅速递减，直至 B 点达到最小值。若在本阶段中某一点 P 卸载，则应变沿 PQR 下降至零。其中 PQ 段为瞬时应变的恢复曲线，而 QR 段表示应变随时间逐渐恢复至零。由于卸荷后应力立即消失，而应变则随时间逐渐恢复，二者恢复不同步，应变恢复总是落后于应力，这种现象称为弹性后效。

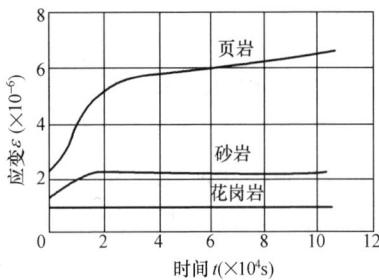

图 8-17　常应力、常温下页岩、砂岩和
花岗岩的典型蠕变曲线

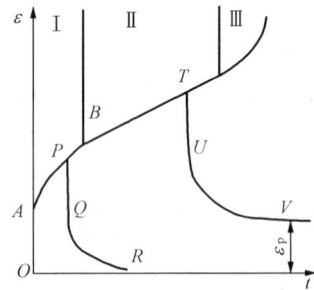

图 8-18　软弱岩石典型蠕变过程

（2）等速蠕变阶段（见图 8-18，第 II 阶段）。本阶段内，曲线呈近似直线，即应变随时间近似等速增加，直至 C 点。若在本阶段内某点 T 卸载，则应变将沿 TUV 线恢复，最后保留一永久应变 ε_p。

（3）加速蠕变阶段（见图 8-18，第 III 阶段）。到本阶段蠕变加速发展直至岩块破坏（D 点）。

以上分析的蠕变曲线的形状及某个蠕变阶段所持续的时间，受岩石类型、荷载大小及温度等因素的影响而不同。如同一种岩石，荷载越大，第 II 阶段蠕变的持续时间越短，试件越容易蠕变破坏。而荷载较小时，则可能仅出现第 I 阶段或第 I、II 阶段蠕变等。

2. 蠕变模型

为了描述岩石的蠕变现象，通常用的基本单元有三种，即弹性单元、塑性单元和黏性单元。将这些基本单元进行各种组合就可模拟不同的岩石蠕变。

（1）弹性单元。这种模型是线性弹性的，完全服从虎克定律，因为在应力作用下应变瞬

时发生，而且应力与应变成正比关系，即

$$\sigma = E\varepsilon \tag{8-25}$$

（2）塑性单元。这种模型是理想钢塑性的，在应力小于屈服值时可以看成刚体，不产生形变；应力达到屈服值后，应力不变而变形逐渐增加。

（3）黏性单元。这种模型完全服从牛顿黏性定律，它表示应力与应变速率成正比关系，即

$$\sigma = \eta\dot{\varepsilon} \tag{8-26}$$

式中 η——黏滞系数。

将以上若干基本单元串联或并联，就可得到不同的组合模型。串联时每个单元模型担负着同一总荷载，它们的应变率之和等于总应变率；并联时由每个单元模型担负的荷载之和等于总荷载，而它们的应变率都是相等的。图 8-19 是几种常见的蠕变模型。

（1）马克斯威尔（Maxwell）模型。这种模型是用弹性单元和黏性单元串联而成，如图8-19（a）所示。当骤然施加应力并保持为常量时，变形以常速率不断发展。这个模型用两个常数 E 和 η 来描述，即

$$\dot{\varepsilon} = \frac{\sigma}{\eta} + \frac{\dot{\sigma}}{E} \tag{8-27}$$

或

$$\left(\frac{1}{\eta} + \frac{1}{E}\frac{\mathrm{d}}{\mathrm{d}t}\right)\sigma = \left(\frac{\mathrm{d}}{\mathrm{d}t}\right)\varepsilon \tag{8-28}$$

上式为描述马克斯威尔材料黏弹性体应力 σ 与应变 ε 关系的微分方程式。对于单轴压缩试验在 $t=0$ 时骤然施加轴向应力 σ_0 的情况（σ 保持为常量），这个方程式的解答是

$$\varepsilon(t) = \sigma_0\left(\frac{1}{\eta} + \frac{1}{E}\right) \tag{8-29}$$

式中 $\varepsilon(t)$——轴向应变。

（2）开尔文（Kelvin）模型。它由弹性单元和黏性单元并联而成，如图 8-19（b）所示。当骤然施加应力时，应变速率随着时间逐渐递减，在 t 增长到一定值时剪应变就趋于零。这个模型用两个常数 E 和 η 来描述，即

$$\sigma = \eta\dot{\varepsilon} + E\varepsilon \tag{8-30}$$

或

$$\sigma = \left(\eta\frac{\mathrm{d}}{\mathrm{d}t} + E\right)\varepsilon \tag{8-31}$$

上式为描述开尔文模型应力 σ 与应变 ε 关系的微分方程式。对于单轴压缩蠕变试验的情况，σ_0 在 $t=0$ 时骤然施加，并随后保持为常量，方程式的解为

$$\varepsilon(t) = \frac{\sigma_0}{E}(1 - e^{-Et/\eta}) \tag{8-32}$$

（3）广义马克斯威尔模型。如图

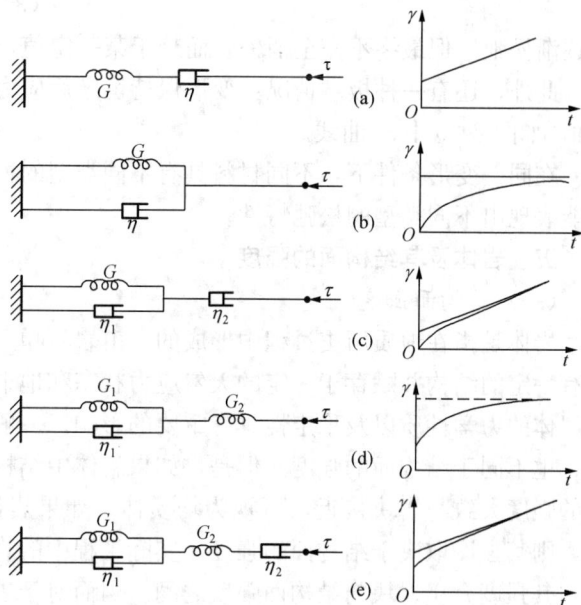

图 8-19　简单的线性黏弹性模型及其蠕变曲线

（a）马克斯威尔模型；（b）开尔文模型；（c）广义马克斯威尔模型；（d）广义开尔文模型；（e）柏格斯模型

8-19（c）所示，该模型由开尔文模型与黏性单元串联而成，用三个常数 E、η_1 和 η_2 描述。剪应变开始以指数速率增长，逐渐趋于常速率。

（4）广义开尔文模型。如图 8-19（d）所示，模型由开尔文模型与弹性单元串联而成，用三个常数 E_1、E_2 和 η_1 表示该种材料的性状。开始时产生瞬时应变，随后剪应变以指数递减的速率增长，最终应变速率趋于零，应变不再增长。

（5）柏格斯（Burgers）模型。这种模型由开尔文模型与马克斯威尔模型串联而组成，如图 8-19（e）所示。模型用 4 个常数 E_1、E_2、η_1 和 η_2 来描述。蠕变曲线上开始有瞬时变形，然后剪应变以指数递减的速率增长，最后趋于以不变速率增长。从形成一般的蠕变曲线（见图 8-17）的观点来看，这种模型是用来描述第三期蠕变以前蠕变曲线的较好且最简单的模型。当然，用增加弹性单元和黏性单元的办法还可组成更复杂而合理的模型，但是柏格斯模型对实用而言已经足够了，该模型已获得较广泛的应用。

（二）岩石的松弛性质

松弛是指保持恒定变形条件下应力随时间逐渐减小的性质，用松弛方程 $[f(\sigma = const, \varepsilon, t) = 0]$ 和松弛曲线（见图 8-20）表示。

松弛特性可划分为以下三种类型：

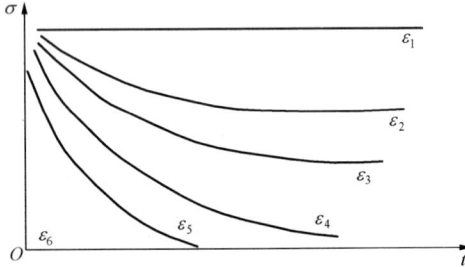

图 8-20　松弛曲线

（1）立即松弛——变形保持恒定后，应力立即消失，这时松弛曲线与 σ 轴重合，如图 8-20 中 ε_6 曲线。

（2）完全松弛——变形保持恒定后，应力逐渐消失，直至应力为零，如图 8-20 中 ε_5、ε_4 曲线。

（3）不完全松弛——变形保持恒定后，应力逐渐松弛，但最终不完全消失，而趋于某一定值，如图 8-20 中 ε_3、ε_2 曲线。

此外，还有一种极端情况：变形保持恒定后应力始终不变，即不松弛，松弛曲线平行于 t 轴，如图 8-20 中 ε_1 曲线。

在同一变形条件下，不同材料具有不同类型的松弛特性；同一材料，在不同变条件下也可能表现出不同类型的松弛特性。

五、岩体及其结构面的强度

（一）结构面强度

岩体是指在地质历史过程中形成的，由岩石单元体（或称岩块）和结构面网络组成的，具有一定的结构并赋存于一定的天然应力状态和地下水等地质环境中的地质体。岩体的组成对岩体的力学性质以及稳定性具有重要的影响。一般情况下，岩体的强度既不同于岩块的强度，也不同于结构面的强度。但是，如果岩体中结构面不发育，呈整体或完整结构时，则岩体的强度大致与岩块接近，可视为均质体；如果岩体将发生沿某一特定结构面的滑动破坏时，则其强度取决于结构面的强度。实际工程中的岩体强度由于节理裂隙切割成为裂隙化岩体，其强度介于岩块与结构面强度之间。因而对于工程中的岩体基坑工程问题来说，起决定作用的是岩体强度，而不是岩石强度。

具有一定的结构面是岩体的显著特征之一。岩体在其形成与存在过程中，生成了各种不同类型和规模的结构面，如断层、节理、层理、片理、裂隙等。受这些结构面的交切，使岩体形成一种独特的割裂结构。因此，岩体的力学性质及其力学作用不仅受岩体的岩石类型控制，更主要的是受岩体中结构面以及由此形成的岩体结构所控制。

结构体就是被结构面所包围的完整岩石，或隐蔽裂隙的岩石，结构体也是岩体的重要组成部分。研究结构体时，首先要弄清结构体的岩石类型及其物理力学属性，然后根据结构面的组合确定结构体的几何形态和大小，以及结构体之间的镶嵌组合关系等。结构体的不同形态称为结构体的形式。常见的单元结构体有块状、柱状、板状体，以及菱形、锥形体等。

岩体结构是由结构面的发育程度和组合关系，或结构体的规模及排列形式决定的。岩体结构类型的划分反映出岩体的不连续性和不均一性特征。

由于岩体中的结构面是在各种不同地质作用中形成和发展的，因此结构面的变形和强度性质与其成因及发育特征密切相关。结构面的变形与强度性质主要通过室内外岩体力学试验进行研究。

与岩块一样，结构面强度也有抗拉强度和抗剪强度之分。但由于结构面的抗拉强度非常小，常可忽略不计，因此一般认为结构面是不能抗拉的。另外，在工程荷载作用下，岩体破坏常以沿某些软弱结构面的滑动破坏为主。因此，一般很少研究结构面的抗拉强度，重点是研究它的抗剪强度。

试验研究表明：影响结构面抗剪强度的因素主要包括结构面的形态、连续性、胶结充填特征及壁岩性质、次生变化和受力历史（反复剪切次数）等。影响结构面抗剪强度因素的复杂多变致使结构面的抗剪强度特性也很复杂，抗剪强度指标较分散。

结构面的变形包括法向变形和剪切变形。结构面的法向变形特征为：随着法向应力的增加，结构面闭合变形迅速增长，当法向应力增大到一定值时，结构面已基本完全闭合，其变形主要是岩块变形造成的。结构面的剪切变形曲线均为非线性曲线，按其剪切变形机理可分为脆性变形型和塑性变形型。结构面的峰值位移受其风化程度的影响较大。

（二）岩体强度

岩体的强度在很大程度上取决于结构面的强度，这主要是因为结构面的自然特征与力学性质对裂隙岩体强度具有控制性影响。结构面的方位、结构面的粗糙程度及结构面内充水等都对岩体强度有影响。

确定岩体强度的方法有试验法和经验公式法。

确定岩体强度的试验是指在现场原位切割较大尺寸试件进行单轴压缩、三轴压缩和抗剪强度试验。为了保持岩体的原有力学条件，在试块附近不能爆破，只能使用钻机、风镐等机械破岩，根据设计的尺寸，凿出所需规格的试体。一般试体为边长 0.5～1.5m 的立方体，加载设备用千斤顶和液压枕（扁千斤顶）。

1. 岩体单轴抗压强度的测定

切割成的试件如图 8-21 所示。在拟加压的试件表面（图 8-21 中为试件的上端）抹一层水泥砂浆，将表面抹平，并在其上放置方木和工字钢组成的垫层，以便把千斤顶施加的荷载经垫层均匀传给试体。根据试体破坏时千斤顶施加的最大荷载及试体受载截面积，计算岩体的单轴抗压强度。

2. 岩体抗剪强度的测定

一般采用双千斤顶法：一个垂直千斤顶施加正压力，另一个千斤顶施加横推力，如

图 8-22 所示。

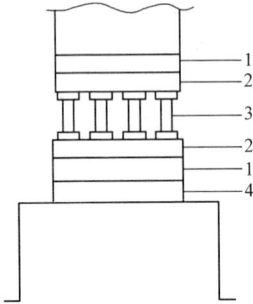

图 8-21　岩体单轴抗压强度测定
1—方木；2—工字钢；3—千斤顶；4—水泥砂浆

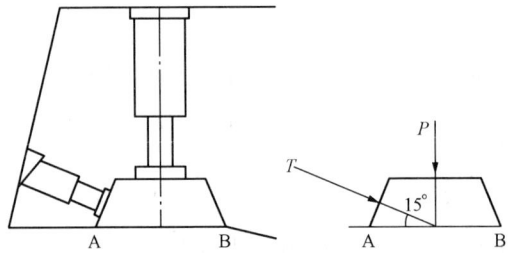

图 8-22　岩体抗剪试验

为使剪切面上不产生力矩效应，合力通过剪切面中心，使其接近于纯剪切破坏，另一个千斤顶成倾斜布置。一般采取倾角 $\alpha=15°$。试验时，每组试体应有 5 个以上，剪断面上应力按式（8-33）计算，然后根据 τ、σ 绘制岩体强度曲线。公式为

$$\sigma = \frac{P + T\sin\alpha}{F}$$

$$\tau = \frac{T}{F}\cos\alpha \tag{8-33}$$

式中　P、T——垂直及横向千斤顶施加的荷载；

　　　　F——试体受剪截面积。

3. 岩体三轴压缩强度试验

地下工程的受力状态是三维的，所以做三轴力学试验非常重要。但现场原位三轴力学试验在技术上很复杂，只在非常必要时才进行。现场岩体三轴试验装置如图 8-23 所示，用千斤顶施加轴向荷载，用压力枕施加围压荷载。

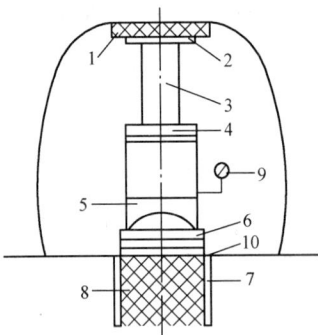

图 8-23　现场岩体三轴试验装置
1—混凝土顶座；2、4、6—垫板；3—顶柱；5—球面垫；7—压力枕；8—试件；9—液压表；10—液压枕

根据围压情况，可分为等围压三轴试验（$\sigma_2=\sigma_3$）和真三轴试验（$\sigma_1>\sigma_2>\sigma_3$）。研究表明，中间主应力在岩体强度中起重要作用，在多节理的岩体中尤其重要，因此真三轴试验越来越受重视。而等围压三轴试验的实用性更强。

岩体强度是岩体工程设计的重要参数，而做岩体的原位试验又十分费时、费钱，难以大量进行。因此，如何利用地质资料及小试块室内试验资料，对岩体强度进行合理估算是岩体力学中重要的研究课题。这里主要介绍准岩体强度法。

这种方法实质是用某种简单的试验指标来修正岩块强度作为岩体强度的估算值。

根据弹性波在岩石试块和岩体中的传播速度比，可判断岩体中的裂隙发育程度。该比值的平方为岩体完整性（龟裂）系数，以 K 表示，即

$$K = \left(\frac{v_{\text{ml}}}{v_{\text{cl}}} \right)^2 \tag{8-34}$$

式中　v_{ml}——岩体中弹性波纵波传播速度，m/s；

　　　v_{cl}——岩块中弹性波纵波传播速度，m/s。

各种岩体的完整性系数列于表 8-2。岩体完整系数确定后，便可计算准岩体强度。

准岩体抗压强度为

$$R_{\text{mc}} = KR_{\text{c}}$$

准岩体抗拉强度为

表 8-2　各种岩体的完整性系数

岩体种类	岩体完整性系数 K
完整	>0.75
块状	0.45~0.75
碎裂状	<0.45

$$R_{\text{mt}} = KR_{\text{t}}$$

式中　R_{c}——岩石试件的抗压强度；

　　　R_{t}——岩石试件的抗拉强度；

　　　K——岩体完整性系数。

（三）岩体的变形

岩体变形是评价工程岩体稳定性的重要指标，也是岩体工程设计的基本准则之一。

由于岩体中存在大量的结构面，结构面中还往往有各种充填物，因此在受力条件改变时岩体的变形是岩块材料变形和结构变形的总和，而结构变形通常包括结构面闭合、充填物压密及结构体转动和滑动等变形。在一般情况下，岩体的结构变形起着控制作用。目前，岩体的变形性质主要通过原位岩体变形试验进行研究。

影响岩体变形性质的因素较多，主要包括组成岩体的岩性、结构面发育特征及荷载条件、试件尺寸、试验方法和温度等。

结构面的影响包括结构面方位、密度、张开度、充填特征及其组合关系等方面的影响，统称为结构效应。

（1）结构面方位：主要表现在岩体变形随结构面及应力作用方向间夹角的不同而不同，即导致岩体变形的各向异性。这种影响在岩体中结构面组数较少时表现特别明显，而随结构面组数增多，反而越来越不明显。图 8-24 为泥岩体径向变形与结构面产状间的关系，由图可见，无论是总变形或弹性变形，其最大值均发生在垂直结构面方向上，平行结构面方向的变形最小。另外，岩体的变形模量也具有明显的各向异性。一般来说，平行结构面方向的变形模量大于垂直方向的变形模量，其比值一般为 1.5~3.5。

（2）结构面的密度：主要表现在随结构面密度增大，岩体完整性变差，变形增大，变形模量减小。

（3）结构面的张开度及充填特征对岩体的变形也有明显的影响。一般来说，张开度较大且无充填或充填较薄时，岩体变形较大，变形模量较小；反之，则岩体变形较小，变形模量较大。对于载荷、尺度效应、温度、试验的系统误差问题方面的影响与对岩石（岩块）变形试验的影响基本一致。

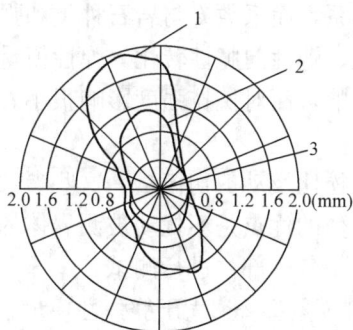

图 8-24　泥岩体径向变形与结构面产状关系（肖树芳，1986 年）

1—总变形；2—弹性变形；
3—结构面走向

（四）岩体的动力学性质

岩体的动力学性质是岩体在动荷载作用下所表现出来的性质，包括岩体中弹性波的传播规律及岩体动力变形性质与强度性质。岩体的动力学性质在岩体工程动力稳定性评价中具有重要意义，同时也为岩体的各种物理力学参数动测法提供了理论依据。

1. 性波的传播规律

岩体在冲击荷载的作用下产生应力波或冲击波，它在岩体中传播，引起岩石变形乃至破坏。这种力学反应有以下特点：

（1）炸药爆炸首先形成应力脉冲，使岩石表面产生变形和运动。由于爆轰压力瞬间高达数千乃至数万兆帕，从而在岩石表面形成冲击波，并在岩石中传播。其特点是波阵面压力突然上升，峰值高，作用时间短，并伴随能量的迅速消耗，冲击波很快衰减为应力波。

（2）岩体中某局部被激发的应力脉冲是时间和距离的函数。由于应力作用时间短，往往其前沿扰动才传播一小段距离，而荷载已作用完毕，因此在岩体中产生明显的应力不均现象。

（3）岩体中各点产生的应力呈动态，即所发生的形变、位移和运动均随时间而变化。

（4）荷载与岩体之间有明显的"匹配"作用。当炸药与岩体紧密接触时，爆轰压力值与作用在岩体表面所激发的应力值并不一定相等。这是由于介质或岩体的性质不同，在不同程度上改变了荷载作用的大小。换言之，由于加载体与承载体性质不同，匹配程度也不同，从而改变了爆炸作用的结果和能量传递效率。

2. 岩石的动态强度

动态荷载作用下岩石的强度与加载速度有关，其关系为

$$\sigma_d = k\lg\dot{\sigma} + \sigma_j \tag{8-35}$$

式中　　σ_d——岩石的动态单轴抗压强度或抗拉强度；

σ_j——岩石的静态单轴抗压强度或抗拉强度；

k——系数；

$\dot{\sigma}$——加载速度。

上式表明，岩石的动态强度与加载速度的对数呈线性关系，而系数 k 与岩石种类和强度有关。研究表明，加载速度提高，岩石的破坏形式由弹塑性、塑性向脆性转化，弹性模量增大，强度也随之提高。但加载速度仅对岩石的抗压强度有影响，而对抗拉强度影响很小。

3. 岩体的动力变形参数

反映岩体动力变形性质的参数通常有动弹性模量和动泊松比及动剪切模量。这些参数均可通过声波测试资料求得。利用声波法测定岩体动力变形参数的优点是不扰动被测岩体的天然结构和应力状态，测定方法简便，省时省力，且能在岩体中各个部位进行测试。

从大量的试验资料可知：无论是岩体还是岩块，其动弹性模量都普遍大于静弹性模量。两者的比值 E_d/E_{me}，对于坚硬完整岩体为 1.2～2.0；而对风化、裂隙发育的岩体和软弱岩体，E_d/E_{me} 较大，一般为 1.5～10.0，大者可超过 20.0。造成这种现象的原因可能有以下几方面：

（1）静力法采用的最大应力大部分为 1.0～10.0MPa，少数则更大，变形量常以 mm 计，而动力法的作用应力则约为 10^{-4}MPa 量级，引起的变形量微小。因此静力法必然会测得较大的不可逆变形，而动力法则测不到这种变形。

（2）静力法持续的时间较长。

（3）静力法扰动了岩体的天然结构和应力状态。

综上所述，爆破荷载作用下，岩石有以下动态特征：

（1）岩石破坏由弹性、塑性向脆性转变；

（2）岩石的弹性模量增大；

（3）岩石的强度提高。

六、岩体的破坏机理

基坑工程开挖常能使围岩的性状发生很大变化，如果围岩体承受不了回弹应力或重分布应力的作用，围岩即将发生塑性变形或破坏。围岩的破坏主要表现为拉伸破坏和剪切破坏。对于浅部表土层或严重风化的劣质岩石，基坑工程围岩体的破坏与一般岩层的自重有关。随着深度的增加，岩体应力会增大到足以引起开挖体周围岩石产生破坏的程度。

基坑开挖体的变形和破坏除与岩体内的初始应力状态和洞形有关外，主要取决于围岩的岩性和结构。

（一）霍克破坏机理

霍克（E. Hoek，1965 年）认为，当 $\sigma_3 < R_t$（R_t 为单轴抗拉强度）时发生拉伸破坏。因 $R_t = \frac{1}{2} R_c (m - \sqrt{m^2 + 4s})$（$R_c$ 为单轴抗压强度），用 R_c 表示的强度与应力比由下式确定，即

$$\frac{强度}{应力（拉伸）} = \frac{R_c(m - \sqrt{m^2 + 4s})}{2\sigma_3} \tag{8-36}$$

式中 m、s 为常数，取决于岩石的性质以及在达到应力 σ_1 和 σ_3 之前岩石的破坏强度。拉伸破坏的破坏角 β 等于零，裂缝在平行于最大主应力 σ_1 的方向上扩展。

（二）Robcewicz 破坏机理

剪切破坏理论（20 世纪 60 年代末由奥地利学者 Robcewicz 提出）认为，围岩稳定性的丧失主要发生在洞室与主应力方向垂直的两侧，并形成剪切滑移楔体。基坑开挖在侧压系数 $\lambda < 1$ 的条件下，首先两侧壁的楔形岩块由于剪切面分离，并向洞内移动；而后，上部和下部岩体由于楔形岩块滑移造成跨度加大，上下岩体向洞内挠曲，甚至移动。

Hoek 认为，在 $\sigma_3 > R_t$ 时，发生剪切破坏，强度与应力之比由下式确定，即

$$\frac{强度}{应力（剪切）} = \frac{\sigma_3 + \sqrt{mR_c\sigma_3 + sR_c^2}}{\sigma_1} \tag{8-37}$$

破坏角 β 由下式确定为

$$\beta = \frac{1}{2} \sin^{-1} \frac{(1 + mR_c/4\tau_{ms})^{\frac{1}{2}}}{1 + mR_c/8\tau_{ms}} \tag{8-38}$$

式中

$$\tau_{ms} = \frac{1}{2}(mR_c\sigma_3 + SR_c^2)^{\frac{1}{2}}$$

第二节 岩体基坑工程的施工

一、岩体基坑工程的施工方法

地下建筑类型不同，其工程特点、施工方法也不同。按工程所在地层的性质分类，地下建筑可分为土质地层中的地下建筑和岩石地层中的地下建筑。在进行岩石地下建筑施工时岩

体基坑工程的施工是重要保证。

岩质条件下的基坑工程的施工方法有钻孔爆破法、TBM（tunnel boring machine）法、盾构法、顶进结构法、基坑法等。钻孔爆破法常用于埋深较大的各类岩层；TBM法特别适用于长大隧道；盾构法用于松软岩层或配合岩石掘进机适合于各类岩石条件；顶进结构法适用于从建筑物下的软岩中通过的隧道；基坑法常用于浅埋地下洞室。这些方法有各自的特殊性，其工艺过程各不相同，但又广泛应用于各类岩石基坑工程中。

二、钻孔爆破法施工工艺

钻孔爆破法是岩土工程中广泛采用的一种破碎岩石的传统方法。自炸药发明以来，这一方法已在全球的水利、铁道、开矿等工程中获得广泛应用。目前，在无特殊要求的基坑开挖工程中，常常采用这一方法施工。它主要由钻孔、爆破、出碴三个基本工序组成。相继完成这三个工序作业为一个开挖循环或掘进循环，每一掘进循环所推进的长度称为循环进尺。

此外，实现循环进尺还需要进行多方面的辅助作业，如临时支护、测量、供水供气、工作面通风防尘等，辅助作业为主要工序的实施创造工作条件或改善劳动条件。

（一）钻孔机具

钻孔工时消耗多、劳动强度大，其所需时间一般占开挖循环时间的40%～50%。钻孔作业主要通过钻孔机械实现。因此，合理选择钻孔方式和正确使用钻孔设备，对于缩短钻孔时间，加快开挖速度，减轻人工劳动强度等均具有重要现实意义。

1. 凿岩机

凿岩机按凿岩方式的不同，可分为冲击转动式（如各种风动、液压凿岩机、潜孔钻机）、放置冲击式（如牙轮钻机）和旋转式（如地质取样钻、电钻）三大类；按所用动力的不同，可分为风动、电动、液压、内燃式凿岩机等。而按钻孔深度和直径的不同，又可分为浅孔（孔径小于50mm，孔深不超过3～5m）、中深孔（孔径50～70mm，孔深5～15m）、深孔（孔径一般小于80mm，孔深大于12～15m）。对于中深孔，常用导轨式凿岩机辅以接杆来完成，而对深孔，则常用潜孔钻或牙轮钻机完成。在基坑开挖中，除了用潜孔钻来钻凿竖井和基坑工程中的大孔、深孔和超前孔外，主要使用风动凿岩机和液压凿岩机进行钻孔作业。

（1）风动凿岩机。风动凿岩机的类型很多，根据其质量的大小、工作中安装及推进方式的不同，可分为手持式凿岩机、气腿式凿岩机、上向式凿岩机、导轨式凿岩机等。风动凿岩机虽然类型很多，但其构造原理基本相同，有些只是主要参数不同、质量不等、尺寸不一，有些只是采用不同的配气转钎机构形式。无论哪一种凿岩机，要顺利地打成炮眼，都必须具备冲击及配气机构、转钎机构、排粉机构、推进机构、操纵机构、润滑机构。气腿式凿岩机是目前使用最为广泛的一类凿岩机，它主要通过气腿对凿岩机施加支承作用，在凿岩过程中，要调节气腿的角度及进气量，使凿岩机在最优轴推力下工作，以充分发挥其机械效率。

（2）液压凿岩机。液压凿岩机是一种高效钻孔设备。目前已有多种型号的液压凿岩机，孔径为27～275mm，应用于地下巷道掘进、采矿及隧道工程等钻孔作业。随着技术的进步，液压凿岩机将被越来越多的工程采用。

液压凿岩机以循环的高压液体为动力，驱动凿岩机的冲击机构和回转机构。同风动凿岩机原理一样，液压凿岩机是利用高压液体（风动凿岩机为气体）介质交替作用在活塞两端，实现其往复运动。回转机构由单独的液压马达系统驱动，用压力水冲洗岩粉。

液压凿岩机的优点是：

1）高效、节能、成本低；与风动凿岩机在相同条件下相比，机械性能好，凿岩速度可提高1～2倍以上，动力消耗少，仅为风动的1/3左右。

2）适用范围广，参数可调，孔径系列宽广，能满足各类工程的钻孔需要；能钻多种方位的炮孔，实现一机多用；可根据岩石性质，调节凿岩机的参数，如冲击功、冲击频率、扭矩、转速和推力等，尤其在坚硬岩石施工中越能发挥其高效优势。

3）可消除或减小排气和钻孔的噪声，无油雾，有利于改善劳动卫生条件。

缺点是：和风动凿岩机相比，由于需要和液压车配套使用，因此投资大，同时所要求的技术水平和维护费用相对较高。

2. 凿岩工具

凿岩工具由钎（钻）杆和钎（钻）头等部分组成。

浅孔凿岩工具常称为钎子，包括整体钎子和组合钎子。在岩体开挖过程中，大都使用组合钎子，如图8-25所示。钎头是破岩成孔的直接工具，其形状和结构直接影响成孔的速度，目前一般都使用镶有硬质合金凿刃的钎头。如图8-26所示的是几种常见的硬质合金钎头。

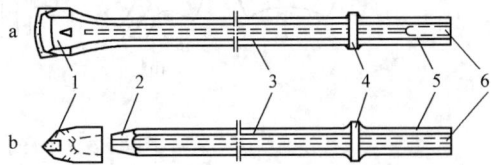

图 8-25　组合钎子
1—钎头；2—钎梢；3—钎身；4—钎肩；
5—钎尾；6—中心水孔

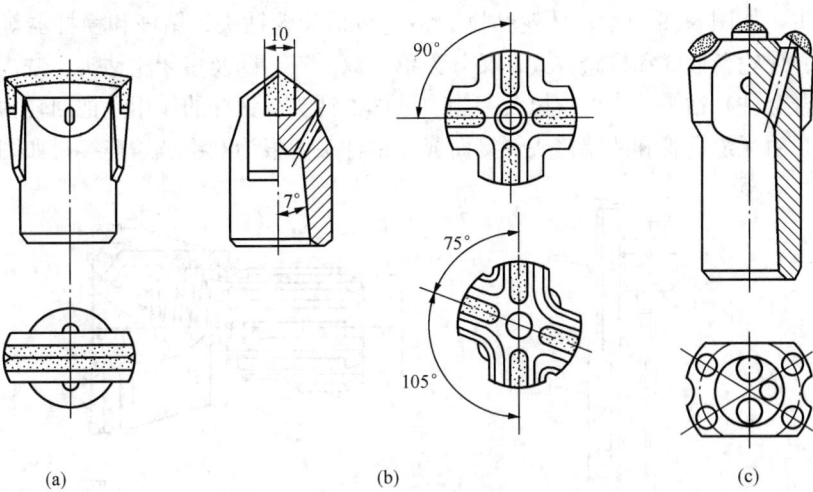

图 8-26　几种常见的硬质合金钎头
（a）一字头；（b）十字头钎头和X形钎头；（c）柱齿钎头

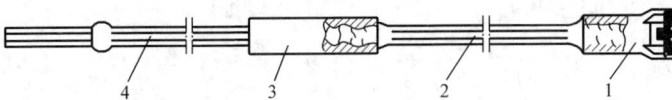

图 8-27　接杆式钎杆组
1—钎头；2—钎杆；3—连接套筒；4—钎尾

中深孔凿岩机多采用接杆式钎杆来完成，其钻具由钎头、钎杆、连接套筒和钎尾组成，如图8-27所示。钎头多采用直径50～70mm的加大钎刃厚度和柱齿的一字形、Y形、十字形钻头和超前刃钎头，如图8-28所示。钎杆与钎头之间多采用螺纹连接。钎杆与钎杆、钎杆与钎尾间用套筒连接，套筒长度通常为160mm，由40Cr钢制成。

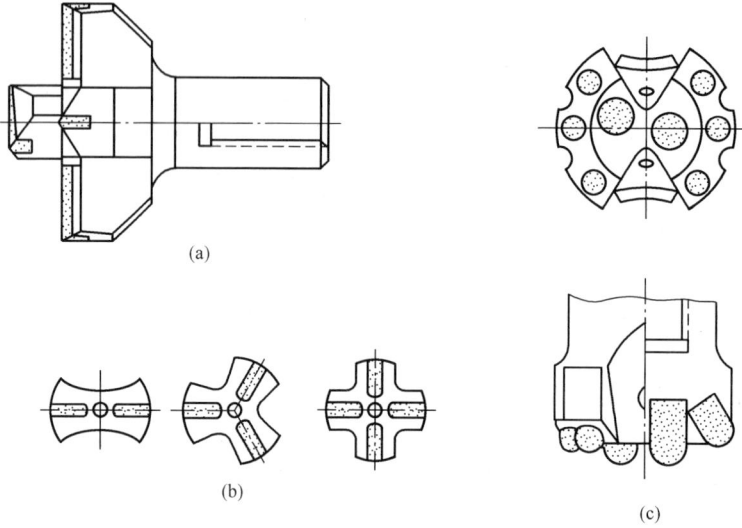

图 8-28　中深孔凿岩用钎头
（a）超前刃钎头；（b）加大刃厚的钎头体形；（c）接杆式柱齿合金钎头

钻凿深孔所用的潜孔钻机的钻具包括钻杆、冲击器和钻头。钻杆用直径为 50mm 或 60mm 的薄壁钢管制成，其一端通过螺纹与回转机构连接，另一端连接冲击器，冲击器的前短则安装钻头，如图 8-29 所示。牙轮钻机的钻具包括牙轮钻头、钻杆和稳杆器等。牙轮钻头按牙轮数目、牙轮齿形式和排碴方式，又分为单、双、三、四及多牙轮钻头，铣齿（钢齿）和柱齿（硬质合金柱）钻头，中央吹风及旁侧吹风排碴钻头。钻杆的作用是把回转力矩和轴向力矩传给钻头，由无缝钢管和两端接头焊接而成，钻杆头两根为圆锥螺纹连接，如图 8-30 所示。

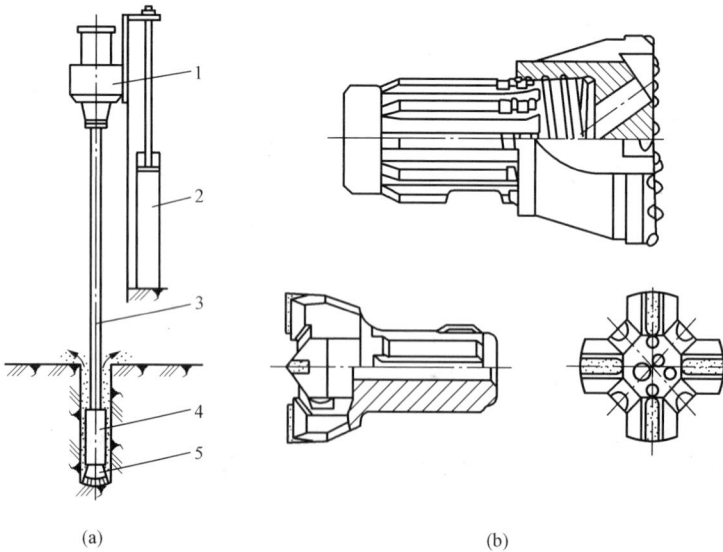

图 8-29　潜孔钻机机具
（a）潜孔钻机的主要结构和工作原理；（b）分体式柱齿与片柱混合型潜孔钻头
1—回转供风机构；2—推进机构；3—钻杆；4—冲击机构；5—钻头

3. 钻孔台车

钻孔台车是一种安设两台或两台以上凿岩机的可移动支架设备。台车的主要特点是大大节省了钻孔时安拆支架和移动支架的时间，并能装备重型凿岩机，可满足打中深孔的要求。凿岩机借推进器自动推进，且能适应高大断面钻孔作业，多台凿岩机可同时工作，充分利用了洞室空间，从而为加快钻进速度，缩短钻孔时间，减轻劳动强度，改善劳动条件，实现快速掘进创造了良好条件。

钻孔台车装设凿岩机的台数不同，可分为单机、双机、三机及多机台车。台车类型很多，但多由以下基本部分组成：工作部分，包括凿岩机、滑架（或导轨）、推进器等；支架部分，包括门式框架、液压钻臂、托架、变幅机构等；操作部分，包括台车行驶、钻臂调整就位、自动钻进

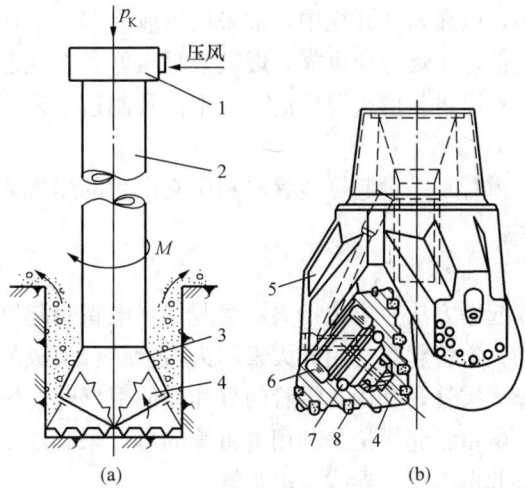

图 8-30　牙轮钻具示意图
(a) 牙轮钻进示意图；(b) 牙轮钻头
1—回转供风机构；2—钻杆；3—钻头；4—牙轮；
5—牙爪；6—滚柱轴承；7—滚珠轴承；8—合金柱
P_k—轴压力；M—回转力矩

的操作柄、阀；动力及传动机构，包括电气、液压、压风、供水系统。此外，还有行走机构及其他辅助设备等。图 8-31 为 CGJ-3 型凿岩台车的基本结构。

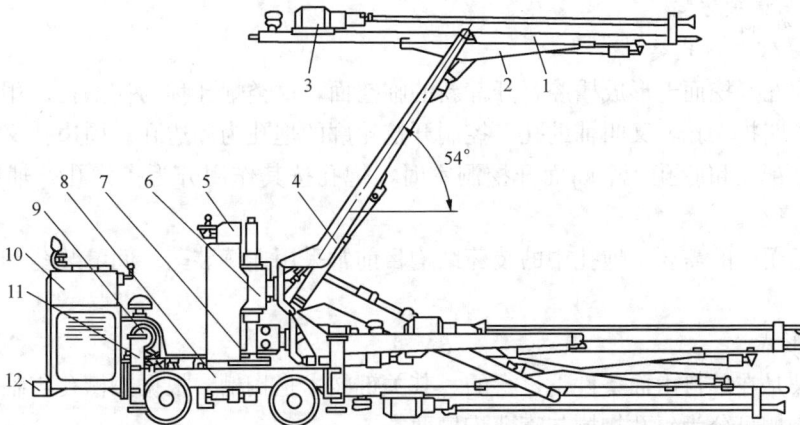

图 8-31　CGJ-3 型凿岩台车基本结构示意图
1—推进器导轨；2—托架；3—凿岩机；4—支臂；5—操作台；6—支臂回转机构
7—转盘；8—车架；9—油马达；10—电器箱；11—稳车千斤顶；12—保险杠

台车的选用主要需考虑开挖断面的大小、形状，基坑长度和平面形式以及出碴方式、出碴的设备条件等因素。

（二）爆破器材与起爆方法

1. 炸药

炸药是一种不稳定的化合物或混合物，在一定的外力作用下，能在极短时间内以极大的

速度分解，变成新的、稳定的化合物，在分解的过程中产生大量的气体和热能。炸药的种类很多，但在岩体开挖中，常采用工业炸药。工业炸药具有良好的爆炸性能、适当的敏感度和安全性，起爆方便可靠，爆破效果良好，在规定的保证期内，爆炸性能的变化范围符合使用要求；原材料的来源广泛、成本低及制造工艺简单、生产操作安全等特点。

2. 雷管

雷管是一种起爆装置，利用它产生的爆炸能来起爆炸药。雷管可分为火雷管和电雷管两大类。

3. 起爆方法

起爆方法主要包括火雷管起爆、电雷管起爆、导爆索起爆、塑料导爆管非电起爆法。

火雷管起爆是用导火索和火雷管结合而成的一种起爆方法，也就是用导火索的火花首先引爆火雷管，利用火雷管的爆炸能使引爆药卷爆炸，进而使全部装药爆炸。

电雷管起爆法是利用电雷管的爆炸来起爆工业炸药的一种起爆方法。它所需用的爆破器材有起爆电源、导线、电雷管。

导爆索的起爆，通常采用火雷管、电雷管、塑料导爆管起爆。为保证起爆的可靠性，经常在导爆索与起爆雷管的连接处加 1～2 卷炸药卷。雷管的聚能穴应朝向传爆方向，雷管或起爆药包绑扎的位置需离开导爆索始端约 100mm。为了安全，只允许在临起爆前将起爆雷管绑扎在导爆索上。

塑料导爆管非电起爆法与传统的导火索-火雷管和导爆索等起爆法相比，特别是在竖井下掘、吊罐天井、出水的巷道掘进爆破中，具有安全可靠、准爆率高、爆破效果好、成本低以及能节省大量棉纱等优点，应用较广泛。

（三）导洞爆破方案

1. 导洞爆破的炮孔类型

首先必须在开挖面上形成槽腔，开辟新的临空面，这类炮孔称为掏槽孔。用于扩大爆破范围的炮孔，叫扩大孔，又叫辅助孔。控制开挖轮廓的炮孔为周边孔。周边孔又按其位置不同分为顶孔、帮孔和底孔。全断面开挖洞室时，炮孔按其作用分为掏槽孔、辅助孔（扩大孔）、周边孔三类。

根据工程爆破的需要，炮孔中的装药结构目前常采用连续装药、间隔装药和不耦合装药三种形式。

2. 掏槽形式

导洞爆破是在单自由面条件下进行的，其关键技术是掏槽。根据掏槽孔与临空面的空间几何关系，掏槽可分为斜孔掏槽与直孔掏槽两类。

（1）斜孔掏槽。斜孔掏槽的形式很多，这类掏槽的特点是掏槽眼同自由面斜交，按其布孔方向，又可分为扇形掏槽、楔型掏槽和锥形掏槽三大类。

斜孔掏槽因掏槽孔与开挖面有一交角，每爆破一次，进尺受此交角的限制。此外，掏槽孔按一定方向倾斜，钻孔作业不易，多台钻机作业时干扰较大。特别是当断面狭小时，这两个缺点更为突出。故斜孔掏槽不适应导洞快速开挖的要求。

（2）直孔掏槽。直孔掏槽又叫垂直掏槽，是为适应狭小断面而又要求爆破进尺深的情况发展起来的。直孔掏槽的炮孔与开挖面垂直，孔深不受断面尺寸的限制；炮孔利用率高，每爆一次进尺深；爆后碴堆集中，用药量也较少。但要求掏槽孔间保持平行，对钻孔设备及钻孔作业的技术熟练程度有较高的要求。直孔掏槽可分为缝形掏槽、桶形掏槽和螺旋掏槽三大类。

3. 爆破参数的确定

确定各种合理的爆破参数，是取得良好爆破效果和加速掘进速度的重要前提。岩体开挖爆破参数主要有单位炸药耗量、炮眼直径、炮眼深度、炮眼数目等。如何确定这些参数，国内外有多种计算方法。由于影响爆破效果的因素很多，计算数据并不一定符合实用，通常可根据类比的结果或通过实地试验来确定具体情况下的爆破参数值。

4. 爆破说明书的编制

爆破说明书是工程施工组织设计的组成部分，是指导、检查和总结凿岩爆破工作的技术文件。应当根据地质条件、工程设计要求、施工计划和实际施工经验，理论结合实际来编制，并要根据施工条件的变化及时修正，才能获得良好的爆破效果。

由于具体工程条件的差异，导洞爆破须参照上述设计程序和步骤拟定方案，并组织现场试爆，根据试爆效果修正原拟定的爆破参数，作为组织施工的依据。

（四）岩体洞室扩大爆破方案

扩大爆破是在已成导洞，具有两个或两个以上自由面的条件下进行的。此方法具有以下特点：可充分利用临空面，炮孔布置灵活，孔深可不受断面限制，有利于实现快速开挖；耗药量小，两个自由面比只有一个自由面时用药省 30%～40%，三个临空面时省药 50%～60%。

扩挖直接关系到断面轮廓的控制。如果说导洞爆破决定着洞室的开挖进度，扩挖则控制着成洞的质量。

扩挖阶段围岩暴露面逐渐增大，因此维护围岩的稳定，是对扩挖爆破提出的又一要求。

（五）控制爆破

广义而言，凡是能有效控制和充分利用炸药在介质中爆炸产生的爆破应力，达到预期爆破效果的爆破技术，就称为控制爆破。

预期爆破效果是指：炮孔利用率高、残孔少；开挖断面的形状、尺寸符合设计要求；对开挖线以外岩体，爆破造成的破坏、震动最小；爆破后岩块定向抛掷，不任意飞散，岩块的块径适宜等。

对爆破效果的要求越高，相应采取的技术措施也就越精细，所付出的代价也越大。所以，并非任何爆破工程都需要达到上述要求。地下工程中主要要求炮孔利用率高、残孔少（导洞爆破阶段）、开挖轮廓及尺寸准确、对围岩震动及损害最小（洞室成型爆破阶段）。

控制轮廓的爆破包括通常所说的光面爆破和预裂爆破两类。

（六）台阶法、全断面法开挖岩体爆破方案

1. 台阶法、全断面法开挖岩体的特点

台阶法、全断面法是建立在前述导洞爆破、扩大爆破和控制爆破基础上的洞室开挖方法。用台阶法或全断面法开挖洞室，虽也是在只有一个自由面的条件下进行爆破作业，但因为挖断面大，岩石的夹制作用大为减弱，又能采用较大型的作业机械，利于破岩和快速开挖，这是此类开挖方法的基本特点。

利用台阶法或全断面法开挖洞室时，需要解决好以下关键性问题：

（1）控制掏槽技术，向掏槽要进尺、要速度。

（2）控制起爆顺序，在爆破过程中，不断组织和利用好自由面，提高爆破效果。

（3）采用控制爆破技术，严格控制开挖轮廓，尽量减弱对围岩的震动和损害。

2. 主要爆破参数及技术措施

（1）掏槽形式及进尺。由于开挖断面较大，掏槽形式和进尺已不再受断面尺寸的严格限制，主要由岩石性质、钻孔机械及设备性能而定。通常采用的掏槽形式有复式楔形掏槽、扇形掏槽和直孔-斜孔组合掏槽等。

（2）装药量。

（3）周边孔的爆破参数。周边孔的爆破参数如孔距、抵抗线、不耦合系数、药卷直径等按"控制爆破"要求确定。

（4）起爆。为了保证爆破后断面一次成型，必须讲求合理的起爆顺序。为了实现顺序起爆，最宜采用多段毫秒雷管。

三、TMB 法施工工艺

随着地下工程快速开挖的需要和科学技术水平的提高，应用掘进机开挖洞室的新的施工技术（TBM）得到了迅速的发展。

掘进机是一种开挖地下洞室的专门设备。它利用破岩刀具施加的机械力，直接切割和破碎岩石，而且切割下的碎碴也由其铲碴装置不停地排出。掘进机上还安装有吸尘、通风、导向等辅助附属设备，能完成多种作业，故又叫联合掘进机。

（一）掘进机的破岩原理

掘进机的破岩原理，随刀具的类型不同基本上可分为滚刀和削刀两类。

（1）滚刀破岩原理。滚刀破岩是通过滚刀对岩石施加强大的压力，在岩面上滚动来破碎岩石的。根据滚刀的形式不同，又分为圆盘型、楔齿型、球齿型滚刀几类。

1）圆盘型滚刀。圆盘型滚刀见图 8-32（a），工作时每只圆盘刀具上作用有 $50\sim200kN$ 的压力，故岩体表面在刀圈刀尖强集中力作用下破碎而被切入，并形成切入坑，见图 8-32（b）。随着滚刀滚动，切入坑连通，在岩面上形成一条条的破碎沟，破碎沟之间岩石 AO_1O_2B 又受滚刀侧刃挤压力的作用而剪切破碎。当切入深度较小时，剪裂面为 O_1C 或 O_2D，h 较大时，剪裂面为 O_1O_2，如图 8-32（c）所示。

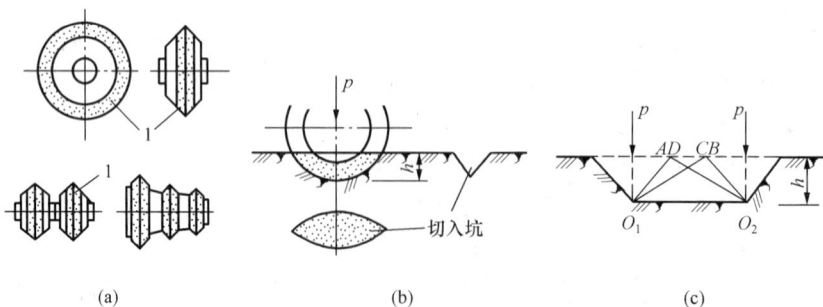

图 8-32　圆盘型滚刀及其破岩原理示意图
（a）圆盘型刀具；（b）刀具切入情况；（c）剪切破岩情况
1—滚刀刀圈

2）楔齿型和球齿型。这两种刀具如图 8-33 所示。楔齿型滚刀的破岩原理为：最初由楔齿的尖端，在滚刀转动情况下产生切向张力破坏岩石的表面，切入深度为 λ，见图 8-33。然后由齿尖的楔入力继续引起剪切破坏，楔入深度为 h。另外，各齿环的齿节是不同的，因此加大了楔齿的破岩效果。

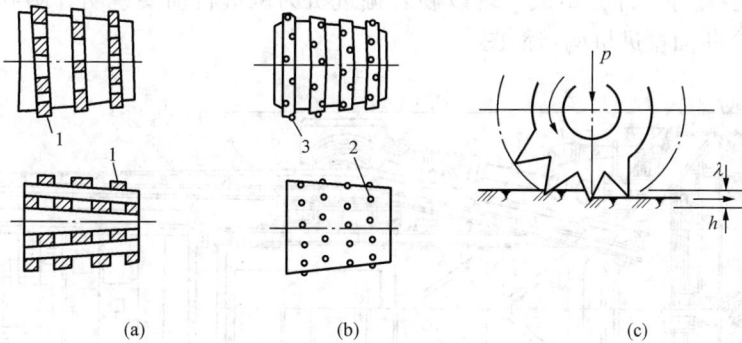

图 8-33　齿型刀具及其破岩原理图

（a）楔齿型刀具；（b）球齿型刀具；（c）齿型刀具破岩

1—楔齿；2、3—球齿

球齿型滚刀的破岩原理与楔齿型滚刀相同，球齿型滚刀更为耐磨，适用于硬岩掘进。

（2）削刀破岩原理。工作时，削刀在挤压力 p_V 和 p_H 切割力作用下，首先在刀尖处形成切碎区，随着刀具回转运动，形成剪力破碎区，见图 8-34。削刀继续回转即在岩壁上留下环状切削槽，该槽的宽度即为刀刃的宽度，为刀具回转一周破岩总进尺 L 的 $1/4 \sim 1/3$，两切削槽之间的岩石为破岩总进尺 L 的 $2/3 \sim 3/4$，则由削刀侧向挤压力 R 作用而剪切破碎，见图 8-35。

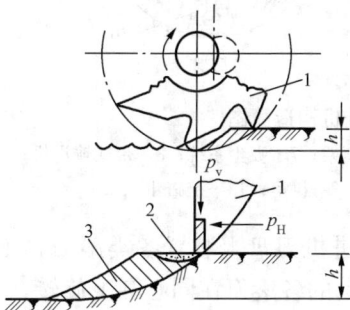

图 8-34　削刀破岩（Ⅰ）

1—削刀；2—切碎区；3—剪力破碎区

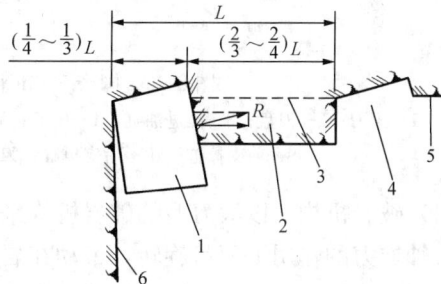

图 8-35　削刀破岩（Ⅱ）

1—刀刃；2—剪切切碎区；3—剪力破裂线

4—切割槽；5—洞壁；6—掌子面

由上可知，无论滚刀还是削刀，大部分破岩并不是由刀具直接切割的，而是由后进刀具剪切破碎的。要有效破岩，必须先形成破碎沟或切削槽。破碎沟或切削槽的深度、宽度越大，破岩效果便越好。因此，需根据开挖岩体的性质，选择适宜的刀具。

（二）全断面掘进机及开挖施工

TBM 设备对通风要求较低，开挖的洞壁比较光滑，其开挖面积与钻爆法开挖面积相比，可以小很多。全断面掘进机对围岩破坏较小，对围岩稳定有利。超挖也少，若要衬混凝土，则混凝土回填量少。

1. 全断面掘进机的基本构造

全断面掘进机有一个庞大的机体，由破岩机构、推进机构、岩碴装运机构、导向调向机构及吸尘、通风装置等几部分组成。现以硬岩掘进机为例进行简要说明。图 8-36 所示为国产的 5.5m 直径全断面掘进机构造简图。

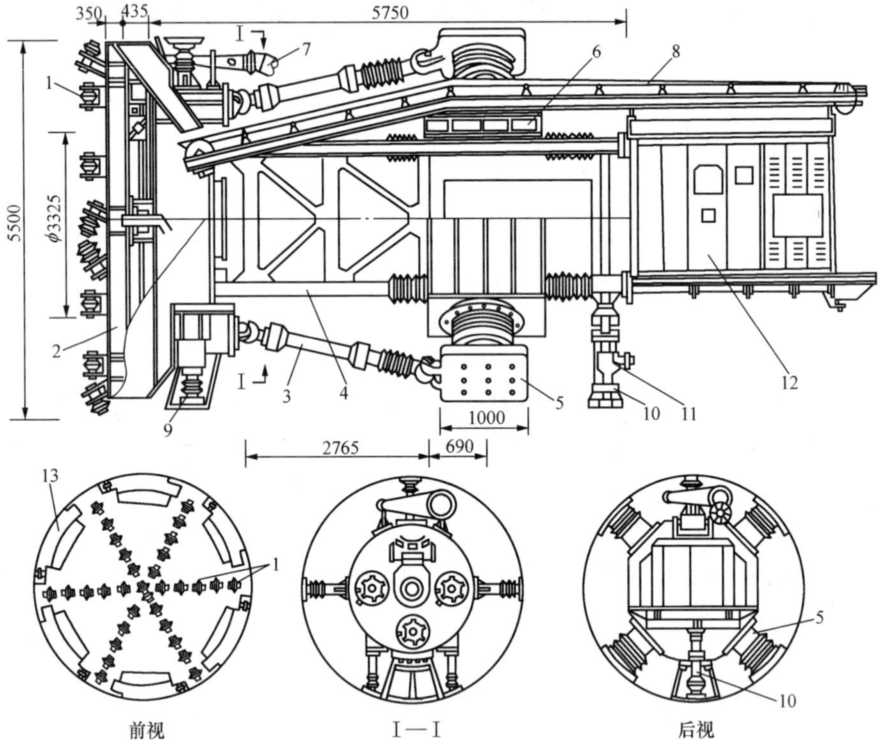

图 8-36 国产 5.5m 直径全断面掘进机构造简图

1—滚刀；2—刀盘；3—推进油缸；4—机架；5—锚撑缸；6—套架；7—吸尘系统；8—带式输送机；
9—前支撑缸；10—后支撑缸；11—辅助千斤顶；12—机房；13—铲碴斗

（1）破岩机构。以滚刀型的破岩机构来说明。在掘进机刀盘上装置各类滚刀，工作时，在强大轴推力的作用下刀盘旋转，带动在岩面上同时滚动的各滚刀在同心圆上旋转，在岩面上形成圆环状的破碎沟。破碎沟间的岩石由后进滚刀的侧向分力剪切破碎。

（2）推进机构。掘进机借助千斤顶顶撑洞壁来支持机身，这种千斤顶称为锚撑。掘进机的推进包括刀盘的推进和完成一个切割行程后整个机身的推进，都与锚撑的作用与动作有关。

1）掘进工作开始，锚撑顶紧岩壁，前支撑缸及后支撑缸均收缩，推进缸以锚撑为固定点进油伸长，给刀盘施加轴向推力，强使其破岩掘进。刀盘破岩推进时，带动整个机体一起向前移动，见图 8-37（a）。

2）推进缸到达最大行程约 900mm 后，即完成一个行程。机体也向前推进 900mm，见图 8-37（b）。

3）锚撑的推进。此时，伸出前支撑缸及后支撑缸并顶紧岩壁，保持刀盘及机器稳定，然后收缩锚撑，推进缸回油，驱使套架带动锚撑在机架导轨上向前移动，行程也是 900mm，见图 8-37（c）、（d）。

4）推进缸回油全部缩回，即套架也向前滑动约 900mm 后，再使锚撑顶紧岩壁，同时收缩前支撑缸及后支撑缸，开始新的掘进。

（3）出碴机构。破岩形成的片状石碴由安装在刀盘上的铲碴斗铲起，铲斗旋转到顶部卸入集料斗，再转到皮带输送机上，经皮带机装车运出洞外。

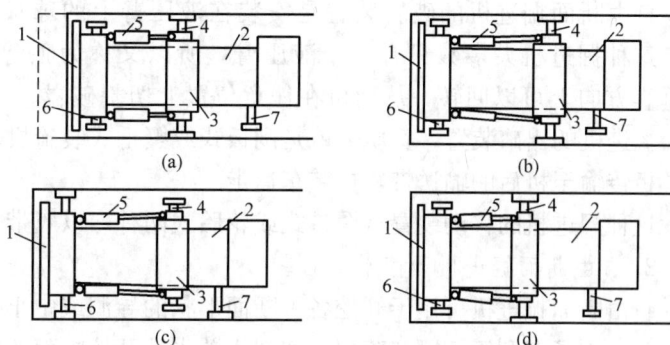

图 8-37 全断面掘进机的掘进过程示意图
1—刀盘；2—机体；3—套架；4—锚撑；5—推进缸；
6—前支撑缸；7—后支撑缸

掘进机的出碴具有与破岩相同的生产率，故能保证连续破岩，连续出碴。

（4）导向及调向机构。导向机构是用来指示和校核掘进机推进的方向，使其保证符合设计的轴线和坡度的要求。调向机构是根据导向机构给出的信息或指令，控制或调整掘进机的推进方向。

（5）通风及吸尘装置。掘进机工作时会产生大量的热量和粉尘，故对通风、降尘要求较高，一般在刀盘头部安装有吸尘设备和喷水装置，掘进时连续喷水降尘。在机房内还专设有通风降温设备。

2. 全断面掘进机施工

全断面掘进机开挖洞室（或导洞）的主要施工过程如下：

（1）做好准备工作和洞口工程。包括场地平整、洞口明堑、轴线标注的测设，以及道路、动力、供水、通风等辅助工作设施。

（2）在洞口首段，先用钻爆法开挖出一段圆形洞室，并用混凝土衬砌。该段长度不应小于掘进机的长度，衬砌好后洞室的内径应略大于刀盘直径。这段洞室叫起始洞，又叫机窝。其作用有：第一，作为组装掘进机的场所；第二，作为掘进机锚撑的起始锚定点；第三，作为掘进机自动推进和导向的基准点。所以，起始洞的开挖和支护要严格保证质量，特别是断面尺寸、轴线、坡度的准确。

（3）在起始洞内组装掘进机，并进行调试和试运转。

（4）正式开车掘进。与破岩同时，连续出碴。围岩需局部支护时，另由附属设备完成。

（三）自由断面掘进机及开挖施工

1. 自由断面掘进机的基本构造

自由断面掘进机由破岩装置、出碴装置、移动装置等基本部分组成，见图 8-38。

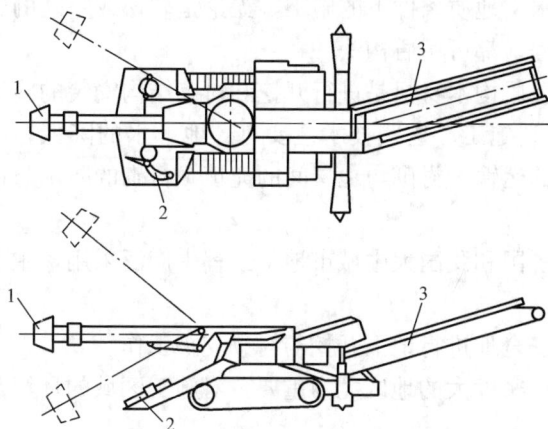

图 8-38 自由断面掘进机构造简图
1—切削头；2—蟹爪收料装置；3—带式输送机

自由断面掘进机的破岩装置是安装在液压臂上的球状或圆锥状的铣刀头，又称切削头。这种掘进机大多数只有一个液压臂，所以又称为独臂钻。该臂能伸缩，在水平方向和垂直方向上可以回转，从而可在任意位置上切割破岩。

掘进机的出碴装置，实质上就是刮板式或蟹爪式装碴机。破碎的石碴由刮板或蟹爪抓取经链板传输至机后的输送带，再装车运走。

这种掘进机的移动装置有履带式或轮胎式两种，以履带式采用较多。

2. 自由断面掘进机开挖水平洞室

自由断面掘进机可用于开挖各种断面形状的导洞或中小型洞室。主要作业过程如下：

（1）为了有利于切割和落岩，切削头首先从开挖断面的中央下部开始切割，见图 8-39。

（2）自下而上的分层切割。液压臂达到最大距离或伸长，即完成一个切削行程后，液压臂收缩，移动装置也随之推进。

（3）切削头重新从开挖断面的中央下部开始切割，如此连续作业，见图 8-40。

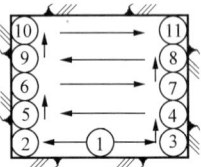

图 8-39　切削头移动路线

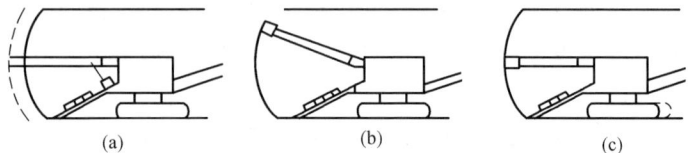

图 8-40　自由断面掘进机作业示意图
（a）切削头插入；（b）断面切削；（c）机器推进

四、盾构法施工工艺

（一）概述

盾构法（shield）或称掩护筒法，是在地表以下土层或松软岩层中暗挖空间的一种施工方法。1818 年法国工程师布鲁诺尔（Mare Isambard Brunel）开始研究盾构法，并于 1825 年在英国泰晤士河下首次用一个矩形盾构来建造隧道。经过近 200 年的应用与发展，研制了各种新型的衬砌和防水技术，以及局部气压式、泥水加压式和土压平衡式等新型盾构及相应的工艺和配套设备，使盾构法能适用于任何水文地质条件下的施工，无论是软松或坚硬的岩层，还是有地下水或无地下水的暗挖隧道工程，都可用盾构法。

事实上，盾构法是一项综合性施工技术。盾构本身只是进行开挖和衬砌结构安装的施工机具，还需要其他施工技术与之配合才能顺利施工。这些技术主要有：地下水的降低，隧道、衬砌结构的制造，地层的开挖，隧道内的运输，衬砌与地层间的充填，衬砌的防水与堵漏，配合施工的量测，合理的施工布置等。

岩体基坑开挖中应用盾构法施工在世界各国和我国大中城市地下工程中广泛采用，主要是它在以下几方面具有突出的优点：

（1）施工安全。在盾构设备的掩护下可安全地进行地下开挖与衬砌支护工作。

（2）振动和噪声小。这一特点对城市人口密度大的地区尤为重要，对施工区域的环境及附近的居民几乎无干扰。

（3）可控制地表沉降。采用气压盾构或泥水加压盾构、土压平衡盾构等施工时，由于不降低地下水位，控制正面超挖，充填好衬砌背的环形间隙，则可控制地表沉降，减少对地下管线及地表建筑物的影响。

（4）暗挖方式。施工时，既不影响地面交通，也不影响航道通航。

（5）机械化程度高。可减少施工人员，容易管理，尤其是在岩质条件差、水位较高、大埋深的长隧道中施工时，具有较好的技术经济指标。

（二）盾构的基本构造

盾构的标准外形是圆形，也有矩形、椭圆形、马蹄形、半圆形、双环及多环形等特殊形状。其基本构造是由钢壳、推进机构系统、衬砌拼装系统三部分组成，见图 8-41。

1. 盾构壳体

（1）壳体组构。

1）切口环部分。切口环部分位于盾构的最前端，施工时切入地层并掩护开挖作业。切口前端制成刃口，以减少切口阻力和对地层的扰动。切口环的长度是由开挖方法、开挖机具、人员活动空间和支撑形式来确定的。人工开挖的盾构，其切口环顶部较下部长，犹如檐，以掩护下方的安全施工。机械式盾构的切口环中，设置有各种挖掘设备。在局部气压式、泥水加压式和土压平衡式盾构中，由于切口环部分的压力高于常压，故切口环与支承环之间需用密闭隔板分隔开。

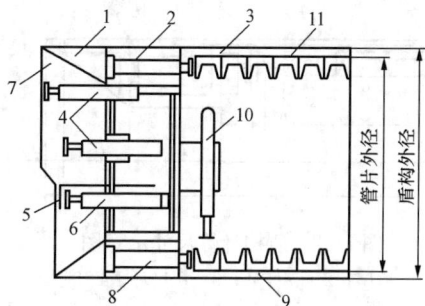

图 8-41　盾构构造简图

1—切口环；2—支承环；3—盾尾部分；4—支撑千斤顶；5—活动平台；6—活动平台千斤顶；7—切口；8—盾构推进千斤顶；9—盾尾空隙；10—管片拼装器；11—管片

2）支承环部分。支承环紧接于切口环之后，是与后部的盾尾相连的中间部分。它是盾构结构中的主体，是具有较强刚性的圆环结构。作用于盾构上的主要力包括地层压力、千斤顶的顶力以及切口、盾尾、衬砌拼装时传来的施工荷载等，均由支承环承担。它的外沿布置盾构推进千斤顶。大型盾构由于空间大，所有液压、动力设备，操纵控制系统，衬砌拼装机等均集中布置于支承环位置。中、小型盾构则可把部分设备移至盾构后部的车架上。当切口环内压力高于常压时，在支承环内要布置人行加压与减压闸室。

3）盾尾部分。盾尾是由盾构外壳钢板延长所构成，主要用于掩护隧道衬砌的拼装工作。在盾尾末端设有密封装置，以防止地下水、外层土、衬砌背面压浆液等流入隧道内。在泥水加压盾构中，加压泥水会从开挖面倒流到盾尾部，使开挖面压力不稳，而且压浆材料会混入开挖面的泥水中，导致泥水变质。因此，盾尾密封除要求材料富有弹性、耐磨损、耐撕拉外，还要求具有抗泥水压力的性能和强度。

（2）壳体尺寸的确定。

1）盾构的外径 D 通常根据隧道边界和结构尺寸的要求进行计算。盾构的内径 D 应稍大于隧道衬砌的外径，即在盾构与衬砌之间必须留有一定的建筑空隙，其大小取决于盾构制造及衬砌拼装的允许误差。为了便于盾构偏离设计轴线时进行水平及垂直方向的纠偏和衬砌拼装工作，建筑间隙在满足上述要求的情况下应尽可能减小。为此，盾构外径的计算方法为

$$D = D_0 + 2\delta = d + 2x + 2\delta = d + 2(x + \delta) \tag{8-39}$$

式中　d——衬砌外径，mm；

δ——盾壳厚度，mm；

x——盾构建筑间隙，mm。

根据盾构纠编和调整方向的要求，一般盾构建筑间隙为衬砌外径的 $0.8\%\sim1.0\%$。建筑间隙的最小值要满足

$$X = ML/d \tag{8-40}$$

式中 L——盾尾内衬砌环上顶点能转动的最大水平距离，通常取值为 $0.0125d$，m；

M——盾尾遮盖部分的衬砌长度，m。

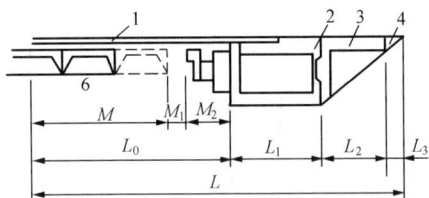

图 8-42 盾构计算尺寸示意图

1—盾尾；2—支撑环；3—切口环；4—前檐

因此，$x=0.0125M$，一般取为 $30\sim60$mm。根据国内外大量的施工实践，建筑间隙通常为 $(0.008\sim0.01)d$，则经验公式为

$$D_0 = (1.008 \sim 1.010)d + 2\delta \tag{8-41}$$

2）盾构长度 L 通常为前檐、切口环、支承环和盾尾长度的总和（见图 8-42），即

$$L = L_0 + L_1 + L_2 + L_3 \tag{8-42}$$

式中 L_0——盾尾长度，m；

M——盾尾遮盖的衬砌长度，一般为一环衬砌宽度的 $1.2\sim2.2$ 倍，m；

M_1——盾构千斤顶顶块与刚拼完的衬砌环之间的间隙，一般为 $0.1\sim0.2$，m；

M_2——千斤顶缩回后露在支承环外的长度，一般为 $0.5\sim0.7$，m；

L_1——支承环长度，m（主要取决于千斤顶的长度，与衬砌环的宽度 b 有关。一般取衬环宽度 b 加 $0.2\sim0.3$m 的富余量）；

L_2——切口环长度，在机械化盾构中仅考虑容纳开挖机具即可，但在手掘式盾构中应考虑人工开挖的安全与方便，m（一般其最大值为 $D\tan\varphi$ 或 $\leqslant2$m）；

φ——开挖土面坡度，一般为 $45°$ 左右；

L_3——盾构前檐，m（并非所有盾构都有该项，一般手掘式开挖面的安全才设置，其长度取为 $0.3\sim0.5$m）。

其中 L_0 要求越短越好，通常为

$$L_0 = M + M_1 + M_2 \tag{8-43}$$

2. 盾构推进系统

（1）推进系统及工作原理。盾构的推进系统由液压设备和千斤顶组成。首先启动输油泵，将油供给高压泵，使油压升高至要求值；启动控制油泵，待控制油压升至额定压力后，由电磁控制阀将总管内高压油输入千斤顶，使其按要求伸出或缩回，驱动盾构。在小型盾构中，可采用直接手动的高压操纵阀直接控制千斤顶动作，但安全性较差。

（2）盾构的推进顶力计算。盾构的前进和方向调整是靠千斤顶推进实现的。因此，要求盾构千斤顶有足够力量用以克服盾构推进过程中所遇到的各种阻力。决定盾构的推力主要有以下因素：

1）盾构外表面与周围地层间摩擦阻力 F_1，公式为

$$F_1 = \mu_1[2(p_v + p_h)LD] \tag{8-44}$$

式中 μ_1——钢与地层间的摩擦系数，其值为 $0.4 \sim 0.5$。

p_v——盾构顶部的竖向压力，可取覆盖层的 γ_H 值，kPa；

H——盾构覆盖层厚度，m；

γ——地层的容重，kN/m^3；

p_h——水平土压力值，kPa；

L、D——盾构的长度、外径，m。

2）切口环切入地层阻力 F_2，公式为

$$F_2 = D\pi L(p_v \tan\varphi + C)\qquad (8\text{-}45)$$

式中 φ——岩（土）体的内摩擦角，(°)；

C——岩（土）体的内聚力，kPa。

3）衬砌与盾尾间的摩擦阻力 F_3

$$F_3 = \mu_2 G'N\qquad (8\text{-}46)$$

式中 μ_2——盾尾与衬砌间的摩擦系数，取 $0.4 \sim 0.5$。

G'——环衬砌重量，kN；

N——盾尾中衬砌的环数。

4）盾构自重产生的摩擦阻力 F_4，公式为

$$F_4 = \mu_1 G_0'\qquad (8\text{-}47)$$

式中 G_0'——盾构自重，kN。

5）开挖面正面支撑阻力 F_5。

若盾构推进时切口环不切入地层，则需要克服开挖面支撑上的地层主动土压力，公式为

$$F_5' = \frac{\pi D^2}{4} p_h\qquad (8\text{-}48)$$

式中 h——盾构 1/2 直径高度处的地层深度。

若盾构推进时切入地层，则切口环部分产生的阻力为

$$F_5'' = \pi D_k \delta_k p_p\qquad (8\text{-}49)$$

$$p_p = rH \tan^2\left(45° + \frac{\varphi}{2}\right)$$

式中 D_k——切口环部分平均直径，m；

δ_k——切口环部分厚度，m；

p_p——被动土压力，kPa。

故在开挖地层时，要支撑开挖面的盾构阻力为

$$F_5 = F_5' + F_5''$$

对于闭胸挤压盾构，其正面阻力为

$$F_5^b = \frac{\pi D^2}{4} p_p + F_5\qquad (8\text{-}50)$$

总之，盾构阻力计算，应根据施工实际情况而定。一般在确定盾构千斤顶的总顶力时，应采用 $1.5 \sim 2.0$ 的安全系数。

3. 衬砌拼装系统

拼装器是为了能把管片按照设计的形状,安全、迅速地进行拼装的机械装置,它必须具有夹钳、使管片位置伸缩、前后滑动、旋转 4 个功能。常用的有:

(1)杠杆式拼装器。它是由举重臂和驱动部分组成。举重臂是一个杠杆装置,一端用来夹住管片或砌块,另一端是配重,使举重臂易于转动,然后将衬砌送到拼装位置就位。该装置能作平面旋转、轴向移动和径向移动。这些动作的动力驱动部分是由液压设备系统及千斤顶组成。举重臂大多是安装在盾构支承环,也有与盾构分离而安装在车架上的。

(2)环式拼装机。近年来广泛应用的环式举重臂是装在支承环后部或盾构千斤顶撑板附近的盾尾部。环式举重臂是一个把可自由伸缩的支架装在具有支承滚轮的中空圆环上的机械手。该形式工作面大,出碴设备容易安装,并且拼装管片和出碴可同时进行。

(三)机械化盾构

机械化盾构有半机械化与全机械化之分。半机械化盾构由挖土机械代替人工开挖。根据土质情况,掘土机械可以是反铲挖土机、螺旋切削机或软岩掘进机。因造价相对全机械化盾构低得多,又可减轻劳动强度,效率较高,因此地下工程中应用较多。全机械化盾构于切口环部位装有与盾构直径相仿的全断面旋转切削切盘,配以运碴机械设备,从开挖到装车全部实现机械化。全机械化盾构分为开胸式机械切削盾构和闭胸式机械化盾构。各国在闭胸式机械化盾构施工技术方面发展很快。目前闭胸式机械化盾构又分为以下几种。

1. 局部气压盾构

在开胸式盾构的切口环和支承环之间装有隔板,使切口环部分形成密封舱,舱内通入压缩空气,以平衡开挖面的土压力,维持其稳定。局部气压盾构是相对于在盾构隧道内全部通压气的施工方法而言,它可以免除工作人员在压气下工作的弊病。但局部气压盾构至今还存在下列技术问题:

(1)密封舱部分的体积小,压缩空气的容量少,若透气系数大的地层,难以保持开挖面气压的稳定。

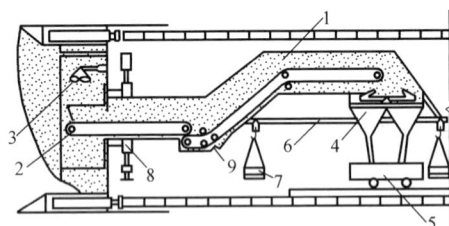

图 8-43　局部气压盾构示意图

1—气压内出土运输系统;2—胶带输送机;3—排土抓斗;4—出土斗;5—运土车;6—运送管片单轨;7—管片;8—衬砌拼装器;9—伸缩接头

(2)盾尾密封装置还做不到完全阻止舱内压缩空气的泄漏。

(3)管片间的接缝存在压缩空气泄漏问题,有时管片外部泥水被一起带入隧道,增加了施工难度。图 8-43 为局部气压盾构示意图。因此,该方法一直未广泛推广应用。

2. 泥水加压盾构

在盾构密封隔舱内注入泥水,由泥水压力平衡正面土压,用全断面机械化切削及管道输送泥水出土方式,完成盾构并掘进的全过程。

图 8-44 是泥水加压盾构示意图。泥水加压盾构实现了管道连续出土,又防止开挖面的坍塌,大大改善了盾尾泄漏。因此,泥水加压盾构发展很快,广泛应用于各种用途的隧道工程。

3. 土压平衡盾构

土压平衡盾构又称削土密闭式或泥土加压式盾构,是在局部气压及泥水加压盾构基础上发展起来的一种适用于含水饱和软弱地层中施工的新型盾构,如图 8-45 所示。

土压平衡盾构的头部装有断面切削切盘,在切口环与支承环间设有密封隔板,使切口部分形成浆化泥土密封舱。将流动性和不透水性的"作浆材料"压注于切削下的土中使之成为可流动又不透水的浆化泥土,使其充满开挖面密封舱及相连的长筒形螺旋输送机。盾构推进时,浆化泥土的压力作用于开挖面实现与土体静压及水压的平衡。推进中配合刀盘切削速度控制

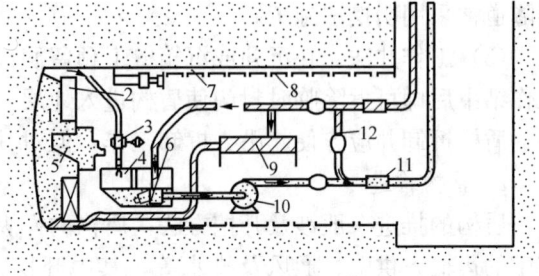

图 8-44 泥水加压盾构示意图

1—钻头;2—隔板;3—压力控制阀;4—集矸槽;
5—斜槽;6—搅动器;7—盾尾密封;8—水泥浆;
9—摩努型泵;10—砂石泵;11—伸缩管;12—紧急支管

螺旋输送机的转速,保证密封舱内始终充满泥土,而不过于饱满。土压平衡盾构避免了局部气压盾构的主要缺点,又省略了泥水盾构中的处理设备,是正在发展的地下工程施工设备之一。

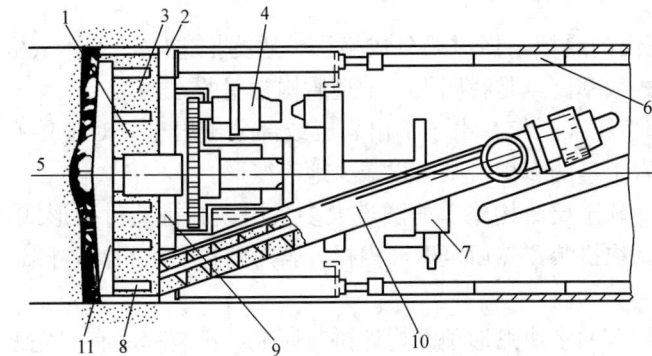

图 8-45 土压平衡盾构

1—浆化泥工;2—测定浆化泥土压力的压力计;3—浆化泥土密封舱;4—使刀盘旋转的液压马达;5—自然土层;6—管片;7—衬砌拼装器;8—搅拌叶片;9—作浆材料注入孔阀门;10—螺旋输送机;11—刀盘支架上拼装刀具

4. 微型盾构

微型盾构是指直径在 2.0m 以下的小直径盾构。自 1970 年以来,由于上下水道、电缆隧道等小直径地下隧道工程不断增加,促使微型盾构迅速发展。尤其在大城市中地下管线密集,开槽埋管无法施工时,用微型盾构暗挖法更显示了其优越性。

微型盾构的基本原理与普通盾构相同,但并非单纯将普通盾构按一般不及 2.0m,衬砌结构受集中荷比例缩小,而有其自身的许多特点。例如:覆盖层薄,载影响;施工于繁忙街区下方,工作井应尽量少占地,并减小噪声等。

（四）盾构施工

1. 盾构的安装与拆卸

在盾构施工段的始端,需要进行盾构的安装和进洞,在盾构通过施工段后,又要出洞和拆卸,这一工作称为盾构的安装与拆卸,其操作方法与盾构的进出洞方法有关,应根据施工方案,选择相应的进出洞方位,一般有以下几种方案:

（1）临时基坑法。用板桩或明挖方法围成临时基坑,在其内进行盾构安装和后座安装,并进行直运输出口施工,在留除运输进出口后,将基坑回填并拔除板桩,开始盾构施工。此法适于浅埋的盾构始发端。

（2）逐步掘进法。用盾构法掘进纵坡较大且与地面直接连通的斜隧道。盾构由浅入深掘进,直到全断面进入地层形成洞口。由于盾构法施工费用较高,因此施工中洞口及其一段浅

埋隧道常采用明挖法施工。

（3）工作井法。在沉井或沉箱壁上预留洞口及临时封门。盾构在井内安装就位，待准备工作结束后即可拆除临时封门使盾构进入地层。

盾构拆卸井应方便起吊、拆卸工作，但对其要求一般较拼装井为低。

2. 盾构推进

盾构的推进一般涉及开挖方法，盾构的操纵，隧道衬砌的拼装，衬砌壁后压浆和盾构法施工的运输、供电、通风及排水等，其中开挖方法、隧道衬砌的拼装和壁后压浆是主要工序，并有特殊的内容。

（1）开挖方法。

1）敞开式开挖。在地质条件好，开挖面在掘进中能维持稳定或采取措施后能维持稳定，用手掘式及半机械盾构时，均为敞开式开挖。开挖程序一般是从顶部开始逐层向下挖掘。

2）机械切削开挖。利用与盾构直径相当的全断面旋转切削大刀盘开挖，配合运土机械可使土方从开挖到装运均实现机械化。

3）网格式开挖。开挖面用盾构正面的隔板与横撑梁分成格子，盾构推进时，土体从格子里以条状挤入盾构中。这种出土方式效率高，是我国大、中型盾构常用的方式。

4）挤压式开挖。全挤压式和局部挤压式开挖，由于不出岩土或部分出岩土，对地层有较大的扰动，施工中若能精心控制出岩土量的多少，则可以减少地表变形。

（2）隧道衬砌的拼装和壁后压浆。软土层盾构施工的隧道大多采用预制拼装衬砌形式；少数采用复合式衬砌，即先用薄层预制块拼装，然后复壁注内衬。若对防护要求很高，隧道衬砌也有采用整体浇筑的。

预制拼装式衬砌通常由称作"管片"的多块弧形预制构件拼装而成。拼装程序有"先纵后环"和"先环后纵"两种。先环后纵法是拼装前缩回所有千斤顶，将管片先拼成圆环，然后用千斤顶使拼好的圆环沿纵向已安好的衬砌靠拢连接成洞。此法拼装，环面平整纵缝质量好，但可能形成盾构后退。先纵后环因拼装时只缩回该管片部分的千斤顶，其他千斤顶则轴对称地支撑或升压，所以可有效地防止盾构后退。

含水土层中盾构施工，其钢筋混凝土管片支护除应满足强度要求外，还应解决防水问题。管片拼接缝是防水关键部位，目前多采用纵缝、环缝设防水密封垫的方式。防水材料应具备抗老化性能，在承受各种外力而产生往复变形的情况下，应有良好的黏着力、弹性复原力和防水性能。特种合成橡胶比较理想，实际应用较多。

衬砌完成后，盾尾与衬砌间的建筑空隙需及时充填，通常采用壁后压浆，以防止地表沉降，改善衬砌受力状态，提高防水能力。

压浆分一次压注和二次压注。当地层条件差、不稳定，盾尾空隙一出现就会发生坍塌时，宜采用一次压注，压浆材料以水泥、黏土砂浆为主，终凝强度不低于 0.2MPa。二次压注是当盾构推进一环后，先向壁后的空隙注入粒径 3～5mm 的石英砂或石粒砂；连续推进 5～8 环后，再把水泥浆液注入砂石中，使之固结。压浆宜对称于衬砌环进行，注浆压力一般为 0.6～0.8MPa。

五、顶进法施工

顶进法又称顶管法，是利用机械力将预制钢筋混凝土箱形框架（箱涵）或钢质管道顶入地层中的一种施工方法。此方法主要适用于土层，在软岩和其他松软地层中也有使用。尤其是长距离顶管技术，具有很大的发展潜力。

（一）顶进法的基本设备

顶管法需要顶进设备、工具管、中继环、工程管及吸泥设备。各部分的功能如下：

1. 顶进设备

顶进设备主要包括后座主油缸、顶铁和导轨等，具体布置如图 8-46 所示。

后座设置在主油缸与反力墙之间，其作用是将油缸的集中力分散传递给反力墙。通常采用分离式，即每个主油缸后各设置一块后座。

主油缸是顶进设备的核心，有多种顶力规格。常用行程 1.1m，顶力 4000kN 的组合布置方式，对称布置 4 只油缸，最大顶力可达 16 000kN。

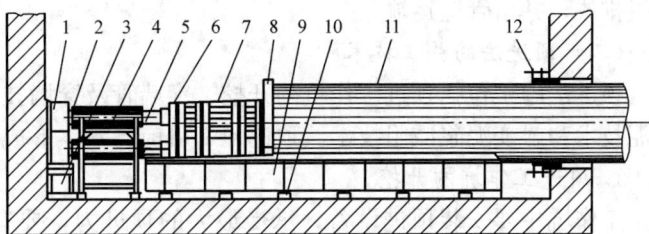

图 8-46 顶进设备布置图

1—后座；2—调整垫；3—后支座架；4—油缸支架；5—主油缸；6—刚性顶铁；7—U 型顶铁；8—环形顶铁；9—导轨；10—预埋板；11—管道；12—穿墙止水

顶铁主要是为了弥补油缸行程不足而设置的。顶铁的厚度一般小于油缸行程，形状为 U 形，以便于人员进出管道，其他形状的顶铁主要起扩散顶力的作用。

导轨在顶管时起导向作用，在接管时作为管道吊放和拼焊的平台。导轨的高度约 1m，顶进时，管道沿橡皮轨滑行，不会损伤外部防腐涂层。

2. 工具管

工具管（又称顶管机头）安装于管道前端，是控制顶管方向、出泥和防止塌方等多功能装置。其外形与管道相似，由普通顶管中的刃口演变而来，可以重复使用。目前常用三段双铰型工具管。前段与中段之间设置一对水平铰链，通过上下纠偏油缸，可使前段绕水平铰上下转动；同样垂直铰链通过左右纠偏油缸，可实现（由中段带动）前段绕垂直铰链作左右转动。由此实现顶进过程的纠偏。

工具管的前段与铰座之间用螺栓固定，方便拆卸，根据地层条件可更换不同类型的前段。为了防止地下水和泥砂由段间缝隙进入，段间连接处内外设置两道止水圈，以保证工具管纠偏过程在密封条件下进行。

工具管内部分为冲泥舱、操作室和控制室三部分。冲泥舱前端是尺脚及格栅，其作用是切土和挤土，并加强管口刚度，防止切土时变形；冲泥舱后是操作室，由胸板隔开。工人在操作室内操纵冲泥设备。泥砂从格栅被挤入冲泥舱，冲泥设备将其破碎成泥浆，泥浆通过吸泥口、吸泥管和清理阴井被吸泥机排放到管外。工具管的后部为控制室，是顶管施工的控制中心，用以了解顶管过程，操纵纠偏机械，发出顶管指令等。

工具管尾部设泥浆环，可向管道与地层间隙压注泥浆，用以减少管壁四周摩擦阻力。

3. 中继环

长距离顶管采用中继环接力顶进是十分有效的措施，中继环是长距离顶管中继接力的必需设备。

4. 工程管

工程管是地下工程管道的主体，目前顶进的工程管主要是根据地下管道直径确定的圆形钢管，通常管径为 $1.5 \sim 3.0\mathrm{m}$，当管径大于 $4\mathrm{m}$ 时，顶进困难，且不一定经济。美国用顶管法施工地下人行通道的管道直径已达 $4\mathrm{m}$，顶进距离超过 $400\mathrm{m}$，并认为是经济的。

5. 吸泥设备

管道顶进过程中，正前方不断有泥砂进入工具管的冲泥舱，通常采用水枪冲泥、水力吸泥机排放，并由管道运输。

（二）顶进法的施工技术

顶进法施工包括顶进工作坑的开挖、穿墙管及穿墙技术、顶进与纠偏技术、局部气压与冲泥技术和触变泥浆减阻技术。顶进施工目前已基本形成一套完整、独立的系统。

1. 顶进工作坑的开挖

工作坑主要安装顶进设备，承受最大的顶进力，要有足够的坚固性。一般选用圆形结构，采用沉井法或地下连续墙法施工。沉井法施工时，在沉井壁管道顶进处要预设穿墙管，沉井下沉前，应在穿墙管内填满黏土，以避免地下水和土大量涌入工作坑中。

采用地下连续墙法施工时，在管道穿墙位置要设置钢制锥形管，用楔形木块填塞。开挖工作井时，木块起挡土作用。井内要现浇各层圈梁，以保持地下墙各槽段的整体性。在顶进工作面的圈梁要有足够的高度和刚度，管轴线两侧要设置两道与圈梁嵌固的侧墙，顶进时承受拉力，保证圈梁整体受力。工作坑最小长度估算方法如下：

（1）按正常顶进需要计算

$$L \geqslant b_1 + b_2 + b_3 + l_1 + l_2 + l_3 + l_4 \qquad (8\text{-}51)$$

式中　b_1——后座厚度，取为 $40 \sim 65$，cm；

　　　b_2——刚性顶铁厚度，取为 $25 \sim 35$，cm；

　　　b_3——环形顶铁厚度，取为 $12 \sim 30$，cm；

　　　l_1——工程管段长度，cm；

　　　l_2——主油缸长度，cm；

　　　l_3——井内留接管最小长度，一般取为 70，cm；

　　　l_4——管道回弹及富余量，一般取为 30，cm。

近似估算为

$$L \geqslant 4.2m + 11$$

（2）按最初穿墙状态需要计算

$$L \geqslant b_1 + b_2 + b_3 + l_2 + l_4 + l_5 + l_6 \qquad (8\text{-}52)$$

式中　l_5——工具管长度，cm；

　　　L_6——第一节管道长度，cm；

近似计算为

$$L \geqslant 6.0 + l_5$$

工作坑长度应按上述两种方法计算并取其大者。

2. 穿墙管及穿墙技术

穿墙管是在工作坑的管道顶进位置预设的一段钢管，其目的是保证管道顺利顶进，且起防水挡土作用。穿墙管要有一定的结构强度和刚度。从打开穿墙管闷板，将工具管顶出井外，到安装好穿墙止水，这一过程通称穿墙。穿墙是顶管施工中的一道重要工序，因为穿墙后工具管方向的准确程度将会给以后管道的方向控制和管道拼接工作带来影响。

为了避免地下水和土大量涌入工作坑，穿墙管内应事先填满经过夯实的黄黏土。打开穿墙管闷板，应立刻将工具管顶进。

3. 纠偏与导向

顶管必须沿设计轴向顶进，应控制顶进中的方向和高程，若发生偏差，必须纠偏。纠偏通过改变工具管管端方向实现，必须随偏随纠，否则，偏离过多，造成工程管弯曲而增大摩擦力，加大顶进困难。一般情况下，管道偏离轴线主要是因为工具管所受外力不平衡，若事先能消除不平衡外力，就能防止管道的偏位。因此，目前正在研究采用测力纠偏法。其核心是利用测定不平衡外力的大小来指导纠偏和控制管道顶进方向。

4. 局部气压与冲泥技术

在长距离顶管中，工具管采用局部气压施工往往是必要的。特别是在流砂或易塌方的地层中顶进，采用局部气压法，对于减少出泥量，防止塌方和地面沉裂，减少纠偏次数都具有明显效果。

局部气压的大小以不塌方为原则，可等于或略小于地下水压力，但不宜过大，气压过大会造成正面土体排水固结，使正面阻力增加。

局部气压施工中，若工具管正面遇到障碍物或下面格栅被堵，影响出泥，必要时人员需进入冲泥舱排除或修理，此时由操作室加气压，人员则在气压下进入冲泥舱，称为气压应急处理。管道顶进中由水枪冲泥，冲泥水压力一般为 1.5～2MPa，冲下的碎泥由一台水力吸泥机通过管道排放到井外。

5. 触变泥浆减阻技术

管外四周注触变泥浆，在工具管尾部进行，先压后顶，随顶随压，出口压力应大于地下水压力，压浆量控制在理论压浆量的 1.2～1.5 倍，以确保管壁外形成一定厚度的泥浆套。长距离顶管施工需注意及时给后继管道补充泥浆。

顶管法毕竟有它的局限性，对于城市地下管线工程，一定要根据地质地层特征和经济性等多种因素综合分析，切忌盲目使用。

六、不良地质条件下岩体基坑工程施工

在一般岩体基坑工程中，并不能排除个别地段可能遇到不良地质地层，这虽然属于局部性的问题，但对施工仍会带来不少困难，所以有必要对几种不良地质条件下的施工技术进行总结。

（一）破碎松散地层

该类地质条件下进行施工的主要问题是防止由于地层破碎松散造成的围岩坍塌，必须把预防工作做在最前面。通常采用的措施有：

（1）合理选择开挖方法和开挖顺序。每次开挖时开挖面暴露面不能太大，以便控制围岩应力及其增长。

（2）合理采用爆破技术，尽量减弱对围岩的扰动。

（3）当开挖面稳定性较差时，则不宜采用爆破法开挖，改用手工机具、风镐开挖或采用插板封闭法开挖。

（4）开挖面稳定性较差时，也可采用超前加固地层法，以增加围岩的强度和稳定性。可采用超前锚杆加固法和压浆加固地层法等。

（5）支护紧跟，尽量减少围岩暴露时间。如采用临时支撑，则拆除时间不宜过早，应拆除一段，立即支护一段。

（二）多水地层

在多水地层中开挖，由于改变了地下水的流通条件往往会出现涌水，给正常作业带来困难，甚至可能造成围岩的不稳定，引发坍塌。

为了防止涌水，在施工前应摸清水情，并在此基础上制定和采取切实可行的技术方案。通常采用的技术措施有：

（1）处理好涌水。

（2）涌水处理好后，再采用能维持围岩稳定的开挖方法。

（3）在多水地层中采用钻孔爆破时，应采用防水药卷和防水炸药，电雷管的起爆线路不得在水中架设。

（4）临时支护应适当减少砂石含水量，并掺加适量的速凝剂和早强剂。

（5）使用的电力应采取有效的防潮、防漏电的安全措施，照明采用低压，并加强用电和供电管理。

（三）膨胀土地层

在膨胀土地层中施工时，需要采取以下措施：

（1）围岩爆破后，尽快封闭，尽量使围岩来不及风化或减少风化的影响，一般可在围岩表面上喷混凝土、砂浆等。

（2）临时支护最宜采用柔性支护或可缩性支撑。

（3）若地层中含有遇水膨胀的物质时，必须妥善处理作业面的排水，防止水的流失或积水浸泡。

（4）确定开挖尺寸时，应根据围岩膨胀性质，确定必要的预留挤入量或预留沉落量。

（5）在有膨胀性的地层中开挖爆破时，应采用减振爆破技术，尽量减少爆破对围岩的损害和扰动。

（6）永久性支护宜在膨胀变形稳定后再做为好。可结合室内试验及现场监测作为支护措施的依据与参考。

第三节 岩 石 爆 破 技 术

随着我国国民经济的飞速发展，爆破工程在国民经济建设中越来越显示出巨大的作用。爆破工程是以工程建设为目的的爆破技术，它作为工程施工的一种手段，成为高速、经济、有效的作业手段。爆破工程是以破坏的形式达到新的建设目的，因而也与其他爆破有显著区别。在岩石基坑开挖方法和开挖方案确定以后，如何实施爆破，并保证获得良好的爆破效果，是需要解决的重要问题。所谓良好的爆破效果是指：第一，爆破利用率高，每爆破一次进尺深，爆落岩体体积大；第二，断面尺寸符合要求，作业面平整，周边整齐；第三，对围岩的振动破坏小，有利于维护围岩的稳定；第四，碴径适宜，堆碴集中，利于装碴。

为了改善和提高爆破效果，必须深入研究影响爆破效果的因素，充分认识和利用爆破法破岩规律，了解炸药的破岩能力和岩石的抗爆性能，并在此基础上，设计和选择爆破方案。

一、爆炸及炸药的基本理论

(一) 爆炸及炸药的基本概念

爆炸是物质系统一种极其迅速的物理或化学反应。在变化过程中，瞬时放出其内含有的能量，并借助系统内原有气体或爆炸生成的气体膨胀对周围介质做功，产生巨大的破坏效应并伴有强烈的发光和声响。

爆炸做功的根本原因在于系统原有高压气体或爆炸瞬间形成的高温、高压气体骤然膨胀。爆炸的一个最重要的特征是在爆炸点周围介质中发生急剧的压力突跃，这种压力突跃是造成周围介质破坏或对周围生命体杀伤的直接原因。在生产实践中，最广泛应用的是炸药的爆炸反应。

在热力学意义上，炸药是一种相对稳定系统，一旦外界作用达到一定程度时，它就能迅速地释放出热量，同时产生大量高温气体。炸药爆炸是化学体系非常迅速的化学反应过程。炸药爆炸速度快，其速度每秒高达数千到数万米，形成的气体温度可达 $3000 \sim 5000℃$，压力可达几十万大气压，因而气体可以迅速膨胀并对周围介质做功。

炸药爆炸过程有三个特征：反应过程的放热性；反应过程的高速性并能够自行传播；反应过程中生成大量的气体产物。这三个条件是任何物质的化学反应成为爆炸反应的必备条件，三者相互关联、缺一不可。

(二) 炸药的爆轰理论

炸药的爆轰理论的基本观点有：

(1) 炸药的爆轰是冲击波在炸药中传爆引起的。

(2) 炸药在冲击波作用下的快速化学反应所释放出的能量又支持了冲击波的传播，使其波速保持恒定而不衰减。

(3) 爆轰参数是以流体动力学为基础计算的。

爆轰波是在炸药中传播的伴有高速化学反应的冲击波，爆轰波的传播速度称为爆速。爆轰波具有冲击波的一般特征，由于伴有化学反应，反应释放出的能量支持了冲击波的传播，补偿了冲击波在传播中的能量衰减，因此爆轰波具有传播速度稳定的特点。

(三) 炸药的性能

炸药是一种相对稳定的物质，在没有受到外界作用时不产生爆炸反应，只有受到外界足够能量的作用时才爆炸。炸药受外界作用发生爆炸的过程称为起爆。引爆炸药所需的能量，称为初始冲能或起爆冲能。引爆需要的能量越小，则表明炸药越敏感；反之则较为钝感。

所谓感度，就是指炸药在外界作用下发生爆炸的难易程度，它是衡量炸药稳定性大小的重要标志。掌握炸药在外界作用下的感度规律，对于炸药的加工、使用、保存以及运输等均具有重大意义。

1. 炸药的起爆机理

通常情况下，炸药分子的平均能量不足以引起炸药的爆炸反应，只有炸药分子的能量提高到使分子进一步活化时，才能发生爆炸反应。使炸药分子从稳定状态变成活化分子所需要的能量，称为炸药的活化能。为使炸药起爆，就必须有足够的外能使部分炸药分子变成活化分子。活化分子的数量越多，其能量与分子平均能量相比越大，则爆炸反应速度也高。

起爆激励大致可分为热直接作用下的热爆炸理论、机械作用下的热点学说和爆炸冲能起爆机理。

2. 炸药的感度

（1）热冲量感度。炸药的热冲量感度是指炸药的热感度和火焰感度。

炸药的热感度是指在热作用下引爆炸药的难易程度，通常用爆发点来表示。爆发点是指在一定的试验条件下，将炸药加热到爆炸时的最低温度（爆燃温度）。爆发点越低，则表明炸药对热敏感度越高；反之，则对热敏感度越低。

炸药在明火或火花作用下发生爆炸的难易程度称为火焰感度。常用炸药对于导火索喷出火焰的最大引爆距离来表示。

（2）机械感度。炸药在生产、运输和使用中不可避免地会遇到各种机械作用，因此为了安全地生产和使用炸药，必须研究炸药在各种机械作用下的感度，定量表示指标主要有冲击感度、摩擦感度和起爆冲能感度。

二、工业炸药与起爆器材

在工程爆破中，需要用到必要的爆破器材并掌握合理的起爆技术，才能达到一定的爆破目的，保证爆破安全。

（一）工业炸药的分类

工业炸药按组成成分可分为两大类，即单质炸药和混合炸药。单质炸药是指成分为单一化合物的炸药；混合炸药是由爆炸性成分和非爆炸性成分按照一定混合比例制成的炸药。

1. 单质炸药

（1）起爆药。起爆药的特点是十分敏感，受到很小的外界作用就能发生爆炸反应，但其威力往往不大，一般用来制作雷管、信管等起爆器材。常用的起爆药有雷汞、氮化铅和二硝基重氮酚等。

1）雷汞：白色或灰白色针状结晶体，有毒，难溶于水，受潮后爆炸能力减弱，当含水 10%时只能燃烧不能爆炸，含水 30%时则不能燃烧。在起爆药中，雷汞的机械感度最大，火焰感度也较敏感，遇到轻微的冲击、摩擦和火花等影响，就会引起爆炸，爆发点为 170～180℃。雷汞能腐蚀铝，所以装有雷汞的雷管用铜火纸做外壳。

2）氮化铅：白色粉末结晶体，不溶于水。对冲击、摩擦和热的感度比雷汞迟钝，但起爆能力大于雷汞，爆发点为 305～405℃。氮化铅能与铜起化学反应，生成敏感的氮化铜，所以装有氮化铅的雷管用铝做外壳。

3）二硝基重氮酚：黄色或褐黄色晶体。它的安全性好，在常温下长期贮存于水中仍不降低其爆炸性能。干燥的二硝基重氮酚在 75℃时开始分解，170～175℃时爆炸。二硝基重氮酚对撞击、摩擦的感度均比雷汞和氮化铅低，热感度则介于两者之间。由于二硝基重氮酚的原料来源广、生产工艺简单、安全、成本较低，而且具有良好的起爆性能，因此目前国产工业雷管主要是用它作起爆药。

（2）火药。火药能产生快速的燃烧反应，可用作导火索和延期雷管中的延期药。火药可分为有烟火药和无烟火药，常用的有黑火药、发射药和烟火剂。

2. 混合炸药

混合炸药是根据使用的要求不同，由两种或两种以上的单体炸药及非爆炸性的其他成分组合而成，用以调整炸药的爆炸性能，主要有铵梯炸药、铵油炸药、水胶炸药和乳化炸药等。

（1）铵梯炸药。铵梯炸药是以硝酸铵为主要成分，以 TNT 为敏化剂并配以其他组分的一种混合炸药。

（2）铵油炸药。铵油炸药是一种硝铵类炸药，是以硝酸铵合油类混合而成的不含敏化剂的无梯炸药。

铵油炸药的配比、硝酸铵的粒度和含油率以及水分含量都影响着铵油炸药的爆炸性能。合理的配比是以达到零氧平衡为原则，然后根据爆炸性能和有害气体量进行调整。含水率通常要小于2%。铵油炸药的容许储存期一般为15d，潮湿天气为7d。

铵油炸药的优点是原料广泛、价格低廉、安全性好、加工简单，利于机械加工和现场混药；缺点是不抗水，易吸湿结块，感度低，临界直径大，威力小，产生有毒气体量多，使其应用条件受到限制。

（3）水胶炸药。水胶炸药是一种含水工业炸药，主要由氧化剂水溶液、敏化剂、胶凝剂和交联剂组成，有时加入少量交联延迟剂、抗冻剂、表面活化剂和安定剂，以改善炸药的性能。

水胶炸药的特点是：抗水性强，适合于有水工作面的爆破作业；机械感度低，安全性好；爆炸产生的炮烟少，有毒气体含量少；炸药的威力高，猛度和爆速值一般高于岩石铵梯炸药；具有塑性和流动性，有利于机械化装填，可提高工作效率、装药密度和爆破效果。

（4）乳化炸药。乳化炸药也称乳胶炸药，是另一种类型的含水工业炸药。它以含氧酸无机盐水溶液作分散相，不溶于水、可液化的碳质燃料作连续相，借助乳化剂的乳化和敏感剂或敏化气泡的敏化作用，而制成的一种油包水型的乳脂状混合炸药。

乳化炸药具有较高的猛度、爆速和感度；密度范围较宽；抗水性能比水胶炸药更强；加工使用安全，可实现装药机械化；原料广泛，加工工艺简单；适合各种条件下的爆破作业。

（二）起爆器材

1. 雷管

通常工程爆破都是采用雷管直接引爆炸药。根据引爆方式和起爆能量的不同，雷管有火雷管、电雷管、导爆管毫秒雷管等几种形式，其中使用最广泛的是电雷管。

（1）火雷管。火雷管（见图8-47）由管壳、起爆药、加强药和加强帽组成。

管壳通常用金属、纸或塑料制成圆管状。金属管壳一端开口供插入导火索，另一端冲压成聚能穴。纸管壳则两端开口，先将加强药一端压制成圆锥形或半球形凹穴，再在凹穴表面涂上防潮剂。聚能穴起定向增加起爆能力的作用。

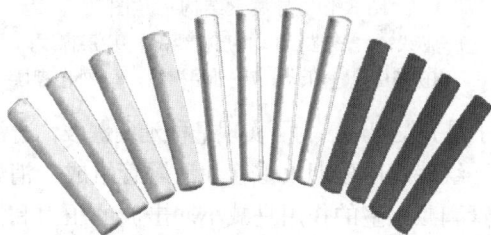

图8-47 火雷管

起爆药装在雷管的上部，紧靠发火机构，是首先爆轰的部分，我国目前采用二硝基重氮酚做起爆药。通常的起爆药虽敏感，但威力低，为使雷管爆炸后有足够的爆炸能起爆炸药，还要在雷管中装入加强药。

加强帽是由铜或铁镀铜制成的中心带有1.9～2.1mm传火孔的金属罩，传火孔可以使火焰通过以点燃起爆药。加强帽起到防止起爆药飞散掉落、阻止爆炸气体产物飞散和维持爆炸产物压力加强起爆能力的作用，同时起到防潮和提高压药、使用时的安全。

使用中，通过导火索的火焰引爆雷管中的起爆药使雷管爆炸，由火雷管的爆炸能再激起炸药的爆炸。火雷管结构简单、使用方便。

（2）电雷管。电雷管是用电能引爆的一种起爆器材。其结构主要由一个电点火装置和一个火雷管组合而成。电雷管的品种较多，性能也较复杂，常用的有瞬发电雷管、延期电雷管以及特殊电雷管等。延期电雷管又可分为秒延期电雷管和毫秒延期电雷管（见图8-48）。

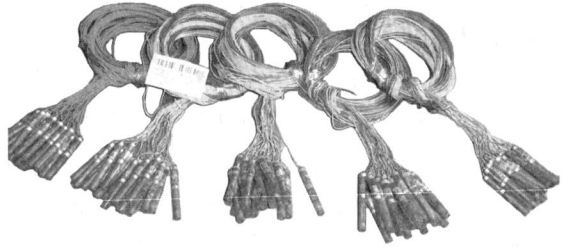

图 8-48　毫秒延期电雷管

（3）导爆管毫秒雷管。该雷管是配合导爆管起爆系统使用的雷管。它靠导爆管产生的冲击波引爆雷管中的延期药使雷管爆炸。雷管本身没有点火元件，只有一个导爆管连接套，使用时只需将导爆管插入套内即可。导爆管的引爆是由另外的起爆系统实现的。

2. 导火索

导火索是以黑火药为药芯，外面包裹棉线、塑料、纸条、沥青等材料制成的索状起爆器材。它是火雷管的配套材料，能以较稳定的速度连续传递火焰，引爆火雷管。

导火索的品种按其燃烧速度可分为缓燃导火索、速燃导火索和高秒导火索；按其他性能要求可分为防水导火索和安全导火索。导火索的主要性能有燃烧速度、喷火强度和耐水性能。

3. 导爆索和继爆管

（1）导爆索。导爆索是以猛炸药为药芯，以棉、麻、纤维等为外层的被覆材料，能够传播爆轰波的索状起爆器材，其结构如图8-49所示。

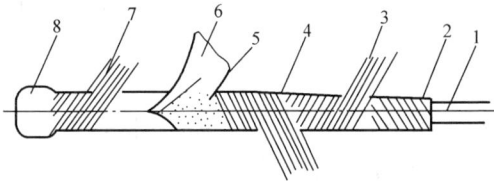

图 8-49　导爆索结构示意图

1—芯线；2—药芯；3—内层棉纱；4—中层棉纱；
5—内防潮层；6—纸条；7—外层棉纱；8—外防潮层

导爆索索芯的直径为 $3\sim4mm$，由粉状的泰安或黑索金构成，外层用棉麻等纤维材料缠绕制成，最外层表面涂成红色作为与导火索相区别的标志。

导火索的主要性能有爆速、起爆能力、感度、耐水性、使用环境温度等。

（2）继爆管。导爆索爆速很高，因而单纯的导爆索起爆网络中各药包起爆时间相差很小，几乎是齐发起爆。为了实现毫秒延期爆破，通常使用继爆管配合导爆索来达到毫秒起爆的效果。

继爆管由延期火雷管和消爆管组成，消爆管与延期火雷管的延期药之间有一减压室，消爆管和减压室的作用是减小冲击波的压力和温度，使其只能点燃缓燃剂，不至于穿透缓燃剂而点燃连接的导爆索或起爆药，通过缓燃剂的燃烧达到延期的目的。因此在两根导爆索中间连接继爆管之后，就能达到延期效果。

继爆管的延期时间间隔与毫秒电雷管基本相同。继爆管有单向和双向两种。单向继爆管的传播方向只能从消爆管一端传向火雷管一端，在导爆索网路中不能装反，否则会发生拒爆。双向继爆管两端都装有延期药和起爆药，呈对称结构，因而两个方向都可以传爆，不会因为方向接错而发生拒爆事故。

4. 导爆索与导爆管连通器具

（1）导爆管。导爆管是一种新型的传爆器材，具有安全可靠、轻便、经济、不受杂散电流干扰和便于操作等优点，而且可以作为非危险品运输。导爆管是由高压聚乙烯熔后拉出的透明塑料空心管。在管的内壁涂有一层很薄而均匀的高性能炸药。

导爆管被激发后，管内产生冲击波并向前传播，导爆管内壁表面的薄层炸药在冲击波作用下发生爆炸，所释放的能量又补偿了冲击波在传播时的能量消耗，维持冲击波的强度不衰减。导爆管内的炸药爆炸能力微弱，不会炸坏管壁，音响也不大，即使管路铺设中有相互交叉、叠堆，也不影响传爆作用。

导爆管能被一切可以产生冲击波的起爆器材激发；数千米导爆管，中间不用中继雷管接力，或管内断药长度不超过 150mm 时，都可以正常传爆；用火焰点燃时，只像塑料一样缓慢地燃烧；一般机械冲击不能激发导爆管；与金属雷管组合后，在 80m 深水下放置 24h 仍能正常起爆；能抗 30kV 以下的直流电流；传爆时不损坏管壁，对周围环境不造成破坏；在 50～70kN 拉力作用下不变细，传爆性能不变。

（2）导爆管连通器具。导爆管线路的接续应使用专用连接元件或用雷管分级起爆的方法实施。连通器具的功能是实现导爆管之间的冲击波传播，起到连续传爆或分流传爆的作用。

爆破工程中常用的连通器具有连通管、连接块和多路分路器，使一根导爆管可以激发几根到几十根被发导爆管。

导爆管与装药的连接，必须在导爆管起爆装药的一端，用 8 号雷管或毫秒延期雷管通过卡口塞连接后插入装药中。

三、起爆方法

起爆炸药所采用的工艺、操作方法和技术叫做起爆方法。起爆方法主要分成两大类，即电力起爆法和非电力起爆法。电力起爆法是利用电能首先引起雷管爆炸，然后引起炸药爆轰的方法；非电力起爆法是指采用非电能起爆炸药的方法，如导火索起爆法、导爆索起爆法和导爆管起爆法等。

（一）电力起爆法

电力起爆法是通过由电雷管、导线和起爆电源三部分组成的起爆网路来实现的。

1. 起爆电源

起爆电源就是引爆电雷管所用的电源。直流电、交流电和其他脉冲电源都可作为起爆电源，如干电池、蓄电池、照明线、动力线以及专用的发爆器等。

2. 电雷管的串联准爆条件和准爆电流

在爆破中，经常将电雷管串联在一起，实现多个电雷管同时起爆。但每个电雷管的性能参数是有差异的，特别是桥丝电阻、发火冲能、传导时间的差异等对电雷管的引爆能力影响最大。为保证串联网路中每个电雷管都能被引爆，必须满足以下准爆条件：

（1）最敏感的电雷管爆炸之前，最钝感的电雷管必须被点燃。

（2）当使用电容式发爆器时，最钝感电雷管的点燃时间应小于放电电流降到最小发火电流的放电时间。

3. 电爆网路

电爆网路连接的基本形式有串联、并联和混合联三种。电爆网路必须根据采用的起爆电源和雷管参数进行设计。

（1）串联。串联网路的优点是网路简单，操作方便，易于检查，网路所要求的总电流小。若要在串联网路中进一步提高起爆能力，应当提高电源电压和减小电雷管的电阻。

（2）并联。并联网路的特点是所需要的起爆电压低，而总电流大。提高电源电压和减小导线电阻是提高并联网路起爆能力的有效措施。

（3）混合联。混合联是由串联和并联组合而成的电爆网路，在电雷管数目较多，爆破电源难以达到准爆条件时，多采用混合联爆破网路，所以混合联的优点是可以同时起爆大量电雷管。

总之，电力起爆法应用范围较广泛，可以同时起爆大量雷管，准确控制起爆时间和延期时间，可以在爆破之前用仪表检测电雷管和电爆网路。但其操作较复杂，作业时间长，需要有足够的电源，消耗电线较多。

（二）导火索起爆法

导火索起爆法是一种简单而廉价的起爆方法。它是利用导火索燃烧产生的火花来引爆火雷管，再由火雷管的爆炸激发炸药爆炸。

导火索不能用火柴等明火点燃，需用点火材料点燃，点火材料有点火线、点火棒、还有可以同时点燃多根导火索的点火筒。

采用导火索起爆时，应根据点火操作人员点火的数量和点完所有导火索后躲避到安全地点的时间来确定每个火雷管的导火索长度。导火索插入火雷管的一端应切成平端，而点火一端应切成斜口，以便点火，在使用时，导火索不应折曲。

导火索起爆的优点是价格低廉，操作简单，易于掌握；缺点是作业危险性较大，火雷管爆炸时间不易准确确定，易于产生瞎炮和丢炮，导火索燃烧时有火焰、烟雾，产生有毒气体。

（三）导爆索起爆法

导爆索起爆法是先用雷管引爆导爆索，再通过导爆索的爆轰来起爆炸药的起爆方法。

在爆破网路中，导爆索之间的连接可以采用并联和簇并联。并联方法连接可靠，导爆索消耗量少，应用广泛；簇并联只适用于炮孔比较集中的爆破作业。连接方式有搭结、水手结和"T"形结三种。因搭结方式最简单，所以应用广泛，搭结长度一般为 $100 \sim 200\mathrm{mm}$，不得小于 $100\mathrm{mm}$。导爆索与雷管之间的连接方法较简单，可直接将雷管捆绑在导爆索的起爆端，注意使雷管的聚能穴朝向导爆索的传爆方向。

导爆索起爆系统操作简单，安全可靠，可实现组药包的同时起爆和延期起爆，不受杂散电流、雷电等的影响，有一定的耐水能力，可用于水环境爆破，但不能用仪表检查起爆网路质量，价格较高。

（四）导爆管起爆法

导爆管起爆系统由塑料导爆管、连接元件、击发元件、传爆元件、起爆元件组成。

（1）连接元件可采用连通管或连接块，也可以使用工业胶布，既经济方便又简单可靠。

（2）击发元件用来激发导爆管，有激发枪、电容激发器、普通雷管和导爆索等。

（3）传爆元件由导爆管与非电雷管装配而成，通过它的爆炸来激发更多的导爆管，实现成组起爆。

（4）起爆元件多用 8 号瞬发或延期雷管与导爆管装配而成，装入药卷并置于炮孔中，可实现瞬发或延期起爆。

导爆管起爆网络有簇联法、串联法和并联法。一般根据导爆雷管在网络中的作用分为传爆雷管（地表雷管）和起爆雷管（孔内雷管），可通过选择传爆雷管和起爆雷管实现同段或分段起爆。

导爆管起爆系统操作简单，使用安全，能抗杂散电流和静电等影响，可节省大量的棉线和金属材料，成本较低。

（五）联合起爆法

在一些工程性质很重要的爆破中或大量炸药爆破时，为了确保爆破工作安全可靠，避免发生拒爆事故，首要的问题就是要保证起爆的可靠性。常采用提高起爆可靠性的措施是采用双重或多重的起爆网路，分别提供两套或多套起爆能量，使其准确起爆。这一类加强起爆可靠性的起爆方法叫做联合起爆法，或叫复式网路起爆法。

联合起爆法由于需要花费大量人力物力去铺设两套网路，故在一般爆破工程中很少采用。

四、爆破法破岩的机理

炸药在岩体内爆炸时所释放出来的能量是以冲击波和高温、高压的爆生气体的形式作用于岩体的，整个作用过程在几个到几十个毫秒的瞬间完成。爆破法破岩的机理就是研究岩体在爆炸能作用下发生破碎的原理。由于岩石是一种非均质、各向异性介质，加上爆炸作用过程本身的复杂性，使岩石爆破破岩机理的研究变得困难，因而所提出的各种破岩理论还只能算是假说。

（一）岩石爆破破岩机理的三种假说

1. 爆生气体膨胀作用理论

该理论认为炸药爆炸引起岩石破坏，主要是高温高压气体产物膨胀做功的结果。爆生气体膨胀力引起岩石质点的径向位移，由于药包距自由面的距离在各个方向上不一样，质点位移所受的阻力就不同，最小抵抗线方向阻力最小，岩石质点移动速度最高。正是由于相邻岩石质点位移速度不同，造成了岩石中的剪切应力，一旦剪切应力大于岩石的抗剪强度，岩石即发生剪切破坏。破碎的岩石又在爆生气体膨胀推动下沿径向抛出，形成一倒锥形的爆破漏斗坑，见图 8-50。

2. 爆炸应力波反射拉伸作用理论

这种理论认为岩石的破坏主要是由于岩石中的爆炸应力波在自由面反射后形成反射拉伸波的作用造成的。岩石是被拉断的，其试验基础是岩石杆件的爆破试验（也称为霍普金生杆件试验）和板件爆破试验。

杆件爆破试验是用长条岩石杆件，在一端安置炸药爆炸，则靠炸药一端的岩石被炸碎，而另一端岩石由于应力波的反射拉伸作用而被拉断，变成许多块，杆件中间部分没有明显的破坏。如图 8-51 所示，杆件爆破试验是在松香平板模型的中心钻一小孔，插入雷管引爆，平板中心形成与装药的内部作用相同的破坏，在平板的边缘部分形成自由面向中心发展的拉断区，如图 8-52 所示。

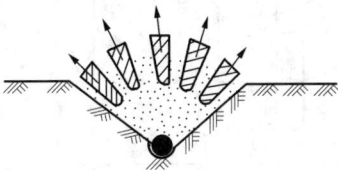

图 8-50 爆生气体的膨胀作用

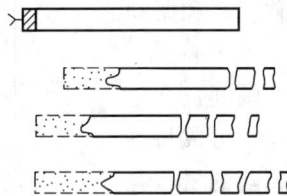

图 8-51 不同装药量的
岩石杆件爆破试验

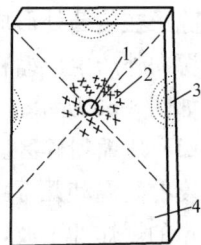

图 8-52 板件爆破试验
1—小孔；2—破碎区；
3—拉伸区；4—振动区

以上试验说明了拉伸波对岩石的破坏作用，这种理论称为动作用理论。

3. 爆生气体和应力波作用理论

该理论认为，岩石爆破破碎是爆生气体膨胀和爆炸应力波综合作用的结果，从而加强了岩石的破碎效果。因为冲击波对岩石的破碎作用时间短，而爆生气体的作用时间长，爆生气体的膨胀促进了裂隙的发展；同样，反拉伸波也加强了径向裂隙的扩展。

至于哪一种作用是主要作用，应根据不同的情况来确定。黑火药爆破岩石，几乎不存在动作用。而猛炸药爆破时又很难说是气体的膨胀起主要作用，因为往往猛炸药的爆容比硝铵颜色类混合炸药的爆容要低。岩石性质不同，情况也不同。对松软的塑性土壤，波阻抗很低，应力波衰减很大，这类岩石的破坏主要靠爆生气体的膨胀作用。而对致密、坚硬的高波阻抗岩石，应主要靠爆炸应力波的作用，才能获得较好的爆破效果。

综合作用理论的实质是：岩体内最初裂隙的形成是由冲击波或应力波造成的，随后爆生气体渗入裂隙并在准静态压力作用下，使应力波形成的裂隙进一步扩展，即炸药爆炸的动作用和静作用在爆破破岩过程中的综合体现。

爆生气体膨胀的准静态能量，是破碎岩石的主要能源。冲击波或应力波的动态能量与介质特性和装药条件等因素有关。已有学者的研究认为，岩石波阻抗不同，破坏时所需的应力波峰值不同，岩石波阻抗高时，要求高的应力波峰值，此时冲击波或应力波的作用就显得尤为重要。岩石按波阻抗分为三类，见表8-3。

表8-3   岩石的波阻抗分类

岩石类别	波阻抗（g/cm^3·cm/s）	破坏作用
高阻抗岩石	$15×10^5 \sim 25×10^5$	主要取决于应力波，包括入射波和反射波
中阻抗岩石	$5×10^5 \sim 15×10^5$	入射应力波和爆生气体的综合作用
低阻抗岩石	$<5×10^5$	以爆生气体形成的破坏为主

（二）岩石爆破的内部作用与外部作用

1. 爆破的内部作用——无限岩石介质中的爆破作用

为分析问题方便，以单个药包的爆破作用为例进行分析。

岩石内药包中心距自由面的垂直距离称为抵抗线。对于一定量的装药来说，当抵抗线超过某一临界值（称为临界抵抗线）时，可以认为药包处在无限岩石介质中。此时药包爆炸后，在自由面上不会看到爆破的迹象，也就是说，爆破作用只发生在岩石内部，未能达到自由面，装药的这种爆破作用叫做爆破的内部作用。

发生内部作用时，根据岩石的破坏情况，除了在装药处形成扩大的空腔外，还将从爆源向外产生压缩粉碎区、破裂区和振动区，如图8-53所示。

（1）压缩粉碎区。炸药爆炸瞬间，产生几千度的高温和几万兆帕的高压，形成每秒数千米的爆炸冲击波，最靠近装药的岩石在此冲击波和高温高压爆生气体的作用下，产生很高的径向和切向压应力，这样大的压应力远远大于岩石的动态抗压强度。装药空间

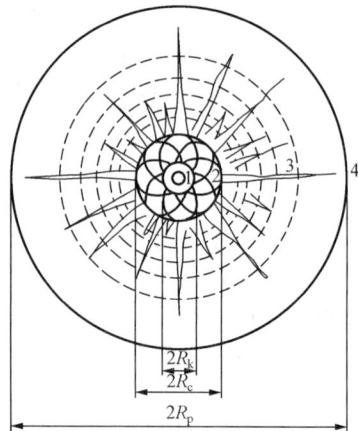

图8-53 球形装药在岩体内的爆破作用

1—扩大的空腔；2—压碎区；3—破裂区；4—振动区

R_k—空腔半径；R_c—压碎区半径；R_p—破裂区半径

岩壁受到强烈压缩而形成一个空腔（即扩大的爆腔），周围岩石产生粉碎性破坏，形成压碎区（或粉碎区）。可见，压缩区岩石主要受冲击波压缩作用破坏，压缩区的范围即为岩石中爆炸冲击波的冲击压缩作用范围。

压碎区的半径可按下式估算，即

$$R_{c} = \left(\frac{\rho_{m}c_{p}^{2}}{5\sigma_{c}}\right)^{0.5} R_{k} \tag{8-53}$$

式中　R_{c}——压碎区半径，m；

R_{k}——空腔半径的极限值，m；

σ_{c}——岩石单轴抗压强度，kPa；

ρ_{m}——岩石密度，kN/m^{3}；

c_{p}——岩石纵波速度，m/s。

空腔半径按下式计算，即

$$R_{k} = \left(\frac{p_{w}}{\sigma_{0}}\right)^{0.25} r_{b} \tag{8-54}$$

式中　r_{b}——炮孔半径，m；

p_{w}——炸药的平均爆炸压力，kPa；

σ_{0}——多向应力条件岩石的强度，其值为

$$\sigma_{0} = \sigma_{c}\left(\frac{\rho_{m}c_{p}}{\sigma_{c}}\right)^{0.25} \tag{8-55}$$

符号意义同前。

压碎区内冲击波衰减很快，因而压碎区的半径较小，通常只有 2～3 倍的装药半径，破坏范围虽然不大，但破碎程度大，能量消耗多。因此，爆破破岩时应尽量减小压碎区的形成范围。

（2）破碎区。随着冲击波能量的急剧消耗，压碎区外，冲击波衰变为压缩应力波，并继续在岩石中沿径向传播。当应力波的径向压应力值低于岩石的抗压强度时，岩石不会被破坏，但仍能引起岩石质点的径向位移。由于岩石受到径向压应力的同时在切线方向上受到拉应力，而岩石是脆性介质，其抗拉强度低，因此当切向拉应力值大于岩石的抗拉强度时，岩石即被拉断，由此产生了与压碎区相通的径向裂隙。继应力波之后，充满爆腔的高压爆生气体，以准静压力的形式作用在空腔壁上和冲入由应力波形成的径向裂隙中，在爆生气体的膨胀、挤压及气楔作用下径向裂隙继续扩展。裂隙尖端处气体压力造成的应力集中也起到了加速裂隙扩展的作用。

受冲击波、应力波的强烈压缩作用，岩石内积蓄了一部分弹性变形能。当压碎区形成、径向裂隙展开、爆腔内爆生气体压力下降到一定程度时，原先积蓄的这部分能量就会释放出来，并转变为卸载波向爆源中心传播，产生了与压应力波方向相反的向心拉应力波，使岩石质点产生向心运动，当此拉伸应力波的拉应力值大于岩石的抗拉强度时，岩石就会被拉断，形成爆腔周围岩石中的环状裂隙。

径向裂隙和环状裂隙的交错生成，形成了压碎区外的破碎区，破裂区内径向裂隙起主导作用。岩石的爆破破坏主要靠的就是破裂区，破裂区半径可按下述方法计算。

1）按爆炸应力波作用计算。

岩石中切向拉应力峰值随距离的衰减规律为

$$\sigma_{\theta max} = \frac{bp_r}{\bar{r}^\alpha} \qquad\qquad (8\text{-}56)$$

因径向裂隙是由拉应力引起的,所以以岩石抗拉强度取代式(8-56)中的切向拉应力峰值 $\sigma_{\theta max}$,即可求得炮孔周围径向裂隙区的半径为

$$R_p = \left(\frac{bp_r}{\sigma_t}\right)^{\frac{1}{\alpha}} r_b \qquad\qquad (8\text{-}57)$$

式中　R_p——破坏区半径,m;

　　　　b——系数,其值为 $\dfrac{\mu}{1-\mu}$,μ 为泊松比;

　　　　p_r——冲击波作用在孔壁初始冲击压力峰值,kN;

　　　　σ_t——岩石抗拉强度,kPa;

　　　　α——应力衰减指数,其值为 $2-b$;

　　　　r_b——炮孔半径,m。

　　2)按爆生气体准静压作用计算。

　　由于有冲击波,爆生气体在炮孔中等熵膨胀,充满炮孔时的爆生气体压力为

$$p_0 = \frac{1}{8}\rho_e D_e^2 \left(\frac{d_c}{d_b}\right)^6 \qquad\qquad (8\text{-}58)$$

式中　ρ_e——炸药密度,g/cm³;

　　　　D_e——炸药爆速,m/s;

　　　　d_c——药卷直径,m;

　　　　d_b——炮孔直径,m。

　　封闭在炮孔内的爆生气体以准静压的形式作用于炮孔壁,形成岩石中的准静态应力场,其应力状态类似于承受均匀内压的厚壁圆筒(认为筒的外径趋于无穷大)。因此可用弹性力学的厚壁筒理论求解岩石中的应力状态,其径向压应力和切向拉应力数值相等,即

$$\sigma_\theta = |\sigma_r| = \left(\frac{r_b}{r}\right)^2 p_0 \qquad\qquad (8\text{-}59)$$

式中　r——距炮孔中心的距离,m;

　　　　r_b——炮孔半径,m;

　　　　σ_r——径向压应力值,kPa;

　　　　σ_θ——切向拉应力值,kPa。

　　同样以岩石的抗拉强度 σ_t 取代式(8-59)中的切向拉应力 σ_θ,可求得破裂区半径为

$$R_p = \left(\frac{p_0}{\sigma_t}\right)^{0.5} r_b \qquad\qquad (8\text{-}60)$$

　　(3)振动区。爆炸近区(压缩粉碎区)、中区(破裂区)以外的区域称为爆破远区,即振动区,该区的应力波已大大衰减,并逐渐趋于周期性的正弦波,此时应力值已不能造成岩石的破坏,只能引起岩石质点作弹性振动,形成地震波。地震波可以传播到很远的距离,直到爆炸能量完全被岩石吸收为止。

　　振动区半径可按下式估算,即

$$R_s = (1.5 \sim 2.8)\sqrt[3]{Q} \qquad\qquad (8\text{-}61)$$

式中 R_s——振动区半径；

    Q——装药量。

2. 爆破的外部作用——半无限岩石介质中的爆破作用

当抵挡线小于（最小）临界抵抗线时，即不是在无限岩石中，而是在半无限岩石中装药爆破时，炸药爆炸后除发生内部的破坏作用外，自由面附近也将发生破坏。也就是说，爆破作用不仅发生在岩石内部，还将引起自由面附近岩石的破碎、移动和抛掷，形成爆破漏斗。通常把这种装药接近自由面时的爆破作用称为爆破的外部作用。

以下以单个药包为例分析爆破的外部作用。

（1）反射拉伸应力波引起自由面岩石片。药包爆炸后，岩石中产生的径向压缩应力波由爆源向外传播，遇到自由面时，由于自由面处两种介质（岩石和空气）的波阻抗不同，应力波将发生反射，形成与入射压缩应力波性质相反的拉伸应力波，并由自由面向爆源传播。自由面附近岩石承受拉应力，由于岩石的抗拉强度很低，一旦此拉伸应力波的峰值拉应力大于岩石的抗拉强度，岩石将被拉断，与母岩体分离。随着反射拉伸应力波的传播，岩石将从自由面向药包方向形成片落破坏。

（2）反射拉伸应力波引起径向裂隙延伸。由于爆炸能量的不断消耗，入射压缩应力波的强度逐渐降低，反射拉伸应力波的波强也随之降低，其峰值拉应力低于岩石的抗拉强度后就不足以引起岩石的破坏片落。但它仍能同原径向裂隙尖端处的应力场进行叠加，拉应力得到加强，使径向裂隙进一步扩展延伸。

（3）自由面改变了岩石中的准静态应力场。自由面的存在改变了岩石由爆生气体膨胀压力形成的准静态应力场中的应力分布和应力值的大小，使岩石更容易在自由面方向受到剪切破坏。

爆破的外部作用和内部作用结合起来，造成了自由面附近岩石的漏斗状破坏。

由此可见，自由面在爆破破坏过程中起着重要作用，是形成爆破漏斗的重要因素之一。自由面既可以形成片落漏斗，又可以促进径向裂隙的延伸，并且还可以大大地减少岩石的夹制性。有了自由面，爆破后的岩石才能从自由面方向破碎、移动和抛出。

自由面越大、越多，越有利于爆破的破坏作用。因此，爆破工程中要充分利用岩体的自由面，或者人为地创造新的自由面（如井巷掘进中的掏槽爆破、露天深孔爆破时的 V 形起爆顺序或波浪形掏槽等），以此提高炸药能量的利用率，改善爆破效果。由于自由面的增多，岩石的夹制作用减弱，有利于岩石爆破破碎，从而可减少单位耗药量。

此外，自由面与药包的相对位置对爆破效果的影响也很大。当其他条件相同时，炮孔与自由面夹角越小，爆破效果越好。炮孔平行于自由面时，爆破效果最好；反之，炮孔垂直于自由面时，爆破效果最差。

通过以上对岩石爆破破岩机理的分析可知，岩石的爆破破碎、破碎是爆炸应力波的压缩、拉伸、剪切和爆生气体的膨胀、挤压、致裂和抛掷共同作用的结果。

（三）爆破漏斗及利文斯顿爆破漏斗理论

1. 爆破漏斗

（1）爆破漏斗的形成过程。设一球形药包，埋置在平整地表面下一定深度的坚固均质的岩石中爆破。如果埋深相同、药量不同，或者药量相同、埋深不同，爆炸后则可能产生压碎区、破裂区，或者还产生片落区以及爆破漏斗。图 8-54 是药量和埋深一定情况下爆破漏斗形成的过程。

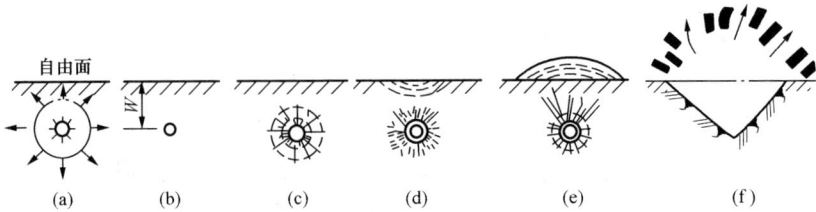

图 8-54　爆破漏斗形成过程示意图

(a) 炸药爆炸形成的应力场；(b) 粉碎压缩区；(c) 破裂区（径向裂隙和环向裂隙）；
(d) 破裂区的片落区（自由面处）；(e) 地表隆起、位移；(f) 形成漏斗

爆破漏斗是应力波和爆生气体共同作用的结果，其一般过程如下：

在均质坚固的岩体内，当有足够的炸药能量，并与岩体可爆性相匹配时，在相应的最小抵抗线等爆破条件下，炸药爆炸产生两三千摄氏度以上的高温和几万兆帕的高压，形成每秒几千米速度的冲击波和应力场，作用在药包周围的岩壁上，使药包附近的岩石或被挤压，或被击碎成粉粒，形成了压碎区（近区）。

此后冲击波衰减为压应力波，继续在岩体内自爆向四周传播，使岩石质点产生径向位移，当径向压应力和切向应力大于岩石的抗拉强度时，该处岩石被拉断，形成与粉碎区贯通的径向裂隙。

高压爆生气体膨胀的气楔作用助长了径向裂隙的扩展。由于能量的消耗，爆生气体继续膨胀，但压力迅速下降。当爆源的压力下降到一定程度时，原先在药包周围岩石被压缩过程中积蓄的弹性变形能释放出来，并转变为卸载波，形成朝向爆源的径向拉应力。当此拉应力大于岩石的抗拉强度时，岩石被拉断，形成环向裂隙。

在径向裂隙与环向裂隙出现的同时，由于径向应力和切向应力共同作用的结果，又形成剪切裂隙。纵横交错的裂隙，将岩石切割、破碎，构成了破裂区（中区）。

当应力波向外传播到达自由面时产生反射拉伸应力波。当该拉应力大于岩石的抗拉强度时，地表面的岩石被拉断形成片落区。

在径向裂隙的控制下，破裂区可能一直扩展到地表面，或者破裂区和片落区相连接形成连续性破坏。

与此同时，大量的爆生气体继续膨胀，将最小抵抗线方向的岩石表面鼓起、破碎、抛掷，最终形成倒锥形的凹坑，此凹坑即称为爆破漏斗。

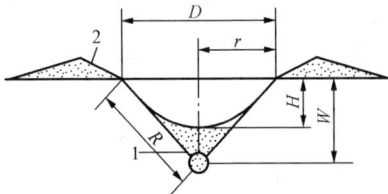

图 8-55　爆破漏斗几何尺寸
1—药包；2—爆堆
D—爆破漏斗直径；H—爆破漏斗可见深度；
r—爆破漏斗半径；W—最小抵抗线；
R—爆破作用半径

(2) 爆破漏斗的几何参数。设一球形药包在单自由面条件下爆破形成爆破漏斗的几何尺寸如图 8-55 所示。其中最主要的几何参数（或几何要素）有以下三个：

1) 最小抵抗线 W：装药中心到自由面的垂直距离，即药包的埋置深度，也就是倒圆锥的高度。

2) 爆破漏斗半径 r：爆破漏斗底圆中心到该圆边上任意点的距离，即漏斗倒圆锥底圆半径。

3) 爆破作用半径 R：药包中心到爆破漏斗底圆边缘上任意一点距离，即倒圆锥顶至底圆的强度。

从图 8-55 中可见，三个尺寸中只有两个是独立的，常用最小抵抗线 W 和爆破漏斗半径 r 表示爆破漏斗的形状和大小。

在爆破工程中，经常应用爆破作用指数 n，它是爆破漏斗半径 r 与最小抵抗线 W 的比值，即

$$n = \frac{r}{W} \qquad (8\text{-}62)$$

而爆破工程作用半径也可表示成

$$R = \sqrt{1+n^2}\,W \qquad (8\text{-}63)$$

最小抵抗线方向是岩石爆破阻力最小的方向，也是爆破作用和破碎后岩块运动、抛掷的主导方向。当装药量一定时，从临界抵抗线开始，随着最小抵抗线的减少（或最小抵抗线一定，增加装药量），爆破漏斗半径增大，被破碎的岩石碎块一部分被抛出爆破漏斗外形成爆堆，另一部分被抛出后又回落到爆破漏斗坑内。回落后爆破漏斗坑的最大可见深度 H 称为爆破漏斗可见深度，其值可用下式估算，即

$$H = CW(2n-1) \qquad (8\text{-}64)$$

式中 C——爆破介质影响系数（对于岩石，取 0.33；对于黏土，取 0.45）。

（3）爆破漏斗的基本形式。根据爆破作用指数 n 的大小，爆破漏斗有以下四种基本形式：

1）标准抛掷爆破漏斗，见图 8-56（c）。

其爆破作用指数 $n=1$，$r=W$。此时漏斗的展开角 $\theta=90°$，形成标准抛掷漏斗。在确定不同种类岩石的单位炸药消耗量时，或者确定和比较不同炸药的爆炸性能时，常常用标准爆破漏斗的容积作为检查的依据。

2）加强抛掷爆破漏斗，见图 8-56（d）。

其爆破作用指数 $n>1$，$r>W$，漏斗展开角 $\theta>90°$。当 $n>3$ 时，爆破漏斗的有效破坏范围并不随着装药量的增加而明显增大。实际上，此时炸药的能量主要消耗于破碎岩石的抛掷，因此 $n>3$ 已无实际意义。所以工程爆破中的加强抛掷爆破漏斗的作用指数为 $1<n<3$，这是露天抛掷大爆破或定向抛掷爆破常用的形式。根据爆破的具体要求，一般情况下 $n=1.2\sim2.5$。

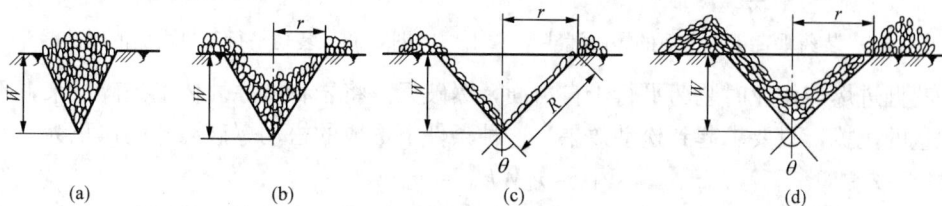

图 8-56 爆破漏斗的四种基本形式
（a）松动漏斗；（b）减弱抛掷漏斗；（c）标准漏斗；（d）加强抛掷漏斗

3）减弱抛掷爆破（加强松动）漏斗，见图 8-56（b）。

其爆破作用指数 $0.75<n<1$，$r<W$，为减弱抛掷漏斗，又称为加强松动漏斗，是井巷爆破掘进常用的爆破漏斗形式。

4）松动爆破漏斗，见图 8-56（a）。

爆破漏斗内的岩石被破坏、松动，但并不抛出坑外，不形成可见的爆破漏斗坑。此时

$n \approx 0.75$。它是控制爆破常用的形式。当 $n < 0.75$ 时，不形成从药包中心到地表面的连续破坏，即不形成爆破漏斗，如工程爆破中常用的扩药壶（扩孔）爆破。

同样，将松动漏斗半径 r_L 与最小抵抗线 W 的比值定义为松爆破作用指数 n_L，即 $n_L = r_L/W$。$n_L = 1$ 时为标准松动漏斗，$n_L > 1$ 时为加强松动漏斗。

（4）柱状装药的爆破漏斗。当装药长度大于装药直径的 6 倍时，称为条形装药或延长装药。柱状装药就是延长装药。一般炮孔装药都属于柱状装药。

1）柱状装药垂直于自由面。装药垂直于自由面时，炸药爆炸对岩石的施压方向和冲击波的传播方向与球状装药不同，爆破时受到岩石的夹制作用较强，形成爆破漏斗要困难些，但一般仍能形成倒圆锥形的漏斗。

为分析这种装药条件下爆破漏斗的形成，可把柱状装药看作是若干个小的球状集中药包（球状药包）。如图 8-57 所示，最接近眼口的几段，由于抵抗线小，具有加强抛掷的作用；接近眼底的几段，由于抵抗线大，可能只有松动作用；炮眼最底部的几段甚至不能形成爆破漏斗。总的漏斗坑形状就是这些漏斗的外部轮廓线，大致是喇叭形，眼底破坏少，爆后留有残孔。

2）柱状装药平行与自由面。装药平行于自由面时，通常存在两个自由面，应力波在两个自由面上都能产生反射，也都能产生从自由面向药包中心的拉断破坏，因此爆破效果要比垂直自由面时好得多，如图 8-58 所示，图中的 L_b 为炮孔深度。

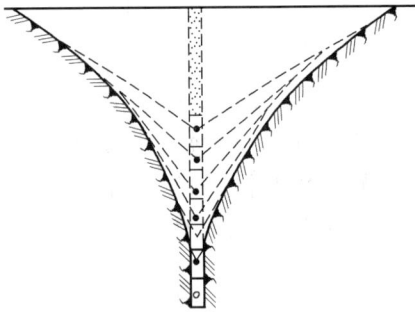

图 8-57　装药垂直于自由面的爆破漏斗　　　　图 8-58　装药平行于自由面的爆破漏斗

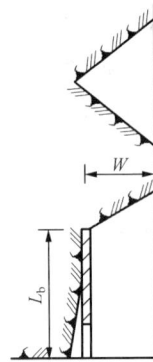

井巷掘进爆炸作业时装药平行于自由面，爆破只需将岩石从原岩体上破碎下来，不要求产生大量的抛掷，只要求起到松动效果。这种条件下形成的松动爆破漏斗的体积为

$$V_L = r_L W L_b = n_L W^2 L_b \tag{8-65}$$

最小抵抗线 W 与临界抵抗线 W_c（此时临界抵抗线等于松动爆破作用半径）的关系为

$$W = \frac{W_c}{\sqrt{1 + n_L^2}} \tag{8-66}$$

$$V_L = W_c^2 L_b \frac{n_L}{1 + n_L} \tag{8-67}$$

式（8-67）表明，当装药一定时（即 W_c、L_b 一定），柱状装药形成松动漏斗的体积 V_L 是松动爆破作用指数 n_L 的函数，运用数学函数求极值的方法求得松动漏斗体积最大时的松动爆破作用指数为 $n_L = 1$，将其代入式（8-66）可求得松动漏斗体积最大的装药量最

优抵抗线为

$$W_0 = \frac{\sqrt{2}}{2}W_c \approx 0.7W_c \qquad (8\text{-}68)$$

(5) 多个装药同时爆破时的爆破漏斗。

1) 两个相邻装药同时爆破时中心连线上的受力特点。当两个相邻装药同时爆炸时，在中心连线上受到的应力因叠加而增大，岩石容易沿中心线连线被切断。

对于准静态应力场叠加：当爆生气体较长时间保持在炮孔内时，膨胀压力使两炮孔连线上各点产生切向拉应力。由于炮孔的应力集中，产生的拉应力最大处在炮孔壁与连线相交点，因此裂缝首先产生在炮孔壁，然后向炮孔连线上发展，使岩石沿两炮孔中心连线断裂。

中心连线中点的外部则由于应力叠加产生抵消作用，形成应力降低区，从而增大了爆破块度。

对于应力波的叠加情形：如果按应力波叠加来考虑，当两孔的爆炸压缩应力波在炮孔连线中点相遇时，在连线方向压应力叠加，而其切向的拉应力也将叠加，沿连线产生裂隙。

当压缩应力波遇自由面反射后，反射拉伸波的叠加也将使两装药在连线上的拉应力增大，使得两装药连线处容易被拉断。从一些模拟爆破试验的高速摄影观测中可以清楚地看到相邻炮孔沿中心连线断裂的情况。但通常都是裂损从两炮孔处开始，向连线中间发展。

2) 相邻装药的装药密集系数对爆破漏斗的影响。相邻两装药的间距 a 与最小抵抗线 W 的比值称为装药密集系数 m，即

$$m = \frac{a}{W} \qquad (8\text{-}69)$$

大量实践表明（见图 8-59）：

当 $m>2$（即 $a>2W$）时，炮眼间距 a 过大，两装药各自形成单独的爆破漏斗。

当 $m=2$ 时，两装药各自形成的爆破漏斗刚好相连（假设为标准漏斗）。

当 $2>m>1$ 时，两装药合成一个爆破漏斗，但往往两装药之间底部破碎不够充分。

当 $m=0.8\sim1$ 时，两装药爆破后合成一个爆破漏斗，底部平坦，此时漏斗体积最大。

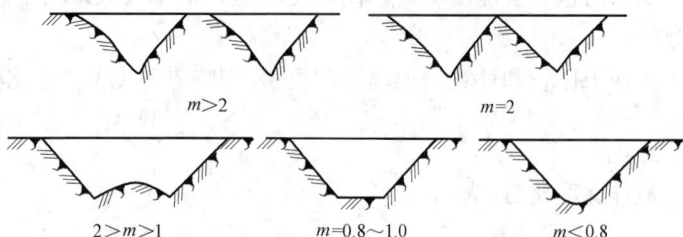

图 8-59 装药密集系数对爆破漏斗的影响

当 $m<0.8$ 时，两装药距离过近，大部分能量用于抛掷岩石，漏斗体积反而减小。

2. 利文斯顿（美国学者 C. W. Livingstn）爆破漏斗理论

(1) 利文斯顿爆破漏斗理论的实质。利文斯顿在各种岩石、不同装药量、不同埋深的爆破漏斗试验的基础上，论证了炸药爆炸能量分配给药包周围岩石以及地表外空气的几种方式，提出了以能量平衡为准则的岩石爆破破碎的爆破漏斗理论。所以，爆破漏斗理论又称为能量平衡理论。

利文斯顿认为，炸药在岩体内爆破时，传递给岩石爆破能量的多少和速度的快慢，取决于岩石性质、炸药性能、药包重量、炸药埋置深度及位置、起爆方式等因素。当岩石条件一定时，爆破能量的多少取决于炸药重量，爆炸能量的释放速度与炸药起爆的速度密切相关。

爆炸能量释放后，主要消耗在以下四个方面：

1）岩石弹性变形；

2）岩石的破碎与破裂；

3）岩石的抛掷；

4）空气冲击波和对气体做功。

而炸药能量在以上四个方面的分配比例，又取决于炸药的埋置深度。

当埋置深度 W 较大时，炸药的能量被岩石完全吸收，消耗于岩石的变形和破碎；若减少埋置深度 W，岩石此两项所吸收的能量将达到饱和状态，这时岩体地面开始隆起，甚至破碎的岩石被抛掷出去。岩石中弹性变形能和破碎能达到饱和状态时的埋置深度称为临界深度 W_c，此时炸药量与埋置深度有以下关系，即

$$W_c = E_b \sqrt[3]{Q} \tag{8-70}$$

式中　Q——装药量，kg；

　　　E_b——变形能系数，m/kg$^{1/3}$；

　　　W_c——临界埋置深度，m。

利文斯顿从能量的观点出发，阐明了岩石变形系数 E_b 的物理意义。他认为，在一定炸药量的条件下，地表岩石开始破裂时，岩石可能吸收的最大能量为 E_b。超过其能量限度，岩石将由弹性变形变为破碎，因此 E_b 的大小是衡量岩石可爆性的一个指标。

若继续减少埋置深度 W，这时炸药爆炸释放的能量传给岩石的比例减少，而传给空气的比例相对增加，即将有一部分能量用于抛掷岩石和形成空气冲击波或对空气做功，在自由面处形成爆破漏斗。当埋置深度减小到某一深度时，形成的爆破漏斗体积最大，此时埋置深度称为最佳埋置深度 W_0。此时，炸药爆炸能量消耗于岩石的比例最大，破碎率最高，而消耗于岩石抛掷及形成空气冲击波的比例较小，所以此时的爆破能量有效利用率最高。

如果药包埋置深度不变，而改变药量，则爆破效果与上述能量释放和吸收的平衡关系是一致的。

为便于比较和计算，把埋置深度 W 与临界深度 W_c 之比称为深度比 Δ，即

$$\Delta = \frac{W}{W_c} \tag{8-71}$$

最佳深度比 Δ_0 为

$$\Delta_0 = \frac{W_0}{W_c} \tag{8-72}$$

因此有

$$W_c = \Delta_0 E_b \sqrt[3]{Q} \tag{8-73}$$

因此，在实际的岩石爆破中，可以通过改变埋置深度，也就是改变最小抵抗线，来调整或平衡炸药爆炸能量的分配比例，实现最佳的爆破效果。

实际应用中，只要通过试验求出岩石的变形能系数 E_b 和最佳深度比 Δ_0，就可以做出合理装药量和埋置深度的计算。

为便于分析，常采用比例爆破漏斗体积 V/Q（单位药量的爆破漏斗体积）、比例埋置深度 $W/\sqrt[3]{Q}$、比例爆破漏斗半径 $r/\sqrt[3]{Q}$ 和深度比 Δ 为研究对象。

利文斯顿爆破漏斗理论不仅表明了装药量和爆破漏斗的关系，同时还可依次来确定不同

岩石的可爆性，比较不同品种炸药的爆破性能。

（2）爆破漏斗特性。利文斯顿提出了以能量平衡为准则的爆破漏斗理论之后，国外一些学者做了大量的工作。他们通过实验室到生产现场的试验和应用，对不同性能炸药、药量、药包形成、埋深和难爆易爆岩石等不同条件进行了对比试验，用爆破漏斗特性曲线进一步确定了爆破漏斗的理论性和科学性，并证明了不同条件下爆破漏斗特性比较一致的爆破规律。

图 8-60 为用铝铵油爆破花岗岩时得到的爆破漏斗试验曲线，纵坐标 V 为爆破漏斗体积（m^3），横坐标为炸药埋置深度 W（m）。图 8-61 为铁燧石的爆破漏斗试验曲线，纵坐标为比例爆破漏斗体积 V/Q（m^3/kg），横坐标为深度比 Δ，所采用的炸药为浆状炸药，从曲线可以看出最佳深度比为 0.58。图 8-62 为不同岩石的爆破漏斗试验曲线。图 8-63 为不同炸药时花岗岩爆破漏斗试验曲线。

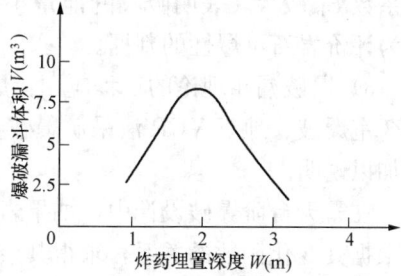

图 8-60　花岗岩爆破漏斗特征曲线

（3）利文斯顿爆破漏斗理论的实际应用。爆破漏斗试验是利文斯顿爆破理论的基础。首先，根据爆破漏斗试验的有关数据可以合理选择爆破参数，提高爆破效率；其次，对不同成分的炸药进行爆破漏斗试验和对比分析，可为选用炸药提供依据；再次，利文斯顿的变形能系数可以作为岩石可爆性分级的参考依据。

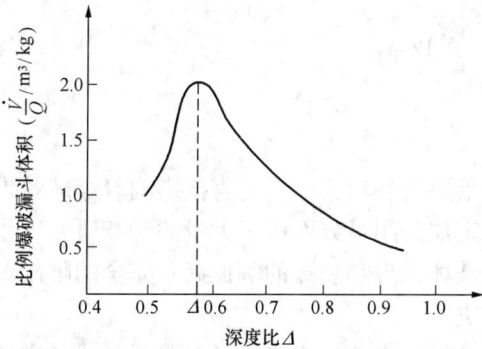

图 8-61　铁燧石爆破漏斗特征曲线

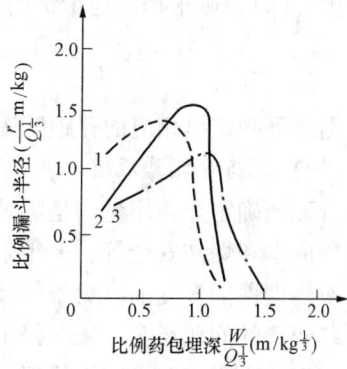

图 8-62　不同岩石的爆破漏斗特征曲线
1—花岗岩；2—砂岩；3—泥土岩

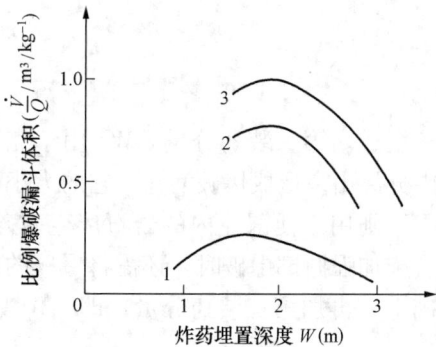

图 8-63　不同炸药的花岗岩爆破漏斗特征曲线
1—铵油炸药；2—浆状炸药；3—含铝浆状炸药

1）炸药性能对比：用爆破漏斗试验可代替习惯沿用的铅铸测定爆力方法。根据利文斯顿爆破漏斗理论的基本公式（8-70），在同一种岩石中，炸药量一定，但炸药品种不同，进行爆破漏斗试验时，炸药威力大者，传给岩石的能量高，则其临界埋深 W_c 值较大；反之，炸药威力小者，其临界埋深也小。由于 W_c 值的不同，E_b 值也就不一样，因此可以对比各种炸药的爆炸性能。

2）岩石的可爆性评价：根据基本公式（8-70），在选定炸药品种、炸药量为常数后，由炸药的临界埋深 W_c 可求出不同岩石的变形能系数 E_b，即

$$E_b = \frac{W_c}{\sqrt[3]{Q}} \tag{8-74}$$

当 $Q=1$ 时，可认为单位质量的炸药（如 1kg）的弹性变形能系数 E_b 在数值上等于临界埋深 W_c。爆破坚韧性岩石，1kg 炸药爆破的 W_c 值必然小，弹性变形能系数 E_b 也较小，说明消耗能量大，岩石难爆；爆破非坚韧岩石，单位药量的临界埋深 W_c 必然较大，弹性变形能系数 E_b 较大，表明吸收的能量小，故岩石易爆。所以，可以用岩石弹性变形能系数 E_b 作为评价岩石可爆性的判据。

3）爆破漏斗理论的工程应用：爆破漏斗理论被广泛应用于露天台阶深孔爆破、露天开沟药室爆破、地下 VCR 法采矿爆破及深孔爆破掘进天井等，这里仅以露天台阶深孔爆破为例加以说明。

在露天台阶爆破设计中，如果岩石性质、炸药品种和炸药量等因素中有一个变化时，可以根据其变化函数的关系，求得其余相应的爆破参数。

根据式（8-73）知，两种药量 Q_1、Q_2 下的最佳埋深分别为

$$W_{01} = \Delta_0 E_b \sqrt[3]{Q_1} \tag{8-75}$$

$$W_{02} = \Delta_0 E_b \sqrt[3]{Q_2} \tag{8-76}$$

对于一种岩石，Δ_0、E_b 均为常数，因此已知药量 Q_1 对应的最佳埋深 W_{01}，当药量增加或减少 Q_2 时，则求得此药量下的最佳埋深为

$$W_{02} = \sqrt[3]{\frac{Q_2}{Q_1}} W_{01} \tag{8-77}$$

据此可确定出相应的孔距等爆破参数。

（四）装药量计算原理

合理地确定炸药用量，是爆破工程中极为重要的一项工作，它直接影响着爆破效果、爆破工程成本和爆破安全等。多年来，在合理确定炸药用量方面做了大量的调查研究工作，但受岩石物理性能多变的自然条件及对岩石爆破破坏机理和规律的掌握尚不完全的限制，精确计算装药量的问题至今尚未获得十分圆满的解决。

人们在生产实践中积累了很多经验，为了从经验中找出规律性，提出了各式各样的装药量计算公式。例如

$$Q = c_1 W^2 + c_2 W^3 \tag{8-78}$$

式中　Q——装药量，kg；

c_1、c_2——系数；

W——最小抵抗线，m。

式（8-78）的物理意义是，装药总量应由两个分量组成。第一装药分量 $c_1 W^2$ 用于克服岩石内部分子间凝聚力，使漏斗内的岩石得以从岩体中分离出来形成爆破漏斗，它的大小与漏斗的表面积（即自由面）成正比；第二装药分量 $c_2 W^3$ 则用于使漏斗内的岩石产生破碎，它与被破碎岩石（爆破漏斗）的体积成正比。考虑到实施加强抛掷爆破时，还需将爆碎的岩块抛移一定距离，因此还有人主张在式（8-78）的基础上，再加第三装药分量，即 $c_3 W^4$ 分量，则式（8-78）应为

$$Q = c_1 W^2 + c_2 W^3 + c_3 W^4 \tag{8-79}$$

如果式（8-79）中忽略掉第一、三分量，则变成了目前常用的体积公式。

体积公式是根据爆破相似法则得出的，布若伯格根据试验结果指出，在均质岩石中爆破时，当装药的体积按比例增大时，岩石爆破破碎的体积也将按比例增大，这就是岩石爆破的相似法则，伏奥班则提出了将 $r=W$ 作为标准爆破漏斗的体积公式。其实质是：在一定的岩石条件和装药量的情况下，爆落的土石方体积与所用的炸药量成正比，即

$$Q = qV \tag{8-80}$$

式中　q——单位耗药量，kg/m^3；

　　　V——爆破漏斗体积，m^3。

如果集中装药，按前述定义，标准抛掷爆破时，爆破作用指数 $n=1$，即 $r=W$，所以爆破漏斗体积为

$$V = \frac{1}{3}\pi r^2 W \approx W^3 \tag{8-81}$$

标准爆破时的装药量则为

$$Q_B = qW^3 \tag{8-82}$$

式（8-82）叫豪赛尔（Hausser）公式，是最基本的爆破装药量计算公式。

在岩石性质、炸药品种和药包埋置深度都不变的情况下，只改变装药量（增加或减少），也可获得加强抛掷漏斗和减弱抛掷漏斗等各类型的爆破漏斗。这样，适合于各种类型抛掷爆破的装药量计算公式为

$$Q_p = f(n)qW^3 \tag{8-83}$$

式中　$f(n)$——爆破作用指数的函数。

标准抛掷爆破的 $f(n)=1$；加强抛掷爆破的 $f(n)>1$；对于减弱抛掷爆破，$f(n)<1$。在具体计算 $f(n)$ 的问题上，鲍列斯夫的经验公式应用得较为广泛，其公式是

$$f(n) = 0.4 + 0.6n^3 \tag{8-84}$$

即

$$Q_p = (0.4 + 0.6n^3)qW^3 \tag{8-85}$$

式（8-85）可作为抛掷爆破漏斗装药量计算的通用公式，应用于加强抛掷爆破装药量计算公式尤为接近实际情况。

松动爆破漏斗的装药量为标准爆破漏斗装药量的 $0.33\sim0.55$ 倍，因此松动爆破时更为适合的经验计算公式为

$$Q = (0.33 \sim 0.55)qW^3 \tag{8-86}$$

岩石可爆性好时取小值，岩石可爆性差时取大值。

柱状装药的装药量计算公式与集中装药计算原理相同。

抛掷爆破时的装药量为

$$Q = f(n)qV \tag{8-87}$$

松动爆破时的装药量为

$$Q = (0.33 \sim 0.55)qV \tag{8-88}$$

所不同的是爆破漏斗体积 V 的计算方法，垂直自由面的柱状装药为

$$V = L_b^3 \tag{8-89}$$

平行自由面的柱状装药为

$$V = W^2 L_b \tag{8-90}$$

式中　L_b——炮孔深度。

确定上述各式中的单位耗药量 q 值时，需考虑以下几个方面的因素：

（1）查表，参考定额或有关资料数据（表 8-4 为集中装药时的 q 值）。

（2）参照条件类似的爆破工程炸药消耗成本或单位耗药量的统计值。

（3）通过标准爆破漏斗试验求算。

（4）根据经验公式确定，即

$$q = 0.4 + \left(\frac{\gamma}{2450}\right)^2 \qquad (8-91)$$

式中 γ——岩石的重力密度。

表 8-4 集中药包爆破时单位耗药量 q 值

岩石名称	岩石静态单轴抗压强度（MPa）	单位耗药量 q（kg/m³）	
		松动药包	抛掷药包
松软的、坚实的各种土	<10	0.3～0.5	1.0～1.2
重砂黏土、密实的土夹石	80～10.0	0.4～0.6	1.1～1.3
坚实黏土、硬质黄土、白垩土	10～20	0.35～0.5	1.1～1.5
石膏、泥灰岩、蛋白岩页岩	20～40	0.5～0.6	1.2～1.8
贝壳石灰岩、砾岩、裂隙凝灰岩	40～60	0.4～0.7	1.3～1.6
泥灰岩、灰岩、砂质砂岩、层状砂岩	60～80	0.5～0.6	1.35～1.65
白云岩、钙质砂岩、镁质岩、大理岩	80～100	0.5～0.65	1.5～1.95
石灰岩、砂岩	100～120	0.6～0.7	1.5～2.0
片麻岩、正长石、闪长石、伟晶花岗岩	120～140	0.65～0.75	1.6～2.2
伟晶粗晶花岗岩、完整片麻岩	140～160	0.7～0.8	1.8～2.4
花岗岩、花岗闪长石	160～200	0.7～0.85	2.0～2.55
安长岩	200～250	0.7～0.9	2.1～2.7
石英岩	>250	0.6～0.7	1.3～2.1
斑岩、玢岩	>250	0.8～0.85	2.4～2.55

综上所述，装药量计算的原则是，装药量的多少取决于要求爆破的岩石体积、爆破类型等。但是，爆破的质量（块度）问题的重要性，随着采矿工程的发展日益突出，却都未能在计算公式中反映出来。虽然如此，但体积计算公式一直沿用至今，给人们提供了估算装药量的依据。在长期的生产实践中，都用体积为依据，结合各自工程岩石性质和爆破的要求，改变不同的单位耗药量 q，进行装药量的计算。

另外，以上计算公式都是以单自由面和单药包爆破为前提，而在实际工作中常常是用药包群爆破岩石的，一般先按具体情况确定每个炮孔所能爆破的岩石体积，再分别求出每个炮孔的装药量，然后累计总装药量。

思 考 题

8-1 岩石的物理性质包括哪些？各自的评价指标是什么？

8-2 岩石的强度分为哪几种类型？如何测量其大小？

8-3 岩石破坏的强度准则是什么？

8-4 如何描述岩石的变性特征？

8-5 什么是岩石的蠕变和松弛？研究意义是什么？

8-6 岩石与岩体有什么区别？岩体的强度如何表述？

8-7 岩石基坑的施工方法包括哪些？

8-8 简述岩石的爆破机理。

第九章　基坑工程环境保护

随着城市化进程的不断加快，城市基础设施、住宅等建（构）筑物的建设规模与日俱增。随着资源节约型、环境友好型社会理念的提出，人们越来越注重研究工程施工对环境的影响。深基坑工程在城市建设中占据很大的比重。城市深基坑工程施工是其所在地区组织系统的子系统之一，其出现势必打破原有社会组织系统的平衡，两者相互影响并产生作用。因此，城市深基坑工程在环境保护与灾害防治上兼具社会性与技术性的特性，必须加以综合考虑。

目前，我国基坑工程主要具有下述环境问题：

（1）基坑工程具有较强的时空效应，基坑的深度和平面形状对基坑的稳定性和变形有较大影响。

（2）基坑工程具有较强的环境效应，基坑工程的开挖必将引起周围地基中地下水位的变化和应力场的改变，导致周围地基土体的变形，对相邻建筑物、构筑物及市政地下管网产生不良影响。

（3）基坑工程具有很高的质量要求。由于基坑开挖的区域也就是将来地下结构施工的区域，甚至有时基坑的支护结构还是地下永久结构的一部分，而地下结构的质量好坏又将直接影响上部结构，因此对于基坑开挖工程指出了更高的质量要求。

（4）基坑工程的施工会对环境造成各种各样的污染，例如泥浆、噪声，直接危害到工地周边，亟待解决。

第一节　基坑降水对周围环境的影响及防范对策

目前，国内外基坑工程中因为降水引起的地面沉降以及周围建筑开裂等常见的问题很多，因为在深基坑开挖过程中，改变了原有地下水的平衡状态，地下水便向基坑内产生流动，尤其是基坑壁或基坑底揭露砂层时，由于砂层的透水性较好，故地下水涌水现象更为严重，如不采取控制地下水的措施，将严重影响施工或无法施工。另外，如果砂层中的动水压力超过砂土本身的抗渗能力，则松散的砂土会部分或整体伴随地下水一起涌入基坑内（流砂），上部黏性土层中砂层透镜体流出后，会在黏性土中产生空洞，若空洞较大且距地面较近，则会导致地面沉陷；同时由于地下水位的下降，使土体中孔隙水应力降低，有效应力增加，土体产生新的压缩变形，从而使地面产生沉降。

南京地区很多深基坑在开挖过程中遇到坑底含水砂层，则在承压水压力的作用下，会产生涌水、涌砂现象。如果基坑底为厚度不大的黏性土，承压含水砂层中的地下水会冲破黏性土层而产生突涌现象（即涌水、涌砂）。

如南京军区空后制药厂厂房基坑下面有一薄层不透水层，但该薄层不透水层抵挡不住水头压力，造成管涌；南京千帆大厦基坑由于存在连续厚层粉砂、砂土，选用压密注浆对止水缺陷补强失效，造成大量漏水、涌砂，引起基坑旁侧部分塌陷。

为防止这种现象的发生，南京地区大多采取隔水（如帷幕灌浆）或降水措施，其中井点降水是深基坑防护中较为经济且效果比较显著的方案，因此南京地区许多超高层建筑均采取了这种控制地下水的措施。但由于抽取地下水使地下水位下降进而引起地面沉降，沉降过大将危及周围建筑物及道路管线的安全。如南京东正大厦基坑工地西侧在 1997 年 11 月 28 日下午发生长约 30m、宽约 1.0m、深为 2.0m 左右的地面塌陷事故，距其深基坑支护结构约为 5.0m。造成的原因为基坑采用井点降水，周围地下水位降低，孔隙水压力减小，有效应力增大，引起土层压密，导致地面沉降。

由于基坑降水使地下水位降低、有效应力增大而使地基产生新的、不均匀的压缩变形。经对相邻建筑物及道路的变形监测，这种变形的不均匀程度随离基坑距离的减小而增大，当这种不均匀变形超过了建筑物和路面的承受能力时，就会产生破坏而造成房屋和路面的开裂和下沉。再如南京国贸中心基坑，原设计双排深层搅拌桩止水，后因施工场地不够，仅施工一排深层搅拌桩止水，造成基坑开裂和中山东路主干道路面开裂。

总结基坑工程引起环境问题的不确定因素主要表现在以下几个方面：

（1）岩土性质、工程地质和水文地质条件勘察所得到的数据离散性大，且往往难以准确代表土层的总体情况，勘察报告所提供的场地地质资料有限，由此而产生管涌、流土（砂）等环境问题。

（2）基坑周围条件复杂，邻近建筑物、构筑物、道路和地下管网设施等都严重干扰基坑的施工。

（3）设计计算中土体侧压力的计算和支护结构简化计算的模型与工程实际可能不一致，导致地面开裂、房屋沉降等。

（4）连续降雨或暴雨对基坑的开挖具有极大的影响，雨水的冲刷和浸泡、地下水渗透等往往使边坡失稳。

（5）基坑工程施工过程中，不可避免会遇到一些人为的超支、超挖、支撑不及时和排水不畅现象等，将对基坑环境带来不良影响。

（6）土质参数的选择。土的物理性质参数是随着其条件及存在环境改变而改变的；土质参数是设计者在勘察资料所提供的众多数据中凭经验选择的，没有考虑基坑开挖带来的影响，其准确性难以检验。

（7）围护结构的内力计算。支撑力是通过开挖最终的系统静力系统确定的，但是侧土压力和支撑力在开挖过程中是不断变化的，桩体的内力也随之改变，因而设计没有考虑变形相容和位移协调关系，容易引起环境问题。

概括起来，基坑工程引起的环境问题主要有以下几方面：

一、地下水位降低深度不足

（一）现象

地下水位没有降到施工组织设计的要求，即挖土面以下 0.5～1.0m，水不断渗进坑内；基坑内土的含水量较大、较湿，不利于土方开挖，并引起基坑边坡失稳；坑内有流砂现象出现。

（二）原因分析

（1）对需要进行降水地区及相邻地区的工程地质和水文地质资料缺乏详细的了解和调查，没有查明相对含水层和不透水层、地下水的补给关系以及主要含水层和下卧层等情况；收集的资料与实际不符，或是借用附近工程的有关资料；降水设计所采用含水层的渗透系数不可靠，影响了降水方案的选择和设计；井点的平面布置、滤管的埋置深度、排水沟和排水井（坑）的布置、设计的降水深度不合理。

（2）降水方案与挖土和基坑围护方案不相匹配，施工过程中因土方开挖和围护支撑的拆除影响降水，甚至破坏降水设备，机电设备故障或动力、能源不能满足降水设备运转的需要，造成地下水降低后回升。

（3）施工质量有问题，如井孔的垂直度、深度与直径，井管的沉放，砂滤料的规格与粒径，滤层的厚度，管线的安装等质量不符合要求；井管和降水设备系统安装完毕后，没有及时试抽和洗井，滤管和滤层被淤塞。

（三）治理方法

（1）对于井点管或滤层淤塞而引起的降水失效，可以通过洗井处理（即向管内用压力水或压缩空气反复冲洗、疏通），破坏成孔时在孔壁形成的泥皮，并恢复土层透水和井管的降水性能。对于地下水位降深与要求相差不大的工程，可以根据降深差异的大小，分别采取减少井管之间距离的方法。对于地下水位降低深度与要求相差较大的工程，需要在原降水系统之外，再重新考虑比较合理的降水方法，重新施工。

（2）基坑边坡失稳的治理：在挖土过程中已发生坍塌时，须查明塌土原因，及时采取防范措施，一般可用放坡、排水、支护、挡土等方法；尚未开挖的工程，需核对地质勘查报告，掌握各层土质情况、施工周围环境、基坑（槽）深度、地下水的情况，迅速采取措施制定防止塌土的有效方案。

（3）防止流砂现象的产生，可根据其机理从两个方面入手，一方面可以通过减少水位差，另一方面可以通过增加地下水的渗流路线，从而减小其水力坡度，以达到防止流砂的目的。在具体施工时，可以采取降水或设置挡水帷幕等措施。根据开挖工程的具体情况，包括工程性质、开挖深度、土质条件等，并综合考虑经济因素而采取相适应的降水方法。

二、地面沉降

（一）现象

在基坑外侧降低地下水位的影响范围内，地基土产生不均匀沉降，导致受其影响的临近建筑物和市政设施发生不均匀沉降，引起不同程度的倾斜、裂缝，甚至断裂、倒塌。

降低地下水位引起的环境效应表现为：

（1）降低地下水位引起的地面沉降；

（2）地下水渗透破坏引起的基坑坍塌；

（3）基坑突涌导致的基土开裂。

基坑变形系统是由三个元素构成的，即变形来源、传播途径和保护对象。基坑开挖卸载引起围护结构向基坑内的变形，围护结构的变形引起其后面的土体位移以填充由于围护结构变形而出现的土体损失，并逐渐向离基坑更远处的土体传递，在一定时间内传递到地面和建筑物处，引起地面以及建筑物的沉降。基坑开挖引起的岩土环境问题可以用一个直观的流程图来表示，如图9-1所示。

这里将基坑支护结构、土体、坑外重要保护对象三者看成是类似于传染源、传播媒介、传染对象的一个有机系统。基坑周围环境保护的目的就是控制基坑变形的影响，保护基坑周围的重要建（构）筑物。从这个系统的传播机理可知，切断其中的任何一个环节都能有效地控制变形的发展，从而实现岩土工程环境保护的目的。基坑变形全过程控制理论就是基于对

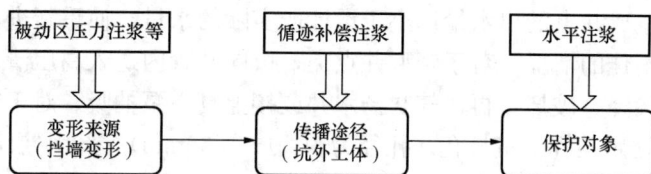

图 9-1 基坑变形系统示意图

这个变形系统的认识，提出从全方位对基坑变形进行控制，进而最终有效地解决基坑变形。

（二）原因分析

基坑降水开挖时，在基坑四周一定范围内，必然由于水位降落而引起地面沉降。水位降低一方面减少了土中地下水对土颗粒的浮托力，使软弱土层受压缩而沉降；另一方面降水除了会使坑外土中的自重应力增大外，坑内外水头差的存在还将引发土中渗流。

井点管理设完成后开始抽水时，井内水位开始下降，周围含水层的水不断流向滤管。在无承压水等环境条件下，经过一段时间之后，在井点周围形成漏斗状的弯曲水面，即所谓"降水漏斗"。这个漏斗状水面渐趋稳定，一般需要几天到几周的时间（土层颗粒越粗大，需要时间越短）。降水漏斗范围内的地下水位下降以后，就必然会造成地面固结沉降。由于漏斗形的降水面不是平面，因此所产生的沉降也是不均匀的。在实际工程中，由于井点滤管滤网和砂滤层结构不良，把土层中的黏土颗粒、粉土颗粒甚至细砂同地下水一起抽出地面的情况经常发生，这种现象会使地面产生的不均匀沉降加剧，造成附近建筑物及地下管线不同程度的破坏。

（三）治理方法

在配合基坑边坡支护进行降水设计和施工时，必须高度重视降水对邻近地表和周围建筑物的影响，把不均匀沉降限制在允许范围内，以确保基坑及周围环境的安全。具体减少不均匀沉降的措施有以下几个方面：

（1）不宜设计过高的降水深度。在满足基本降水要求的前提下，对各种降水方案应分析和比较，筛选出最佳的降水方案。

（2）在降水井点与重要构筑物之间设置回灌井、回灌沟。降水的同时将水回灌其中，以使靠近基坑的构筑物一侧地下水位基本维持不变，从而减少或控制相邻构筑物的沉降。

（3）减缓降水和渗流速度，减小建筑物的沉降和不均匀沉降。具体做法是：在邻近构筑物一侧将井点间距加大以及调小抽水设备的阀门等，这都能使出水量减少，达到降水速度减缓的目的。必要时可采用被动区加固的措施来减小坑底土的渗透性，从而达到减小渗流速度的目的。

（4）提高降水工程施工质量，严格控制出水带出的含砂量，以防止地下砂土流失掏空，导致地面产生不均匀沉降。具体做法是确保井点管周围砂滤层的厚度和均匀性，并根据土的粒径选取合适的井点管过滤段滤网等。

（5）布设观测井和沉降、位移、倾斜等观测点，进行定时观察、记录、分析，随时掌握水位降低和周围地表及建筑物沉降变化动态。同时，还要了解抽水流量和含砂量，发现问题及时采取措施，预防事故发生。

除上述问题外，在基坑井点降水施工中，还经常出现由于钻孔、成井时，泥浆稠、泥皮厚和洗井不合适，造成井点的出水量远小于设计或实际的水量，使重新进行洗井的方法受到限制，且洗井效果不佳的情况。对于轻型井点类，可向井管内送入高压清水，以冲动孔内滤料，将泥浆和泥皮稀释、破坏，再送气吹扬水井或接上真空泵抽吸。对于管井点，可在井孔周边 100～300mm 处用工程钻机打孔（孔径为 1000～1500mm）至含水层部位，从孔中送入高压清水直接冲洗孔壁的砾料，或边送水边送气吹洗，将井孔附近的砂和滤料吹出地面，待送入清水畅快流入后，从孔中填入新滤料，并重新进行井内洗井。

三、支护结构发生变形和位移

（一）现象

支护结构发生变形和位移引起的环境效应表现为：

（1）支护结构本身破坏而导致边坡失稳；

（2）支护结构整体破坏而导致基坑隆起；

（3）支护结构发生变形和位移而引起邻近建筑设施破坏。

（二）支护结构发生变形和位移的破坏机理

支护结构发生变形和位移引起环境效应的机理为：

（1）基坑地基土卸载改变坑底原始应力状态，在基坑开挖时，土体中自重压力减小，土体的弹性效应使基坑底面产生一定的回弹变形（隆起），坑底表现为弹性隆起，其特征为坑底中部隆起最高，弹性隆起在基坑开挖停止后很快就停止，基本不会引起坑外土体向坑内移动；随着开挖深度的增大，坑内外高差所形成的加载和地面各种超载的作用使围护墙外侧土体向坑内移动，使坑底产生向上的塑性变形，其特征为两边大、中间小的隆起状态。

（2）在基坑周围产生较大的塑性区，并引起地面沉降。

（3）基坑底面暴露时间过长，使基坑积水造成黏性土的流变性增大，从而增大墙体被动压力区的土体位移和墙外土体向坑内的位移，增加地表的沉降。

（4）支撑物受破坏或锚杆体系抗拔力不足，拉杆自身断裂或拉杆及锚座的连接不牢等引起支护结构体系承载能力丧失，支护结构嵌入深度不足引起基坑隆起，并使地基强度降低或丧失。

第二节　基坑边坡治理及保护方法

一般认为，基坑开挖要具备以下必要条件：首先保持基坑干燥状态，创造有利于施工的环境；其次是确保边坡稳定，做到安全施工。如果忽视这些必要条件，其后果是严重的。有的基坑积水或土质稀软，工人难以立足，无法施工；有的出现"流砂现象"导致边坡塌方，地质破坏；有的内部基坑土体发生较大的位移影响邻近建筑物的安全。之所以会出现这些异常情况，都是由地下水引起的。所以，在基坑施工中应对地下水的处理给予应有的重视。

一、降水治理保护方法

地下水的处理有多种可行的方法，从降水方式来说可总分为止水法和排水法两大类。止水法，即通过有效手段，在基坑周围形成止水帷幕，将地下水止于基坑之外，如沉井法、灌浆法、地下连续墙等；排水法是将基坑范围内地表水与地下水排除，如明沟排水、井点降水（见图 9-2）等，详见第五章。

　　止水法相对来说成本较高，施工难度较大；井点降水施工简便，操作技术易于掌握，是一种行之有效的现代化施工方法，已广泛应用，现就降水的设备和方法做一简单介绍。

　　（一）井点降水法

　　井点降水法，它是在拟建工程的基坑周围设能渗水的井点管（见图 9-3），配置一定的抽水设备，不间断地将地下水抽走，使基坑范围内的地下水降低至设计深度。井点法防水适用于具有不同几何形状的基坑，它有克服流砂、稳定边坡的作用。由于基坑内土方干燥，有利机械化施工，缩短工期，保证工程质量与安全。

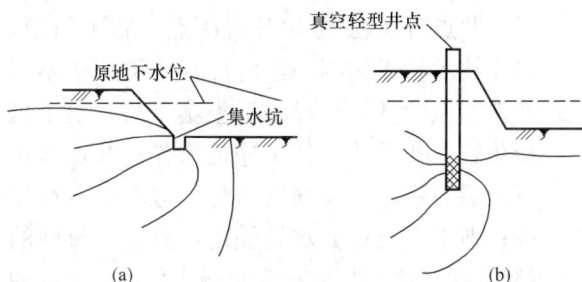

图 9-2　基坑排水方法
（a）直接排水；（b）真空轻型井点降水

图 9-3　某基坑工程井点降水现场

　　在地下水位以下的含水层施工时，常采用井点排水的方法。井点降水法是在基坑开挖前，在基坑四周埋设一定数量的滤水管（井），利用抽水设备抽水使所挖的土始终保持干燥状态的方法。井点降水法所采用的井点类型有轻型井点（见图 9-4）、喷射井点（设备见图 9-5）、电渗井点（见图 9-6）、管井井点（见图 9-7）、深井井点（设备见图 9-8）等。

图 9-4　某工程轻型井点
降水现场

图 9-5　喷射井点设备

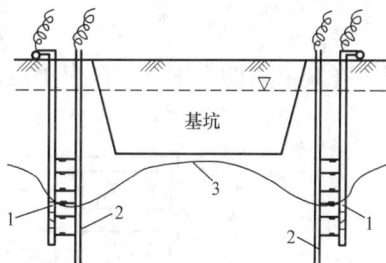

图 9-6　电渗井点示意图
1—井点管；2—金属棒；3—地下水降落线

　　在我国，井点降水法是新中国成立后才逐步发展起来的。在工程的基坑（槽）附近埋设大量的渗水井点管，与此同时地面组装抽水管路系统，通过井群连续抽吸地下水，使基坑范围内的地下水位降低到基坑以下一定深度，以保持基坑干燥状态。通常把这一方法叫做井点降水法。

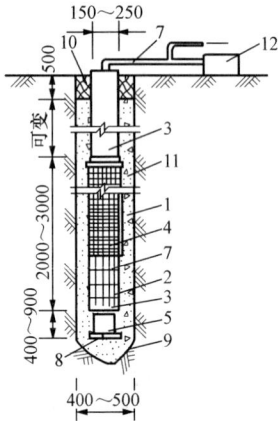

图 9-7　管井井点构造示意图

1—抽水井管；2—钢筋焊接管架；3—箍环；
4—钢丝网；5—沉砂管；6—木塞；7—吸水管；
8—100～200mm 钢管；9—钻孔；10—夯实黏土
11—填充砂砾；12—抽水设备

图 9-8　SZJ 型深井真空泵机组

井点降水法具有下列优点：施工简便，操作技术易于掌握；适应性强，可用于不同几何图形的基坑；降水后土壤干燥，便于机械化施工和后续工作工序的操作；井点作用下土层固结，土层强度增加，边坡稳定性提高；地下水通过滤水管抽走，防止了流砂的

危害；节省支撑材料，减少土方工程量等。井点降水法已成为目前在含水透水位土层实施的一种行之有效的方法。

1. 轻型井点降水法

图 9-9　真空泵

（1）轻型井点抽水是凭借真空作用抽水，除管路系统外，很大程度取决于抽水设备。目前常用的有真空泵（见图 9-9）、隔膜泵型配套抽水装置。真空轻型井点系统工作原理见图 9-10。

轻型井点管（见图 9-11）、过滤管（见图 9-12）、集水总管、主管、阀门（见图 9-13）等组成管路系统，并由抽水设备（见图 9-14）启动，在井点系统中形成真空，并在井点周围一定范围形成一个真空区，真空区可扩展到一定范围。在真空力的作用下，井点附近的地下水通过砂井，经过滤器被强制性吸入井点系统内而

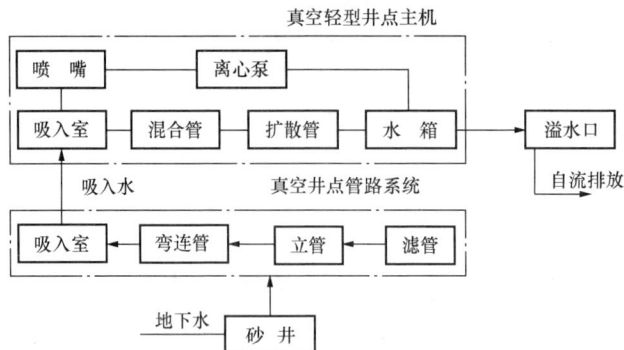

图 9-10　真空轻型井点系统工作原理示意图

使井点附近的地下水位得到降低。在作业过程中，井点附近的地下水位与真空区外的地下水位之间存在一个水头差，在该水头差作用下，真空区外的地下水是以重力方式流动的。所以常把轻型井点降水称为真空强制抽水法，更确切地说应是真空-重力抽水法。只有在这两个力的作用下，基坑地下水位才会降低，并形成一定范围的降水漏斗抛物线。

图 9-11 轻型井点降水用井管

图 9-12 过滤管

图 9-13 阀门

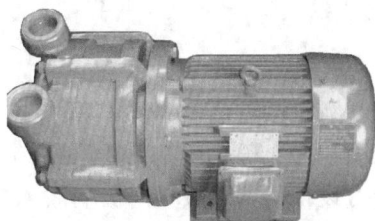

图 9-14 真空设备

井点管与总管的连接可用钢管和透明塑料管，因受真空力的作用，塑料管内装有弹簧，以加强抗外部张力，保证地下水流畅通。

总管与总管的连接有法兰法（见图 9-15）和套箍法两种形式。

（2）施工时应注意的问题。经过降低地下水位后，土壤会产生固结，也就会在抽水影响半径范围内引起地面沉降，有时会给周围已有的建筑物带来一定程度的危害。在进行降低地下水位施工时，为避免引起周围建筑物产生过大的沉降，采用回

图 9-15 法兰法连接件

灌井点是一种有力的措施。这种方法就是在抽水影响半径范围内建筑物的附近预先钻一排孔，在进行抽水降低地下水位之前，事先将钻孔内的水位勘查清楚，记录下来。当进行抽水降低地下水位时，为避免已有建筑物下面的地下水位下降，在降水的同时向钻孔内灌水，以保证原地下水位不发生变化，以此来防止地面产生沉降给已有的建筑物带来危害。

2. 深井井点

深井井点降水是在深基坑周围埋置深于基底的井管，依靠深井泵或深井潜水泵（见图9-16）将地下水从深井内扬升到地面排出，使地下水位降至坑底以下。

深井井点降水具有排水量大、降水深、不受吸程限制、井距大等优点。但其一次性投资大，成孔质量要求高。深井井点降水适用于渗透系数较大（10～250m/d）、土质为砂土、碎石土及地下水丰富、降水深（10～50m）、面积大的情况。

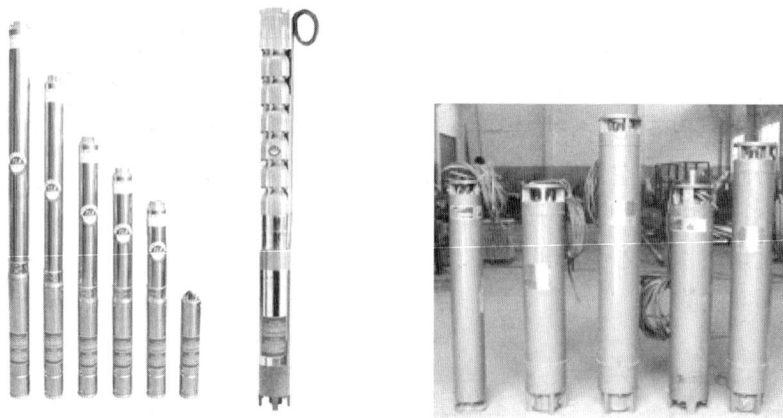

图 9-16　深井潜水泵

例如：河南省畜牧兽医科技服务中心工程，地上 13 层，地下 1 层，高度 39m，建筑面积为 13000m²，钢筋混凝土框剪结构，基础采用钻孔灌注桩，桩径 0.6m，单桩承载力设计值 1600kN，桩端嵌入中风化岩层深度不小于 1.7m，设计桩长 20m，桩总数 187 根。

根据地质资料得知，拟建场地水文地质条件较为单一，场地地下水属第四系孔隙潜水，主要补给源为大气降水，地下水受季节性影响较大。场内地下水位埋深在 1.2～1.73m 之间，水位很高，其含水层主要为第 3 层碎石层，第 2、4 层为弱透水层，其渗透系数为 (0.72～45.52) ×10⁻⁶cm/s，第 5 层为隔水层。工程采用大口径深井降水，沿拟建楼周围设 15 眼降水井，采用深水电泵进行抽水。考虑到降水深度大，影响半径范围广，若长时间抽降水，势必会影响场外附近建筑物，为了增强降水效果，又可缩短抽水时间，采用间断性抽水，减少外围影响面积，并设置沉降观测点。降水井直径大于 600mm，孔深 15m，护壁套管直径为 600mm，套管外面包两层尼龙网布；套管外四周用粒径为 5～20mm 的砾石料填充，作为滤水层，滤层应填至原地下水位线，其上部用黏土回填，并捣实。工程严格按照降水井施工规范要求埋设管井，采用泥浆护壁钻孔法成孔。井孔钻孔后进行清孔，随后安装井管。

图 9-17　某基坑工程

该工程的井点降水比较成功，水位得到控制，流泥、流砂的现象也仅有少量出现，改善了施工条件（见图 9-17），使该工程的 ±0.000m 以下结构能保证质量并按时完成，取得了较好的经济效益。

（二）明沟排水法

1. 一般规定

（1）适用条件：不易产生流砂、潜蚀、管涌、淘空、塌陷等现象的黏性土、砂土、碎石土地层；基坑或涵洞地下水位超出基础底板或洞底标高不大于2.0m。

(2) 布置原则：基坑周围或坑道边侧设置的排井、明排管沟，应与侧壁保持足够距离；明排井、排水管沟不应影响基坑和涵洞施工。

(3) 降水与排水是配合基坑开挖的安全措施，施工前应有降水方案设计。

(4) 明排水的（管）沟、坑（井）施工应按降水方案实施，完成降水方案的沟、井（坑）及排水设施的全过程经过试验合格，降水工程可进入排降水监测阶段。

(5) 降排水施工前应编写排水工程施工纲要，包括工程概况、施工要求、技术方法、工程布置、工程数量、施工组织、设备材料计划、加工计划、集水井与排水设施、施工顺序、工程质量措施与辅助措施，质量检查与安全措施，工期安排，工程环境保护，工程经济预算，并附有关图表。

(6) 根据"施工纲要"施工，施工完毕组织试降水，若发现与排水设计有不符的地方，应及时调整或在现场采取辅助、补救措施。

2. 施工准备

明确任务要求，做好技术准备，了解降（排）水范围、深度、起止时间及工程环境要求；掌握建筑物基础、地下管线、涵洞工程的平面图和剖面图；地面及基础底面高程；基坑（槽）、涵洞支护与开挖设计；相邻建筑物与地下管线的平面位置、基础结构和埋设方式条件等；搜集排水工程场地与相邻地区的水文地质、工程地质、工程勘察等资料，以及工程降水实例；进行排水工程场地踏勘，搜集降水工程勘察、降水工程施工经验资料；由专业人员进行降排水施工设计；根据设计要求，编制施工组织设计，详细编制材料计划、施工机具设备计划、人员组织计划。

按计划购买、配置材料、机具，主要为水泵、电缆、配电盘、吸水管、排水管、修理工具、备件；落实现场施工条件，实现"三通一平"，即路通、水通、电通、场地平整；收集气象资料，根据大气降水（雨）量安排工程抢救辅助措施，保证降水工程顺利进行。

3. 施工工艺

(1) 明排水施工工艺流程见图9-18。

挖设明排管沟 → 施工集水井坑 → 安放水泵 → 架设主、分水管 → 挖设沉淀池
抽排水试验 → 排水方案调整 → 成品保护 → 降水监（观）测 → 提交排水成果资料

图9-18 明排水施工工艺流程图

(2) 施工要求：明排管沟与明排井坑可随基坑（槽）的开挖水平和涵洞施工的长度同步进行；基坑侧壁出现分层渗水时，可按不同高程设置导水管、插铁板、砖砌沟或草袋墙等工程辅助措施；基坑侧壁渗水量大或不能分层明排的，可采用水平降水或其他方法。

(3) 安装要求：排水沟可根据地层选择自然沟、梯形或V形明沟；采用铁或混凝土排水管（管径200~500mm）时，应离开坡脚0.3m左右，坡度为1‰~2‰；明排井（坑）一般直径为0.5m、深1.0m，明排井抽水设备可采用离心泵或潜水泵，特殊情况下可采用深井泵。

(4) 井深要比沟底深0.5m以上，井壁应支撑防护。

4. 质量标准

(管）沟、井（坑）全部施工完毕，排水进入运行阶段，抽排水的含砂量应符合下列规定：粗砂含量应小于 1/50 000，中砂含量应小于 1/20 000，细砂含量应小于 1/10 000。排水沟坡度为 0.1%～0.2%，以坑内不积水、排水沟流水畅通为准。

5. 施工采取防治措施的条件

明排水应边施工边试验，注意施工中相关数据的观测、记录，当遇到下列情况之一时，必须及时采取防治措施。

（1）地面沉降、塌陷、淘空、地裂缝等。

（2）建筑物、构筑物、地下管线开裂、位移、沉降变形等。

（3）基坑（槽）边坡失稳，产生流砂、流土、管涌、潜蚀等。

（4）水质发生变化（明显）。

6. 排降水对工程环境影响的监测

为查明工程降水对临近建筑物、构筑物、地下管线的影响，按规程的有关规定建立监测系统；在建筑物、构筑物、地下管线受降水影响范围内的不同部位设置固定变形观测点（不少于 4 个），另在降水影响范围外设立固定基准点。

降水前对设置的变形观测点进行二等水准测量 2 次，允许误差为 ±1mm。

降水开始后，在水位未达到设计降深前对观测点每天观测 1 次，达到降深后可 2～5d 观测 1 次，直到变形影响稳定或降水结束为止；对重要建筑物和构筑物，在降水结束后 15d 内，继续观测 3 次，查明回弹量。

变形观测点的设置应按 GB 50026—2007《工程测量规范》的规定，对变形观测记录应及时检查整理，结合降水观测孔资料，查明降水对建筑物、构筑物、地下管线变形影响的发展趋势和变形量，分析变形影响的危害程度。

降水过程中，特别是在基坑开挖时，应随时观察基坑边坡的稳定性，防止边坡流砂、流土、潜蚀、塌方等现象。

7. 工程环境影响预测及防治措施

当降水区临近已有建筑物、构造物和地下管线时，应预测其工程环境影响。预测项目有下列内容：地面沉降、塌陷、淘空、地裂缝等；建筑物、构筑物、地下管线开裂、位移、沉降变形等；基坑（槽）边坡失稳，产生流砂、管渗、潜蚀等；水质变化。

当预测的工程环境影响情况超出有关标准或允许范围时，应采取工程措施。预测的方法包括：根据调查或实测资料进行判断；根据建筑物结构形式、荷载大小、地基条件进行预测计算。

工程环境影响防治。降水工程施工前或施工中，应根据预测或监测资料，判断环境影响程度，及时采取防止措施。根据对工程环境影响性质的不同，具体可采取以下防治方法：改进降水技术方法；基坑（槽）外建立或结合阻水设置护坡桩、防渗墙、桩墙、连续墙；边坡挂网、锚杆（或土钉）喷射混凝土支护；人工回灌地下水等。

8. 降水监测

降水监测与维护期应对各降水点和观测孔的水位、水量进行同步观测。降水井（坑）和观测孔的水位、水量、水质的检测应符合下列要求：

降水勘察和降水井检验前各统测一次自然水位；抽水开始后在水位未达到设计降水深度前，每天观测 3 次水位、水量；当水位已达到设计降水深度，且趋于稳定时，每天可观测一次水位、水量；在受地表水体影响的地区或雨季时，可每天观测 2～3 次；水位、水量观测要高精度、与水文工程勘察指标一致；对水位、水量监测记录应及时整理，绘制水量 Q 与时间 t、降深 S 与时间 t 过程曲线图，分析水位、水量变化趋势，预测设计降水深度所需时间；根据水位、水量观测记录，查明降水过程中的不正常状况及其产生的原因，及时提出调整补充措施，确保达到降水深度；中等复杂以上工程，可选择具有代表性的井、孔在降水监测与维护期的前后各取一次水样作水质分析。

在基坑开挖过程中，应随时观测基坑侧壁、基坑底的渗水现象，并查明原因，及时采取工程措施。

降水监测与维护，宜待基坑中的基础结构高出降水前静水位高度时即告结束；当地下水水位很浅，且对工程基础、工程环境有影响时，可适当延长。

9. 工程质量通病治理

(1) 对施工场地地下埋设物未查访清楚就进行挖沟、挖集水坑而造成挖断电力线缆、光缆、水管、煤气、热力输送管道等事故。产生原因主要是盲目施工、野蛮挖掘。对施工场地地下埋设物未查访清楚就进行开挖，一般采取的防治措施是认真调研，对地下障碍物分布情况查清后再动工。

(2) 相邻建筑物沉降、开裂。产生原因主要是野蛮施工，对场区工程勘察资料不重视，对周围建筑物、构筑物基础类型、基础埋置深度等不予调查研究就进行排水工程施工，造成相邻建筑物沉降、开裂。一般采取的防治措施是针对周围建筑物的特点进行工程环境预测和监测，采取相应保护措施，达到安全施工、文明施工的目的。

(3) 降水设施失效、水位抬升、泡槽、坑壁潜蚀、底板拱起等。产生原因主要是排水责任心不强，监测不认真。一般采取的治理措施是加强质量教育，制定奖罚制度，提高降水人员的责任意识，杜绝人为的意外事故。

(4) 违反环保规定，排出的水未经沉淀就排向雨水管、污水管，造成管道淤积或使泥水漫上路面等。对大雨、暴雨等应有应急措施，以免造成泡槽、淹灌基坑、潜蚀坑壁等。

(三) 管井降水法

1. 适用条件

第四系含水层厚度大于 5.0m；基岩裂隙含水层和岩溶含水层厚度可小于 5.0m；含水层渗透系数宜大于 1.0m/d。

2. 施工工艺

降水施工工艺流程见图 9-19。

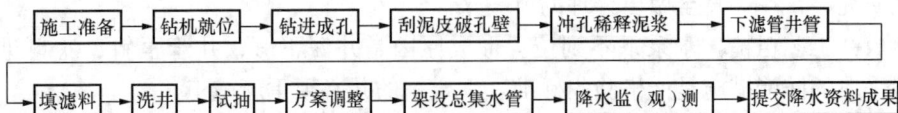

图 9-19 降水施工工艺流程图

(1) 施工要求。根据地层条件可选用冲击钻、螺旋钻、回转正（反）循环钻进成孔，特殊条件可人工成孔。钻孔达到设计深度，再多钻 0.5m，用大泵量冲孔换浆，成孔时间长的要用专用钻头刮泥皮、稀释泥浆、测量井深，符合要求后立即下管，注入清水，稀释管内泥浆相对密度接近 1.05 后，管外投入滤料，不少于计算量的 95%；严禁井管强行插入坍塌孔底，滤料填至含水层顶以上 3.0~5.0m，改用黏土回填封孔厚度不少于 2.0m。

成井后应立即洗井，不要搁置时间太久或完成钻探后集中洗井。完成管井施工洗井后，应进行单井试验性抽水，做好钻井施工描述记录。

（2）安装要求。

1）场地具备拔管回收条件的可用钢管、铸铁管及过滤器，不具备回收条件的可安装无砂混凝土管或其他井管及过滤器。

2）管井孔径宜为 300～800mm，管径为 200～500mm，特殊情况不受限制。

3）水泵：采用离心式或自吸泵，每个管井安装 1 台。

4）管井过滤器、滤料、泥浆要求，应符合 GB 50027—2001《供水水文地质勘察规范》的有关规定。

（3）施工程序。

1）降水施工前应以降水工程设计为依据，明确降水工程范围、降水技术要求，确定工期期限，编制施工总进度计划和预估成本核算等。

2）施工现场应落实水、电、路三通和场地平整，并应满足设备设施就位和进出场条件。

3）按"降水工程施工纲要"组织施工，筹组施工队伍、筹措施工设备、选择管材、明确成井工艺。

4）对所有降水井、试验井、勘探孔和排水设施，应按降水工程设计的数量、质量要求，严格进行、连续施工、按期完成。

5）当施工过程中遇到降水设计与现场情况不符时，应进行现场调查分析，预测可能出现的问题，并提出修改降水设计方案，在设计人员同意后由施工人员实施。

6）每个降水井、孔、排水设施竣工后，均应单独进行调试，合格后方可进行降水检验。

7）全部降水井、孔、排水设施竣工后，进入降水工程检验。

3. 质量标准

管井竣工后，应按国家相关规定进行验收，或按设计要求进行验收。降水施工过程中改变降水设计方案，应具有设计人员与施工人员的洽商处理意见书，必要时还应具有审批手续，否则不予竣工验收。验收时应提供施工记录、工程量统计表、施工说明、洽商处理意见书和审批文件等。

4. 主要工程质量通病治理措施

（1）布设降水井数量不够、深度不够，极易造成降水效果不理想。产生的主要原因是经验主义思想严重，在降水设计方案上草率。一般采取的防治措施是要认真地收集水文勘察资料，仔细研究、计算，直至做出合理的方案来。

（2）成井工艺粗糙，水泵下不到位。形成原因是井深不够、井管歪斜、滤料进入井内等。一般采取的防治措施是严格验收标准，不合格的井必须重新施工。

（3）成孔泥皮厚、泥浆稠，造成出水量小。形成的主要原因是成孔时间长、没破好井壁泥皮、下井管前泥浆太稠。一般采取的防治措施是制作专门的刮泥皮的钻头扫孔破壁，换浆要彻底，洗井要及时。

（4）井内泵损坏或胶管破漏而不能及时发现，造成泡槽、底板上拱等。形成的主要原因是降水监测人员少或责任心不强。一般采取的防治措施是制定奖罚制度，加强降水人员的责任心，防止发生意外。

（四）大口井降水法

1. 适用范围

第四系地下水层渗透性强、补给丰富的碎石土；地下水位埋深在 15.0m 以内，且厚度大于 3.0m 的含水层。当大口井施工条件允许时，地下水水位埋深可大于 15.0m；布设管井受场地限制，机械化施工有困难。

2. 布置原则

大口井井壁距基坑边侧处应大于 1.0m。大口井可单独使用，也可同引渗井、管井、辐射井组合使用。特殊施工条件下，也可布置在基坑中心，采用潜埋井技术。

3. 设计方法

宜采用沉井法、大口径反循环回转钻孔法成井，条件允许时也可人工挖井。一般大口井的井底、井壁同时进水，井壁宜用无砂混凝土、钢（花）管、钢筋混凝土材料，有条件的地层也可采用石砌或砖砌井体。井径一般为 0.8～4.0m，特殊情况不受限制。水泵为潜水泵，水量大时也可用泥浆泵等。

（五）引渗井降水法

1. 适用范围

当含水层的下层水位低于上层水位，上层含水层的重力水可通过钻孔导入渗流到下部含水层后，其混合水位满足降水要求时，可采用引渗自降。通过井（孔）抽水，使上层含水层的水通过井（孔）引导渗入到下层含水层，使其水位满足降水要求时，可采用引渗抽降。当采用引渗井降水时，应预防产生有害水质污染下部含水层。

2. 布置原则

引渗井可在基坑内外布置，井间距根据引渗试验确定，井距宜为 2.0～10.0m。引渗井深度，宜揭穿被渗层，当厚度大时，揭进厚度不宜小于 3.0m。

3. 施工工艺

（1）降水原理：重力水通过无管裸井或无泵管井自行或抽水下渗至下部含水层的井，叫做引渗井，分为引渗自降井和引渗抽降井两种。

引渗井施工工艺流程见图 9-20。

施工准备 → 钻机定位 → 打引渗孔 → 埋设井管 → 填滤料 → 引渗自降或抽降

图 9-20　引渗井施工工艺流程图

（2）引渗井施工安装：引渗井施工宜用螺旋钻、工程钻成孔，对易缩易塌地层可用套管法成孔，钻进中自造泥浆。成孔直径为 200～500mm，直接填入洗净的砂或沙砾混合滤料，滤料含泥量应小于 0.5%。管井：成孔后置入无砂混凝土滤水管、钢筋笼、铁滤水管，管外四周根据情况确定填滤料。

（六）辐射井降水

1. 适用条件

降水范围较大或地面施工困难；黏性土、砂土、砾砂地层；降水深度为 4～20m。

2. 布置原则

（1）辐射井的布置，应使其辐射管最大限度地控制基坑降水范围。

（2）当含水层较薄时，宜单层对应均匀设置辐射管，辐射管的根数，宜每层用 6～8 根；

含水层较厚或多个含水层时，宜设多层辐射管或倾斜辐射管。

（3）最下层辐射管距井底应大于 1.0m。

（4）辐射管的长度宜为 20～50m，辐射管直径 5～150cm。

3. 施工工艺

辐射井施工工艺流程见图 9-21。

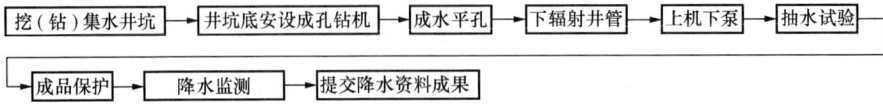

挖（钻）集水井坑 → 井坑底安设成孔钻机 → 成水平孔 → 下辐射井管 → 上机下泵 → 抽水试验

→ 成品保护 → 降水监测 → 提交降水资料成果

图 9-21 辐射井施工工艺流程图

（1）施工要求。集水井施工宜采用沉井法或反循环钻机钻进，要求预留辐射管位置并对应相应含水层。辐射管施工宜采用顶管机、水平钻机，个别情况也采用千斤顶法。

（2）安装要求。辐射井直径 D 应大于 2.0m，以能满足井内辐射管施工为准；集水井结构同大口井，但需在不同高度设置辐射管部位，增设施工辐射管用的钢筋混凝土圈梁；辐射管规格应根据地层、进水量、施工长度，按表 9-1 和表 9-2 选择。

表 9-1　辐射管规格表（$D=50～75mm$ 的辐射管）

辐射管直径（mm）	进水孔直径 d（mm）	每周小孔数（个）	小孔间距 l（mm）	每管孔数（个）	孔隙率（%）	适用地层
50	6	16	12.0	1328	20	中砂、粗砂
	10	10	26.6	370	15	粗砂夹砾石
	12	8	38.7	232	14	粗砂夹砾石
	12	6	40.0	150	9	粗砂夹砾石
75	6	21	12.0	1750	20	中砂、粗砂
	10	14	28.0	490	10	粗砂夹砾石
	12	10	30.0	330	31	粗砂夹砾石
	13	10	21.1	410	21	粗砂夹砾石

表 9-2　辐射管规格表（$D=100～160mm$ 的辐射管）

管外径（mm）	壁厚（mm）	每周小孔数（个）	每延米行数（行）	每延米孔数（个）	孔隙率（%）	适用地层
108	6	34	9	206	14.4	中砂
		22		198	14.1	中砂、粗砂
		19		171	16.1	中砂、粗砂
		13		117	16.5	粗砂夹砾石
		10		90	17.0	粗砂夹砾石
140	6	44	9	396	14.4	中砂
		29		261	14.2	中砂、粗砂
		24		216	15.7	中砂、粗砂
		17		153	16.7	粗砂夹砾石
		13		117	17.0	粗砂夹砾石
159	7	33	9	297	14.2	中砂、粗砂
		25		225	18.0	粗砂夹砾石
		26		144	16.1	粗砂夹砾石
		12		108	15.6	粗砂夹砾石

（七）潜埋井降水法

1. 降水原理

降水施工中，基坑或涵洞底部残留有一定高度的地下水，把抽水井埋到设计降水深度以下进行抽水，使地下水位降低至满足设计降水深度要求。

2. 施工工艺

潜埋井施工工艺流程见图 9-22。

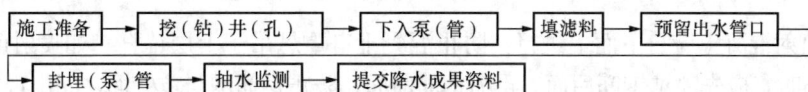

施工准备 → 挖（钻）井（孔） → 下入泵（管） → 填滤料 → 预留出水管口

→ 封埋（泵）管 → 抽水监测 → 提交降水成果资料

图 9-22　潜埋井施工工艺流程图

潜埋井施工安装规定：潜埋井结构应采用集水坑、砖砌井，无砂滤水管或铸铁滤水管；在井中宜用离心泵、潜水泵抽降残存水；基坑（槽）封底时预留出水管口；潜埋井深度在基底底面 1.0m 以下；停抽后迅速堵塞封闭出水管口，保证不溢水、渗水。

3. 质量标准

潜埋井一般不单独使用，它是与基坑周围主要降水井相配合的一种附属降水工艺、设施，验收标准应以"满足降水设计要求"为主旨。

（八）降水辅助措施

当各种技术不能完全把地下水降到设计深度而给工程施工带来不便时，可选择下列措施：

（1）基坑侧壁少量渗水时，可浅插小孔径滤水管排水。

（2）基坑侧壁渗水较大时，可采用导水管、插铁板、码草袋、砖砌沟等方法导水至基坑的排水井排出。

（3）排桩护坡，桩间渗水时可采用喷护混凝土，桩间加孔灌注水泥、黏土封堵。

（4）局部地段集中渗漏水严重时，可采用基坑外加降水井、井排。

（5）基坑底部或洞拱顶、侧壁见水时，可采用速凝混凝土灌、喷护。

（6）地表水底铺设黏土、塑膜等增加渗透路径。

（7）当工程降水可能影响基坑稳定和地面沉降时，可采用人工回灌地下水。

（8）基坑底部隆起时，可采用重压法、降水法。

二、边坡稳定保护措施

（一）喷锚支护

1. 喷锚支护的构造及受力特点

喷锚支护是用钢筋网喷混凝土面层和锚杆加固坑壁的支护结构。锚杆常用预应力的，与非重力式桩墙拉锚结构的锚杆相同，只是喷锚支护的锚杆露出坑壁的钢拉杆端部，是锚固在钢筋网喷混凝土面层上（见图 9-23）。

图 9-23　某基坑喷锚支护工程

作用在钢筋网喷混凝土面层上的坑壁侧压力由支点处加强筋和锁定筋或螺帽和垫板传至锚杆，再由锚杆的锚固段浆体结石体与稳定土层之间的摩阻力或黏结力平衡。

2. 喷锚支护施工要点

基坑开挖和喷锚支护应自上而下分层分段进行。根据土质,分层挖深一般为 0.5~2.0m,分段开挖长度一般为 5~15m。

编网是编扎或铺设钢筋网,并用插入坑壁的短钢筋固定。钢筋网离坑壁面一般不小于 3cm,并应使上下层和相邻段的钢筋网焊成整片。当锚杆的制作,包括钻孔、安放拉杆和注浆完成后,从坑壁由里向外将钢筋网、竖向加强筋、水平加强筋、锚杆头锁定筋焊成一体。

每一层喷射混凝土应自下而上进行,防止混凝土自重悬吊于上层锚杆。如喷射前先已编网,当喷射到钢筋时,应先喷填钢筋后面,再喷钢筋前面,防止钢筋网与坑壁面之间出现空隙。

3. 竖向超前锚管的应用和喷锚支护的适用条件

对于软弱土层,可在每层开挖前沿坑壁表层设一排伸入坑底 1~3m 的竖向超前锚管,间距一般为 500~1000mm。其作用是由锚管壁孔注浆,以增加刚度,并加固坑壁表层,当在每层土方开挖后,承受喷锚面层的重力并与之形成整体。

喷锚支护结构可用于基坑开挖的深度一般不超过 18m,对硬塑土层可适当放宽,对风化岩层可不受此限制。它不仅有效地用于一般岩石深基坑工程,而且在一些不良地质条件下也得到了成功的应用。

(二)土钉墙

土钉是把坑壁或坡面土体锚住的抗拔构件。土钉墙由土钉、土钉间土体和钢筋网喷混凝土面层组成。基坑土钉墙支护是 20 世纪 80 年代发展起来用于土体开挖和边坡稳定的一种挡土结构,由于其具有造价低、施工快且性能可靠等优势,在我国得以推广应用。近几年来,土钉墙支护在我省发展较快,广泛用于工业与民用建筑的基坑支护工程中,并与其他支护方法联合使用,均取得了良好的效果,获得了显著的社会效益和经济效益。

土钉墙的特点:土钉墙支护可与土体开挖流水施工,施工周期短;分层分段施工,充分发挥土体的自稳定作用,可在开挖后及时进行土体封闭,使边坡位移和变形得到约束限制;施工工艺简单,施工过程安全可靠,土钉的制作与成孔简单易行,可以根据现场监测的变形数据和特殊情况,及时进行设计变更。

土钉墙适用于建筑边坡高度<15m(软土基坑开挖深度<4m),邻近无重要建筑物、构筑物、重要交通干线或重要管线,设计采用土钉墙支护的工程。

1. 工艺原理

在土体中设置土钉,其排列成空间骨架,形成了能提高原位土强度、刚度与稳定性的复合土体。该支护形式是由密集的土钉群、被加固的原位土体、喷射混凝土面层和必要的防水系统组成支护体系,与土体共同承担荷载,起约束变形的作用。

2. 施工工艺流程

土钉墙的施工工艺流程见图 9-24。

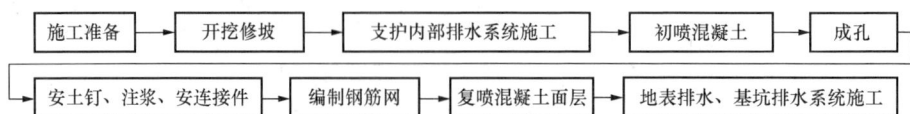

图 9-24 土钉墙的施工工艺流程图

基坑四周支护范围内的地表应加以修整，构筑排水沟和水泥砂浆或混凝土地面，防止地表降水向地下渗透。靠近基坑坡顶宽 2～4m 的地面应适当垫高，并且里高外低，便于水流远离边坡。

为了排除积聚在基坑内的渗水和雨水，应在坑底设置排水沟及集水坑。排水沟及集水坑宜用砖砌并用砂浆抹面以防止渗漏，坑中积水应及时抽出。

第三节　基坑工程对环境的影响

目前，我国城市现代化进程正在加快，越来越多的高层、超高层建筑出现在城市中心。基坑施工和支护技术也因此得到了很大的发展，但是层出不穷的工程事故使得人们越发重视深基坑问题。

其事故原因大概有以下几点：基坑开挖深度加大，支护面稳定因素增多；周边环境情况复杂，隐性因素特别是水管线的破裂对基坑支护面的稳定造成极大危害；基坑围护结构属临时性工程，施工人员对资金能省就省，对工程施工质量隐患抱有侥幸心理。目前，我国加大了对建筑行业的安全管理。但人们在重视深基坑安全与经济问题的同时，基坑工程对环境的影响也理应受到关注。以下结合多年的实际工作经验，对基坑施工过程中对环境产生影响的因素加以分析，以供设计和施工人员参考，从而避免和降低工程施工时带来的负面效应。

深基坑工程对周围环境的影响是一个极其复杂的问题。

一、基坑周围沉降问题

在深基坑工程施工过程中，会对周围土体有不同程度的扰动，一个重要影响表现为引起周围地表不均匀下沉，从而影响周围建筑、构筑物及地下管线的正常使用，严重的会造成工程事故。引起周围地表沉降的因素大体有墙体变位、基坑回弹、坑底隆起、井点降水地层固结、抽水造成砂土损失、管涌（流砂）等。

（一）支护结构变形引起的沉降

根据不同条件，基坑工程的支护结构变形与地表沉降曲线形式有三种（见图 9-25）。图 9-25（a）表示地层较软弱，而且支护结构入土深度不大，但第一道支撑及时，支护结构底部由于坑底隆起发生较大的水平位移，结构旁边地表出现较大的沉降，该沉降值主要取决

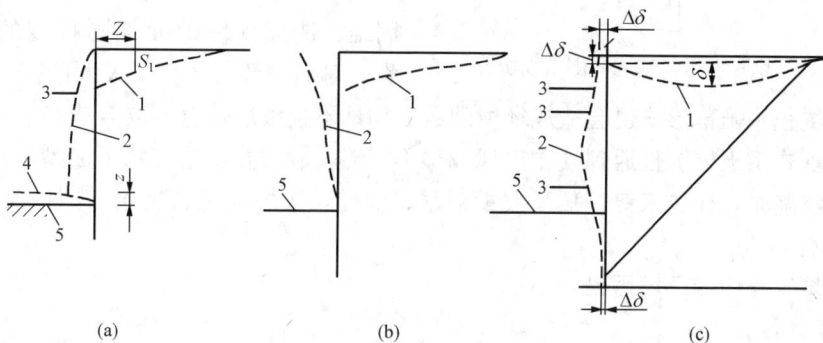

图 9-25　支护结构变形与地表沉降曲线

1—地表沉降曲线；2—支护结构变位曲线；3—支撑；4—基底隆起曲线；5—基底

z—基坑变形值；δ—地基沉降值

于坑底隆起量。图 9-25（b）表示支护结构有较大的入土深度或其底部嵌入刚性较大的地层，但第一道支撑施加不及时或未加支撑，此时支护结构相当于下端固定、上端自由的悬臂梁，顶部位移最大，支护结构旁边出现较大的地表沉降，此时沉降主要取决于支护结构的变形。图 9-25（c）表示支护结构有较大入土深度或其底部嵌入刚性较大的地层，且第一道支撑施工及时，支护结构变位类同于梁的变形。此时地表沉降最大值位于距墙一定距离处，其值主要取决于变位和基坑回弹。图 9-25（a）、（b）两情况产生的变位较大，在周围环境要求较高时，必须避免。

（二）基坑降水引起的沉降

降低地下水位引起的环境变化机理为：

（1）水位降低减少了土中地下水对地上建筑物的浮托作用，软弱土层受到压缩而沉降。

（2）使孔隙水从土中排出。土体固结变形，本身就是压缩沉降过程，降水过程中，常会随着抽出的水流带走土层中的部分细微土粒，引起周围地面沉降。地面沉降与地下水位降落是对应的，地下水位降落的曲面分布必然引起邻近建筑物的不均匀沉降。当地面沉降达到一定程度时，建筑物就会发生开裂、倾斜，甚至倒塌现象。

（3）基坑开挖时，基坑内、周边地下水位存在一定的水头差，在动水压力作用下，基坑土会发生流失（土）、潜蚀现象，导致土体结构松动和破坏，引起基坑坍塌。

（4）当基坑内、外水位差较大，或基坑下部有承压水存在，基坑使原有土压力减少到一定程度时，承压水的水头压力大于基坑底土体浮重力，就会形成管涌、侧涌现象，造成基土开裂。

在深基坑开挖过程中，降低地下水位过大或围护结构有较大变形时，可能会引起基坑周围地面沉降（见图 9-26）。若不均匀沉降过大，还有可能引起建筑物倾斜，墙体、道路及地下管线开裂等严重问题。

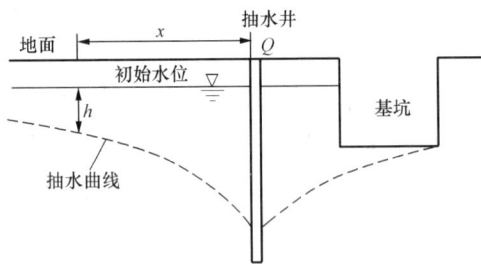

图 9-26　基坑降水引起基坑周围地面沉降

例如南京市中心新街口广场西侧的南京友谊大厦，建筑面积约为 38 000m²。地上 18 层，地下 2 层，基坑深度为 8m，局部电梯井部位深达 10m。在基坑降水过程中，由于过多地降低地下水位使地下降水漏斗逐渐扩大，土层含水量显著降低，土体产生排水固结，造成周围地面不同程度的沉降和开裂，对周围环境产生了极大危害。

此外基坑止水帷幕渗漏也会造成环境问题。如地下连续墙接缝不吻合或在透水层处有蜂窝空洞，拉森式钢板桩沉桩遇到硬物出现偏移不咬缝，旋喷止水桩在水下成型不佳等，当止水帷幕出现渗漏时，往往来势凶猛又大量漏水、涌砂、边坡失稳、坍塌、倒桩及附近建筑、路面急剧沉陷。

二、基坑工程中的环境污染

（一）噪声污染问题

基坑施工中的噪声同样对环境有污染，《中华人民共和国城市区域环境噪声标准》规定，以居住、文教机关为主的区域以及乡村居住环境的噪声标准值，白天等效噪声值为 55dB，夜间为 45dB；商业、工业混杂区的等效噪声值为 60dB，夜间为 50dB；城市中交通干线两侧，白天噪声的等效噪声值为 70dB，夜间不超过 55dB。医学专家介绍，一般情况下，噪声如果超过 50dB，长时间处在这种环境里，人的神经系统就会受到影响。噪声平均每提高 3dB，噪声能量就会增强一倍。噪声污染严重，甚至会破坏人体的听觉系统。经常处于噪声困扰之中，会出现记忆力减退、失眠等症状。

1. 噪声污染的危害

噪声与其他有害物质引起的公害有很大的区别：首先它没有污染物，即它在空气中传播不会产生有害物质；其次噪声对环境的影响不持久、没有累积效应，噪声源一旦停止，噪声也就相应的消失。

一般认为 40dB 是人类正常的环境声音，高于这个值就有可能会产生一些危害，包括影响睡眠和休息、干扰工作、妨碍谈话、使听力受损，甚至引起心血管系统、神经系统和消化系统等方面的疾病，基本上可以归纳出以下几类：

(1) 干扰睡眠。影响人的睡眠质量和数量，出现呼吸频繁、脉搏跳动加剧、神经兴奋等，第二天会出现疲倦、易累，影响工作效率，长期下去会引起失眠、耳鸣多梦、疲劳乏力、记忆力衰退等症状，在高噪声情况下，这种病的发病率可达到 50%～60%。

(2) 损伤听力。85dB 以下噪声不至于危害听觉，而超过 85dB 就可能对听力造成损伤，但是这种伤害只是暂时的，只要不是长期生活在这种高噪声条件下还是可以恢复的。

(3) 对人体的生理影响。噪声会引起人体紧张的反应，刺激肾上腺的分泌，引起心率改变和血压上升。噪声可使人的唾液、胃液分泌减少，胃酸降低，从而易患胃溃疡和十二指肠溃疡。

(4) 对儿童和胎儿的影响。在噪声环境下儿童的智力发育缓慢，有研究表明吵闹环境下儿童智力发育比安静环境中的低 20%。噪声还会对母体产生紧张反应，引起子宫血管收缩，以致影响供给胎儿发育所必需的养料和氧气。

2. 治理噪声污染的方法

降排水设备、打桩设备、各种钻孔设备、搅拌机、挖土机、起重机以及运土车辆等都会产生噪声，对环境造成影响。这些设备可产生 100dB 以上的噪声，而一般人能接受的噪声在 40～70dB 之间。

目前主要治理噪声污染的方法有：

(1) 建设隔声墙（见图 9-27、图 9-28）和特殊隔声材料（见图 9-29）的使用，这是目前建造高层建筑最有效的隔声手段。

图 9-27　上折板隔声墙

图 9-28　弧形隔声墙

图 9-29　特殊隔声材料

这类隔声板具有以下特征：

1）隔声量大：平均隔声量大于 37dB。

2）吸声系数高：平均吸声系数大于 0.84。

3）耐候耐久性：产品具有耐水、耐热、抗紫外线、不会因雨水及温度变化引起性能降低或品质异常的特点。

4）美观：可选择多种色彩和造型进行组合，与周围环境协调，形成亮丽的风景线。

5）经济：装配式施工，提高工作效率，缩短施工时间，可节省施工费及人工费。

6）方便、轻便：与其他制品并行安装，易维修，更新方便。吸声板系列产品具有自重轻的特点，每平方米质量低于 25kg，可减轻高架轻轨、高架路的承重负荷，可降低结构造价。

7）防水、防尘：百叶型设计时充分考虑防水、防尘，其角度设为 45°，在扬尘或淋雨环境中其吸声性不受影响，构造中已设置排尘排水措施，避免构件内部积水。

8）防火：采用超细材料，由于其熔点高，不可燃，完全满足环保和防火规范的要求，防火等级达 A 级。

9）高强度：结合我国各地区不同的气候条件，在结构设计时充分考虑风荷载。吸声板两端用 φ6.2 钢丝绳连接固定，防止二次损伤，造成人员、财产损失。

10）耐用：产品设计已充分地考虑了道路的风载、交通车辆的撞击安全和全天候的露天防腐。

（2）定向声音干扰，是指如果建筑施工地噪声频率单一，可以采用添加定向干扰设备。因为声波是向水波一样以振动向外扩散，如果有相同频率的声波从外围向噪声源释放，调整好相差，可以减小声音向外扩散的效果。

图 9-30　建筑四周种植高大树木

（3）被动的方法是在建筑四周种植高大树木（见图 9-30），并在受干扰的居民区及学校、医院等建筑加装隔声板等，通常这种措施不予考虑，如果影响效果太大或是前两种方法仍然扰民，那就必须加装，高考时期等非常条件也是要无条件加装的。

3. 噪声污染防治有法可依

1997 年 3 月，我国开始实施《中华人民共和国环境噪声污染防治法》，明确规定在城市市区范围内，建筑施工过程中使用机械设备，可能产生环境噪声污染的，施工单位必须在工程开工十五日以前向工程所在地县级以上地方人民政府环境保护行政主管部门申报该工程的项目名称、施工场所和期限、可能产生的环境噪声值以及所采取的环境噪声污染防治措施的情况。在城市市区噪声敏感建筑物集中区域内，禁止夜间进行产生环境噪声污染的建筑施工作业，但抢修、抢险作业和因生产工艺上要求或者特殊需要必须连续作业的除外。

（二）废弃物污染

在深基坑工程施工过程中，会产生大量废弃物，如废弃泥浆、混凝土渣等，它们会侵占耕地、污染水源、影响土壤性质，造成周围环境的恶化。随着现代社会文明意识和环保意识的逐渐加强，基坑工程施工导致的这些社会问题、交通问题和环境污染问题已越来越受人们的关注，城市限制开挖施工的法规也在陆续出台，定向穿越施工以其施工周期短、不影响交通、环境污染小的优势，成为首选和理想的管道施工方式。不容忽视的环境污染问题也已经成为制约其在城镇地区发展的"瓶颈"问题，主要表现为以下两个方面：

（1）施工当中地面开裂和地面冒泥浆。

（2）废弃泥浆无处倾倒或无法处理（见图9-31）。

图9-31 废弃泥浆

泥浆所带来的问题贯穿于整个施工周期，不但拖延了竣工日期，而且经济上也蒙受了损失。工程的环保问题已经成为制约非开挖技术在城市能否顺利进行的"瓶颈"问题。在基础工程施工当中，泥浆又经常是不可不免的，所以必须采取措施来解决这个问题以确保在城镇地区施工顺利，减少泥浆污染，为此可以调整施工工艺和钻进参数，做好泥浆计划和处理方案，真正做到文明施工。具体解决方案应重点考虑以下几点：

（1）调整钻进工艺参数，控制钻进泥浆排量。泥浆排量要依照地质情况进行控制。控制好各类泥浆使用量较大的桩的钻进过程中的泥浆排量是避免冒浆的关键。例如：如果在钻导向孔时做到不出现冒浆现象，那么扩孔、回拖时地面冒浆的概率是很低的，因为导向孔完成后，入、出土点两侧压力达到平衡，泥浆的流向是出入土点两侧，在穿越轴线所经过区域的冒浆就会相应减少。因此，要达到这个目的，泥浆泵排量一定要根据地质情况进行合理控制，因为一般的浅层地质都是回填土或回填垃圾，很松软，密实度较差，所以要降低泥浆压力到2MPa以下，并且要根据所用钻头的尺寸减小泥浆的流量，有时流量只有150L/min就足够了，一定要尽量避免泥浆排量过大、压力过高造成的地面冒浆，对施工区域内造成污染。

图9-32 泥浆清洁回收系统

（2）配备完善的泥浆循环和清洁处理回收系统，减少泥浆消耗量。利用泥浆清洁回收系统（见图9-32）对泥浆池返回的泥浆进行除泥除沙等一系列净化处理，将泥浆进行重复利用，达到控制泥浆量的目的。泥浆处理工艺：由抽浆泵把废泥浆输送到回收系统的振动筛进行粗细两级除砂，然后进入旋砂器进一步进行除砂净化，最后由除泥器进行除泥处理，完成泥浆的净化处理后，进入循环灌再使用，见图 9-33。

图 9-33　泥浆循环和清洁处理回收系统

　　清洁处理系统的作用是：回收、净化从井口流出的含有大量钻屑（泥砂）的泥浆，为穿越施工提供满足要求的泥浆。配备这样的泥浆处理系统对解决环境污染问题非常重要，既减少了整个穿越施工所消耗的泥浆总量，减少环境污染，又降低了工程成本，提高了经济效益。

　　泥浆池性质：钻井液循环系统地面设施中的容器。供钻井液循环用、容积较小的叫泥浆池（slurry tank）。供贮存钻井液用、容积较大的叫泥浆罐（mud tank）。钻井液的测试及处理工作通常都是在循环用的泥浆中进行。每一钻机备有多个泥浆池，在循环系统中发挥不同的作用。

　　（三）化学污染

　　在我国沿海、沿江地区，土层常为饱和软黏土，地质条件很差。为防止管涌、流砂、基坑隆起或围护结构过大变形等问题，往往需要在坑底或围护结构后侧灌浆以形成加固区。而这些化学灌浆多具有不同程度的毒性、特别是有机高分子化合物，如环氧树脂、乙二胺、苯酚等。这些注浆进入土体后，通过溶滤、离子交换、分解沉淀、聚合等反应，从而不同程度的污染地下水，导致环境恶化。

　　（四）空气污染

　　基坑工程施工期间对空气的污染主要有：

　　（1）以燃油为动力的施工机械和运输车辆，在施工场地附近排放一定量的废气。

　　（2）施工现场地面裸露产生浮土。

　　（3）搅拌机产生的水泥粉尘等，在频繁干燥季风的吹扬搬运作用下，产生的悬浮颗粒和水泥粉尘等均对空气造成污染。

　　（4）施工过程中开挖、回填、拆迁、砂石灰料装卸过程中产生的粉尘，以及施工运输车辆运输过程引起的二次扬尘。

　　（5）泥浆、渣土和土方开挖外运溢撒。

　　（6）施工过程中使用具有挥发性的有毒气味材料（如油漆、涂料等），以及恢复地面道路加热沥青蒸发所带来的大气污染。

　　其中基坑工程施工期间对大气环境产生影响的最主要因素是粉尘污染。

　　国家环保总局和北京市政府有资料显示：悬浮颗粒（TSP）是中国城市空气的主要污染物，北京市每年进入空气中的水泥粉尘总量多达 236t，已成为城市主要污染物之一。

近年来，随着城市化进展的加快，"施工现场搅拌混凝土"的历史已悄然被改写，取而代之的是预拌混凝土。据北京市建委推算，北京市民每天因此头上就少落下近 179t 的水泥粉尘，北京的蓝天越来越多。

根据北京市环境科学研究院研究数据表明，每使用 1 万 t 散装水泥可减少向大气排放水泥粉尘 38.3t，按照本市去年推广使用散装水泥 1710 万 t 计算，北京市民一年就免遭灰尘 65 493t，等于搬走一座粉尘山。

（五）水土流失

某些基坑工程占用农业耕地；施工时平整场地、倾卸物料、开挖基坑等原因可能会造成地形改变，从而导致水土流失。在施工过程中，大量的暴露地面和由于施工机械的运动、开挖等，引起土体发生很大扰动，易造成土地侵蚀；建筑材料留在地下，为以后的建设留下隐患等，是基坑工程中常见的环境问题。

三、基坑工程中的其他问题

（一）振动破坏

基坑周围系统，如果在振动激励下丧失了原来应当具有的作用或功能，或者是使其原有作用或功能降低到允许偏差以外，就产生了振动破坏。关于各种振动破坏机理的研究还很不充分，目前也只是从各种振动破坏现象中总结出初步规律，用以规定或描述相应的振动破坏类型及其特征。其中按类型区分，可以有振动强度破坏（包括振动量值过大或瞬时撞击及失稳引起的一次性破坏和反复振动作用导致的结构件疲劳、断裂破坏）、性能故障（如设备功能降低或失灵等）、工艺问题（如部件相互撞击、连接件工艺分离、松动等）。

在基坑工程施工过程中，由于打桩、车辆或施工设备运动等引起的机械振动次数频繁，对周围一些较脆弱的建筑物，如波速很低的古建筑承重体系，往往会引起疲劳破坏，这种不利影响甚至比地震作用的影响还大。

（二）挤土问题

当基坑围护结构采用预制钢筋混凝土桩、钢板桩或其他挤密型桩时，可能会引起桩周土发生一定的竖向和水平位移，从而对围护结构及周围环境产生较大的负面影响。例如浦东某两个工程，一个工程在开挖基坑，另一个工程打预制桩，相邻仅 14.5m，由于打桩速度太快，每天打 13～18 根，结果因打桩造成严重挤土作用，导致相邻工程的水泥土搅拌桩墙体位移 1.638m，围护墙体破坏。

（三）对正常生活与交通秩序的干扰

施工场地大多位于繁华的城市中心区，人口密集，流动人口量大，道路拥挤，大型施工设备、运输车辆频繁进出，会影响群众出行，换乘车不便，延误时间等，影响绿色城市、绿色社区、绿色住宅的人居环境。

第四节　基坑工程安全技术

由于深基坑工程施工条件的复杂性和环境问题的相对隐蔽性，仅靠某些措施是远远不够的，因此该问题的妥善解决，需要整个配套体系的完善、发展和配合。加强理论研究，用理论指导实践；建立健全相应的管理法规，使理论研究成果具有法理性；加大宣传力度，使环保意识深入人心；积极开发新型环保材料、技术和施工工艺；完善基坑监测工作，实现信息化施工；做好废弃物的回收与再利用。具体基坑工程安全技术有以下几个方面。

一、加强勘查工作

在工程地质勘察基础上，做细并扩大，以便深入了解周围环境的地质条件、水质、空气品质、生态环境、社会经济背景等情况，从而为设计奠定基础。

二、设计方案的合理性

根据以上环境调查和具体的施工技术现状等资料，制定一个较安全合理的方案，并请专家组进行方案论证。此方案一般应重点解决以下几方面的问题：

（1）确定具体采用的基坑支护形式，以安全、经济，对环境影响小为指导原则。

（2）地下水的控制方案，包括降水、截水、回灌方案的选用和具体操作。

（3）周围建筑物与地下管线的保护。

为防止土体变形，可考虑是否需在基坑与被保护对象间设置隔离体以作挡土结构。隔离体可由钻孔灌注桩、旋喷桩、深层搅拌桩、树根桩等组成。

（4）施工质量问题。为保证施工质量，应加大监督力度。

三、合理的施工工艺

在繁华市区，为减小施工对环境的影响，应尽量采用环保技术，进行绿色施工，可大大降低施工对周围环境的影响。运土车辆在场内低速行驶，将土压实并遮盖；轮胎出场时清洁，避免扬撒；夜间外运，避免干扰群众的正常生活和交通秩序；施工场地硬化并洒水保洁。

四、监测与信息化施工

基坑开挖前制定系统的开挖监测方案，包括监测项目、监测报警值班、监测点布置、监测周期、记录制度等内容，实现信息反馈，进行反馈设计，防止事故发生或恶化。对于具体工程，监测工作的布置必须根据工程特点、施工方法以及可能对环境带来的危害等综合确定。

岩土体施工是一个与外界的物质、能量和信息交换过程。基坑支护结构数字化集成优化动态设计系统更加有利于进行信息化施工，及时地进行信息反馈和参数反演，以便于工程建设的顺利进行。

详细内容参见第八章。

思 考 题

9-1 基坑工程中有哪些环境问题？

9-2 基坑降水对周围建筑物有哪些影响？

9-3 基坑周围的沉降主要原因是什么？如何防范？

9-4 基坑工程中的环境污染包括哪些？如何控制？

9-5 基坑工程中的安全技术包括哪些？

9-6 地面沉降和地面侧向位移的原因有什么不同？如何防止？

参 考 文 献

[1] 刘建航,侯学渊. 基坑工程手册 [M]. 北京:中国建筑工业出版社,1997.

[2] 《岩土工程手册》编写委员会. 岩土工程手册 [M]. 北京:中国建筑工业出版社,1994.

[3] 林宗元. 岩土工程勘察设计手册 [M]. 沈阳:辽宁科学技术出版社,1996.

[4] 《工程地质手册》编委会. 工程地质手册 [M]. 北京:中国建筑工业出版社,1992.

[5] H. F. 温特科思,方晓阳. 基础工程手册 [M]. 钱鸿缙,叶书麟,等译. 北京:中国建筑工业出版社,1983.

[6] 地基处理手册编写委员会. 地基处理手册 [M]. 北京:中国建筑工业出版社,1998.

[7] 龚晓南,高有潮. 深基坑工程设计施工手册 [M]. 北京:中国建筑出版社,1998.

[8] 张永波,孙新忠. 基坑降水工程 [M]. 北京:中国建筑出版社,2000.

[9] 龚晓南. 深基坑工程设计施工手册 [M]. 北京:中国建筑工业出版社,1998.

[10] 黄运飞.深基坑工程实用技术 [M]. 北京:兵器工业出版社,1996.

[11] 冶金工业部建筑研究总院. 地基处理技术第五册　基坑开挖与支护技术 [M]. 北京:冶金工业出版社,1993.

[12] 顾晓鲁,等. 地基与基础 [M]. 北京:中国建筑工业出版社,1993.

[13] 侍倩. 高层建筑基础工程 [M]. 北京:化学工业出版社,2004.

[14] 宰金珉,宰金璋. 高层建筑基础分析与设计 [M]. 北京:中国建筑工业出版社,1993.

[15] 龙驭球. 弹性地基梁的计算 [M]. 北京:人民教育出版社,1981.

[16] 董建国,赵锡宏. 高层建筑地基基础共同作用理论与实践 [M]. 上海:同济大学出版社,1997.

[17] 王钟琦,等. 岩土工程测试技术 [M]. 北京:中国建筑工业出版社,1986.

[18] 黄熙龄,秦宝玖,等. 地基基础的设计与计算 [M]. 北京:中国建筑工业出版社,1981.

[19] 孙国栋. 高层建筑箱基实用计算方法的探讨 [J]. 建筑结构学报,1985 (2).

[20] 丁大钧. 高层建筑中上部结构与箱基共同作用 [J]. 建筑结构学报,1995 (6).

[21] 蔡国维. 弹性地基梁解法. 上海:上海科学技术出版社,1962.

[22] 何颐华,方寿生,钱力航. 高层建筑箱形基础基底反力确定法 [J]. 建筑结构学报,1980 (1).

[23] 赵锡宏等. 上海高层建筑桩筏与桩箱基础设计理论 [M]. 上海:同济大学出版社,1989.

[24] 董建国,赵锡宏,杨敏. 软土地基超长桩箱(筏)基础设计的若干问题 [J].同济大学学报,1995 (5).

[25] 高大钊,赵春风,徐斌. 桩基础的设计方法与施工技术 [M]. 北京:机械工业出版社,1699.

[26] 刘金砺. 桩基工程技术 [M]. 北京:中国建材工业出版社,1996.

[27] 黄强. 深基坑支护工程设计技术 [M]. 北京:中国建材工业出版社,1995.

[28] 余志成,施文华. 深基坑支护设计与施工 [M]. 北京:中国建筑工业出版社,1997.

[29] 泰惠民,叶政青. 深基础施工实例 [M]. 北京:中国建筑工业出版社,1992.

[30] 陈忠汉,程丽萍. 深基坑工程 [M]. 北京:机械工业出版社,1999.

[31] 张明义. 基础工程 [M]. 北京:中国建材工业出版社,2002.

[32] 王成华. 基础工程学 [M]. 天津:天津大学出版社,2003.

[33] 王秀丽. 基础工程 [M]. 重庆:重庆大学出版社,2001.

[34] 袁聚云,等. 基础工程设计原理 [M]. 上海:同济大学出版社,2004.

[35] 钱力航. 高层建筑箱形与筏形基础的设计计算 [M]. 北京:中国建筑工业出版社,2003.

[36] 崔江余,梁仁旺. 建筑基坑工程设计计算与施工 [M]. 北京:中国建材工业出版社,1999.

［37］　蒋国盛，等. 基坑工程［M］. 北京：中国地质大学出版社，2000.

［38］　杨光华. 深基坑支护结构的实用计算方法及其应用［M］. 北京：中国建筑工业出版社，2004.

［39］　熊智彪. 建筑基坑支护［M］. 北京：中国建筑工业出版社，2008.

［40］　刘宗仁. 基坑工程［M］. 哈尔滨：哈尔滨工业大学出版社，2008.

［41］　黄生根，张希浩. 曹辉. 地基处理与基坑支护工程［M］. 北京：中国地质大学出版社，1997.

［42］　王广月，王盛桂，付志前. 土基基础工程［M］. 北京：中国水利水电出版社，2001.

［43］　孙文怀. 基础工程设计与地基处理［M］. 北京：中国建材工业出版社，1999.

［44］　赵明华. 基础工程［M］. 北京：高等教育出版社，2003.

［45］　Pile Foundation Analysis and Design，H. G. Poulos，E. H. Davis，John Wiley and Sons，Inc. 1999

［46］　Y. K. Cheung，D. K. Nag，Plates and Beams on Elastic Foundations：Linear and Nonlinear Bebavior，J. Geotechnique，2000.

［47］　Koerner R. M.，Designing with Geosynthetics，4th edition，Prentice Hall. Inc. USA，1998

［48］　Rowe R. K.，Geosynthetics-Reinforced over soft foundation，the 7th Int. on Geosynthetics Conf.，Nice，France Geosynthetics Committee，2002.